"十四五"职业教育国家规划教材

现代电梯技术系列规划教材

电梯及其部件检验检测技术

（第三版）

主　编　罗志群　代清友

副主编　佘　昆　张　捷

编　委　董宇刚　李　桦　李楚锋

王　葵　罗海军　林进展

洪　永　李明阳　黄绍伦

任　馨

主　审　郭　晋

苏州大学出版社

图书在版编目(CIP)数据

电梯及其部件检验检测技术 / 罗志群，代清友主编. 3 版. -- 苏州 ：苏州大学出版社，2025. 5. --（现代电梯技术系列规划教材）. -- ISBN 978-7-5672-4971-4

Ⅰ. TU857

中国国家版本馆 CIP 数据核字第 20242ZJ817 号

电梯及其部件检验检测技术(第三版)

罗志群　代清友　主编

责任编辑　肖　荣　杨　冉

苏州大学出版社出版发行

（地址：苏州市十梓街 1 号　邮编：215006）

丹阳兴华印务有限公司印装

（地址：丹阳市胡桥镇　邮编：212313）

开本 787 mm×1 092 mm　1/16　印张 24.5　字数 596 千

2025 年 5 月第 3 版　2025 年 5 月第 1 次印刷

ISBN 978-7-5672-4971-4　定价：69.00 元

图书若有印装错误，本社负责调换

苏州大学出版社营销部　电话：0512-67481020

苏州大学出版社网址　http://www.sudapress.com

苏州大学出版社邮箱　sdcbs@suda.edu.cn

序　言

电梯经过150多年的发展，在技术上日趋成熟，特别是随着微型计算机控制技术在电梯上的广泛应用，安全、可靠、高效、高速、智能化控制的电梯作为运输设备，已成为城市交通的重要组成部分，为人们的社会活动提供了便捷、迅速、优质的服务。

如今，电梯不仅是代步的工具，也是人类物质文明的标志。随着我国现代化建设规模的不断扩大，中国已成为世界上最大的电梯市场，整个电梯行业的发展蒸蒸日上，具有广阔的前景。截至2023年12月，我国在用电梯超过1 000万台，年生产电梯约100万台。目前，我国电梯产量约占世界产量的80%。

我国目前虽然已是电梯生产大国，但在高速电梯、特种电梯及其关键技术上与国外先进技术还有一定的差距，同时如此大的电梯生产规模对高素质的电梯设计、制造、安装和维修人员的需求日益增加，培养、培训大量高素质电梯专业人员成为日益迫切的要求。在这种形势下，2010年经教育主管部门批准，我国第一个“电梯工程”本科专业方向在常熟理工学院正式开办。

为了满足专业教材建设的需要，同时也为了满足从事电梯设计、制造、安装和维修人员学习进修的需要，常熟理工学院、南通科技职业学院、广东特检院、苏州特检院、苏州大学出版社等组织电梯行业内专家编写了“现代电梯技术系列规划教材”，包括《电梯技术》《电梯电气原理与设计》《电梯制造技术》《电梯及其部件检验检测技术》《特种电梯与升降设备》《电梯安装施工管理与建筑工程基础》《电梯故障诊断与维修》《电梯法律法规与安全标准》《电梯选型设计》《电梯专业英语》《电梯电气识图与维修》《电梯工程制图》等。

该系列教材以国家电梯标准和建筑设计标准为准绳，内容具有前瞻性、系统性和实用性。在前瞻性方面，介绍了国内外电梯研究的最新成果，如可靠性设计技术、智能控制技术、先进制造技术等；在系统性方面，按照电梯设计、制造、安装施工、检测、电梯法律法规与安全标准、故障诊断与维修、特种电梯、电梯选型设计、电梯专业英语等内容系统编写；在实用性方面，通过应用实例说明理论和方法的应用。

“科教兴国”是党的二十大提出的重大国家战略，教育、科技、人才是全面建设社会主义现代化国家的基础性、战略性支撑。我们相信“现代电梯技术系列规划教材”的出版，将对我国电梯人才的培养以及我国电梯工业的发展产生积极的推动作用。

中国电梯协会副秘书长

修订前言

改革开放以来，经济的快速发展给我国电梯市场带来了空前的发展机遇。据统计，1980 年我国电梯产量仅为 2 249 台，2023 年我国电梯年产量超过 100 万台，约占全球电梯年产量的 80%，稳坐全球电梯制造第一大国位置；截至 2023 年 12 月，我国在用电梯超过 1 000 万台，继续保持全球电梯保有量第一大国位置。在电梯数量增长的同时，电梯的安全也成为人们日益关心的问题。据权威部门统计，2023 年全国共发生电梯安全事故 14 起，死亡 13 人，万台设备死亡率约为 0.013。在电梯保有量持续增长的背景下，我国电梯安全水平稳居世界前列，这得益于政府对电梯强有力的监管。

电梯监督检验的发展是一个从无到有、从多方管理到单一管理的过程。在最初阶段，电梯竣工后由甲、乙双方进行交接，还没有第三方的法定检验；随着经济的发展，20 世纪 90 年代劳动部提出了用科学数据对电梯行业进行监管，主要采取行业管理、国家监察、群众监督的管理方式，但由于当时劳动监察部门与建设部门的监管权责存在交叉，政策文件时有冲突，导致监管体系运行不畅；直到国务院 373 号令《特种设备安全监察条例》下达，将特种设备安全监察、检验检测工作划归质量技术监督部门，从而将管理模式变为单一的国家监察，使得管理更加规范化、科学化，并将安全技术规范提升到法规等级，实行检验规程的全国统一，大大促进了电梯检验检测技术的发展。

为了适应当前电梯技术的飞速发展，紧随法规标准不断完善的步伐，促进电梯检验水平的提高，我们以行业专家的一线工作实践为基础，编制了《电梯及其部件检验检测技术》一书。该书以 TSG T7007—2022《电梯型式试验规则》、GB/T 7588.1/2—2020《电梯制造与安装安全规范》、GB 16899—2011《自动扶梯和自动人行道的制造与安装安全规范》、GB 25194—2010《杂物电梯制造与安装安全规范》、GB/T 26465—2021《消防员电梯制造与安装安全规范》、GB/T 31094—2014《防爆电梯制造与安装安全规范》为依据，结合现场检验实践，深入浅出地讲解了曳引与强制式电梯、液压电梯、自动扶梯和自动人行道、杂物电梯、消防员电梯、防爆电梯及其安全保护装置和主要部件的检验要求与检验方法。

本书在编写过程中参考、引用了有关书籍、检规、法规的内容，由于篇幅有限，未能将所有材料的出处一一列出，谨在此对本书所引用内容的原作者一并表示感谢。

本书先后入选“十三五”和“十四五”职业教育国家规划教材书目，本次主要针对《电梯型式试验规则》和《电梯监督检验和定期检验规则》中的新知识、新技术、新工艺、新方法进行了部分修订。

由于编者水平有限，错误和不当之处在所难免，恳请各位读者批评指正。

编　者

目录 Contents

第 1 章

概　述

学习目标

了解三种电梯检验类型，了解电梯各类检验对检验机构的要求，了解检验人员的分类及其职责，了解电梯检验检测常用的通用检测仪器。

学习重点

理解三类电梯检验的目的和意义，掌握电梯检测仪器的精度要求。

1.1　检验类型

1.1.1　型式试验、监督检验与定期检验的定义

电梯型式试验是指在制造单位完成产品全面试验验证的基础上，由经国家市场监督管理总局核准的承担型式试验工作的检验机构（以下简称型式试验机构）根据TSG T7007—2022《电梯型式试验规则》的规定，对产品是否符合安全技术规范而进行的技术资料审查、安全性能试验，以验证其安全可靠性所进行的活动。它是电梯新产品鉴定中必不可少的一个环节。只有通过型式试验，该产品才能正式投入市场。

监督检验是指由国家市场监督管理总局核准的特种设备检验检测机构，根据技术规范，如TSG T7001—2023《电梯监督检验和定期检验规则》等，在施工单位自检合格的基础上，对电梯安装、改造、重大维修过程进行的监督检验。

定期检验是指由国家市场监督管理总局核准的特种设备检验检测机构，根据技术规范，如TSG T7001—2023《电梯监督检验和定期检验规则》等，在维护保养单位自检合格的基础上，对在用电梯定期进行的检验。

1.1.2　型式试验、监督检验与定期检验的适用范围

（1）根据特种设备安全技术规范《电梯型式试验规则》的规定，适用于《电梯型式试验产品目录》（见附录，以下简称《目录》）所列产品有下列情况之一的，应当进行型式试验：

① 制造单位首次制造或者境外制造在境内首次投入使用的。

② 产品主要参数超出适用范围的。

③ 产品型式试验要求中规定的产品配置发生变更的。

④ 出现其他影响产品安全性能，国家市场监督管理总局提出型式试验要求的。

（2）对新安装的电梯以及改造或重大修理的电梯应进行监督检验。

（3）对在用电梯应进行定期检验。对于因发生自然灾害或者设备事故而使其安全技术性能受到影响的电梯以及停止使用1年以上的电梯再次使用前，也应进行定期检验。

1.1.3 型式试验、定期检验的周期

对于在用电梯，根据技术规范 TSG T7001—2023《电梯监督检验和定期检验规则》的规定，周期性进行定期检验。

对电梯整机来说，整机产品型式试验的报告和证书是长期有效的，但出现下列三类情况则需要重新做型式试验：

（1）当《影响型式试验结果的电梯配置与参数变更表》中明确电梯整机部件配置或其主要参数在规定方向上发生变更时（即电梯主参数超出原型式试验合格证正面的参数覆盖范围，或者电梯的部件配置相对原型式试验合格证背面配置表中的配置发生变化时）。

（2）当型式试验依据的《电梯型式试验规则》，或者《电梯型式试验规则》所依据的产品强制性标准发生较大变化时。

（3）当国家市场监督管理总局对某型号电梯整机提出型式试验要求时。

对电梯部件产品型式试验的要求相对来说更为严格一些。一般情况下，国家市场监督管理总局要求对列入《目录》的安全保护装置及主要部件每4年进行1次一致性核查；但当型式试验依据的《电梯型式试验规则》，或者《电梯型式试验规则》所依据的产品强制性标准发生较大变化时，需要重新做型式试验。另外，当国家市场监督管理总局对某部件提出型式试验要求时，需要重新做型式试验。对后两类情况，型式试验的时间周期无法确定，而是随着要求的变化而定。

1.2 检验机构与人员

1.2.1 型式试验机构的核准要求

目前，国家市场监督管理总局作为特种设备型式试验机构唯一的核准机关，当某申请单位申请核准为特种设备型式试验机构（以下简称申请机构）时，应当同时具备以下条件：

（1）具有事业法人或者企业法人资格（或者有其所属法人对其检验活动承担法律责任的证明文件），能够独立、公正和规范地开展型式试验工作。

（2）具有与其承担的型式试验工作相适应的并且具有相应资格的检验检测人员、试验人员、专业技术人员，其技术负责人应当具有高级技术职称，试验人员应当取得国家市场监督管理总局颁发的检验检测人员证书。

(3) 具有与其承担的型式试验相适应的工作和试验场地、检验试验仪器设备与测量工具等手段。

(4) 按照 TSG Z7003—2004《特种设备检验检测机构质量管理体系要求》建立健全质量管理体系和各项管理制度，并且有效实施。

(5) 具有与其承担的型式试验工作相适应的法律、法规、规章、安全技术规范及其相应标准，能够认真执行。

(6) 具有对其承担的型式试验产品进行设计审查的能力（适用于要求承担设计审查的）。

注：从事试验与检验检测的试验人员应当取得国家市场监督管理总局颁发的检验检测人员证书，由试验与检验检测机构根据试验与检验检测核准项目范围自行制定其试验人员考核大纲并且对其进行考核，考核大纲报国家市场监督管理总局备案。

在具备上述基本条件下，如果申请机构是首次申请核准和增项核准的试验与检验检测机构，应当提供下述参与工作的见证资料：

(1) 参与制（修）订的特种设备安全技术规范。

(2) 参与制（修）订的国家标准或者行业标准。

(3) 取得相关项目省部级以上的科技成果。

持有《核准证》的型式试验机构，其机构名称、地址、所有制形式、隶属关系等在有效期内发生变更，应当在变更之日起 15 日内向核准机关办理变更备案手续，同时告知其所在地的质量技术监督部门。按照规定办理复查申请后，由于机构地址变更、改制、灾害、战争及其他不可抗力等原因，需要延续已取得的核准有效期的，应当在核准有效期满 30 日前办理延续手续，但延续时间一般不超过 1 年，并且延续时间在下一个核准有效期内扣除。

1.2.2　定期检验与监督检验技术机构的核准要求

国家市场监督管理总局特种设备安全监察局于 2003 年 6 月提出了《特种设备检验检测机构核准规则》的起草意向，2004 年 4 月委托中国锅炉压力容器检验协会负责起草，同年 5 月形成了《特种设备检验检测机构核准规则（草案）》，经多次修改审议，于 2004 年 10 月报国家市场监督管理总局批准颁布，其后经过三次修订。现国家市场监督管理总局和省级质量技术监督部门为国家认可的特种设备检验检测核准机关。国家市场监督管理总局负责受理、审批综合检验机构和无损检测机构，并颁发“特种设备检验检测机构核准证”；省级质量技术监督部门负责受理、审批其他检验检测机构［含只申请房屋建筑工程及市政工程工地的起重机械和场（厂）内专用机动车辆检验的检验机构］，并颁发“核准证”。特种设备综合检验机构的核准条件分为甲、乙和丙三类。对获得核准的机构，分别简称为甲类、乙类和丙类机构，其中，乙类和丙类机构只能在省级质量技术监督部门限定的区域内从事检验工作。申请核准的特种设备检验检测机构（以下简称申请机构）应当同时具备以下条件：

(1) 有独立法人资格（特种设备使用单位设立的检验机构和中央企业设立的检验机构除外）。

(2) 有与其承担的检验检测工作相适应的检验检测人员、专业技术人员。

（3）有与其承担的检验检测工作相适应的场地、装备和检测试验手段。

（4）有健全的质量管理体系和各项管理制度，并且有效实施。

（5）有与其承担的检验检测工作相适应的法律、法规、规章、安全技术规范及标准，并且认真执行。

1.2.3 检验检测人员的分级、职责与核准要求

为了加强特种设备检验检测人员的监督管理，规范检验检测人员资格考核工作，保证特种设备检验检测工作质量，根据《特种设备安全监察条例》，将检验检测人员分为特种设备检验人员、无损检测人员、型式试验人员三大类，其中检验人员分为检验员和检验师，无损检测人员分为Ⅰ级无损检测人员、Ⅱ级无损检测人员和Ⅲ级无损检测人员。对从事电梯产品检验检测和型式试验人员来说，其职责如表 1-1 所示。

表 1-1 从事电梯产品检验检测和型式试验人员职责

人员名称	所履行的职责
检验员	A. 在资格证所对应的许可工作范围内从事相应项目的检验检测工作； B. 编制检验检测方案，填写检验检测报告和检验案例； C. 配合检验师、高级检验师从事本专业设备的检验
检验师	A. 具有检验员相应的职责； B. 对检验员进行技能培训、评估和工作指导； C. 可以进行编制、审核、签发检验检测方案、检验检测报告； D. 参与重大疑难问题研究及特种设备重大事故、严重事故、一般事故的调查、分析和处理； E. 参与有关法规、规章、安全技术规范、标准的编写和审定； F. 对检验案例进行分析、统计、归纳，对同类设备检验中所发现的同样问题或安全隐患是否具有规律性，以及该类设备是否均可能存在同样的安全隐患予以评估
型式试验员	A. 按照试验程序和方案实施部件（气瓶、安全附件及安全保护装置除外）的型式试验； B. 记录试验数据、填写型式试验报告

1.3 电梯型式试验的实施要求

为了加强对电梯型式试验工作的管理，规范电梯试验与检验检测行为，提高型式试验的工作质量，根据《中华人民共和国特种设备安全法》《特种设备安全监察条例》（中华人民共和国国务院令第 549 号），国家市场监督管理总局（以下简称市场监管总局）于 2016 年 6 月 6 日批准颁布了 TSG T7007—2016《电梯型式试验规则》（以下简称《电梯型规》）。《电梯型规》明确了电梯型式试验的原则、程序和要求，整机、主要部件及安全保护装置的试验内容、方法等，具体试验范围详见附录。2016 版《电梯型规》于 2016 年 7 月 1 日起实施。2019 年 10 月，针对斜行电梯型式试验工作需要，结合相关监管政策调整，市场监管总局制定并发布了电梯型规第 1 号修改单，增加了斜行电梯型式试验要求等，修改内容自 2020 年 1 月 1 日起施行。为进一步完善电梯型式试验工作，结合我国电梯典型故障和事故案例研究以及部分国家标准的修订情况，2020 年 7 月，市场监管总局

开始对 2016 版《电梯型规》进行修订，并于 2022 年 1 月 25 日发布 TSG T7007—2022《电梯型式试验规则》，并规定自 2022 年 7 月 1 日起开始实施 2022 版《电梯型规》。

1.3.1　型式试验实施依据

电梯检验检测机构在开展电梯整机及其安全保护装置、主要部件的型式试验时，必须遵守 TSG T7007—2022《电梯型式试验规则》中规定的试验项目、内容、要求与方法。

1.3.2　型式试验实施机构要求

（1）机构资质及人员资格。

型式试验机构应当经中华人民共和国国家市场监督管理总局核准，型式试验人员应当具有相应的特种设备型式试验人员资格。

（2）工作要求。

① 型式试验机构应当在其核准范围内，按照《电梯型式试验规则》中的要求进行型式试验；型式试验人员实施型式试验过程中，如发现异常或者特殊情况，可以参照相关标准增加试验项目，但应当征得申请单位同意，并且经本机构技术负责人批准。

② 型式试验样机（样品）及所提供相关资料涉及商业或者技术秘密的，型式试验机构应当按照申请单位要求予以保密。

③ 型式试验机构进行电梯型式试验所用的检测仪器设备和计量器具，应当按照有关规定，经检定或者校准合格，并且在有效期内。

1.3.3　型式试验实施流程

电梯型式试验工作程序，包括申请、抽样、技术资料审查、检查与试验、出具报告和证书、信息发布。

1.3.3.1　申请

申请单位向型式试验机构提出申请时，应当提交以下资料：

（1）《电梯型式试验申请表》。

（2）制造单位经营资质证明文件。

（3）境外制造单位在中国境内授权代理机构的经营资质和授权证明文件。

（4）产品型式试验要求中规定提供的技术资料。

申请单位应当在产品型式试验要求中规定的适用范围内提出型式试验证书的适用范围申请，并且提交适用产品与试验样机（样品）存在不同的有关技术资料。

型式试验机构收到申请单位申请资料后，应当对其所提交的资料进行确认，并且在 10 个工作日内做出是否接受申请的决定，同时予以书面回复。提交资料不全的，应当一次性告知补正。

1.3.3.2　抽样

样品由型式试验机构在申请单位内经自检合格的产品中随机抽取。

1.3.3.3　技术资料审查

型式试验机构应当按照《电梯型式试验规则》的要求，对申请单位提交的技术资料进行审查。

1.3.3.4 样机（样品）的检查与试验

型式试验机构应当按照《电梯型式试验规则》对样机（样品）进行检查与试验。

1.3.3.5 出具报告和证书

(1) 记录。

试验过程中，试验人员应当详细记录各个项目的试验情况及试验结果。有测试数据要求的项目应当记录实测数据；无测试数据要求的项目，应当用文字简单说明现场试验状况和结果。必要时，试验记录可以另列表格或者附图。

试验记录的项目及内容应当完整，并且具有可追溯性。其格式由型式试验机构统一制定，并在本机构正式发布使用。

(2) 结论判定。

型式试验结论应当按照以下要求判定：

① 所有适用项目都符合《电梯型式试验规则》要求的，判定为“合格”。

② 样机型式试验项目出现不合格时，在6个月之内完成整改、经复检符合《电梯型式试验规则》要求的，判定为“合格”；超过6个月未完成整改或者整改后经复检仍不符合《电梯型式试验规则》要求的，判定为“不合格”。

③ 样品型式试验项目出现不合格时，判定为“不合格”；其中技术资料审查等出现不合格时，按照本条第②项处理。

(3) 不合格项处理。

型式试验存在不合格项时，型式试验人员应当向申请单位出具《电梯型式试验意见书》。

(4) 报告和证书。

型式试验工作完成后，型式试验机构应当在15个工作日内向申请单位出具《特种设备型式试验报告（电梯）》。型式试验合格的，型式试验机构还应当同时出具《特种设备型式试验证书（电梯）》，此证书上应当给出根据申请单位的适用范围申请以及适用产品技术资料审查情况所确定的适用范围。型式试验不合格，申请单位需要重新进行型式试验的，应当向原型式试验机构提出申请。

型式试验报告和型式试验证书的内容、格式应当符合《电梯型式试验规则》的规定。

(5) 结果异议处理。

申请单位在收到《电梯型式试验意见书》《特种设备型式试验报告（电梯）》或者《特种设备型式试验证书（电梯）》后，对试验结果存在异议的应当在15个工作日内，向型式试验机构提出书面意见，型式试验机构应当在15个工作日内予以书面回复。对型式试验机构回复意见仍有异议的，申请单位可以向型式试验机构核准部门提出申诉。

1.3.3.6 信息发布

型式试验机构应当在出具《特种设备型式试验证书（电梯）》后5个工作日内，按照特种设备信息化管理的规定，及时将型式试验的有关数据输入特种设备信息化管理系统，并且对上传数据的真实性和正确性负责。

1.3.4 型式试验实施地点

(1) 整机。

电梯整机型式试验（以下简称整机试验）应当在制造单位或者型式试验机构的试验

井道（试验场地）内进行。

《超常规电梯参数表》中所列电梯或者仅为单个项目使用的结构特殊的电梯，确需在使用现场进行整机试验时，制造单位应当向使用单位明示，并且征得使用单位书面同意后向型式试验机构提出申请，经型式试验机构书面确认后，持《特种设备制造许可证》或者《特种设备行政许可受理决定书》（复印件加盖申请单位公章），按照规定办理施工告知，方可在使用现场安装 1 台用于型式试验的整机（用于型式试验的整机以下简称样机）。

型式试验完成后，制造单位应当进行全面检查，更换磨损的零部件并重新调试。

样机型式试验与安装监督检验过程中的性能试验可以同时进行，数据共享。安装监督检验报告应当在型式试验通过后出具。

（2）安全保护装置和主要部件。

安全保护装置和主要部件（以下统称样品）的型式试验应当在型式试验机构内进行。样品确需结合整机或者在制造单位试验场地内进行试验的，应当在型式试验报告中说明原因。

1.4　电梯监督检验与定期检验的实施要求

为了加强对曳引与强制驱动电梯、自动扶梯与自动人行道、液压电梯、消防员电梯和杂物电梯的安装、改造、维修、日常维护保养、使用和检验工作的监督管理，规范电梯安装、改造、重大维修、监督检验和定期检验行为，提高检验工作质量，促进电梯运行安全保障工作的有效落实，根据《特种设备安全监察条例》，国家市场监督管理总局从 2009 年开始陆续制定了《电梯监督检验和定期检验规则——曳引与强制驱动电梯》《电梯监督检验和定期检验规则——自动扶梯与自动人行道》《电梯监督检验和定期检验规则——液压电梯》《电梯监督检验和定期检验规则——消防员电梯》《电梯监督检验和定期检验规则——防爆电梯》《电梯监督检验和定期检验规则——杂物电梯》等规则，这些规则分别适用于电力驱动的曳引式与强制式电梯、自动扶梯与自动人行道、液压电梯、消防员电梯、防爆电梯和杂物电梯的安装、改造、重大维修监督检验和定期检验。2022 年 1 月，国家市场监督管理总局对以上 6 个规则进行修订，并将这 6 个规则合并成一个规则 TSG T7001—2023《电梯监督检验和定期检验规则》。电梯的生产（含电梯的设计、制造、安装、改造、维修、日常维护保养，下同）和使用单位，以及从事电梯监督检验和定期检验的特种设备检验检测机构，也应当遵守《电梯监督检验和定期检验规则》的规定。

1.4.1　电梯监督检验与定期检验的实施依据

2024 年 4 月 2 日之前，主要依据下列规则对相应电梯进行安装、改造、重大维修监督检验和定期检验。

（1）《电梯监督检验和定期检验规则——曳引与强制驱动电梯》。（TSG T7001—2009，含第 1 号修改单、第 2 号修改单和第 3 号修改单）

（2）《电梯监督检验和定期检验规则——消防员电梯》。（TSG T7002—2011，含第 1 号修改单、第 2 号修改单和第 3 号修改单）

（3）《电梯监督检验和定期检验规则——防爆电梯》。（TSG T7003—2011，含第 1 号修改单、第 2 号修改单和第 3 号修改单）

（4）《电梯监督检验和定期检验规则——液压电梯》。（TSG T7004—2012，含第 1 号修改单、第 2 号修改单和第 3 号修改单）

（5）《电梯监督检验和定期检验规则——自动扶梯与自动人行道》。（TSG T7005—2012，含第 1 号修改单、第 2 号修改单和第 3 号修改单）

（6）《电梯监督检验和定期检验规则——杂物电梯》。（TSG T7006—2012，含第 1 号修改单、第 2 号修改单和第 3 号修改单）

自 2024 年 4 月 2 日以后，我国电梯安装、改造、重大维修监督检验和定期检验的依据变更为 TSG T7001—2023《电梯监督检验和定期检验规则》。

1.4.2 电梯监督检验与定期检验的实施范围

电梯监督检验适用于曳引与强制式驱动电梯、自动扶梯和自动人行道、液压电梯、消防员电梯、杂物电梯、防爆电梯等的安装、改造或重大维修过程。由于发生自然灾害或者设备事故而使其安全技术性能受到影响的电梯以及停止使用 1 年以上的电梯，再次使用前，应当按照定期检验的规定进行检验。

电梯定期检验适用于曳引与强制式驱动电梯、液压电梯、自动扶梯和自动人行道、杂物电梯、防爆电梯和消防员电梯等每年 1 次的年度检验。对于在 1 个检验周期内特种设备安全监察机构接到故障实名举报达到 3 次以上（含 3 次）的电梯，并且经确认上述故障的存在影响电梯运行安全时，特种设备安全监察机构可以要求提前进行维护保养单位的年度自行检查和定期检验。

1.4.3 电梯监督检验与定期检验的实施流程

（1）直梯的监督检验及定期检验流程如下：

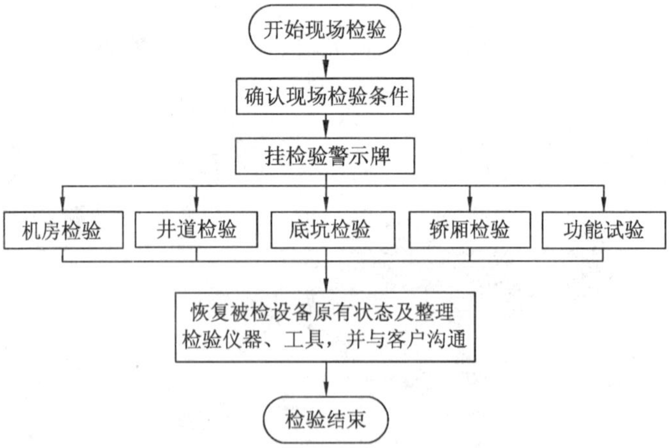

（2）自动扶梯与自动人行道监督检验及定期检验流程如下：

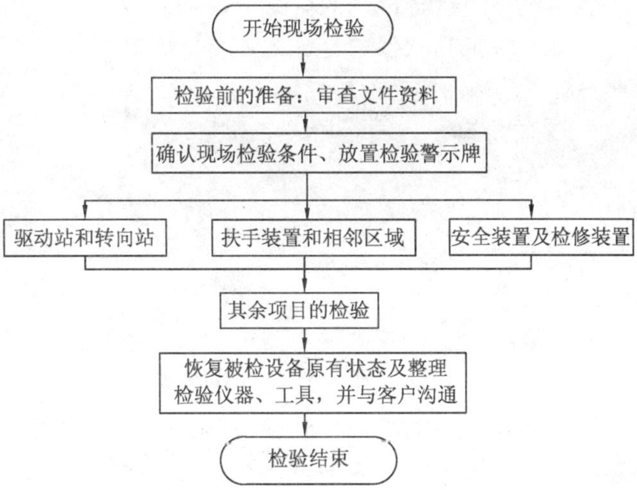

1.5 检验仪器设备

1.5.1 检验检测仪器设备技术要求

型式试验机构和监督检验、定期检验机构的检验人员进行电梯型式试验与检验检测所需的检验设备、仪器仪表、计量器具和检测工具等，必须按照法律、法规规定，经计量检定合格，且在有效期内，才可使用其进行检验；如超过有效期限，需重新对其进行计量才能继续使用，其测量精度应当满足以下要求：

（1）质量、力、距离（长度）、时间和速度的测量精度为±1%。

（2）加速度、减速度的测量精度为±2%。

（3）电压、电流的测量精度为±5%。

（4）温度的测量精度为±5 ℃。

（5）流量的测量精度为±2.5%。

（6）压力的测量精度为：

① 压力不大于 200 kPa 为±1%。

② 压力大于 200 kPa 为±5%。

（7）记录设备应能实现检测到 0.01 s 变化的信号。

1.5.2 专用检验检测仪器设备

1.5.2.1 EVA-625 电梯运行质量分析仪

EVA-625 电梯运行质量分析仪（图 1-1）是一种高精度检测加速度和音量的记录仪，该仪器已被设计成记录电梯、自动扶梯振动和声音的综合仪器，其基本组成是三维加速度单元、噪声采集单元、内部电路（数字和模拟）、单色液晶显示单元、输入单元、远程触发系统和电力支持系统等。该分析仪设计可靠、严密、人性化，且测量精度高、操作便捷。

EVA-625 电梯运行质量分析仪也是一个软件和硬件的合成系统，它能够记录和分析电梯或自动扶梯的振动情况，随后将记录的信息下载至 PC，使用随机提供的电梯振动分析工具软件进行分析，其分析结果为以下三个主要领域提供精确而完整的信息：

（1）电梯或自动扶梯质量监控、质量管理、质量改进、质量检验。

（2）电梯或自动扶梯安装、调试、校验、维护和故障预测、分析、诊断、排除。

（3）电梯或自动扶梯新产品开发、调研、分析、设计、研制。

图 1-1 EVA-625 电梯运行质量分析仪

EVA-625 附加上最新的 850 软件，在所有的操作系统上都提供支持，它的分析能力相当出众，测量的速度、加速度、加加速度、冲击、噪声等参数可同时显示于一个界面，而且可以同时测量 3 轴，其储存内存甚至长达 700 s，可以满足一次性测量 20 多台普通电梯，因此可以不必携带笔记本电脑到工作现场，同时它提供与 ISO 18738 标准比对的数据，各个对比参数均符合国际标准。该分析仪具有的主要用途如下：

（1）量化电梯或扶梯 ISO 承运质量。

（2）测量加速度、减速度、速度和跳动。

（3）辨别与定位钢轨和接头的对正度。

（4）诊断坏的滚柱导轨。

（5）文件记录技术改进前后的变化。

（6）评估安全钳和缓冲器测试。

（7）排除滑轮、吊绳和配重的故障。

（8）评估驱动和控制功能。

（9）记录电梯的性能基准。

（10）每年的电梯运行比较。

目前迅达电梯、OTIS 电梯已将 EVA-625 系统作为其全球指定电梯运行质量检测标准，上海三菱电梯、日立电梯、蒂森电梯、广日电梯等许多国内著名电梯厂家也开始采用该系统进行检测，另外，国内一些检验检测机构、质量技术监督局等也开始采用此系统作为检验检测标准。

图 1-2 TCK 电梯专用钢丝绳无损探伤仪

1.5.2.2 电梯专用钢丝绳无损探伤仪

钢丝绳是电梯设备中十分重要的“高度危险构件”，其使用状况直接关系到乘客的生命、财产安全。长期以来，由于缺少科学可靠的检测设备，电梯钢丝绳的安全监控一直是电梯安全管理中的“盲点”，甚至成为危及乘客生命安全的重大“危险源”。我国将世界先进的弱磁传感器检测技术应用于无损探伤领域，率先在国内推出 TCK 电梯专用钢丝绳无损探伤仪（图 1-2），有效地解决了困扰电梯安全管理的一大难题，实现了高科技、实用性与微型化的完美结合。该仪器采用巡回便携检测方式，通过与笔记本式计算机的串口对接，实现人机数据交换。该仪器操作简单，完全不受起降速度与载荷大小的影响，可一次对多条钢丝绳内外部断丝、磨损、锈蚀、疲劳等各种损伤同时进行定性、定量、定位检测，检测结论翔实、清晰，损伤点定位准确，为电梯钢丝绳安全运行提供了高科技保障。电梯专用钢丝绳无损探伤仪主要具有如下功能特点：

（1）定量检测钢丝绳内外部的断丝、磨损、锈蚀、疲劳、变形、松股、跳丝等各种损伤，评估被测钢丝绳的剩余承载能力、安全系数和使用寿命。

（2）有效适应电梯钢丝绳的排列特点，能对多根钢丝绳进行同时检测，效率高。

（3）使用范围广，不仅能满足普通用户的检测需求，而且能为专业人士提供分析方法、手段。

（4）在线检测不受速度影响，检测绳速最高可以达到 20 m/s，且不受被测钢丝绳振动、抖动影响，设有自动标定功能，确保检测结果真实、准确。

（5）传感器灵敏度高，仪器可靠性强，在温度为－35～＋75 ℃、相对湿度≤95％RH下不会产生温漂现象。

（6）采用简约设计、线性逻辑滚动界面切换、提示性人机对话、智能化内嵌程序，操控简易便捷。

（7）与便携式计算机连接，配置专用处理软件，检测数据分析、显示、储存、打印、建档等处理一次完成，并可实现即时查阅检测数据、波形图表、分析报告等检测结果。

电梯专用钢丝绳无损探伤仪现已被国内外电梯制造、电梯维保、特检单位广泛应用于客运、货运电梯钢丝绳的检测。如日本 OTIS 电梯公司与钢丝绳检测技术方面最先进的 TCK 公司合作，开始批量采购 TCK-DT 系列钢丝绳探伤设备，将其应用于电梯制造、维保等钢丝绳检测中。目前市场上的电梯专用钢丝绳无损探伤仪有 TCK-DT 系列、北京 STC 系列等。

1.5.2.3　ADIASYSTEM（电梯诊断检测系统）

如图 1-3 所示，ADIASYSTEM（Advanced Diagnosis System for Elevators，又称先进的电梯诊断检测系统）是德国的 TUV 公司于 1990 年开发出的一套专门用来检测电梯设备的方法。

图 1-3　ADIASYSTEM

ADIASYSTEM 是一个专家系统软件程序，可安装在普通的便携式计算机上，通过便携式计算机标准接口与特殊的电子传感器一起使用而成为一种智能的检测工具，所有的硬件可放在一个工具箱内，数据采集、存储、分析全部由计算机进行，实现全数字化检测。该系统不仅适用于曳引式电梯、液压电梯等直梯的检测，而且适用于扶梯的检测。

ADIASYSTEM 是通过一种精确的可定量的测量手段替代规定的负载测试，得到的结果可以很清楚地与所需要的规则标准值相比较，并为检测专家提供重要的附加信息。其通过软件把测试结果转化为图形和图表，并把全部信息储存在硬盘中。典型的 ADIASYSTEM 测试程序在空的电梯轿厢上操作，替代负载测试，主要包括验证渐进式安全钳的正确设置（安全钳测试）、曳引力测量和液压电梯的平层校正测试。其最初设计的特征就是强调电梯的安全性能方面，随着时间的推移，附加的诊断工具又被综合到了软件中，如软件新增了数字滤波功能，而硬件也新增了两种传感器等，从而使其特色不仅包括电梯的安全方面，而且扩大到了电梯的质量、有效性、运行舒适性等方面。当前，ADIASYSTEM 测试系统还可以进行新装电梯的认可测试、电梯和安全部件的类型认可、自动扶梯和自动人行道的检查等，同时也可为任何垂直的运输装置给出专业的评价。

ADIASYSTEM 可对直梯和自动扶梯进行速度、加（减）速度、距离、轿厢质量、时间、卷帘门闭合力、振动、电梯门闭合力、安全钳测试、电梯门撞击速度与动能、曳引力测试、电压、平衡测试、微小位移等多项功能进行检测，同时还可对液压电梯进行压力电梯平层测试。ADIASYSTEM 的测试功能如图 1-4 所示。

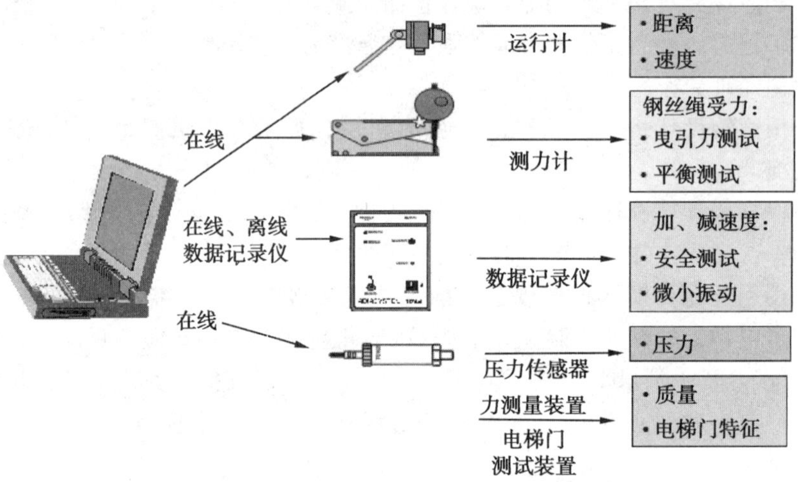

图 1-4　ADIASYSTEM 的测试功能

1.5.3　通用检验检测仪器设备

1.5.3.1　绝缘电阻测试仪

绝缘电阻测试仪俗称兆欧表或称摇表、高阻计等，广泛用于测量发电机、马达、电源变压器、配线、电器和其他电气装置（如控制、信号、通信和电源的电缆）的绝缘电阻。绝缘电阻测试仪的工作原理是通过一个电压激励被测装置或网络，测量激励所产生的电流，然后利用欧姆定律测量出电阻。绝缘电阻测试仪主要由三部分组成：直流高压发生器（用以产生一直流高压）、测量回路和显示装置。

（1）直流高压发生器。在测量绝缘电阻时，必须在测量端施加一高压，此高压值在绝缘电阻表国标中规定为 50 V、100 V、250 V、500 V、1 000 V、2 500 V、5 000 V 等多种选择。直流高压的产生通常有三种方法：

① 手摇发电机式，目前我国生产的兆欧表约 80%是采用这种方法（摇表名称来源）。

② 通过市电变压器升压，整流得到直流高压，一般市电式兆欧表采用这种方法。

③ 利用晶体管振荡式或专用脉宽调制电路来产生直流高压，电池式和市电式的绝缘

电阻表采用这种方法。

（2）测量回路和显示装置。绝缘电阻测试仪中，测量回路和显示装置是合二为一的，通常由一个流比计表头来完成。这个表头由两个夹角为 60°的线圈组成，其中一个线圈并在电压两端，另一线圈则是串在测量回路中，表头指针的偏转角度取决于两个线圈中的电流比，不同的偏转角度代表不同的阻值，测量阻值越小则串在测量回路中的线圈电流越大，那么指针偏转的角度越大。另一个方法是用线性电流表作为测量和显示。前面用到的流比计表头中，由于线圈中的磁场是非均匀的，当指针在无穷大处时，电流线圈正好在磁通密度最强的地方，所以尽管被测电阻很大，流过电流线圈的电流却很小，此时线圈的偏转角度会较大。当被测电阻较小或为 0 时，流过电流线圈的电流较大，线圈已偏转到磁通密度较小的地方，由此引起的偏转角度也不会很大，这样就达到了非线性的矫正。但一般的兆欧表表头的阻值显示需要跨几个数量级，若将线性电流表表头直接串入测量回路中，在高阻值时的刻度全部挤在一起，无法分辨，为了能够达到非线性矫正，就必须在测量回路中加入非线性元件，从而达到在小电阻值时产生分流、在高电阻时不产生分流的作用，使阻值显示达到几个数量级。

在测量前，需明确被测物的绝缘电压等级，并且兆欧表的电压等级应高于被测物的绝缘电压等级。如测量额定电压在 500 V 以下的设备或线路的绝缘电阻时，可选用 500 V 或 1 000 V 兆欧表；测量额定电压在 500 V 以上的设备或线路的绝缘电阻时，应选用 1 000～2 500 V兆欧表；测量绝缘子时，应选用 2 500～5 000 V 兆欧表。一般情况下，测量低压电气设备绝缘电阻时，可选用 0～200 MΩ 量程的兆欧表。

随着电子技术及计算机技术的发展，指针式绝缘电阻测试仪（图 1-5）正有逐步被数字式绝缘电阻测试仪（图 1-6）所取代的趋势。

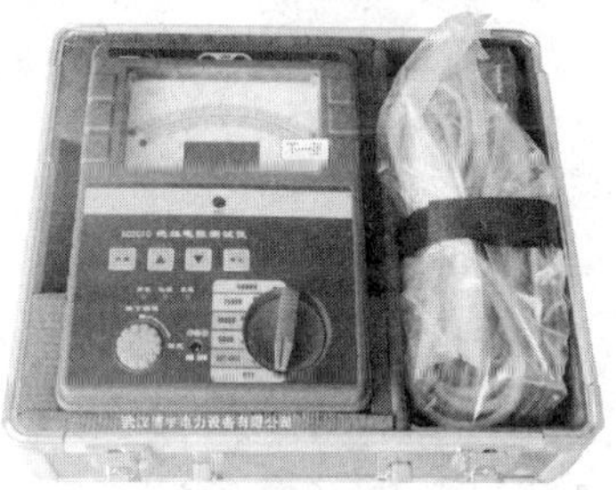

图 1-5 指针式绝缘电阻测试仪

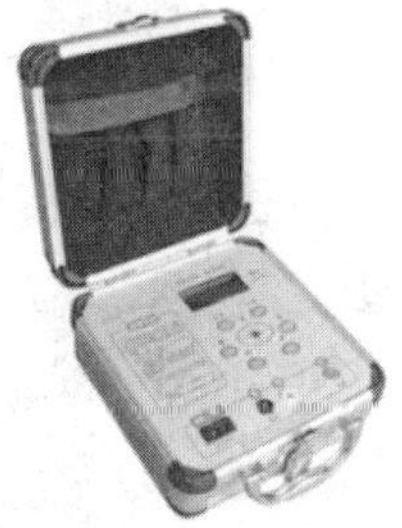

图 1-6 数字式绝缘电阻测试仪

1.5.3.2 电梯速度计

电梯速度计俗称转速表，是一种小型轻便、用干电池供电的手提式测速仪器，用于电梯的调整、维修保养工作。通常只要将电梯速度计的周速环与运行中的电梯的曳引轮或钢丝绳轻轻地接触，就可测出电梯的速度，也可以用同步按钮或用外部信号进行同步操作，如果装上调速器开关，也能同步显示调速器工作时的速度。电梯速度计的常用附件如表 1-2 所示。

表 1-2　电梯速度计的常用附件

周速环（宽幅）KS-400	周速环（窄幅）KS-500	周速环（橡胶宽幅）KS-0800

转速接触杆 KS-300	转速接触杆用延长杆 EC-0924	外部保持信号检测开关 EC-001A
		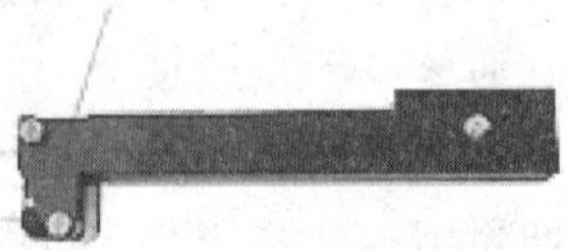

现在市面上有 EC-2100、EC-900 系列电梯速度计。其中，EC-2100 系列的测量范围可达到 2 000 m/min，计算时间可缩短为 EC-900 的 1/10，达到 10 ms，不仅可用于高速电梯的速度与转速测量，同时还可以对自动扶梯的急停距离进行测量。

（1）电梯速度测量（图 1-7）。将电梯速度计的周速环轻轻接触曳引机的曳引绳或曳引滑轮，仪器表面显示窗口数值即为测量结果。如果利用仪器的保持按键或外部输入保持信号，还可分别测量并表示不同时机的速度数据，并对其最大值进行数据保存。

（2）自动扶梯急停距离测量（图 1-8）。如果使用电梯速度计对自动扶梯急停距离进行测量，可选用触发装置。将该装置的端子分别连接到自动扶梯与电梯速度计上，按动触发装置的按键，自动扶梯急停，同时电梯速度计开始测量，测量停止 2 s 后测量值将被锁定保持，以防数据丢失或出错。若不选用触发装置，利用电梯速度计的保持按键控制测量的开始与停止，也可完成测量。

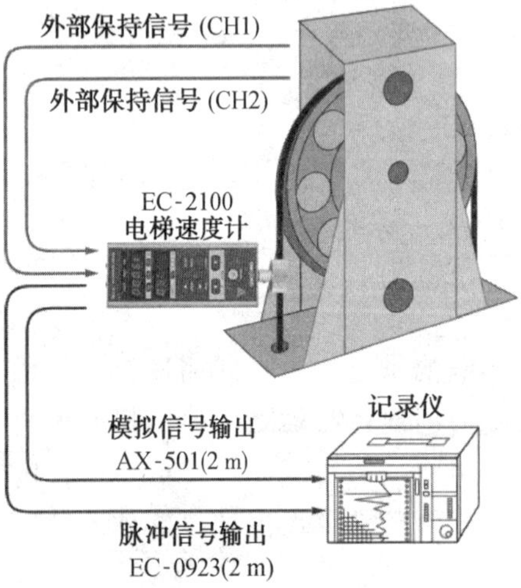

图 1-7　电梯速度测量

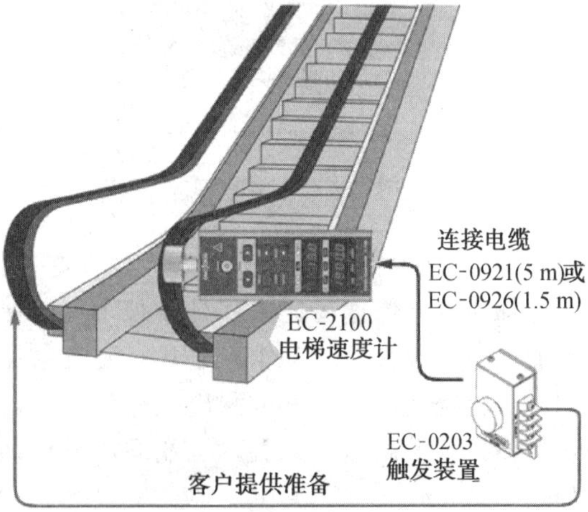

图 1-8　自动扶梯急停距离测量

1.5.3.3　示波记录仪

示波记录仪简称示波器，是一种用途十分广泛的电子测量仪器，它能把肉眼看不见的电信号变换成看得见的图像，便于人们研究各种电现象的变化过程。示波器利用狭窄的、高速电子组成的电子束，打在涂有荧光物质的屏幕上，就可产生细小的光点。在被测信号的作用下，电子束就好像一支笔的笔尖，在屏幕上描绘出被测信号瞬时值的变化曲线。示波器不仅能观察各种不同信号幅度随时间变化的波形曲线，而且可以用它测试各种不同的电量，如电压、电流、频率、相位差等。

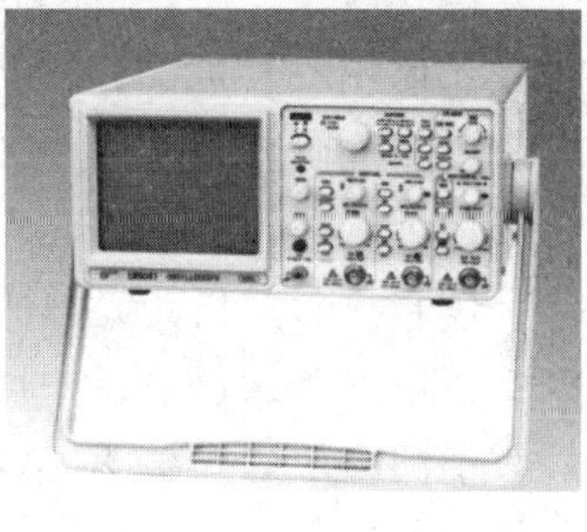

图 1-9　数字示波器

示波器分为模拟和数字两种类型。模拟示波器采用的是模拟电路（示波管，其基础是电子枪），电子枪向屏幕发射电子，发射的电子经聚焦形成电子束，并打到屏幕上，屏幕的内表面涂有荧光物质，这样电子束打中的点就会发出光来。数字示波器（图 1-9）是通过数据采集、A/D 转换、软件编程等一系列的技术制造出来的高性能示波器，它不仅支持多级菜单，而且能提供给用户多种选择和分析功能。如果做进一步划分，数字示波器可以分为数字存储示波器（DSO）、数字荧光示波器（DPO）和采样示波器等。数字示波器和模拟示波器各有其优缺点，如表 1-3 所示。

表 1-3　数字示波器和模拟示波器的优缺点

类型	优　点	缺　点
模拟示波器	① 操作控制简单易懂；② 能实时调整即时更新显示；③ 对垂直灵敏度、时基扫描速度、跟踪位置以及触发电平等常用调节可以进行直接专门控制；④ 价格低	① 精度低；② 显示闪烁并且（或者）显示模糊；③ 无预触发观测能力；④ 带宽局限于一定范围之内；⑤ 测量能力较弱
数字示波器	① 显示可存储；② 测量精度高；③ 亮度高，在任何虚拟水平扫描速度下聚集都很好；④ 有预触发观测能力；⑤ 具备峰值、毛刺检测能力；⑥ 自动测量；⑦ 可与计算机、打印机、绘图仪连接；⑧ 具有波形运算能力、波形数学函数运算功能；⑨ 有平均和无限余辉显示模式；⑩ 自校准	① 价格高；② 操作复杂

模拟和数字示波器都能够胜任大多数场合的应用，但对于一些特定应用，由于两者具备的不同特性，每种类型都有适合和不适合的地方。因此选用示波器时除了考虑上表中两者各自的优缺点外，还需要考虑所需用到的带宽、通道数、储存深度等参数。现代技术的发展使数字示波器功能更强、响应更快，而且价格也逐渐降低，这些优势使得模拟示波器很难与先进的数字示波器相匹敌。

图 1-10　照度计

1.5.3.4　照度计

照度计（或称勒克斯计，图 1-10）是一种专门测量光度、亮度，也就是测量光照强度（照度——物体被照明的程度，即物体表面所得到的光通量与被照面积之比）的仪器仪表。照度计可测出不同波长的强度（如对可见光波段和紫外线波段的测量），向人们提供准确的测量结果。

照度计按光电转换器件来区分，主要有硅（硒）光电池照度计和光电管照度计。其照度值可由数字显示或指针指示，但是无论何种照度计，均由光度探头、测量或转换线路以及示数仪表等组成。为了便于测量和提高测量精度，对照度计进行选型的要求和特点有：

（1）体积小、重量轻。照度计的使用非常广泛，可应用在不同的场所，因此，可携带式、体积小、重量轻型照度计成为首选。

（2）准确度高。照度计的良莠和它的准确度有绝对的关系，一般以误差不超过±15%为宜。

（3）色彩补偿。光源的种类包罗万象，有些偏重波长较长的红色系（如高压灯），或波长较短的蓝紫色系（如日光灯），也有分布比较平均的（如白炽灯泡系列）。同一照度计对不同的波长光源的灵敏度可能略有不同，因此，适度的补偿非常有必要。

（4）余弦补偿。受照面的亮度与光源的入射角度有关，在用照度计做测量时，感应器与光源入射角度自然会对照度计的读数值有影响，所以照度计最好选择有余弦补偿功能的。

1.5.3.5 钳形电流表

钳形电流表由电流互感器和电流表组合而成，是一种不需要断开电路就可以直接测量电路中电流大小的便携式仪表，其最大的益处就是可以测量大电流而无须关闭被测电路，对电气设备检修、检测非常方便，能够及时了解设备的工作情况，但具有测量精度比较低的缺点，通常为2.5～5级。

钳形电流表的分类种类繁多。根据读数显示方式分类，钳形电流表包括指针式钳形表（图1-11）和数字式钳形表（图1-12）两类；根据测量电压分类，钳形电流表包括低压钳形表和高压钳形表两类；根据功能分类，钳形电流表包括普通交流钳形表、交直流两用钳形表（图1-13）、漏电流钳形表（图1-14）、带万用表的钳形表等；根据工作原理分类，钳形电流表包括磁电式钳形表和电磁式钳形表两类，其中测量工频交流电的是磁电式钳形表，而电磁式钳形表为交直流两用式等。

图1-11 指针式钳形表

图1-12 数字式钳形表

图1-13 交直流两用钳形表

图1-14 漏电流钳形表

普通钳形表只能用来测量交流电流，不能测量其他电参数。为了使用方便，现在市面上的钳形表内还有不同量程的转换开关，可供测量不同等级电流和电压。数字式钳形表的工作原理与指针式钳形表基本一致，不同的是数字式钳形表采用液晶显示屏显示数字结果，其最大的特点是没有读数误差，能够记忆测量结果，可以先测量后读数。

1.5.3.6　声级计

声级计（图 1-15）又叫噪声计，是一种用于测量声音的声压级或声级的仪器，是最基本的噪声测量仪器，通常在把声信号转换成电信号时，可以模拟人耳对声波反应速度的时间特性，对高低频有不同灵敏度的频率特性。噪声的测量结果有 A、B、C 三种计权（又叫加权）表示方式（计权参数是在对频响曲线进行了一些加权处理后测得的参数，以区别于平直频响状态下的不计权参数），根据所使用的计权网不同，分别称为 A 声级、B 声级和 C 声级，其单位分别记作 dB（A）、dB（B）和 dB（C），一般用 A 计权声级方式表示。

图 1-15　声级计

（1）声级计工作原理。声级计通常由电容式传声器、前置放大器、衰减器、放大器、频率计权网络以及有效值指示表头等组成，通过传声器将声音转换成电信号，再由前置放大器变换阻抗，使传声器与衰减器匹配。放大器将输出信号加到计权网络，对信号进行频率计权（或外接滤波器），然后再经衰减器及放大器将信号放大到一定的幅值，送到有效值检波器（或外接电平记录仪），在指示表头上给出噪声声级的数值。

（2）声级计的分类。根据声级计整机灵敏度可将声级计分为两类：一类是普通声级计，它对传声器要求不太高，动态范围和频响平直范围较狭窄，使用时一般不配置带通滤波器；另一类是精密声级计，其传声器要求频响宽，灵敏度高，长期稳定性好，且能与各种带通滤波器配合使用，放大器输出可直接和电平记录器、录音机相连接，可将噪声信号显示或贮存起来。

按照声级计的用途也可将其分为两类：一类用于测量稳态噪声，另一类用于测量不稳态噪声和脉冲噪声。近年来，又将声级计分为四类，即 0 型、1 型、2 型和 3 型，它们的精度分别为±0.4 dB（A）、±0.7 dB（A）、±1.0 dB（A）和±1.5 dB（A）。

1.5.3.7　推拉力计

推拉力计是一种用于推力及拉力测试的力学测量仪器，广泛应用于高低压电器、电子、五金制锁、汽车配件、打火机及点火装置、制笔、轻工、建筑、渔具、纺织、化工、机械、IT 等行业，以及科研机构做拉压负荷、插拔力测试和破坏性试验等。通常推拉力计可分为图显式推拉力计、指针式推拉力计、数显式推拉力计等。

指针式推拉力计（图 1-16）具有指针指示、体型轻巧、易于携带、操作简单且精度较高等特点，同时在测试时能进行峰值保持和连续负荷指示自由切换，而且在显示面板上能显示牛顿和千克力两种单位（单位也可定制）数值，如 AK（kgf）、AN（N）和 NK（kgf 和 N）等单位刻度板，而无须进行特殊的单位换算，从而使测量结果读数方便、快捷、可靠。

数显式推拉力计（图 1-17）是高精度小型便携式推拉负荷测试仪器，可连接计算机测试，计算机上同步显示测试力曲线图及测试过程中详细的测试力的记录，并可保存、打印，做各种分析，输入速度、面积还可显示位移、压强等参数，并且还具有以下特点：

（1）精度高，分辨率高，稳定性高。

（2）多种测试模式、显示方式可供选择，可最大程度提高测试效率。

（3）有 N、kgf、lbf 三种计测单位可供选择、相互换算。

（4）可自行输入使用地的重力加速度精确值，使测试及单位换算更精确。

（5）具有峰值保持、自动解除功能。

（6）具有比较统计、数据输出功能。

图 1-16　指针式推拉力计

图 1-17　数显式推拉力计

1.5.3.8　硬度计

硬度是衡量金属材料软硬的一个指标，通常用硬度值这个物理量来表示，表征着材料的弹性、塑性、形变、强化率、强度和韧性等一系列不同物理量组合的一种综合性能。常用的有里氏硬度（HL）、布氏硬度（HB）、洛氏硬度（HR）、邵氏硬度（HA）、维氏硬度（HV）、韦氏硬度（HW）、巴氏硬度（HBa）等多种表示方法。硬度计是测定材料硬度值的仪器，通常可根据材料、名称、类型和显示方式等对硬度计进行分类，如表 1-4 所示。

表 1-4　硬度计的分类

分类方法	硬度计名称
按材料分类	金属硬度计、橡胶硬度计、石材硬度计、水果硬度计
按名称分类	里氏硬度计（图 1-18）、布氏硬度计（图 1-19）、洛氏硬度计（图 1-20）、邵氏硬度计（图 1-21）、维氏硬度计、肖氏硬度计、韦氏硬度计、巴氏硬度计
按类型分类	便携硬度计（手提式硬度计）、台式硬度计、多功能硬度计、超声波硬度计、视觉硬度计
按示值显示分类	数显硬度计、指针硬度计、读值查表硬度计

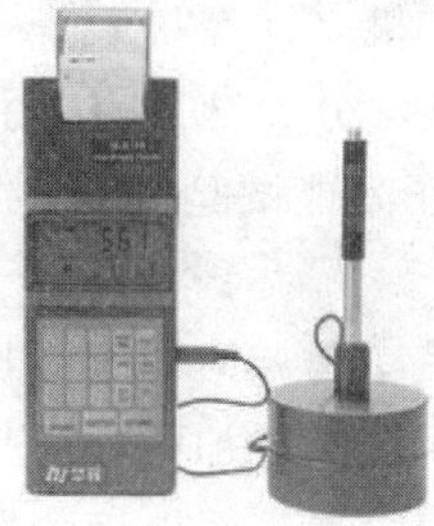

图 1-18 里氏硬度计

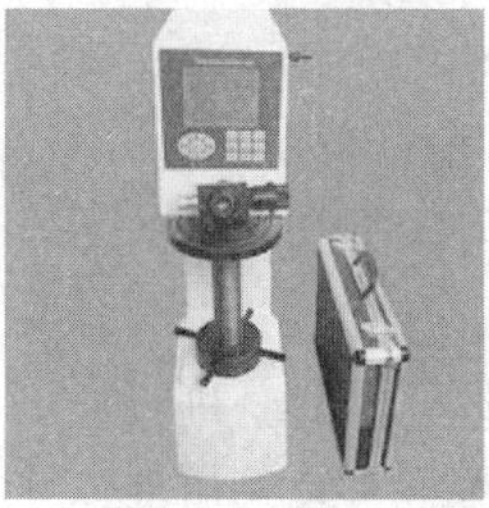

图 1-19 布氏硬度计

图 1-20 洛氏硬度计

图 1-21 邵氏硬度计

里氏硬度计是当今使用较为广泛的一种测量金属材料硬度的仪器，通过压入和回跳硬度值组合的一种测试方式，从结构上有它独特而又广泛的实用性，尤其是在测试大、中型尺寸且形状复杂的工件及模具的硬度值与失效分析方面，具有其他类型硬度计不可替代的优势。在电梯行业内，通常采用便携式里氏硬度计来进行曳引轮、导轨等材料的硬度测量。邵氏硬度计又叫橡胶硬度计，可用来测试滚轮和导靴等的硬度。

1.5.3.9 功率分析仪

功率分析仪也称电参数分析仪，是一种测量用电功率和其他电参数（如电压、电流、功率因数等）的一种仪器，其不仅适用于发动机、马达、电机、变压器等功率转换装置的电机效率和总效率的测量，而且适用于对电网运行质量进行监测及分析，提供电力运行中的谐波分析及功率质量分析。通常功率分析仪主要由电压/电流采样电路、微处理器运算电路、显示/键盘电路、USB/RS232C/RS485 通信电路、PC 端软件、电源电路等组成。

功率分析仪按照接入电路的相数可分为三相功率分析仪和单相功率分析仪。当今市面上常用的三相功率分析仪有 HIOKI3390 功率分析仪（图 1-22）、横河 WT3000 高精度功率分析仪（图 1-23）、美国思创的单相/三相通用功率分析仪（2551/2553）及 Fluke Norma 高精度功率分析仪；而单相功率分析仪主要有 PM100、PA2200A 单相功率分析仪（图 1-24）等型号。

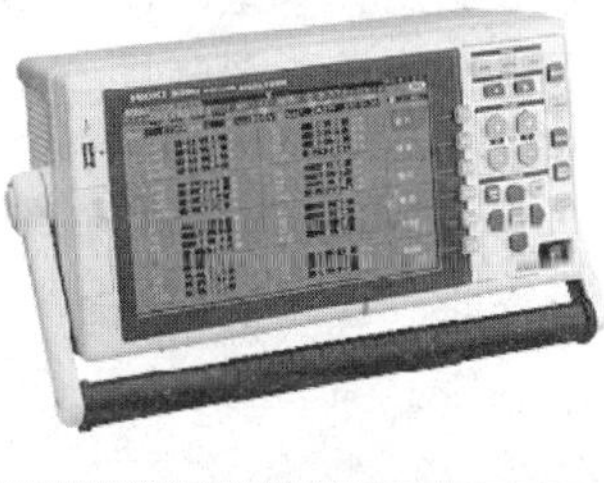

图 1-22 HIOKI3390 功率分析仪

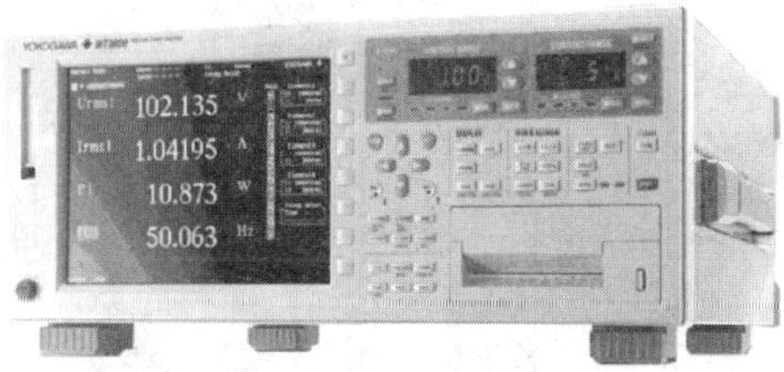

图 1-23 横河 WT3000 高精度功率分析仪

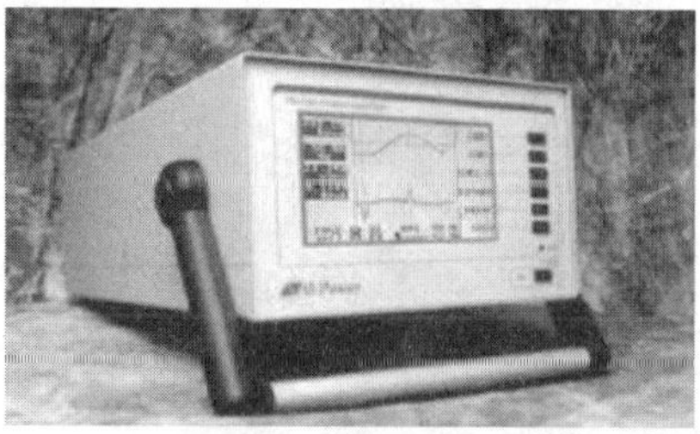

图 1-24 PA2200A 单相功率分析仪

1.5.3.10 万能材料试验机

万能材料试验机也叫万能拉力机或电子拉力机，是现代电子技术与机械传动技术相结合的产物，可对各种材料进行拉伸、压缩、弯曲、剥离、剪切等多项性能试验。

万能材料试验机主要是由测量系统、驱动系统、控制系统及计算机（计算机系统型拉力试验机）等结构组成。根据动力驱动源的不同，万能材料试验机可分为液压万能材料试验机（简称液压万能试验机）和电子式万能材料试验机（简称电子万能试验机）。

（1）液压万能材料试验机。

液压万能材料试验机采用高压液压源为动力源，另可分别采用手动阀、伺服阀或比例阀等作为控制元件进行控制。普通液压万能材料试验机只能人工手动实现加载，属于开环控制系统，受价格因素的影响，测力传感器一般采用液压压力传感器。而电液伺服类万能材料试验机则是采用伺服阀或比例阀作为控制元件进行控制，国内有些厂家亦已经采用高精度负荷传感器来进行测量。

液压万能材料试验机试验速度较低，操作较为简易，价格便宜，控制精度较低，主要用于金属、非金属材料和零件、部件、构件的拉伸、压缩、弯曲等力学性能试验。液压万能材料试验机是工矿企业、建筑建材、质检中心、水利水电、桥梁工程、科研院所、大专院校力学试验室理想的试验设备。

（2）电子式万能材料试验机。

电子式万能材料试验机主要采用伺服电机作为动力源，丝杠、丝母作为执行部件，实现试验机移动横梁的速度控制。在传动控制上，目前主要有同步带和减速机两种形式。

电子式万能材料试验机试验速度可在 0.001～1 000 mm/min 范围内调整，速比可达 100 万倍之多，试验行程可按需要而定，同时具有测力精度高、体积小、重量轻、空间大等优点，而且可方便加配相应装置来做各项材料力学试验，真正做到了一机多用。

电子式万能材料试验机能自动检测出材料的最大力值、屈服力值、断裂力值及最大伸长量、屈服伸长量。而根据 GB、JIS、ASTM、DIN 等标准可自动求出材料的抗拉强度、屈服强度、断裂强度、最大伸长率、屈服伸长率、断裂伸长率、定伸长应力、定应力伸长、弹性模量等参数。

在电梯业内，万能材料试验机可对电梯瞬时式安全钳、线性蓄能型缓冲器、绳头组合、扶手带、梯级链条等进行压缩、拉伸试验，如 SHT4605（图 1-25）、SHT4206 液压万能材料试验机等。

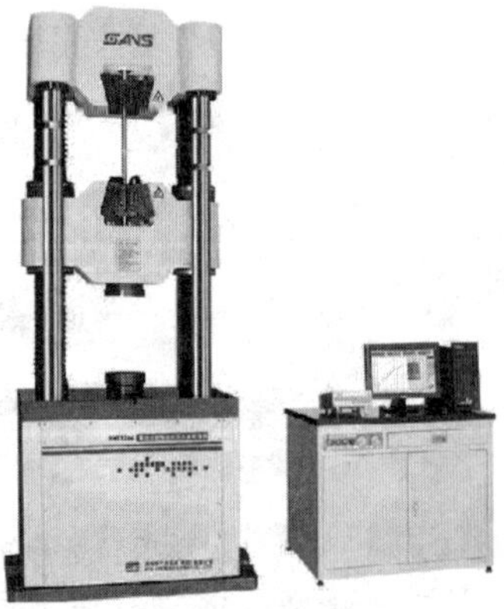

图 1-25　SHT4605 液压万能材料试验机

图 1-26　高低温交变湿热试验箱

1.5.3.11 高低温交变湿热试验箱

高低温交变湿热试验箱（图 1-26）是用来考核和确定电工、电子产品或材料在温度循环变化，产品表面产生凝露的湿热环境条件下贮存和使用的适应性。通常按照国家标准要求或用户自定要求，在低温、高温、高温高湿及其循环变化条件下，对产品的物理以及其他相关特性进行环境模拟测试，测试后，通过检测来判断产品的性能是否仍然能够符合预定要求，从而为产品设计、改进、鉴定及出厂检验提供可靠的依据。

高低温交变湿热试验箱主要由箱体、制冷系统、加热系统、加湿系统、空气循环系统以及控制系统组成。箱体的外壳采用冷轧钢板静电喷塑，内胆采用优质不锈钢板，并且设大面积观察窗，配有观察灯，使用户可以清晰地看到试样的试验情况。箱体采用理想的温湿度控制方式——平衡调温调湿方式，因而可自动获得高温、高湿度气候试验环境，而且用户可自定义温湿度控制曲线来进行温湿度试验，同时使升温、降温、加湿、去湿相对独立。

注：在试验过程中，采用强迫空气循环来保持工作室内温度的均匀性。为限制辐射影响，设备内壁各部分温度与试验规定的温度之差不大于 8%，且试验样品不会受到设备内加热与冷却元件的直接辐射。

1.5.3.12 防尘试验箱

CLM-SC 防尘试验箱（图 1-27）主要用来检测机械、电器、电子、电化学和机电设备暴露于干沙或充满尘土的大气的作用下的抵抗能力及能否储存和运行。通常可采用人工模拟沙尘环境来检验试验品的防尘能力。该试验设备不但能提供非层流状的载尘垂直循环气流，而且可以提供一个自下而上的悬浮状态的载尘状态，粉尘可以在试验箱内循环使用，可满足 GB/T 2423.37—2006《电工电子产品环境试验　第 2 部分：试验方法　试验 L：沙尘试验》、GB 4208—2008《外壳防护等级（IP 代码）》、GB/T 4942.2—1993《低压电器外壳防护等级》、GB 7000.1—2007《灯具　第 1 部分：一般要求与试验》和 GB 12085.6—2010《光学和光学仪器　环境试验方法　第 6 部分：砂尘》等国家标准。

防尘试验箱主要由技术参数、箱体结构、粉尘预热系统、电路控制系统、保护系统等五个功能部分所组成，其中主要技术参数包含金属筛网标称线径、气流速度、连续（周期）吹尘任意选择时间设定、砂尘浓度、试验用尘、振动时间等。

图 1-27　CLM-SC 防尘试验箱

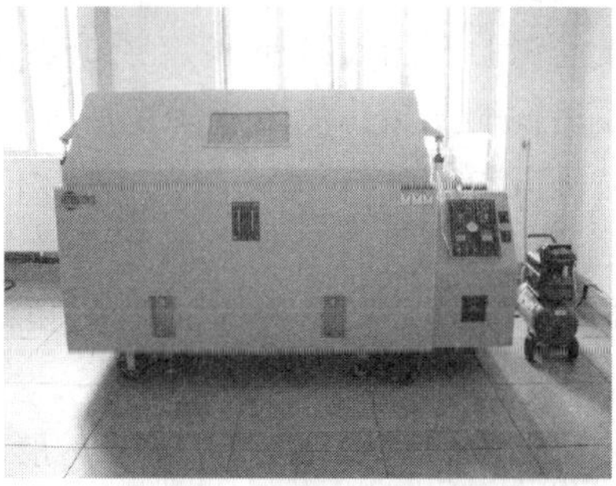

图 1-28　YWX-280 盐雾试验箱

1.5.3.13 盐雾试验箱

YWX-280 盐雾试验箱（图 1-28）主要用来考核材料及其防护层抗盐雾腐蚀的能力，

以及相似防护层的工艺质量的比较，也可以进行零部件、电子元件、金属材料、电工、电子等产品的防护层以及工业产品的盐雾腐蚀试验。盐雾试验箱主要由盐雾箱体（喷雾室）、盐溶液贮槽、盐溶液的液位控制器、经适当处理的压缩空气系统、一个或多个雾化喷嘴中心喷雾塔、可调式折流板、样板支架（满足与垂线的夹角是20°±5°的支撑板）、空气饱和器、箱体浸没式加热设备、必要的温度和湿度控制设备等组成。

在试验时，当盐溶液自溶液贮槽内导出流经液位控制器进入喷雾塔底部时，在一定压力的气流（压差）作用下，自由吸式喷嘴吸入并雾化形成密集的盐雾，经喷雾塔上部的折流板导向喷出后均匀地沉降在喷雾室内的试验样板上。仪器的结构应能保证积聚在顶棚或箱盖上的滴液不会滴在试验样板上，试验样板上的滴液也不会滴落到溶液贮槽内重新雾化。该设备除了能完成中性盐雾试验外，对于醋酸盐雾试验、铜盐加速的醋酸盐雾试验（CASS试验），只要按标准在盐溶液中加入醋酸或氯化铜与醋酸，并改变相应的试验条件，就可在普通的盐雾试验箱中进行试验。

1.5.3.14 电动振动试验台

电动振动试验台（图1-29、图1-30）的工作原理是通电导体在磁场中受到电磁力的作用而运动，或者说振动台磁路中的动圈通过交变电流信号时产生激振力，磁路即产生振动运动。电动振动试验台具有正弦波、调频、扫频、倍频、对数、最大加速度、调幅、时间控制、全功能计算机控制、简易定加速度（或定振幅）等功能。常用的振动试验方法有正弦振动试验和随机振动试验两种。

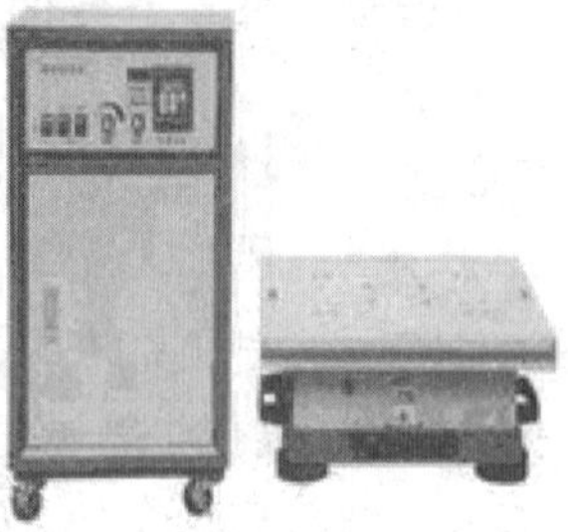

图1-29 DET-50AC电动振动试验台

图1-30 MPA403/G124M电动振动试验台

（1）正弦振动试验。

正弦振动试验有扫频试验和定频试验两种。正弦振动的目的是在试验室内模拟电工电子产品在运输、存储、使用过程中所经受的振动及影响，并考核其适应性。

（2）随机振动试验。

电子电工产品在运输过程中所经受的振动绝大多数是随机性质的振动，随机振动比正弦振动的频域宽，而且是一个连续的频谱，它能同时在所有的频率上对产品进行振动激励。

电动振动试验台广泛适用于国防、航空、航天、通信、电子、汽车、家电等行业。该类型设备用于发现早期故障，模拟实际工况对设备进行考核和结构强度试验，产品应用范围广泛，适用面宽，试验效果显著、可靠。

1.5.3.15 冲击试验台

IS系列冲击试验台（图1-31）是利用重物自由落体运动以激励起系统瞬态扰动加速

图 1-31　IS 系列冲击试验台

度突然变化的一套装置。该装置可产生半正弦波、后峰锯齿波和梯形波等基本冲击波形，通过实验室试验的方式来模拟产品在实际使用中可能受到的冲击破坏，并评定产品结构的抗冲击能力和优化产品结构强度，通过正确评定产品的抗冲击能力，有效地提高产品使用的可靠性。冲击试验台通常由台体、控制系统、试验参数测量显示系统及缓冲器等组成，且具有以下性能、特点：

(1) 防二次冲击制动装置：冲击台面升至设定高度，得到冲击指令，冲击台面自由落下，冲击波形垫反弹时，液压制动活塞动作，冲击台面被制动，不再发生第二次冲击，获得的冲击数据精确。

(2) 冲击高度数字设定：冲击台面可自动升至设定高度，控制精度高，冲击数据的重复性好。

(3) 高效的台体减振装置：对大中型冲击试验台而言，冲击试验时，瞬间冲击力很大，高效的台体减振装置可有效地防止冲击试验的冲击力对周围建筑和仪器设备造成破坏。

(4) 半正弦波发生垫为标准配置，梯形波、反峰锯齿波发生器可选择配置，配置的冲击分析系统可即时地在显示屏上显示采集分析的冲击数据和波形。

(5) 可配置高加速度发生装置。

1.5.3.16　漏电起痕试验仪

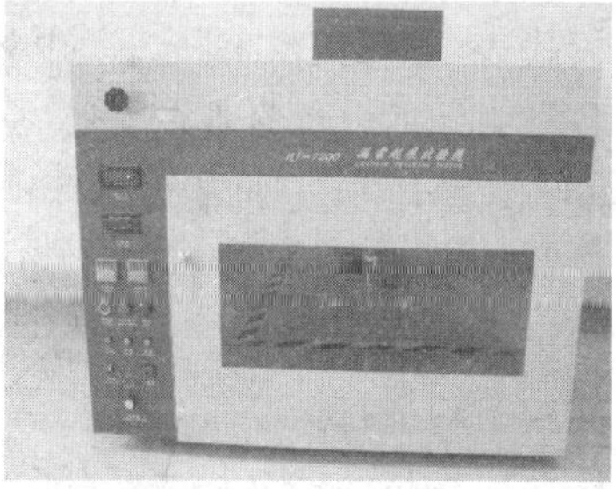
图 1-32　漏电起痕试验仪

漏电起痕试验仪（图 1-32）主要用于照明设备、低压电器、家用电器、机床电器、电机、电动工具、电子仪器、电工仪表、信息技术设备的研究、生产和质检部门，也适用于绝缘材料、工程塑料、电气连接件、辅件行业等模拟仿真试验。

(1) 主要工作原理。

漏电起痕试验是在固体绝缘材料表面上，在规定尺寸（2 mm×5 mm）的铂电极之间，施加某一电压，并定时（30 s）、定高度（35 mm）滴下规定液滴体积的导电液体（0.1% NH_4Cl），用以评价固体绝缘材料表面在电场和潮湿或污染介质联合作用下的耐漏电性能，测定其相比电痕化指数（CT1）和耐电痕化指数（PT1）。

漏电起痕试验是 IEC 60112—2003《固体绝缘材料在潮湿条件下相比电痕化指数和耐电痕化指数的测定方法》、UL 746A、ASTM D638-92、DIN-53480、GB/T 4207—2003《固体绝缘材料在潮湿条件下相比电痕化指数和耐电痕化指数的测定方法》等标准规定的仿真试验项目。

(2) 主要性能特点。

① 控制液滴采用进口电磁阀，精确地控制液滴的大小，无须调节。

② 机器有排液功能，方便实验前排空管路内的空气。

③ 采用精密泄漏电流表来迅速判定产品漏电流的大小（保证 CTI 指数精确性）。

④ 可精密调节样品台的高低，精密调节 2 个电极的前后左右位置，方便试验进行。

⑤ 产品配件含精密电子秤来考证电极头对试样的作用力。

1.6 国外电梯检验简介

1.6.1 欧洲电梯检验

1995 年 6 月 29 日，欧盟发布了《电梯指令》（European Parliament Council Directive 95/16/EC of June 1995 on the Approximation of the Laws of the Member States Relating to Lifts），该指令对电梯的基本健康与安全要求、允许电梯及安全部件投放市场和投入使用的条件、电梯及其安全部件的合格评价程序、电梯和安全部件加贴 CE 标记的要求以及各成员国为符合该指令而应采取的措施做了规定。欧盟成员国大都已将该指令转换为本国的法律、法规。

需要指出的是，该指令适用于运送人或者人和货物的电梯，以及只用来运送货物但人可以毫不费力地进入轿厢的电梯，而不适用于自动扶梯、自动人行道和人员不能进入轿厢的载货电梯及杂物电梯。对于自动扶梯、自动人行道以及杂物电梯，应当符合《机械指令》（Directive 98/37/EC of the European Parliament and of the Council of 22 June 1998 on the Approximation of the Laws of the Member States Relating to Machinery）的要求。

《电梯指令》规定，在电梯和安全部件投放市场之前，其制造商及其在欧共体内的授权代表须进行合格评定。《电梯指令》提供了多种合格评定程序以供申请者选择，以满足各种类型的电梯企业的需要。

（1）电梯安全部件的合格评定。安全部件投放市场之前，安全部件的制造商及其在欧共体内的授权代表必须进行以下操作：

① 按照附件Ⅴ提交安全部件 EC 型式检测的模式，以及按照附件Ⅵ提交安全部件由授权机构进行产品检查的模式；或者按照附件Ⅴ提交安全部件 EC 型式检测的模式，同时按照附件Ⅷ的产品检查采用一个质量保证体系；或者按照附件Ⅸ采用一个全面质量保证体系。

② 在考虑到附件所采用的规定（根据具体情况参考附件Ⅷ、附件Ⅸ或附件Ⅺ），必须在每一个安全部件上粘贴 CE 标志并签发一个包含附件Ⅱ所列信息的合格声明。

③ 合格声明的副本从安全部件制造出来之日起保存 10 年。

（2）电梯整机的合格评定。电梯在投放市场之前，必须经历下列程序：

① 如果电梯的设计是按照附件Ⅴ中所指的 EC 型式检测进行的，则电梯在制造、安装和测试过程中应履行的程序为：附件Ⅵ提及的最终检验，或者附件Ⅻ所提及的质量保证体系，或者附件ⅩⅣ所提及的质量保证体系。设计和制造阶段的程序以及安装和测试阶段的程序可在同一台电梯上进行。

② 如果电梯的设计是以样品电梯按附件Ⅴ所指进行 EC 型式检测，则它在制造、安装和测试过程中应履行的程序为：附件Ⅵ指的最终检验，或者附件Ⅻ所指的质量保证体系，或者附件Ⅻ所指的质量保证体系。

③ 如果电梯的设计不完全是按照统一的标准，并且如果电梯的设计是按照附件Ⅷ中所指的质量保证体系实施和补充的，则它在制造、安装和测试过程中应另外履行的程序为：附件Ⅵ提及的最终检验，或者附件Ⅻ所提及的质量保证体系，或者附件ⅩⅣ所提及的质量保证体系。

④ 由一个授权机构进行附件Ⅹ所指的单件检验程序。

⑤ 如果电梯不完全符合统一标准，则根据附件ⅩⅢ所遵守的质量保证体系，补充设计检验。

各成员国应将指定执行合格评定程序的机构以及这些机构所执行的具体任务、检验程序和由欧委会预先指定的机构认可号码一并通知欧委会和其他成员国。欧委会应在欧共体官方杂志上公布授权机构、其机构认可号码以及授权机构的任务，并保证该机构名单是最新的。各成员国在评价授权机构时应采用附件Ⅶ所规定的标准，符合有关统一标准所规定的评价标准的机构应视为满足附件Ⅶ所述的标准。一个成员国如果发现其授权机构不再符合附件Ⅶ所规定的标准，必须撤回其授权，并立即通知该欧委会和其他成员国。

《电梯指令》中的安全部件包括 6 种：层门门锁装置、防止轿厢坠落或非预期向上运行装置、防止超速装置、缓冲装置、安装在液压电梯液压系统中的用于防止轿厢坠落的装置、含有电子元件的安全开关型电气安全装置。

1.6.1.1　英国电梯检验

为贯彻实施欧盟《电梯指令》，英国通过了电梯法规《电梯条例 1997》(Lifts Regulations 1997)。根据《电梯条例 1997》中的有关规定，电梯企业或者安全部件制造者通过了《电梯条例 1997》规定的符合性评审程序（与《电梯指令》的合格评价程序基本相同），方可获准附有 CE［法语“COMMUNATE EUROPEIA”的缩写，中文含义是“符合欧洲（要求）”］标志，并可作出符合性声明，将电梯及其安全部件投放市场。从事《电梯条例 1997》所述的符合性评审工作的评审机构（United Kingdom Notified Bodies for the Purposes of the Lifts Regulations 1997）由贸工部大臣（The Secretary for Trade and Industry）负责指定。

(1) 检验方式、检验周期和检验内容。英国《升降操作与升降设备条例 1998》(Lifting Operations & Lifting Equipment Regulations 1998）对电梯的全面检验和检查做出了规定。所谓“全面检验”，是由有能力的人对电梯及其附属装置进行的系统、全面地检验，其目的是检查出电梯的任何导致危险或可能导致危险的缺陷，并由检验人员将这些缺陷报告给电梯责任人，必要时报告执法机构——健康与安全执行署（The Health and Safety Executive，HSE）或者地方当局（Local Authorities)，以便采取适当的措施。所谓“有能力的人”，是指具有足够的技术知识和实践经验，能够检查出电梯存在的缺陷，并对其危险程度进行评估的人。“有能力的人”应当保持独立、公正，以作出客观的评价。

对于首次安装的新电梯，只要其制造和安装符合《电梯条例 1997》，并且具有在设备投入使用前不超过 12 个月作出的符合性声明，不要求进行全面检验。对于重大改变之后的电梯，以及发生毁坏、失效、长期停用后或可能影响设备整体性能的操作条件发生重要改变后的电梯，必须进行全面检验。对于乘客电梯，每 6 个月进行一次全面检验；对于仅用于载货的电梯，每 12 个月进行一次全面检验；或者按照检查计划的规定时间进行全面检验。英国的全面检验内容主要集中在安全装置、主要零部件、电气装置、液压系统上，检验项目较少且主要是外观检查，检验结论简单（均为定性的“是”或“否”）。

英国的检验人员在进行全面检验时，可以根据情况，按照每年、每 5 年、每 10 年的周期，对接地连通性、电气安全装置、层门联锁、限速器、安全钳和缓冲器等进行测试，以验证其安全状况。检验人员在风险评估的基础上，可以自行制订检验计划，确定与《升降操作与升降设备条例 1998》的规定不同的检验周期。例如，如果电梯的使用频率很低，载荷很轻，且电梯状况良好，则可以适当延长检验周期；反之，则可缩短检验周期。

(2) 电梯检验机构和评审机构。在英国，电梯使用责任人通常会根据保险公司的推荐，请有资格的升降设备检查机构来从事电梯的全面检验和检查工作。这些机构通常会向联合王国鉴定事务所（The United Kingdom Accreditation Service，是经英国政府认可，负责对检查、测量、试验机构的能力以及对体系、产品和人员进行鉴定的国家评审机构）提出申请，对机构的能力进行评审，以获得检查资质，证明其能力。联合王国鉴定事务所于 1999 年 11 月发布了《升降设备在役检查的鉴定评审》（Accreditation for In-Service Inspection of Lifting Equipment，RG 6），用来指导对升降设备检查机构的鉴定评审工作。RG 6 也可用于指导雇主按照《升降操作与升降设备条例 1998》的要求选择“有能力的人”。

1.6.1.2　瑞士电梯检验

瑞士也将欧盟的技术法规作为本国的法律文件来执行。在瑞士，如果企业声明符合《电梯指令》相关条文并粘贴 CE 标志，则产品可正式销售。瑞士不强制执行 CE 标志，而符合性声明则是必需的。制造企业与评审机构确定了电梯和安全部件的符合性验证流程，就允许正式生产。同样，发布产品符合性声明，就能够销售。

瑞士没有联邦的检验在用电梯的规范。在瑞士，监督和检验行为属州法令协调范围，仅有 3 个州有定期检查本州内在用电梯的规定。

制造企业应提供使用手册。电梯使用手册至少应包括供正常使用的设计图和接线图，以及关于保养、检验、修理、定期检查和营救操作等信息。《电梯指令》附录Ⅳ中的每个安全部件的使用手册须提供一些必要信息，以使装配、接线、调整和维保能安全有效地进行，详情请见协调标准 EN 13015。

为了保障电梯及其安全部件安全运行，制造、安装企业必须确定需采用哪一类维保及维保周期。使用手册是用户文件的组成部分，电梯业主必须照章执行，即业主必须书面委托有资质的电梯维保公司进行维保。电梯的定期检验按使用手册的指示进行，有资格的人或机构必须决定对改造或更换的主要部件进行测试。

1.6.2　美国电梯检验

在美国，电梯的检验管理由州法规规定，下面就几个州的电梯检验管理做简要介绍。

1.6.2.1　阿肯色州

(1) 电梯检验方式、周期和内容。阿肯色州《电梯安全规章》（Arkansas Elevator Safety Rules and Regulations）规定，在颁发使用许可证之前，新装、改造、大修的电梯、杂物电梯及自动扶梯都需要进行法规要求的检验和测试。该检验需由隶属劳工部的持证电梯检验员或它的全权代表进行。所有新电梯、自动扶梯和杂物电梯的建造和安装必须符合《电梯和自动扶梯安全规范》(ASME A17.1—2004 和 2005 年补充的及 2005 年的附录）的规定。

在完成初次检验后，业主或使用者需使动力驱动的乘客电梯和自动扶梯每 6 个月接受一次检验，载货电梯、杂物电梯或人力驱动电梯每 12 个月接受一次检验。在用电梯的周期性检验由取得许可证的电梯检验员进行。在用电梯必须符合安装时遵守的标准，或者符合更严格的《在用电梯和自动扶梯安全规范》(ASME A17.3—2005)。另外，在用电梯还需按照《电梯、自动扶梯及自动人行道的检验准则》(ASME A17.2—2001) 的要求进行测试。

除上述检验外，劳工部或它的全权代表可以指派隶属劳工部的持证电梯检验员作附加检验，以强制实施法规规定。

(2) 电梯检验员。申请电梯检验员的人员必须符合以下条件：

① 至少有 4 年被证实从事电梯设计、安装、维护或检验工作的经验（不禁止从事电梯保险业务的保险公司员工成为电梯检验员）。

② 通过 ASME 的电梯检验员书面考试以及申请人有证据证明其为合格电梯检验员，即 QEI 认证。

③ 没有任何关于电梯制造、安装、修理、改造或保养的业务并且递交财务公开声明。

④ 递交一个在阿肯色州被认可从事保险业务的保险公司出具的保险证明，该保险证明至少具有对于人员损伤或死亡 100 万美元、财物损坏 50 万美元的赔付能力。

1.6.2.2　亚拉巴马州

(1) 电梯检验方式、周期和内容。亚拉巴马州劳工部电梯安全处只雇用了一名电梯检验员，协助主任检验员开展相关管理工作。日常检验主要依靠电梯安全审查理事会许可的私人持证电梯检验员进行，这些检验员通常受雇于检验机构，这些检验机构必须获得州劳工部的许可，方可从事检验工作。

按照《电梯安全法》(Act 2003－349；Code of Alabama 1975，Title 25 Industrial Relations and Labor，Chapter 13 Elevator Safety) 的规定，电梯安装后，持证电梯承建商必须证明其符合该法的相关要求，通常由承建商聘请持证检验员进行验收检验，来确定电梯是否符合要求。经检验符合要求后，设备拥有者或租赁者方可从管理者处获得使用证书。

位于建筑物或构筑物内的新装和在用电梯的拥有者，负责请持证电梯检验员对电梯每年进行一次检验 (ASME A17.1、ASME A17.3)。对于所需进行的各项试验（载荷试验以及限速器、安全钳等安全装置的负载试验等），均应由持证电梯技工进行，但须由运输设备拥有者聘请持证电梯检验员进行见证，以确认所需试验按 ASME A17.1、ASME A17.3 和 ASCE 21 规定的间隔进行。

(2) 电梯检验人员。根据《电梯安全法》的规定，欲从事该法规定的电梯、杂物电梯、自动扶梯、自动人行道或平台升降机、楼梯座椅升降机检验业务的人员，在具有 ASME QEI 证书的前提下，非由主管当局雇用的电梯检验员，应当向管理者提交由获准在本州从事业务的保险公司签发的保险单（或经证明的复印件），提供一起事故中任何数量的人员伤害或死亡至少为 100 万美元以及一起事故财产损失至少为 50 万美元的一般责任保险，以及法定工人赔偿保险。

对于由政府招聘雇用的电梯检验员，通常需参加公开的招聘考试或能力评估。对政府部门电梯检验员的最低要求是：具有高中文凭，2 年的电梯或相关设备的维保、修理、安装或检验经验，具有 QEI 证书。

1.6.2.3 密歇根州

（1）电梯检验方式、周期和内容。密歇根州《电梯安全规章》（Elevator Code Rules）规定，检验是一般检验员对电梯安全运行所依赖的各部分设备状况的官方判定。该州电梯的日常检验主要由获得电梯安全委员会许可的私人持证电梯检验员进行，这些检验员通常受雇于各个私人机构，这些私人机构必须获得州劳工部的许可，方可从事检验工作。

该州法规规定，所有电梯应按照一定周期由一般电梯检验员进行检验，更高频率的检验周期由劳工部或电梯业主酌情处理，具体如下：

① 乘客电梯、货物电梯、特殊用途乘客电梯、物料升降机、自动扶梯、自动人行道、特殊提升设备等，至少每 12 个月检验一次。

② 杂物电梯、楼梯座椅提升机、人力驱动单人电梯、电力驱动单人电梯、升降平台等，至少每 24 个月检验一次。

③ 施工期间临时使用的永久电梯，至少每 30 天检验一次。

④ 员工升降机，至少每 30 天检验一次。

⑤ 私人住所升降装置，检验周期由劳工部或业主酌情处理。

（2）电梯检验员。电梯检验员是指具有相应条件和能力，且被电梯安全委员会认可，可以对电梯或法令涵盖的相应输送装置进行检验业务的人。电梯检验员分为一般检验员和特殊检验员两类。一般检验员：持有普通合格证书且在本州受雇作为电梯检验员或具有电梯检验监督能力的人；特殊检验员：持有特殊合格证书且按照法规规定进行委任的人。

一般检验员申请者应具有 3 年电梯建造经验，有电梯行业从业经验的书面证明，并通过面试和口试。特殊检验员申请者应具有 3 年电梯设计、安装、维护保养或检验的经验，有电梯行业从业经验的书面证明，并通过面试和口试。特殊检验员由保险公司或地方政府指定，在一定区域内从事电梯检验业务。

1.6.2.4 爱达荷州

（1）电梯检验方式、周期和内容。爱达荷州关于电梯的法律是《爱达荷法典》第 39 标题卷第 86 章——爱达荷州电梯安全规范条例（Idaho Statute Title 39 Chapter 86 Idaho Elevator Safety Code Act），目的是保障人身安全和规范电梯、自动扶梯、自动人行道、平台式升降机、物料升降机和杂物梯的安全设计、机电作业、架设、安装、改建、维护、检查和修理。负责日常电梯安全管理工作的机构是州建筑安全部门工业安全署，其既是电梯安全监察机构，也是电梯检验机构，负责州电梯检验工作。

按《电梯安全管理规范》规定，新装电梯在经检验后，符合安全标准要求的，予以颁发运营证书，方可投入运行。电梯在每年年检持续合格的情况下，其运营证书有效期是 5 年。爱达荷州电梯需要进行的检验包括：

① 验收检验。新的或修改过的设备需由 QEI（合格电梯审查员）作首次检查和测试以确认遵守相关法规要求。

② 定期检查。设备需由 QEI 在指定的时间间隔内作定期检查、测试以及更多详细的审查和操作以确认遵守相关法规要求。定期检查每 5 年至少需进行一次。

③ 常规检查。每年进行年度检查以确认遵守相关法规要求。

(2) 电梯检验员。爱达荷州法律明确规定，从事电梯检验的人员称为“合格电梯审查员”或“QEI”，指符合 NAESA 国际 QEI-1 标准要求，得到国家电梯安全局（NAESA 国际）检定认证组织认可的，并且是建筑安全部门职员或合同人员。

1.6.2.5　缅因州

(1) 电梯检验方式、周期和内容。缅因州成立了“升降机与缆车安全委员会”(Board of Elevator & Tramway Safety)，负责该州的电梯安全管理工作。该委员会由 9 名成员组成，其中 7 名由州长委派。升降机或缆车的设计、制造、维护及检修责任在于拥有升降机或缆车的企业、个人、合伙企业、协会、法人或公司。

缅因州没有专门的电梯检验机构。州内电梯的初始安装检验和定期检验由供职于州政府的首席检查员和副检查员以及非供职于政府的非官方持证升降机检查员完成。缅因州职业与财务监管部只雇用了一名首席检查员及两名电梯副检查员负责开展相关电梯检验工作。日常检验主要依靠升降机与缆车委员会许可的私人持证电梯检验员进行，州法律和规章中未发现此类私人持证电梯检验员是否需要受雇于检验机构或公司。首席检查员、副检查员以及非官方持证升降机检查员不属于委员会雇员。

注：“首席检查员”指供职于州政府的个人，其职责包括升降机和缆车的试验及检查，并由“职业与财务监管专员”委任为首席检查员。“副检查员”指供职于州政府的个人，其职责包括升降机与缆车的试验和检查，受首席检查员领导。“非官方持证升降机检查员”指经委员会授权负责按规定检查升降机的个人，但该人并不属于受州政府雇用和委派的升降机检查员。

(2) 电梯检验员。在缅因州，满足以下条件者可申请获取升降机检查许可证：

① 获取合格升降机检查证书。成为美国机械工程师协会检查员资格委员会认定组织所认可的合格升降机检查员（QEI），并向委员会递交证书合理证据及进行此章中规定的检查的申请书。

② 通过考试。在由委员会组织的考试中获得满分的 80%及以上。为取得考试资格，申请人必须递交 QEI 证书的证明。

③ 在许可证申请截止日期前申请。须在收到考试及格分数的通知后 90 天内申请许可证。

④ 支付费用。须递交考试费用及许可证申请书。考试申请人若未参加预定考试而又未事先通知委员会的，考试费用不予退还。

由首席检查员向已成功通过必要考试并被委员会认可为非官方的升降机检查员的人颁发证书或执照，颁发前首席检查员还会对申请人进行考核以确定申请人成为非官方的升降机检查员的合适度。

所有升降机检查许可证均在 8 月 31 日满期。升降机检查许可证可续签，在续签申请期间需出具申请人经认可的 QEI 的合理书面凭证。申请人可在支付滞纳金及续订费的前提下并在许可证过期后的至多 90 天内对许可证进行续签。

个人若未在升降机检查许可证过期之日起 90 天以上 2 年以下对其进行续签，可在不参加考试的前提下通过提交新的续订申请，提交并支付申请费、许可费及罚金后恢复许可证。未能续签自许可证期满日起有效期达 2 年以上的升降机检查许可证不能恢复。

1.6.2.6　罗得岛州

（1）电梯检验方式、周期和内容。罗得岛州的电梯监察机构是职业安全局（Division of Occupational Safety）。职业安全局下的电梯室负责本州所有新装电梯、自动扶梯、自动人行道等设备的验收检验，并对本州所有电梯进行巡查，确保州内每台电梯处于安全状态，并负责对检验合格设备签发运营许可证。电梯室同时负责执行电梯安装、维保、维修和改造相关的安全条例以及事故报告。职业安全局仅是该州的电梯检验机构之一，除此之外，罗得岛州允许经授权在本州内对升降机承包的保险公司，或通过由首席检验员批准展开的笔试或其他此类考试后获得合格证书，并在本州内展开升降机检查业务的任何个人、企业或公司，以及通过其他州政府的同等考试后获得该州政府签发的电梯检验员合格证书的任何个人、企业或公司在本州开展在用电梯的定期检验，以上公司或个人雇用的检验人员可获得由本州首席检验员签发的“授权检验员证”。

罗得岛州每台新装电梯在由供职于电梯室的首席检验员或法律检验员检验合格后，由首席检验员签发使用许可证书，之后每一年或两年，该电梯业主可以约请电梯室的首席检验员或法律检验员进行定期检验，也可约请其他检验机构的授权检验员进行定期检验。由其他检验机构的授权检验员检验合格的电梯，由该授权检验员的雇用机构的负责人签发使用许可证书。

① 新装设备的验收检验。按照罗得岛州《电梯安全规范》的规定，电梯安装后，必须由罗得岛州首席检查员或法律检查员进行验收检验，来确定电梯是否符合本州法规要求。经检验符合要求后，首席检查员向该业主发出关于对该升降机或装置的操作批准授权证书的通知，通知中应明确说明证书的签发日期，并说明该证书可以每年更新一次，但吊销后将失效。所有证书应张贴在升降机轿厢的显眼位置或毗邻其他装置的显眼位置。

② 在用设备的定期检验。首席检查员、任何法律检查员或任何授权检查员应按要求对与合格服务公司签订的全面维护合同中规定的所有升降机或其他装置至少每 2 年检查一次，在首席检查员、任何法律检查员或任何授权检查员认为必要的情况下可以增加检查频率。除此之外，符合罗得岛州《电梯安全规范》规定的所有其他升降机或装置至少每年展开一次检查。需要展开检查的任何升降机或装置的业主应允许法律检查员在所有的合理时间内自由进出升降机或装置。法律检查员应以尽可能合理的方式满足业主的方便性和业务要求。首席检查员或法律检查员应征求所有升降机或装置工程师或其他负责人关于升降机或设备的条件和操作的意见。如果首席检查员或法律检查员发现或以任何方式了解到升降机或装置存在缺陷或瑕疵，或与任何升降机或装置及其操作相关的工程师或其他负责人的任何失职或疏忽，首席检查员或法律检查员应尽快将相关情况通知该升降机或装置的业主。

（2）电梯检验人员。罗得岛州的电梯检验人员包括首席检查员、法律检查员及授权检查员。

① 首席检查员。法规规定，劳动与培训部部长应任命一名本州的公民担任首席检查员，负责协调、实施、管理和强制执行法规的规定。现有的首席检查员应对职业安全局负责并向职业安全局报告。被任命者必须持有和保持由美国机械工程师学会批准的作为

合格电梯检查员（QEI-1）的国家认证资格。

② 法律检查员。法律检查员是由劳动和培训部部长依据法规规定任命的检验人员，其条件是持有美国机械工程师学会要求的合格的电梯检查员执照。

③ 授权检查员。由首席检查员向以下单位聘用的任何个人签发检查员授权许可证：

a. 经授权在本州内对升降机承包的保险公司；

b. 通过由首席检查员批准展开的笔试或其他此类考试后获得合格证书，并在本州内展开升降机检查业务的任何个人，以及通过其他州政府的同等考试后获得该州政府签发的电梯检查员合格证书并在本州内展开升降机检查业务的任何个人。

授权检查员可以对本州电梯进行定期检查，但不能收取检查费用。

电梯安全小知识

2022 年广东开学第一课——电梯安全乘梯小知识

本章练习

一、多选题

1. 按照特种设备安全技术规范《电梯型式试验规则》（TSG T7007—2022），下列情况的电梯产品需要进行型式试验的是（　　）。

(A) 制造单位首次制造或者境外制造在境内首次投入使用的

(B) 产品主要参数超出适用范围的

(C) 产品型式试验要求中规定的产品配置发生变更的

(D) 出现其他影响产品安全性能的情况，且国家市场监督管理总局提出型式试验要求的

2. 下列电梯需要进行监督检验和定期检验的是（　　）。

(A) 防爆电梯　(B) 家用电梯　(C) 杂物电梯　(D) 消防员电梯

二、判断题

1. 所有在用电梯定期检验周期为 1 年。（　　）

2. 只有新安装的电梯需要进行监督检验。（　　）

3. 所有电梯整机产品均可以在使用现场进行型式试验。（　　）

第2章 电梯整机检验检测技术

学习目标

掌握乘客和载货电梯、消防员电梯、防爆电梯、自动扶梯和自动人行道、杂物电梯等整机型式试验的检测内容，包括每项检测内容的检测要求和检测方法。

学习重点

重点学习乘客和载货电梯、自动扶梯和自动人行道的检测项目，每个检测项目对应着对电梯的一项安全要求或保护措施，思考每一项安全要求或保护措施所降低或消除的风险。理解每项要求的设置原因，对电梯的结构设计就有更加全面的认识。

2.1 乘客和载货电梯检测项目与技术要求

2.1.1 主开关

2.1.1.1 设置

【检验要求】

每台电梯都应在机房单独装设一只能切断该梯所有正常供电电路的主开关，该开关应具有切断电梯正常使用情况下最大电流的能力，但不应切断下列供电电路：

(1) 轿厢照明和通风（如有）。

(2) 轿顶电源插座。

(3) 机房和滑轮间照明。

(4) 机房、滑轮间和底坑电源插座。

(5) 电梯井道照明。

(6) 报警装置。

【检验方法】

(1) 根据设计文件和实物，判断主开关的容量和类别是否适当。

(2) 断开主电源开关，检查照明、插座、通风及报警装置是否被切断。

2.1.1.2　型式

【检验要求】

(1) 主开关应具有稳定的断开和闭合位置，应能从机房入口处方便、迅速地接近主开关的操作机构，如机房为几台电梯所共用，各台电梯主开关的操作机构应易于识别。

(2) 如果机房有多个入口，或同一台电梯有多个机房，而每一机房又有各自的一个或多个入口，则可以使用一个断路器式接触器，其断开应由电气安全装置控制，该装置接入断路器式接触器线圈供电回路。

(3) 断路器式接触器断开后，除借助上述安全装置外，断路器式接触器不应被重新闭合或不应有被重新闭合的可能，且应与一手动分断开关连用。

【检验方法】

(1) 现场目测，审查电路图。

(2) 检查主电源开关的型式、标识、安装位置，人为动作该电气安全装置，观察断路器式接触器的情况。

2.1.1.3　防误操作

【检验要求】

主开关在断开位置时应能用挂锁或其他等效装置锁住，以确保不会出现误操作。

【检验方法】

现场目测，检查设计文件。

2.1.1.4　一组电梯的情况

【检验要求】

对于一组电梯，当一台电梯的主开关断开后，如果其他部分运行回路仍然带电，这些带电回路应能在机房中被分别断开，必要时可切断组内全部电梯的电源。

【检验方法】

检查实物及电路图。

2.1.1.5　电容器的连接

【检验要求】

任何提高功率因数的电容器，都应连接在动力电路主开关的前面。

【检验方法】

审查电气原理图及实物。

2.1.2　停止装置

2.1.2.1　停止装置的设置

【检验要求】

(1) 电梯应设置停止装置，用于停止电梯并使电梯包括动力驱动的门保持在非服务的状态。停止装置应设置在：

① 底坑，且该装置应设置在打开门去底坑时和在底坑地面上容易接近的地方。

② 滑轮间内部，靠近入口处。

③ 轿顶，距检修或维护人员入口不大于 1 m 的易接近位置，如果检修运行控制装置距入口不大于 1 m，则该装置可以是设在检修运行控制装置上的停止装置。

④ 检修运行控制装置上。

⑤ 对接操作的轿厢内，此停止装置应设置在距对接操作入口处不大于 1 m 的位置，并应能清楚地辨别。

⑥ 电梯驱动主机附近的紧急操作和动态测试屏上（当驱动主机不在机房内且主机附近 1 m 范围内无主开关或另一个停止装置时）。

（2）除有对接操作功能之外，轿厢内不应设置乘客可接触到的、外露的停止装置。

【检验方法】

手动试验停止装置的功能，检查实物，审查电气原理图和布置尺寸图，如有必要，有关位置尺寸需用尺测量验证。

2.1.2.2　停止装置的型式

【检验要求】

停止装置应是电气安全装置，需为双稳态的，且在误动作时不能使电梯恢复运行。

【检验方法】

目测检查，手动试验实物。

2.1.3　极限开关

2.1.3.1　设置及独立性

【检验要求】

（1）曳引驱动电梯应设置满足以下要求的极限开关：

① 极限开关应设置在尽可能接近端站时起作用而无误动作危险的位置上。

② 极限开关应在轿厢或对重（如有）接触缓冲器之前起作用，并在缓冲器被压缩期间保持其动作状态。

③ 正常的端站停止开关和极限开关必须采用分别的动作装置。

（2）液压电梯应设置满足以下要求的极限开关：

① 极限开关应设置在轿厢行程上极限的柱塞位置处。

② 极限开关应设置在尽可能接近上端站时起作用而无误动作危险的位置上。

③ 极限开关应在柱塞接触缓冲停止装置之前起作用。当柱塞位于缓冲停止范围内，极限开关应保持其动作状态。

④ 正常的端站停止开关和极限开关必须采用分别的动作装置。

【检验方法】

审查资料，目测检查实物；进入轿顶用尺子测量极限开关与其撞板的动作重叠尺寸，并与缓冲器的行程比较，如现场不容易测量，可实际进行试验验证。

2.1.3.2　动作的实现

【检验要求】

（1）曳引驱动电梯极限开关的动作应由下述方式实现：

① 直接利用处于井道的顶部和底部的轿厢。

② 利用一个与轿厢连接的装置，如钢丝绳、皮带或链条，该连接装置一旦断裂或松弛，一个电气安全装置应使电梯驱动主机停止运转。

（2）液压电梯极限开关的动作应由下述方式实现：

① 对于直接作用式液压电梯，极限开关的动作应由下述方式实现：

a. 直接利用轿厢或柱塞的作用；

b. 间接利用一个与轿厢连接的装置，如钢丝绳、皮带或链条。

对于 b 而言，当钢丝绳、皮带或链条断裂或松弛时，应借助一个电气安全装置使液压电梯液压泵站停止运行。

② 对于间接作用式液压电梯，极限开关的动作应由下述方式实现：

a. 直接利用柱塞的作用；

b. 间接利用一个与柱塞连接的装置，如钢丝绳、皮带或链条。

对于 b 而言，该连接装置一旦断裂或松弛，应借助一个电气安全装置使液压电梯液压泵站停止运转。

【检验方法】

(1) 检查实物，目测检查实物。

(2) 人为动作断裂或松弛保护电气开关，检查电梯的停止情况。

2.1.3.3　动作作用方法及动作后电梯状态

【检验要求】

(1) 对曳引驱动的单速或双速电梯，极限开关应采用下述方法：

① 用强制的机械方法直接切断电动机和制动器的供电回路。

② 通过一个电气安全装置，切断向控制电动机和制动器直接供电的接触器线圈电路。

(2) 对于可变电压或连续调速电梯，极限开关应能迅速地，即在与系统相适应的最短时间内使电梯驱动主机停止运转。

(3) 极限开关动作后，电梯应不能自动恢复运行。

(4) 对于液压电梯，极限开关应是一个电气安全装置，当极限开关动作时，应使液压泵站停止运转并保持其停止状态。当轿厢离开其作用区域时，极限开关应自动闭合。极限开关动作后，即使轿厢因沉降离开动作区域，仅靠响应轿内和层站呼梯信号不可能使轿厢移动，液压电梯应不能自动恢复运行。

【检验方法】

(1) 审查电气原理图。

(2) 人为动作极限开关和电气开关，检查电梯的停止情况，并检查电梯能否自动恢复运行。

2.1.4　断相、错相保护

【检验要求】

(1) 电梯应当具备供电系统断相和错相保护功能。当电梯供电电路出现断相或者错相时，电梯应当停止运行并保持停止状态。

(2) 电梯运行与相序无关时，可以不设错相保护功能。

【检验方法】

断开总电源，将主开关输出线分别断开一相或交换相序后，接通电源，分别用正常或检修速度操纵，观察电梯运行情况。

2.1.5 停止驱动主机及检查其停止状态

2.1.5.1 曳引驱动电梯停止驱动主机及检查其停止状态

【检验要求】

使用电气安全装置使电梯驱动主机停止，应按下述各项进行控制：

（1）直接供电。由交流或直流电源直接供电的电动机，必须用两个独立的接触器切断电源，接触器的触点应串联于电源电路中，电梯停止时，如果其中一个接触器的主触点未打开，最迟到下一次运行方向改变时，必须防止轿厢再运行。

（2）静态元件供电。交流或直流电动机用静态元件供电和控制时，应采用下述方法中的一种：

① 用两个独立的接触器来切断电动机电流。电梯停止时，如果其中一个接触器的主触点未打开，最迟到下一次运行方向改变时，必须防止轿厢再运行。

② 一个由以下元件组成的系统：

a. 切断各相（极）电流的接触器。至少在每次改变运行方向之前应释放接触器线圈。如果接触器未释放，应防止电梯再运行。

b. 用来阻断静态元件中电流流动的控制装置。

c. 用来检验电梯每次停车时电流流动阻断情况的监控装置。在正常停车期间，如果静态元件未能有效地阻断电流的流动，监控装置应使接触器释放并应防止电梯再运行。

【检验方法】

对照现场实物分析并审查电气原理图及接线图；在正常运行和检修运行状态下，现场分别模拟接触器的主触点不释放故障，观察电梯正常停车后的再启动情况；分析、检查监控装置的有效性。

2.1.5.2 液压电梯停止驱动主机及检查其停止状态

【检验要求】

使用电气安全装置使电梯驱动主机停止，应按下述各项进行控制：

（1）对于上行运行的液压电梯：

① 电动机的电源应至少由两个独立的接触器切断，该两个接触器的主触点应串联于电动机供电回路中。

② 电动机的电源由一个接触器切断，且分流阀的供电回路应至少由两个串联于该阀供电回路中的独立的电气装置来切断。

（2）对于下行运行的液压电梯，下行方向阀的供电回路：

① 至少由两个串联的独立的电气装置切断。

② 直接由一个电气安全装置切断，只要该电气安全装置的电气容量正确。

当液压电梯停止时，若其中某一个接触器的主触点没有打开或某一个电气装置没有断开，最迟到下一次运行方向改变时，必须防止轿厢再运行。

（3）静态元件供电。交流或直流电动机用静态元件供电和控制时，应采用下述方法中的一种：

① 用两个独立的接触器来切断电动机电流。电梯停止时，如果其中一个接触器的主触点未打开，最迟到下一次运行方向改变时，必须防止轿厢再运行。

② 一个由以下元件组成的系统：

a. 切断各相（极）电流的接触器。至少在每次改变运行方向之前应释放接触器线圈。如果接触器未释放，应防止电梯再运行。

b. 用来阻断静态元件中电流流动的控制装置。

c. 用来检验电梯每次停车时电流流动阻断情况的监控装置。在正常停车期间，如果静态元件未能有效地阻断电流的流动，监控装置应使接触器释放并应防止电梯再运行。

【检验方法】

对照现场实物分析并审查电气原理图及接线图；在正常运行和检修运行状态下，现场分别模拟接触器的主触点不释放故障，观察电梯正常停车后的再启动情况；分析、检查监控装置的有效性。

2.1.6　制动器的供电

2.1.6.1　工作状态

【检验要求】

正常运行时，制动器应在持续通电情况下保持松开状态。

【检验方法】

现场检查并审查电气原理图。

2.1.6.2　控制

【检验要求】

（1）切断制动器电流，至少应用两个独立的电气装置来实现，不论这些装置与用来切断电梯驱动主机电流的电气装置是否为一体。

（2）当电梯停止时，如果其中一个接触器的主触点未打开，最迟到下一次运行方向改变时，应防止电梯再运行。

【检验方法】

对照现场实物分析并审查电气原理图及接线图；在正常运行和检修运行状态下，现场分别模拟接触器的主触点不释放故障，观察电梯正常停车后的再启动情况。

2.1.6.3　释放电路的断开

【检验方法】

断开制动器的释放电路后，电梯应无附加延迟地被有效制动，使用二极管或电容器与制动器线圈两端直接连接不能看作延时装置。

【检验方法】

目测检查并动作试验。

2.1.6.4　防馈电

【检验要求】

当电梯的电动机有可能起发电机作用时，应防止该电动机向操纵制动器的电气装置馈电。

【检验方法】

审查电气图纸，核查现场实物。

2.1.7 安全回路接地故障防护

【检验要求】

如果包含有电气安全装置的电路接地或接触金属构件而造成接地，该电路应：

① 使电梯驱动主机立即停止运转。

② 第一次正常停止运转后，防止电梯驱动主机再启动，恢复电梯运行只能通过手动复位。

【检验方法】

审查电气原理图，分析其电气安全回路接地或接触金属构件的保护原理。

2.1.8 电气安全装置及其动作

2.1.8.1 电气安全装置的设置

【检验要求】

表 2-1 中某一电气安全装置动作时，应防止电梯主机启动，或使其立即停止运转。电气安全装置包括：

① 一个或几个安全触点，它直接切断向驱动主机供电的接触器或继电接触器的供电。

② 满足标准要求的安全电路，包括下列一项或几项：

a. 一个或几个满足标准要求的安全触点，它们不直接切断主回路接触器或继电接触器的供电；

b. 不满足安全触点要求的触点；

c. 符合 GB 7588—2003《电梯制造与安装安全规范》附录 H 要求的元件；

d. 可编程电子安全相关系统（PESSRAL），用于电梯时其最低安全完整性等级（SIL）见表 2-1。

表 2-1 PESSRAL 的最低安全完整性等级

PESSRAL 所检查的装置	最低安全完整性等级（SIL）
底坑停止装置	3
滑轮间停止装置	3
检查底坑梯子的存放位置	1
检查通道门、安全门和检修门的关闭位置	2
检查轿门的锁紧状况	2
轿厢内或轿顶上工作区域检查机械装置的非工作位置	3
检查检修门的锁紧位置	2
检查所有进入底坑的门的打开状态	2
底坑内检查机械装置的非工作位置	3
底坑内检查机械装置的工作位置	3
检查工作平台的收回位置	3
检查可移动止停装置的收回位置	3

续表

PESSRAL 所检查的装置	最低安全完整性等级（SIL）
检查可移动止停装置的伸展位置	3
检查层门锁紧装置的锁紧位置	3
检查层门的关闭位置	3
检查无锁门扇的关闭位置	3
检查轿门的关闭位置	3
检查轿厢安全窗和轿厢安全门的锁紧状况	2
轿顶停止装置	3
检查轿厢或者对重的提升	1
检查悬挂装置的异常相对伸长（使用包覆带、两根钢丝绳或者两根链条时）	1
检查强制驱动和液压电梯的钢丝绳或者链条的松弛	2
检查防跳装置的动作	3
检查补偿绳的张紧	3
检查轿厢安全钳的动作	1
检查限速器动作前的超速	2
检查限速器的复位	3
检查限速器绳的张紧	3
检查安全绳的断裂或者松弛	3
检查棘爪装置的收回位置	1
采用具有耗能型缓冲装置的棘爪装置的电梯，检查缓冲器恢复至其正常伸出位置	3
检查轿厢上行超速保护装置的动作	2
检测门开启情况下轿厢的意外移动	2
检查门开启情况下轿厢意外移动保护装置的动作	1
检查缓冲器恢复至其正常伸长位置	3
检查可拆卸手动机械装置（盘车手轮）的位置	1
采用接触器的主开关的控制	2
检查减行程缓冲器的减速状况	3
检查平层、再平层和预备操作	2
检修运行开关	3
检查与检修运行配合使用的按钮	1
紧急电动运行开关	3
层门和轿门触点旁路装置	3
检修运行停止装置	3
电梯驱动主机上的停止装置	3
动态测试和紧急操作面板上的停止装置	3

续表

PESSRAL 所检查的装置	最低安全完整性等级（SIL）
检查轿厢位置传递装置的张紧（极限开关）	1
检查液压缸柱塞位置传递装置的张紧（极限开关）	1
极限开关	1
曳引与强制驱动式电梯安全转矩取消（STO）功能	3（硬件故障裕度至少为 1）
液压驱动式电梯安全转矩取消（STO）功能	3（硬件故障裕度至少为 1）

【检验方法】

对照表 2-1 检查现场元件或电路是否满足对电气安全装置的要求，同时审查电气原理图。

2.1.8.2　与电气安全装置的连接和并联的确定

【检验要求】

（1）与电气安全回路上不同点的连接只允许用来采集信息，这些连接装置应该满足安全电路的要求。

（2）除开门情况下的平层和再平层、紧急电动运行和对接操作运行外，电气装置不应与电气安全装置并联。

【检验方法】

审查电气原理图，必要时检查现场接线布置。

2.1.8.3　信号的可靠性

【检验要求】

一个电气安全装置发出的信号，不应被同一电路中设置在其后的另一个电气安全装置发出的外来信号所改变，以免造成危险后果。

【检验方法】

审查分析电气原理图，必要时检查现场接线布置。

2.1.8.4　记录或延迟信号电路

【检验要求】

记录或延迟信号的电路，即使发生故障，也不应妨碍或明显延迟由电气安全装置作用而产生的电梯驱动主机停机，即停机应在与系统相适应的最短时间内发生。

【检验方法】

审查电气原理图，必要时检查现场接线布置。

2.1.8.5　电气安全装置的直接作用

【检验要求】

（1）表 2-1 列出的某一电气安全装置动作时，应防止电梯驱动主机启动或使其立即停止运转，制动器的电源也应被切断。

（2）电气安全装置应直接作用在控制电梯驱动主机供电的设备上。

（3）由于输电功率而使用了继电接触器控制电梯驱动主机，则它们应视为直接控制电梯驱动主机启动和停止的供电设备。

【检验方法】

审查分析电气原理图，手动使一个电气安全装置动作，观察电梯的停止情况。图 2-1

电气安全装置直接作用控制驱动主机供电设备（运行接触器）示意图是电气安全装置组成的安全回路直接切断运行接触器（控制电梯驱动主机供电设备）的示意图，图中 sk1 是控制装置输出的启动电梯运行的指令信号。

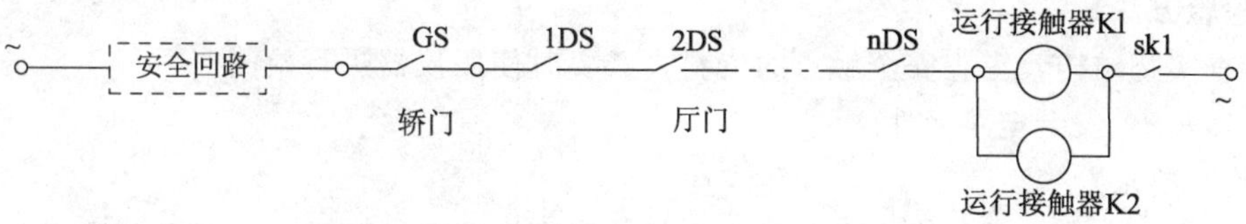

图 2-1　电气安全装置直接作用控制驱动主机供电设备（运行接触器）示意图

2.1.8.6　电气安全装置的操作

【检验要求】

操作电气安全装置的部件应能在连续正常操作产生机械应力的条件下正确地起作用。如果操作电气安全装置设置在人们容易接近的地方，则它们应这样设置：采用简单的方法不能使其失效。对于冗余型安全电路，应用传感器元件机械的或几何的布置来确保机械故障时不应丧失其冗余性。

注：用磁铁或桥接件不算简单方法。

【检验方法】

审查分析电气原理图和现场接线布置，目测检查操作部件结构。

2.1.8.7　传感器元件

【检验要求】

用于安全电路的传感器元件应符合 GB 7588—2003《电梯制造与安装安全规范》（含第 1 号修改单）附录 F 中 F6.3.1.1 条的要求。

【检验方法】

核查型式试验报告和证书。

2.1.9　安全触点、安全电路元件

2.1.9.1　安全触点

【检验要求】

(1) 安全触点的动作，应由断路装置将其可靠地断开，甚至两触点熔接在一起也应断开。安全触点的设计应尽可能减小由于部件故障而引起的短路危险。

注：当所有触点的断开元件处于断开位置且在有效行程内时，动触点和施加驱动机构之间无弹性元件（如弹簧）施加作用力，即为触点获得了可靠断开。

(2) 如果安全触点的保护外壳的防护等级不低于 IP4X，则安全触点应能承受 250 V 的额定绝缘电压。如果其外壳防护等级低于 IP4X，则应能承受 500 V 的额定绝缘电压，安全触点应是在 GB 14048.5—2017《低压开关设备和控制设备　第 5-1 部分：控制电路电器和开关元件　机电式控制电路电器》中规定的下列类型：

① AC-15，用于交流电路的安全触点。

② DC-13，用于直流电路的安全触点。

(3) 如果保护外壳的防护等级不高于 IP4X，则其电气间隙不应小于 3 mm，爬电距离

不应小于 4 mm，触点断开后的距离不应小于 4 mm；如果保护外壳的防护等级高于 IP4X，则其爬电距离可降至 3 mm。

（4）对于多分断点的情况，在触点断开后，触点之间的距离不得小于 2 mm。

【检验方法】

检查实物结构，审查安全触点的资料，必要时使用仪器进行检测。

2.1.9.2　安全电路元件

【检验要求】

（1）含有电子元件的安全电路是安全部件，应按照 GB 7588—2003《电梯制造与安装安全规范》（含第 1 号修改单）附录 F 中 F6 条的要求来验证。

（2）对于印制电路板应符合 GB 7588—2003《电梯制造与安装安全规范》（含第 1 号修改单）附录 H 表 H1 中 3.6 条的规定。

【检验方法】

审查分析原理图，检查型式试验报告。

2.1.10　电动机运转时间限制器

2.1.10.1　曳引驱动电梯的电动机运转时间限制器

【检验要求】

（1）曳引驱动电梯应设有电动机运转时间限制器，在下述情况下使电梯驱动主机停止转动并保持在停止状态：

① 当启动电梯时，曳引机不转。

② 轿厢或对重向下运动时由于障碍物而停住，导致曳引绳在曳引轮上打滑。

（2）电动机运转时间限制器应在不大于下列两个时间值的较小值时起作用：

① 45 s。

② 电梯运行全程的时间再加上 10 s；若运行全程的时间小于 10 s，则最小值为 20 s。

（3）电动机运转时间限制器动作后，恢复电梯正常运行只能通过手动复位，恢复断开的电源后，曳引机无须保持在停止位置。

【检验方法】

（1）启动电梯，检查电动机运转时间限制器是否在设定的时间内动作。在现场可通过以下方法模拟时间限制器的动作：

① 调整时间限制器起作用的设定值。

② 降低电梯运行速度。

③ 其他方法。

（2）电动机运转时间限制器动作后，恢复电梯正常运行只能通过手动复位。

（3）检查电动机运转时间限制器是否影响到轿厢检修运行和紧急电动运行。

2.1.10.2　液压电梯的电动机运转时间限制器

【检验要求】

（1）液压电梯应设有使电动机失电的运转时间限制器。当启动液压电梯时，如果电动机不转，则该时间限制器应使电动机保持在失电状态。

（2）电动机运转时间限制器应在不大于下列两个时间值的较小值时起作用：

① 45 s。

② 电梯运行全程的时间再加上 10 s；若运行全程的时间小于 10 s，则最小值为 20 s。

(3) 电动机运转时间限制器动作后，恢复电梯正常运行只能通过手动复位，在供电中断以后恢复供电时，驱动主机无须保持在停止位置。

【检验方法】

审查设计资料，检查现场接线和设定情况，分析设定方法并进行现场模拟试验。

2.1.10.3　运转时间限制器与其他运行的关系

【检验要求】

电动机运转时间限制器不应影响到轿厢检修运行、紧急电动运行以及电气防沉降系统工作。

【检验方法】

(1) 启动电梯，检查电动机运转时间限制器是否在设定的时间内动作。在现场可通过以下方法模拟时间限制器的动作：

① 调整时间限制器起作用的设定值。

② 降低电梯运行速度。

③ 其他方法。

(2) 电动机运转时间限制器动作后，恢复电梯正常运行只能通过手动复位。

(3) 检查电动机运转时间限制器是否影响到轿厢检修运行和紧急电动运行。

2.1.11　电动机的保护

2.1.11.1　过载保护

【检验要求】

(1) 直接与主电源连接的电动机应采用手动复位的自动断路器（下一条所述情况除外）进行过载保护，该断路器应切断电动机所有供电。

(2) 当对电梯电动机过载的检测是基于电动机绕组的温升时，则切断电动机的供电应符合的要求是：如果一个装有温度监控装置的电气设备的温度超过了其设计温度，电梯不应再继续运行，此时轿厢应停在层站，以便乘客能离开轿厢；电梯应在充分冷却后才能自动恢复正常运行。

(3) 当电梯电动机是由电动机驱动的直流发电机供电时，该电梯电动机也应该设过载保护。

【检验方法】

审查电气原理图，检查自动断路器、热敏电阻规格和设定是否与电机相匹配。

2,1.11.2　短路保护

【检验要求】

直接与主电源连接的电动机应进行短路保护。

【检验方法】

审查图纸，检查实物。

2.1.11.3　多个电路供电

【检验要求】

如果电动机具有多个不同电路供电的绕组，则上述 2.1.6.1 条和 2.1.6.2 条的规定适用于每一绕组。

【检验方法】

检查电气原理图及实物，确认是否保护了电机的每一绕组。

2.1.12　电气防护

2.1.12.1　外壳防护

【检验要求】

在机房和滑轮间内的电气设备，必须采用防护罩壳以防止直接触电，所用外壳防护等级不低于 IP2X。

【检验方法】

用 IP 标准试具检查。

2.1.12.2　绝缘

【检验要求】

每个通电导体与地之间的绝缘电阻值应不小于表 2-2 中数值。

表 2-2　通电导体与地之间的绝缘电阻值

标称电压/V	测试电压（直流）/V	绝缘电阻/MΩ
安全电压	250	≥0.25
≤500	500	≥0.50
＞500	1 000	≥1.00

【检验方法】

使用兆欧表进行测量，当电路中包含有电子装置时，测量时应将相线和零线连接起来，且所有电子元件的连接均应断开。

2.1.12.3　电压

【检验要求】

对于控制电路和安全电路，导体之间或导体对地之间的直流电压平均值和交流电压有效值均不应大于 250 V。

【检验方法】

用万用表测量。

2.1.12.4　零线和接地线

【检验要求】

零线和接地线应始终分开。

【检验方法】

检查电路图及实物。

2.1.12.5　随行电缆

【检验要求】

电梯随行电缆应符合 GB 5023.6—2006《额定电压 450/750 V 及以下聚氯乙烯绝缘电缆　第 6 部分：电梯电缆和挠性连接用电缆》和 GB 5013.5—2008《额定电压 450/750 V 及以下橡皮绝缘电缆　第 5 部分：电梯电缆》的规定或具有等效的质量。

【检验方法】

审查产品证明文件。

2.1.12.6　导线的截面积

【检验要求】

门电气安全装置导线的截面积不应小于 0.75 mm^2。

【检验方法】

现场检查或测量。

2.1.12.7　带电端子的标记

【检验要求】

如果电梯的主开关或其他开关断开后，一些连接端子仍然带电，则它们应与不带电的端子明显地隔开，如带电端子电压超过 50 V，应注上适当标记；偶然互接将导致电梯危险故障的连接端子被明显地隔开，除非其结构形式能避免这种危险。

【检验方法】

现场目测并用万用表测量。

2.1.12.8　连接器件和插接式装置

【检验要求】

设置在安全电路中的连接器件和插接式装置，如果无须使用工具就能将其拔出，或者错误的连接能导致电梯的危险故障，应保证重新插入时绝对不会插错。

【检验方法】

目测检查，插拔试验。

2.1.13　接触器和接触器式继电器

【检验要求】

（1）主接触器（即使电梯驱动主机停止运转的接触器）应为 GB 14048.4—2016《低压开关设备和控制设备　第 4-1 部分：机电式接触器和电动机起动器（含电动机保护器）》中规定的下列类型：

① AC-3，用于交流电动机的接触器。

② DC-3，用于直流电源的接触器。

这些接触器应允许启动操作次数的 10%为点动运行。

（2）由于承受功率的原因，必须使用继电接触器去操作主接触器时，这些继电接触器应为 GB 14048.5—2017《低压开关设备和控制设备　第 5-1 部分：控制电路电器和开关元件　机电式控制电路电器》中规定的下列类型：

① AC-15，用于控制交流电磁铁。

② DC-13，用于控制直流电磁铁。

【检验方法】

检查实物，查看铭牌，审查其型式证明文件。

2.1.14 照明与插座

2.1.14.1　照明、插座电源

【检验要求】

（1）轿厢、井道、机房和滑轮间照明电源应与电梯驱动主机电源分开，也可通过另外的电路或通过与主开关供电侧相连，从而获得照明电源。

（2）轿顶、机房、滑轮间及底坑应设置插座，插座所需的电源应取自上一条所述及的电路。这些插座是 2P＋PE 型 250V，直接供电；或根据 GB 14821.1—1993《建筑物的电气装置　电击防护》中规定的以安全电压供电。

【检验方法】

（1）审查图纸。

（2）现场目测插座类型，用万用表测量电压。

（3）断开主电源开关，检查照明、插座、通风及报警装置是否被切断。

2.1.14.2　轿厢、机房、滑轮间电源

【检验要求】

（1）应有一个控制电梯轿厢照明和插座电路电源的开关。如果机房中有几台电梯驱动主机，则每台电梯轿厢均须有一个开关，且该开关应设置在相应的主开关近旁。

（2）在机房内靠近入口（或多个入口）的适当高度处，应设有一个开关或类似装置来控制机房照明电源。

（3）在滑轮间内靠近入口处的适当高度处，应设有一个开关来控制滑轮间的照明电源。

【检验方法】

审查电路图，并对实物进行检查和手动试验。

2.1.14.3　井道照明开关

【检验要求】

应在机房和底坑分别装设井道照明开关（或等效装置），以便这两个地方均能控制井道照明。

【检验方法】

手动试验。

2.1.14.4　短路保护

【检验要求】

由上述 2.1.14.2 条和 2.1.14.3 条规定的开关所控制的电路均应具有各自的短路保护。

【检验方法】

查看电路图并对照检查短路保护装置，必要时手动模拟试验。

2.1.15 超载保护装置

【检验要求】

电梯应装有载重量控制装置。在轿厢超载时，该装置应防止电梯正常启动及再平层（所谓超载是指超过额定载荷的 10%，并至少为 75 kg），在超载情况下：

① 轿厢内应有音响或发光信号提示使用人员。

② 动力驱动自动门应保持在完全打开位置。

③ 手动门应保持在未锁状态。

④ 超载后为轿厢运行而进行的预备操作应全部无效。

【检验方法】

对于额定载重量>750 kg 的电梯，往往停在最低层站的轿厢内加载 110% 的额定载荷；对于额定载重量≤750 kg 的电梯，装载额定载荷+75 kg 的总载荷，在其他层站按呼梯按钮，观察电梯的报警、启动及再平层情况。

2.1.16 紧急报警装置和语音播报系统

2.1.16.1 报警装置的电源、型式

【检验要求】

（1）该装置的供电应来自紧急照明电源或等效电源（连接到公用电话网的除外）。

（2）紧急报警装置应采用一个双向对讲系统，以便与救援服务持续联系，在启动此对讲系统之后，轿内被困乘客应不必再做其他操作。

【检验方法】

（1）审查电路图，分别切断主电源和紧急照明电源，检查报警装置能否有效工作。

（2）在轿厢内与救援服务处之间进行实际通话测试。

2.1.16.2 轿厢内报警装置

【检验要求】

轿厢内应装设易于乘客识别和触及的报警装置。

【检验方法】

检查报警装置设置的位置和标识。

2.1.16.3 井道内的报警装置

【检验要求】

如果在井道中工作的人员存在被困危险，而又无法通过轿厢或井道逃脱，应在存在该危险处设置报警装置，该报警装置也应符合 2.1.16.1 条和 2.1.16.2 条的规定。

【检验方法】

审查设计及井道布置资料，按 2.1.16.1 条和 2.1.16.2 条进行试验。

2.1.16.4 对讲系统

【检验要求】

如果电梯行程大于 30 m，在轿厢和机房之间设置由紧急电源供电的对讲系统或类似装置。

【检验方法】

对照井道土建图检查，必要时用尺测量。

2.1.16.5　语音播报系统

【检验要求】

乘客或者载货电梯的轿厢内应当设置语音播报系统，至少在电梯因停电和故障困人、轿厢位置校正（再平层除外）、停电自动救援操作装置（如果有）启动、接收火灾信号退出正常服务时应当进行语音播报，提示并安抚轿厢内乘客。

【检验方法】

分别模拟停电、轿厢位置校正、停电自动救援操作装置（如果有）启动工况，观察轿厢内是否有安抚乘客的语音播报。

2.1.17　间接作用式液压电梯的松绳（或者松链）安全装置

【检验要求】

如果存在松绳（或松链）的危险，应设置一个电气安全装置。当松绳或松链发生时，该电气装置应使驱动主机停止运行并保持其停止状态。

【检验方法】

手动模拟松绳（或松链）状态，检查保护装置动作情况。

2.1.18　液压系统液压油的过热保护

【检验要求】

液压系统应具有油温控测装置，当液压系统液压油的油温超过预定值时，该装置应当能立即将液压电梯就近停靠在平层位置上并打开轿厢门，只有经过充分冷却之后，液压电梯才能自动恢复上行方向的正常运行。

【检验方法】

模拟温度检测元件动作的状态，检查油温监控装置的功能是否符合要求。

2.1.19　电梯运行控制

2.1.19.1　电梯正常运行控制

【检验要求】

(1) 电梯运行的控制应是电气控制，正常运行的控制应借助于按钮或类似装置，如触摸控制、磁卡控制等，这些装置应置于盒中，以防止使用人员触及带电零件。

(2) 控制柜的型式试验报告应符合《电梯控制柜型式试验细则》的规定。

【检验方法】

现场目测检查，对照实物核查型式试验报告。

2.1.19.2　门开着情况下的平层、再平层和防沉降运行

【检验要求】

在满足下列条件时，允许层门和轿门打开时进行轿厢的平层、再平层和防沉降运行：

① 运行只限于开锁区域：

a. 应至少有一个开关装置防止轿厢在开锁区域外的所有运行，该开关装于门及锁紧电气安全装置的桥接或旁接式电路中；

b. 该开关应是满足要求的安全触点，或者其连接方式满足对安全电路的要求；

c. 如果该开关的动作是依靠一个不与轿厢直接机械连接的装置，如钢丝绳、皮带或链条，则连接件的断开或松弛应通过一个电气安全装置的作用，使电梯驱动主机停止运转；

d. 平层运行期间，只有在已给出停站信号之后才能使门电气安全装置不起作用。

② 平层速度不大于 0.8 m/s，对于手控层门电梯，应检查：

a. 对于由电源固有频率决定最高转速的电梯驱动主机，只用于低速运行的控制电路已经通电；

b. 对于其他电梯驱动主机，到达开锁区域的瞬时速度不大于 0.8 m/s。

③ 再平层和防沉降运行速度不大于 0.3 m/s，应检查：

a. 对于由电源固有频率决定最高转速的电梯驱动主机，只用于低速运行的控制电路已经通电；

b. 对于由静态变频器供电的电梯驱动主机，再平层速度不大于 0.3 m/s。

④ 开门平层或再平层的实际速度不应大于其额定值的 105%。

【检验方法】

(1) 检查开关的型式、功能及安装位置，审查电气原理图及安装调试文件。

(2) 速度检测。在机房内用转速表测量驱动主机的转速，然后计算出轿厢的速度，或者用测速系统在轿厢内直接测出速度，也可采用其他满足测量准确度要求的方法进行速度测量。

2.1.19.3　检修运行控制

【检验要求】

轿顶应当设置一个检修控制装置，如果需要在轿厢内、底坑或者平台上移动轿厢，则应当在相应位置上设置附加检修控制装置。检修控制装置应由一个电气安全开关（检修开关）转入操作状态，该开关应是双稳态的，并应设有意外操作的防护，同时满足下列条件：

① 一经进入检修运行，应取消：

a. 正常运行控制，包括任何自动门的操作；

b. 紧急电动运行；

c. 防沉降运行。

只有再次操作检修开关，才能使电梯重新恢复正常运行。如果取消上述运行的转换装置不是与检修开关机械装置一体的安全触点，则应采取措施，防止 GB 7588—2003《电梯制造与安装安全规范》(含第 1 号修改单) 第 14.1.1.1 条述及的故障之一出现在电路中时轿厢的一切意外运行。

② 轿厢运行应依靠持续揿压按钮，此按钮应有防止意外操作的保护，并应清楚地标明运行方向。

③ 控制装置也应包括一个停止装置。

④ 轿厢速度不应大于 0.63 m/s，且不应大于其额定值的 105%。

⑤ 不应超过轿厢的正常的行程范围。

⑥ 电梯运行应仍依靠安全装置。

⑦ 如果多个检修控制装置切换到“检修”状态，操作任一检修控制装置，均不能使轿厢运行，除非同时操作所有切换到“检修”状态的检修控制装置上的相同方向按钮。

【检验方法】

检查开关的型式、装设位置及标识，审查分析电气原理图和故障防护措施，按如下检验方法进行现场试验：

① 把轿顶检修开关转换到检修运行状态，分别试验呼梯、选层。

② 在检修运行状态，实际按压上、下行按钮，目测检查标识和误操作保护措施。

③ 审查有关资料，目测，必要时用尺子测量。

④ 审查电气原理图，人为动作安全回路的一个开关后再试验检修运行操作装置。

⑤ 人为动作两个检修装置，分别操作两个检修装置上的相同方向按钮和不同方向按钮，看电梯是否运行。

2.1.19.4 紧急电动运行控制

【检验要求】

对于人力操作提升装有额定载重量的轿厢所需力大于 400 N 的电梯驱动主机，其机房内应设置一个紧急电动运行开关，紧急电动运行时，电梯驱动主机应由正常的电源供电或由备用电源供电（如有），同时下列条件也应满足：

① 应允许从机房内操作紧急电动运行开关，由持续揿压具有防止误操作保护的按钮控制轿厢运行，运行方向应清楚地标明。

② 紧急电动运行开关操作后，除由该开关控制的运行外，应防止轿厢的一切运行。

③ 紧急电动运行开关本身或通过另一个电气开关应使下列电气装置失效：

a. 安全钳上的电气安全装置；

b. 限速器上的电气安全装置；

c. 极限开关；

d. 缓冲器上的电气安全装置；

e. 轿厢上行超速保护装置上的电气安全装置。

④ 紧急电动运行开关及其操纵按钮应设置在使用时易于直接观察电梯驱动主机的地方。

⑤ 轿厢速度不应大于 0.63 m/s，且不应大于其额定值的 105%。

⑥ 检修运行一旦实施，则紧急电动运行应失效。

【检验方法】

检查实物，审查电路图，然后分条按以下方法进行操作检验：

① 在机房内检查实物，并用手进行按压运行试验。

② 转换到紧急电动运行状态后，进行自动运行、检修运行和对接操作运行（如有）的试验。

③ 检查电气原理图并进行现场试验。

④ 检查实物。

⑤ 在机房内转入紧急电动运行后，把轿顶的检修开关转换到检修运行状态，再试验紧急电动运行的上、下行按钮。

2.1.20 层门和轿门旁路装置

【检验要求】

为了维护层门和轿门的触点（含门锁触点），在控制柜或者紧急和测试操作屏上应当设置旁路装置。该装置应当为通过永久安装的可移动的机械装置（如盖、防护罩等）防止意外使用的开关，或者插头插座组合。在层门和轿门旁路装置上或者其附近应当标明“旁路”字样。此外，被旁路的触点应当根据原理图标明标志符。旁路装置还应当符合以下要求：

① 使正常运行控制无效，正常运行包括动力操作的自动门的任何运行。

② 能旁路层门关闭触点、层门门锁触点、轿门关闭触点和轿门门锁触点。

③ 不能同时旁路层门和轿门的触点。

④ 为了允许旁路轿门关闭触点后轿厢运行，应当提供独立的监控信号来证实轿门处于关闭位置。该要求也适用于轿门关闭触点和轿门门锁触点共用的情况。

⑤ 对于手动层门，不能同时旁路层门关闭触点和层门门锁触点。

⑥ 只有在检修运行或者紧急电动运行模式下，轿厢才能运行。

⑦ 应当在轿厢上设置发音装置，在轿底设置闪烁灯。在运行期间，应当有听觉信号和闪烁灯光。轿厢下部 1 m 处的听觉信号不小于 55 dB（A）。

【检验方法】

(1) 查看层门和轿门旁路装置上或者其附近是否标明“旁路”字样以及旁路状态或者关状态。

判定原则：中文标识，可以快速准确地识别正常状态、旁路层门和旁路轿门状态。图 2-2 是几种常见的旁路装置实物示例图。

(2) 进入轿厢，按开门按钮使门保持完全打开，将旁路装置切换到“旁路轿门”状态后，按“关门按钮”，门不自动关闭，说明取消了自动门的操作；将旁路装置切换到“正常”状态，关闭轿门后，再分别切换到“旁路轿门”和“旁路层门”状态，轿厢内选层或层门外呼梯，电梯不响应，说明电梯退出了正常运行。

(3) 在轿顶断开层门锁触点（不打开层门），检修运行，电梯应不能运行，然后将旁路装置切换到“旁路层门”状态，层门锁断开后，电梯能检修运行，说明旁路装置能旁路层门。

(4) 在“旁路轿门”状态下，层门保持关闭，打开轿门，确认门锁回路导通（可以观察门锁接触器是否断开，或查看主控板上相应的信息指示灯），电梯不能检修运行；然后关闭轿门，电梯能检修运行，说明旁路装置能旁路轿门且有轿门监控信号。检修运行时观察轿顶是否有听觉信号。

(5) 查看旁路装置机械结构是否能确保不会同时旁路层门触点和轿门触点。图 2-2 (a) 和图 2-2 (b) 可以直接判定旁路转换开关或插头插座不会同时处于旁路层门和轿门触点位置，图 2-2 (c) 则要考虑有两个插头情况下能否同时插入层门旁路触点及轿门旁路触点。检查完毕旁路装置机械结构后，进一步进行以下操作测试层门与轿门触点是否有被同时旁路：

① 保持层门关闭，打开轿门，断开轿门关闭触点或门锁触点，然后将旁路装置置于“旁路轿门”状态，门锁回路导通（可以观察门锁接触器是否断开，或查看主控板上相应的信息指示灯），电梯不能检修运行；然后关闭轿门，电梯能检修运行，说明旁路装置能旁路轿门且有轿门监控信号。

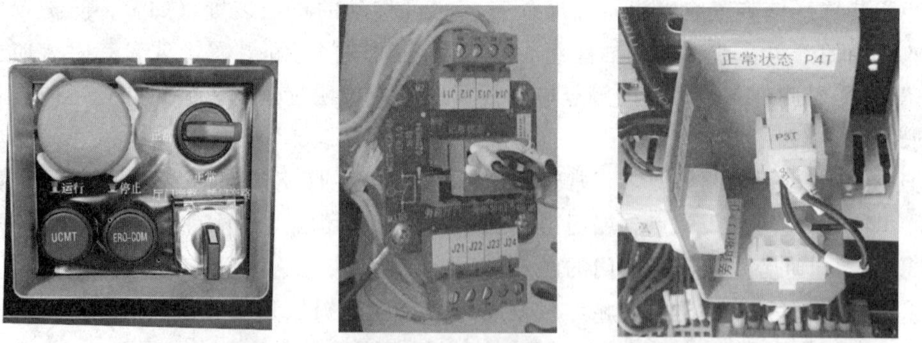

(a) 转换开关式旁路装置　(b) 插拔端子式旁路装置1　(c) 插拔端子式旁路装置2

图 2-2　几种常见的旁路装置实物示例图

利用轿门关门限位开关作为轿门关闭监控信号（图 2-3）和独立加装的光电感应开关式轿门监控信号（图 2-4）是两种常见的轿门关闭监控信号。

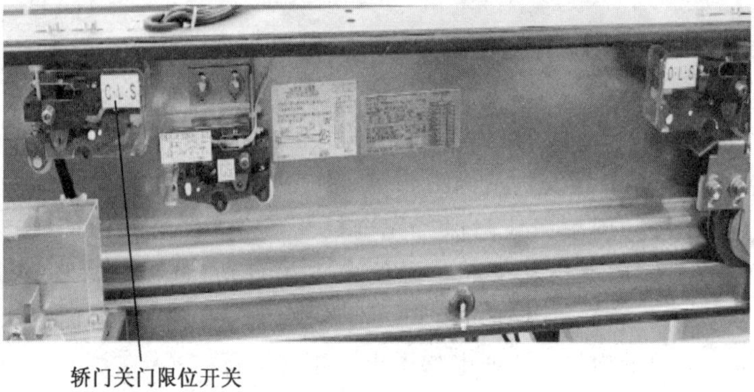

图 2-3　利用轿门关门限位开关作为轿门关闭监控信号

图 2-4　独立加装的光电感应开关式轿门监控信号

② 保持轿门关闭，断开层门门锁触点，检修操作不能移动轿厢，说明旁路轿门时未旁路层门。

（6）在轿顶将旁路装置切换到“旁路层门”状态，确认门锁回路处于导通状态后，将轿门打开，此时门锁回路断开，说明旁路层门时未旁路轿门；关闭轿门，在机房紧急电动运行（若没有紧急电动，需另一人到顶检修操作），观察轿底是否有闪烁灯。

层门轿门旁路装置电路原理示例：

图 2-5 是一种插头插座式层门轿门旁路装置电路原理示意图。J 是旁路用短接插头，P1 是旁路层门或轿门插座，P2 是正常与旁路状态切换插座。当 J 插入 P2 中时，控制装置中的旁路信号为高电平，控制系统确认当前处于正常运行状态。当 J 从 P2 中拨出时，旁路信号变为低电平，控制系统此时切换到旁路状态。如果 J 插入 P1 左四位端子，则 T2 与 T3 点被旁路接通，前层门、后层门被旁路，如果 J 插入 P1 右四位端子，T1 和 T2、T3 和 T4 被旁路接通，前轿门和后轿门触点被旁路。

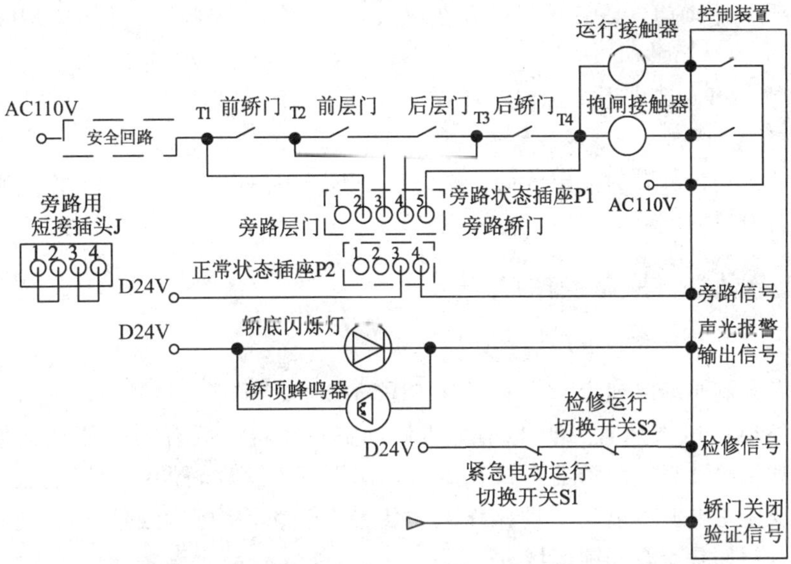

图 2-5　一种插头插座式层门轿门旁路装置电路原理示意图

图 2 6 是一种旁路运行控制的程序流程图。系统进入旁路运行控制程序后按以下流程进行：

① 检查“旁路信号”是否有效（图 2-5 中是旁路信号为低电平时进入旁路状态），“是”则进入下一步，“否”则结束。

② 检查“检修信号”是否有效（图 2-5 中是检修信号为低电平时进入检修状态），“是”则进入下一步，“否”则结束。

③ 检查“轿门关闭验证信号”是否有效，“是”则进入下一步，“否”则结束。

④ 检查“电梯是否在运行中”，“是”则输出声光报警信号，“否”则结束。

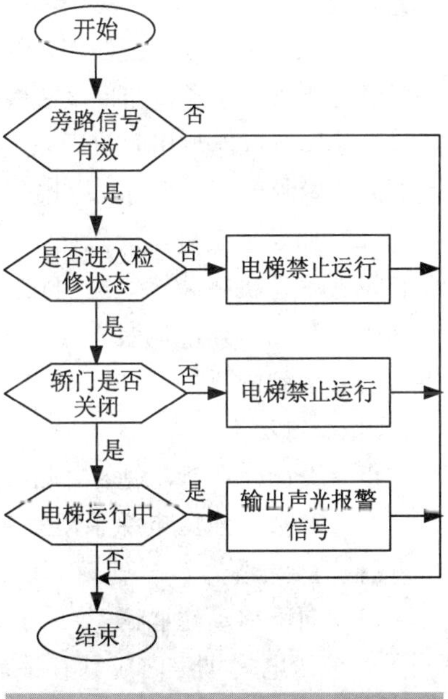

图 2-6　旁路运行控制的程序流程图

2.1.21　电气防沉降系统

【检验要求】

若设有电气防沉降系统，则应该符合如下要求：

① 当轿厢位于平层位置以下最大 0.12 m 至开锁区下端的区间内时，无论轿门处于任何位置，都应该按上行方向给主机通电，使轿厢向上移动。

② 电梯在前次正常运行后停止使用 15 min 内，轿厢应该自动运行到最低停靠层站。

③ 轿厢内装有停止装置的电梯应该在轿厢内提供声音信号装置。当停止装置处于停止位置时，该声音装置应该工作。该声音装置的供电可以来自紧急照明电源或者其他等效电源。

④ 应该设置下列指示标志：

a. 如果采用手动门，或者关门过程在使用人员的持续控制下进行的动力操纵门，轿厢内应该有须知："请关门"；

b. 应该在主开关或者近旁标出字样："当轿厢停靠在最低层站时才允许断开此开关"。

【检验方法】

将轿厢装载均匀分布的额定载荷，操作手动下降阀使电梯进入检验要求规定的区域，检查轿厢能否自动向上移动至平层位置。

2.1.22 应急救援（紧急操作）

2.1.22.1 曳引与强制电梯应急救援要求

曳引或者强制驱动电梯应当能采用持续手动操作的机械（如杠杆）或者由自动充电的紧急电源供电的电气装置打开驱动主机制动器；除轿厢载有的平衡载荷偏差不超过±10%外，如果手动释放制动器后仅在重力作用下不能移动轿厢，应当能通过手动机械装置或者独立于主电源供电的手动操作电动装置将轿厢移动到附近层站；在紧急操作处应当易于检查轿厢是否在开锁区域。

2.1.22.2 曳引驱动电梯手动紧急操作

【检验要求】

（1）如果曳引或者强制驱动电梯的移动可能带动手动机械装置，则该装置应当是一个平滑且无辐条的轮子。如果该装置是可拆卸的，则应当放置在机器空间内容易接近的地方；如果该装置有可能与相配的驱动主机混淆，则应当做出适当标记；如果该装置可从驱动主机上拆卸或者脱出，应当有一个电气安全装置最迟在该装置连接到驱动主机上时起作用。

（2）如果手动机械装置向上移动载有额定载重量的轿厢所需操作力超过 400 N 或者没有设置手动机械装置，应当设置紧急电动运行控制装置。

（3）手动操作电动装置应当能在开始紧急操作后的 1 h 内以不超过 0.30 m/s 的速度将轿厢移动到附近层站。

【检验方法】

审查设计计算书，现场目测检查，必要时现场测试手动盘车力或安装盘车轮进行试验。

2.1.22.3 液压电梯手动紧急操作

【检验要求】

（1）向下移动轿厢。

a. 液压电梯机房内应具有手动操作紧急下降阀。即使在失电的情况下，允许使用该阀使轿厢向下运行至平层位置，疏散乘客。

b. 此时轿厢的下行速度应不超过 0.3 m/s。

c. 该阀的操作要求以持续的手动揿压保持其动作。

d. 该阀的操作应防止产生误动作的可能性。

e. 对于有可能发生松绳或松链的间接作用式液压电梯，手动操纵该阀应不能使柱塞产生的下降引起松绳或松链。

（2）向上移动轿厢。

a. 对于轿厢上装有安全钳或夹紧装置的液压电梯，应永久性地安装一手动泵，使轿厢能够向上移动。

b. 手动泵应连接到单向阀或下行方向阀与截止阀之间的油路上。

c. 手动泵应装备溢流阀，以限制系统压力至满载压力的 2.3 倍。

（3）轿厢位置检查。

如果液压电梯具有二层站以上，应有可能从机房内检查轿厢是否在开锁区内，其方法应与正常供电电源无关。

【检验方法】

（1）审查液压原理图，检查紧急下降阀设置情况，手动操作紧急下降阀，测试轿厢运行速度是否超过 0.3 m/s。

（2）审查液压原理图，检查手动泵及其溢流阀设置情况，轿厢满载，手动操作手动泵看轿厢是否上行。

2.1.23　限速器

2.1.23.1　动作速度及超速开关的设定

【检验要求】

（1）操纵轿厢安全钳的限速器的动作应发生在速度至少等于额定速度的 115%时，但应小于下列各值：

① 对于除了不可脱落滚柱式以外的瞬时式安全钳为 0.8 m/s。

② 对于不可脱落滚柱式瞬时式安全钳为 1 m/s。

③ 对于额定速度小于或等于 1 m/s 的渐进式安全钳为 1.5 m/s。

④ 对于额定速度大于 1 m/s 的渐进式安全钳为 $\left(1.25v+\frac{0.25}{v}\right)$ m/s。

（2）在轿厢上行或下行的速度达到限速器动作速度之前，限速器或其他装置上应有一个电气安全装置使电梯驱动主机停止运转。对于额定速度不大于 1 m/s 的电梯，此电气安全装置最迟可在限速器达到其动作速度时起作用。

【检验方法】

检查限速器铭牌上的动作速度值，并和所配套的安全钳类型对照，查看是否设有超速保护开关。

2.1.23.2　动作速度

【检验要求】

对重（或平衡重）安全钳的限速器动作速度应大于上述轿厢安全钳的限速器动作速度，但不得超过 10%。

【检验方法】

检查限速器铭牌上的动作速度值，并与轿厢限速器的动作速度进行比较。

2.1.23.3 张紧装置设定及确认

【检验要求】

(1) 限速器绳应用张紧轮张紧，张紧轮（或其配重）应有导向装置。

(2) 限速器绳断裂或过分伸长，应通过一个电气安全装置的作用使电动机停止运转。

【检验方法】

检查该装置的设定情况，审查设计资料，人为动作电气开关，观察电梯停止情况。

2.1.23.4 张紧力

【检验要求】

限速器动作时，限速器绳的张紧力不得小于以下两个值的较大者：

① 安全钳起作用所需力的两倍。

② 300 N。

【检验方法】

进入井道，试验人员站在轿顶，用拉力计测量提拉起安全钳的力，将此力与限速器的型式试验报告上给出的力进行比较。

2.1.23.5 封记和标记

【检验要求】

(1) 可调部件在调整后应加封记。

(2) 限速器上应标明与安全钳动作相应的旋转方向。

【检验方法】

目测检查外观。

2.1.23.6 复位确认装置

【检验要求】

如果安全钳释放后限速器未能自动复位，则在限速器未复位时，一个符合标准规定的电气安全装置应防止电梯的启动，但在紧急电动运行的情况下，此装置应不起作用。

【检验方法】

检查实物并进行手动试验。

2.1.23.7 接近性

【检验要求】

限速器应是可接近的，以便于检查和维修。

【检验方法】

目测检查。

2.1.23.8 安装在井道内的要求

【检验要求】

若限速器装在井道内，则应能从井道外面接近它。当下列条件满足时，无须符合上述要求：

① 能够从井道外用远程控制方式（除无线方式外）来实现限速器动作，这种方式应不会造成限速器的意外动作，且未经授权的人不能接近远程控制的操纵装置。

② 能够从轿顶或从底坑接近限速器进行检查和维护。

③ 限速器动作后，提升轿厢、对重（或平衡重）能使限速器自动复位。

④ 如果从井道外用远程控制的方式使限速器的电气部分复位，应不会影响限速器的正常功能。

【检验方法】

现场目测检查，审查限速器型式试验报告，按照实际动作方式，在井道外进行限速器动作试验，试验动作后，提升轿厢、对重（或平衡重）检查限速器的复位情况。

2.1.23.9　型式试验

【检验要求】

限速器是安全保护装置，应当按照电梯型式试验规程进行型式试验。

【检验方法】

对照现场实物核查型式试验报告。

2.1.24　防止轿厢超速下降、沉降及轿厢或者平衡重坠落的措施

【检验要求】

液压电梯需装设如表 2-3 所示的装置或者装置组合以及触发机构，以防止轿厢：

① 自由坠落。

② 超速下行。

③ 从平层位置沉降大于 0.12 m，或沉降至开锁区的下端以下。

【检验方法】

外观检查或者审查设计资料。

表 2-3　防止轿厢自由坠落、超速下降和沉降的组合措施

防止沉降的措施 防止轿厢自由坠落或者超速下行的预防措施		由轿厢下行运动使安全钳产生附加动作	夹紧装置，由轿厢下行运行触发	棘爪装置	电气防沉降系统
直接作用式液压电梯	由限速器触发的安全钳	✓		✓	✓
	破裂阀		✓	✓	✓
	节流阀		✓	✓	
间接作用式液压电梯	由限速器触发的安全钳	✓		✓	✓
	破裂阀、由悬挂机构断裂或者安全绳触发的安全钳，两者同时作用	✓		✓	✓
	节流阀、由悬挂机构断裂或者安全绳触发的安全钳，两者同时作用	✓		✓	
注：✓表示可供选择的一种组合措施					

2.1.25 安全钳

2.1.25.1 安全钳的设置和型式

【检验要求】

(1) 轿厢应装有能在下行时动作的安全钳。

(2) 若电梯额定速度大于 0.63 m/s，轿厢应采用渐进式安全钳；若电梯额定速度小于或等于 0.63 m/s，轿厢可采用瞬时式安全钳。

【检验方法】

检查核对安全钳的型式，检查实物。

2.1.25.2 数套安全钳情况

【检验要求】

若轿厢装有数套安全钳，则它们应全部是渐进式的。

【检验方法】

检查实物。

2.1.25.3 对重安全钳

【检验要求】

若额定速度大于 1 m/s，对重（或平衡重）安全钳应是渐进式的，其他情况下可以是瞬时式的。

【检验方法】

检查实物。

2.1.25.4 动作的控制

【检验要求】

(1) 轿厢和对重（或平衡重）安全钳的动作应由各自的限速器来控制。

(2) 若额定速度小于或等于 1 m/s，对重（或平衡重）安全钳可借助悬挂机构的断裂或借助一根安全绳来动作，不得用电气、液压或气动操纵的装置来操纵安全钳。

【检验方法】

检查实物。

2.1.25.5 动作后的倾斜度

【检验要求】

轿厢空载或载荷均匀分布的情况下，安全钳动作后轿厢地板的倾斜度不应大于其正常位置的 5%。

【检验方法】

空载轿厢下行时，人为动作限速器，使安全钳制动，用水平尺和塞尺等检查轿厢地板。

2.1.25.6 动作后的复位

【检验要求】

(1) 安全钳动作后的释放需经称职人员进行。

(2) 只有将轿厢或对重（或平衡重）提起，才能使轿厢或对重（或平衡重）上的安全钳释放并自动复位。

【检验方法】

查阅文件中的有关规定，在限速器-安全钳联动试验后，提升轿厢或对重（或平衡重），检查安全钳的释放。

2.1.25.7　安全钳电气安全装置

【检验要求】

当轿厢安全钳作用时，装在轿厢上面的一个电气安全装置在安全钳动作以前或同时使电梯驱动主机停转。

【检验方法】

人为动作电气开关，观察电梯的停止情况。

2.1.25.8　禁止替代导靴

【检验要求】

禁止将安全钳的夹爪或钳体充当导靴使用。

【检验方法】

现场目测检查。

2.1.25.9　调节封记

【检验要求】

如果安全钳是可调节的，则其调整后应加封记。

【检验方法】

现场目测检查。

2.1.25.10　参数的匹配

【检验要求】

安全钳标称速度和许用质量范围应与电梯的实际参数相符。

【检验方法】

核查安全钳的参数。

2.1.25.11　型式试验

【检验要求】

安全钳是安全部件，应按照型式试验规程进行型式试验，取得型式试验证书。

【检验方法】

审查型式试验报告，并检查实物及安装状态。

2.1.26　缓冲器

2.1.26.1　缓冲器安装的位置及型式

【检验要求】

（1）缓冲器应设置在轿厢和对重的行程底部极限位置，轿厢投影部分下面缓冲器的作用点应设一个一定高度的缓冲器支座，以便满足底坑空间的要求。对缓冲器，距其作用区域的中心 0.15 m 范围内，有导轨和类似的固定装置，不含墙壁，则这些装置可认为是缓冲器支座。

（2）蓄能型缓冲器（包括线性和非线性）只能用于额定速度小于或等于 1 m/s 的电梯，耗能型缓冲器可用于任何额定速度的电梯。

【检验方法】

检查核对缓冲器的型式，检查实物。

2.1.26.2　减行程缓冲器

【检验要求】

减行程缓冲器的行程应符合下列规定：

(1) 当额定速度小于或等于 4 m/s 时，即按 0.067 4 v^2 计算行程的 50%。但在任何情况下，行程不应小于 0.42 m。

(2) 当额定速度大于 4 m/s 时，即按 0.067 4 v^2 计算行程的 1/3。但在任何情况下，行程不应小于 0.54 m。

注：v 为电梯额定速度，0.067 4 v^2 为 115%额定速度的重力制停距离。

【检验方法】

审查设计或说明资料，核查实物，用尺子测量。

2.1.26.3　采用减行程缓冲器时的监控

【检验要求】

采用减行程缓冲器时，对电梯驱动主机正常减速的监控应符合下列规定：

(1) 轿厢到达端站前，检查装置应检查电梯驱动主机的减速是否有效。

(2) 如减速无效，检查装置应以这样的方式使轿厢减速，即如果轿厢或对重与缓冲器接触，其冲击速度不应大于缓冲器的设计速度。

(3) 如果检查减速的装置与运行方向有关，应设置一个装置检查轿厢的运动是否与预定方向一致。

(4) 如果这些检查装置或其中一部分安放在机房内：

① 它们应由一个与轿厢直接连接的装置操纵。

② 轿厢位置的信息不应依赖于曳引、摩擦驱动装置或同步电机。

③ 如果用皮带、链条或钢丝绳作连接装置将轿厢的位置传到机房，该装置的断裂或松弛应通过一个电气安全装置使电梯驱动主机停止。

(5) 这些装置的功能及控制方式应与正常的速度调节系统结合起来获得一个符合电气安全装置要求的减速控制系统。

【检验方法】

审查设计资料或安装调试文件，核对实物，人为动作电气开关，检查电梯的启动或停止情况。

2.1.26.4　参数的匹配及型式试验

【检验要求】

(1) 缓冲器的行程和许用质量范围与电梯实际参数的关系应符合 GB 7588—2003《电梯制造与安装安全规范》（含第 1 号修改单）中 10.4 条的规定。

(2) 缓冲器是安全部件，应按照型式试验规程进行型式试验并取得型式试验证书。

【检验方法】

核查型式试验报告并检查实物及安装状态，核查缓冲器的参数。

2.1.27　轿厢上行超速保护装置

2.1.27.1　设置及作用部位

【检验要求】

（1）曳引驱动的电梯应装设轿厢上行超速保护装置，该装置包括速度监控和减速元件，应能检测出上行轿厢的速度失控，其下限是电梯额定速度的 115%，上限是对重限速器最大动作速度，并应能使轿厢制停，或至少使其速度降低至对重缓冲器的设计范围。

（2）该装置应作用于轿厢或对重或钢丝绳系统（悬挂绳或补偿绳）或曳引轮（直接作用在曳引轮或作用于最靠近曳引轮的曳引轮轴上）。

【检验方法】

现场目测检查装置铭牌上的动作速度值，并检查实物。

2.1.27.2　驱动能量

【检验要求】

如果该装置需要外部的能量来驱动，则当没有该能量时，应能使电梯停梯，并使其保持停止状态（带导向的压缩弹簧除外）。

【检验方法】

现场目测检查，并手动模拟失去能量时的情况。

2.1.27.3　控制装置

【检验要求】

（1）该装置应能在没有那些在电梯正常运行时控制速度、减速或停车的部件参与下，达到 2.1.27.1 条的要求，除非这些部件存在内部的冗余度。

（2）该装置在动作时，可以由与轿厢连接的机械装置协助完成，无论此机械装置是否有其他用途。

【检验方法】

现场检查结构和设计、安装文件。

2.1.27.4　减速度及速度监控部件

【检验要求】

（1）该装置在使空轿厢制停期间，其最大减速度不得大于 g_n。

（2）使轿厢上行超速保护装置动作的电梯速度监控部件应是符合 2.1.26 条要求的缓冲器或类似的装置。

【检验方法】

（1）现场检查实物，并对照型式试验报告。

（2）将空载轿厢停在最低层站，把加速度测试仪安放在轿厢地板上，然后人为打开制动器，使轿厢向上溜车，记录下上行超速保护装置制动时的减速度，最大减速度选择在 10 Hz 低通滤波后的值，制动减速应单独由上行超速保护装置完成（如果可能的话）。

2.1.27.5　电气安全装置

【检验要求】

上行超速保护装置动作时，应使一个电气安全装置动作。

【检验方法】

在进行 2.1.27.4 条试验时检查。

2.1.27.6　动作后的复位

【检验要求】

（1）上行超速保护装置动作后，应由称职人员使其释放。

（2）该装置释放时，应不需要接近轿厢或对重。

（3）释放后，该装置应处于正常工作状态。

【检验方法】

审查具体结构及文件中的有关规定，在进行 2.1.27.4 条试验后检查复位情况。

2.1.27.7　型式试验

【检验要求】

上行超速保护装置是安全部件，应按电梯型式试验规程进行型式试验并取得型式试验，现场实物及安装状态应与型式试验结论（如容许质量、动作速度及导轨情况等）相符合。

【检验方法】

核查型式试验报告。

2.1.28　轿厢意外移动保护装置

2.1.28.1　设置及制停部件作用部位

【检验要求】

（1）曳引驱动乘客电梯、曳引驱动载货电梯、消防电梯应设置轿厢意外移动保护装置，该装置包括意外移动检测单元、制停单元和自监测单元（仅对驱动主机制动器作为制停单元时需要），应能检测出在层门未被锁住且轿门未关闭的情况下轿厢离开层站的意外移动，并应能将轿厢制停在安全距离范围内。

（2）该装置制停部件应作用于轿厢或对重或钢丝绳系统（悬挂绳或补偿绳）或曳引轮（直接作用在曳引轮或作用于最靠近曳引轮的曳引轮轴上），制停部件可与用于下行超速保护和上行超速保护功能的制停装置共用，且该装置用于上行和下行方向的制停部件可以不同。

【检验方法】

（1）目测检测轿厢意外移动保护装置设置情况。

（2）轿厢载有不超过 100％额定载重量的任何载荷，在平层位置从静止开始移动的情况下，均应满足上述值。

2.1.28.2　允许移动距离

【检验要求】

该装置应在下列移动距离内制停轿厢（图 2-7）：

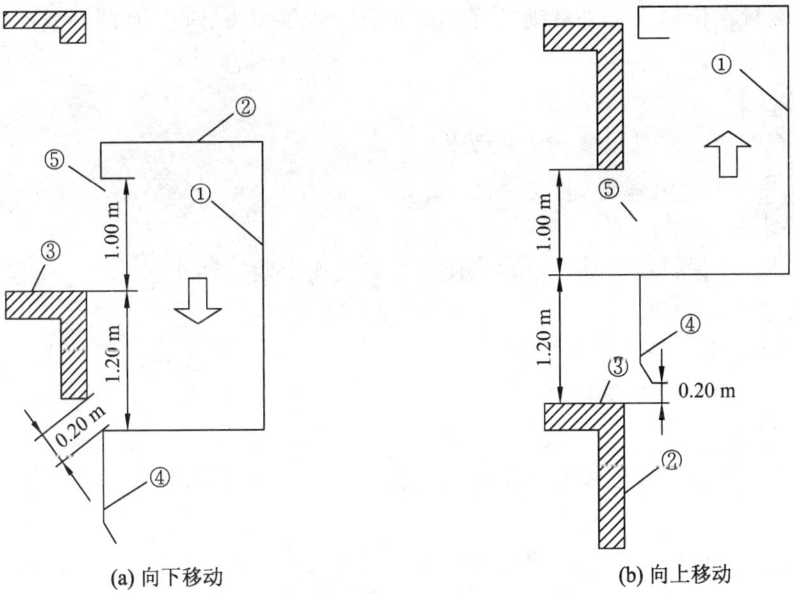

①—轿厢；② 井道，③—层站，④—轿厢护脚板；⑤—轿厢入口

图 2-7　轿厢意外移动——向下和向上移动

（1）与检测到轿厢意外移动的层站的距离不大于 1.20 m。

（2）层门地坎与轿厢护脚板最低部分之间的垂直距离不大于 0.20 m。

（3）轿厢地坎与面对轿厢入口的井道壁最低部件之间的距离不大于 0.20 m。

（4）轿厢地坎与层门门楣之间或层门地坎与轿厢门楣之间的垂直距离不小于 1.00 m。

【检验方法】

现场目测检查，并手动模拟失去能量时的情况。

2.1.28.3　控制装置

【检验要求】

该装置应能在没有那些在电梯正常运行时控制速度、减速或停车的部件参与下，达到 2.1.27.1 条的要求，除非这些部件存在内部冗余且自监测正常工作，驱动主机制动器认为是存在内部冗余，直接作用于曳引轮轴的驱动主机制动器满足下列自监测规定之一时可以用作该装置的制停部件：

（1）对机械装置正确提起（或释放）验证和对制动力验证，制动力自监测的周期不应大于 15 天。

（2）对机械装置正确提起（或释放）验证的，在定期维护保养时应检测制动力。

（3）对制动力验证，制动力自监测周期不应大于 24 小时。

如果自监测单元检测到以上失效，应关闭轿门和层门，并防止电梯的正常启动。

【检验方法】

现场检查结构和设计或安装文件。

2.1.28.4　减速度及速度监控部件

【检验要求】

（1）该装置在使向上意外移动的空轿厢制停期间，其最大减速度不得大于 g_n。

（2）该装置在使向下意外移动轿厢制停期间，其最大减速度为自由坠落保护装置动作时允许的减速度。

【检验方法】

现场检查实物，并对照型式试验证书。

2.1.28.5　电气安全装置

【检验要求】

轿厢意外移动保护装置动作时，应使一个电气安全装置动作。

【检验方法】

在进行 2.1.27.4 条试验时检查。

2.1.28.6　动作后的复位

【检验要求】

（1）轿厢意外移动保护装置动作或当自监测显示该装置的制停部件失效时，应由称职人员使其释放。

（2）该装置释放时，应不需要接近轿厢或对重。

（3）释放后，该装置应处于正常工作状态。

【检验方法】

审查具体结构及文件中的有关规定，在进行 2.1.27.4 条试验后检查复位情况。

2.1.28.7　驱动能量

【检验要求】

如果该装置需要外部的能量来驱动，则当没有该能量时，应能使电梯停梯，并使其保持停止状态（带导向的压缩弹簧除外）。

【检验方法】

现场目测检查，并手动模拟失去能量时的情况。

2.1.28.8　型式试验

【检验要求】

轿厢意外移动保护装置是安全部件，应按电梯型式试验规程进行型式试验并取得型式试验，现场实物及安装状态应与型式试验证书列出参数（如系统质量、额定载重量等）相符合。

【检验方法】

核查型式试验证书。

2.1.29　驱动主机

2.1.29.1　曳引电梯驱动主机

2.1.29.1.1　驱动主机和驱动方式

【检验要求】

每部电梯至少应有一台专用的电梯驱动主机，驱动方式为曳引式（使用曳引轮和曳引绳）。

【检验方法】

目测检查实物，审查设计文件。

2.1.29.1.2　125%额定载荷制动

【检验要求】

当轿厢载有125%额定载荷并以额定速度向下运行时，操作制动器应能使曳引机停止运转。在上述情况下，轿厢的减速度不应超过安全钳动作或轿厢撞击缓冲器所产生的减速度。

【检验方法】

把减速度测试仪安放在轿厢内稳定的平面上，装有125%额定载荷的轿厢下行，当电梯运行达到额定速度时，按动急停按钮或切断主电源，用测试仪器记录电梯制动时的减速度。

2.1.29.1.3　分组制动

【检验要求】

所有参与向制动轮或盘施加制动力的制动器机械部件应分两组装设。当一组制动部件失效时，剩余制动部件能使载有额定载重量以额定速度下行的轿厢，以及空载以额定速度上行的轿厢减速、停止并保持停止状态。

【检验方法】

(1) 根据制动器的具体结构，用机械或电气的方法使其中的一组制动元件维持开闸状态，而另一组正常起作用。

(2) 装有额定载荷的轿厢下行，运行达到额定速度时，按动急停按钮或切断主电源，检查电梯的减速情况，两组制动元件分别试验。

2.1.29.1.4　制动器的监测

【检验要求】

应当对制动器的状态进行监测；对于监测每组制动器制动力的，监测时间间隔不大于24 h；对于监测制动器机械部件动作的，监测制动器每次动作时每组制动器机械部件应正确提起（对应制动器松闸）或者释放；如果监测制动器状态的功能被取消，电梯不能投入正常运行。

【检验方法】

(1) 对监测方式为监测制动力的制动器，按企业给出的测试方法进行测试，注意查看是否为每组制动器单独测试。

(2) 对监测方式为监测机械部件动作的，查看电气原理图，确认是否为每组制动器单独检测，再进行模拟测试，查看控制系统是否有按说明书单独给出故障代码。

(3) 查看控制系统使用说明书，确认监测制动器状态的功能是否能被取消；如果能被取消，取消后检查电梯是否退出正常运行。

2.1.29.2　液压电梯驱动主机（液压泵站）

【检验要求】

每台液压电梯至少应有一台专用的驱动主机，允许使用以下两种驱动方式：

① 直接作用式。

② 间接作用式。

【检验方法】

目测检查实物，审查设计文件。

2.1.30 液压控制及安全装置

2.1.30.1 截止阀

【检验要求】

（1）液压系统应设置截止阀，截止阀应安装在将液压缸连接到单向阀和下行方向阀的油路上。

（2）截止阀应安装在液压电梯其他的阀门附近。

【检验方法】

审查液压原理图和部件资料并核对实物。

2.1.30.2 单向阀

【检验要求】

（1）液压系统应设置单向阀。单向阀应安装在液压泵与截止阀之间的油路上。

（2）当供油系统压力降低至最低工作压力以下时，单向阀应能够将载有额定载重量的轿厢保持在井道内的任一位置上。

（3）单向阀的闭合应由来自液压缸的液体压力的作用，以及至少由一个导向压缩弹簧或重力的作用来实现。

【检验方法】

审查液压原理图和部件资料并核对实物。

2.1.30.3 溢流阀

【检验要求】

（1）应设置溢流阀。溢流阀应连接到液压泵和单向阀之间的油路上，从溢流阀溢出的油应流回油箱。

（2）溢流阀应调节到系统压力不超过满载压力的140%。

（3）由于管路较高的内部损耗（管接头损耗、摩擦损耗），必要时溢流阀可调节到较高的压力值，但不应超过满载压力的170%。

【检验方法】

（1）审查液压原理图并核对实物。

（2）由计算资料查出满载压力值，将经过校准的压力表接入到单向阀或下行方向阀与截止阀之间回路的压力检测点上（或利用设备上的压力表），关闭截止阀，操纵液压电梯以检修速度点动上行，使液压系统的压力缓慢上升。当压力表显示的压力值不再上升，此值即为溢流阀调定的工作压力值。

2.1.30.4 方向阀

【检验要求】

（1）下行方向阀。

下行方向阀应由电控保持开启。下行方向阀的关闭应由来自液压缸的液体压力作用以及至少每阀由一个导向压缩弹簧来实现。

（2）上行方向阀。

如果驱动主机的制停是由2.1.5.2（1）的②所述方法实现，则仅分流阀用于此目的。分流阀应由电气装置关闭。分流阀的打开应由来自液压缸的液体压力作用以及至少每阀由一个导向压缩弹簧来实现。

【检验方法】

审查液压原理图和部件资料并核对实物。

2.1.30.5　限速切断阀

【检验要求】

(1) 破裂阀或者单向节流阀的安装位置应该便于进行调整和检查，并且应该满足下列要求之一：

① 与油缸成为一个整体。

② 直接用法兰盘与油缸刚性连接。

③ 将其放置在油缸附近，用一根短硬管与油缸相连，采用焊接、法兰盘或者螺纹连接。

④ 用螺纹直接连接到油缸上。

(2) 破裂阀或者单向节流阀端部应该加工成螺纹并具有台阶，台阶应该紧靠油缸端面。

(3) 油缸与破裂阀或者单向节流阀之间使用其他的连接型式，如压入连接或者锥形连接，都是不允许的。

(4) 如果电梯具有若干个并行工作的油缸，则可以共用一个破裂阀。否则，若干个破裂阀应该相互连接使之同时关闭，以防止轿厢地板由其正常位置倾斜超过 5%。

(5) 机房内应该设置一个手动操作装置，使破裂阀或者单向节流阀达到动作流量而无须使轿厢超载。该装置应该具有防止误操作的措施，并且不应该使靠近油缸的安全装置失效。

(6) 如果破裂阀的关闭速度由一个节流装置控制，应该在该节流装置前尽可能接近的位置上设置一个过滤器。

(7) 破裂阀和仅使用机械移动部件的单向节流阀应该按照电梯型式试验规程进行型式试验并取得型式试验证书。

(8) 破裂阀或者单向节流阀上应该有铭牌，铭牌上应标明：

① 制造单位名称。

② 型式试验标志和试验单位。

③ 调整的动作流量值。

【检验方法】

(1) 外观检查。

(2) 审核液压原理图，用尺测量破裂阀动作后轿厢地板的水平度。

(3) 手动试验。

(4) 检查型式试验证书。

2.1.30.6　节流阀、单向节流阀

【检验要求】

(1) 动作速度。

在液压系统泄漏的情况下，节流阀应防止载有额定载重量的轿厢下行时的速度超过其下行额定速度 ($v_d+0.3$) m/s 以上。

（2）安装。

节流阀的安装位置应易于接近，便于维修，并且应满足下列要求之一：

① 与液压缸成为一个整体。

② 直接用法兰盘与液压缸刚性连接。

③ 将其放置在液压缸附近，用一根短硬管与液压缸相连，采用焊接、法兰连接或螺纹连接均可。

④ 用螺纹直接连接到液压缸上。

节流阀端部应加工成螺纹并具有台阶，台阶应紧靠液压缸端面。

液压缸与破裂阀之间使用其他的连接型式，例如压入连接或锥形连接都是不允许的。

（3）手动操作。

机器设备室内应有一种手动操作方法，在无须使轿厢超载的情况下，使节流阀达到动作流量。这种方法应防止误操作，且不应使靠近液压缸的安全装置失效。

（4）型式试验。

使用机械移动部件的单向节流阀是安全部件，应按照电梯型式试验规程进行型式试验并取得型式试验证书。

【检验方法】

（1）目测检查实物。

（2）审查技术文件，核实标定的动作速度是否符合要求。

（3）目测检查安装情况。

（4）进行手动操作试验，查阅资料，操作试验。

（5）检查型式试验证书。

2.1.30.7　滤油器

【检验要求】

油箱和液压泵之间的回路以及截止阀与下行方向阀之间的回路应安装滤油器或类似装置。截止阀与下行方向阀之间的滤油器或类似装置应是可接近的，以便进行检修和保养。手动紧急下降阀的回路中可不设滤油器。

【检验方法】

审查液压原理图和部件资料并核对实物。

2.1.30.8　液压系统压力检查

【检验要求】

（1）应装备压力表，压力表应连接到单向阀或下行方向阀与截止阀之间的油路上。

（2）在主回路压力表接头之间应安装压力表关闭阀。

（3）连接压力表的部位宜加工成 M14×1.5 或 M20×1.5 或 G1/2 的管螺纹。

【检验方法】

审查液压原理图和部件资料并核对实物。

2.1.30.9　油箱

【检验要求】

油箱的设计和制造应：

① 易于检查油箱中油液的液面高度。

② 易于注油和排油。

【检验方法】

审查液压原理图和部件资料并核对实物。

2.1.31　机械部件的防护

2.1.31.1　防护装置的要求

【检验要求】

所采用的防护装置应能见到旋转部件且不妨碍检查与维护工作。若防护装置是网孔状，则其孔洞尺寸应符合 GB 12265.1—1997《机械安全防止上肢触及危险区的安全距离》（含第 1 号修改单）中的表 4 中的要求。防护装置只能在下列情况下才能被拆除：

① 更换钢丝绳或链条。

② 更换绳轮或链轮。

③ 重新加工绳槽。

【检验方法】

检查实物和设计文件。

2.1.31.2　轮和旋转部件的防护

【检验要求】

(1) 曳引轮、滑轮和链轮应根据 GB 7588—2003《电梯制造与安装安全规范》（含第 1 号修改单）中的表 3 设置防护装置，以避免：

① 人身伤害。

② 钢丝绳或链条因松弛而脱离绳槽或链轮。

③ 异物进入绳与绳槽或链与链轮之间。

(2) 对可能产生危险并可能接近的旋转部件，特别是下列部件，必须提供有效的防护：

① 传动轴上的键和螺钉。

② 钢带、链条、皮带。

③ 齿轮、链轮。

④ 电动机的外伸轴。

⑤ 甩球式限速器。

⑥ 除带有防护装置的曳引轮、盘车手轮、制动轮及任何类似的光滑圆形部件外，其余这些部件应涂成黄色，至少部分涂成黄色。

【检验方法】

检查实物和设计文件。

2.1.32　悬挂装置

【检验要求】

(1) 轿厢和对重（或平衡重）应用钢丝绳或平行链节的钢质链条或滚子链条悬挂。

(2) 钢丝绳或链条最少应有两根，每根钢丝绳或链条应是独立的，钢丝绳的公称直径不应小于 8 mm。

(3) 若采用复绕法，应考虑钢丝绳或链条的根数，而不是其下垂根数。

（4）不论钢丝绳的股数多少，曳引轮、滑轮或卷筒的节圆直径与悬挂绳的公称直径之比不应小于40。

【检验方法】

审查设计文件，目测检查实物，用尺测量钢丝绳的直径，并进行现场测量核算。

2.1.33 端接装置

【检验要求】

（1）钢丝绳端接装置。

钢丝绳末端应固定在轿厢、对重（或平衡重）或系结钢丝绳固定部件的悬挂装置上。固定时需采用金属或树脂填充的绳套、自锁紧楔形绳套、绳夹和套环、环圈（或套筒）压紧式绳环，采用其他类型悬挂装置的，应当符合制造单位的设计要求。

绳夹和套环式端接装置应符合GB/T 10060—2011《电梯安装验收规范》§5.5.1.7的规定。

（2）破断负荷。

钢丝绳（链条）与其端接装置的接合处至少应能承受钢丝绳（链条）最小破断负荷的80%。

【检验方法】

现场目测检查端接装置并审查设计文件，核对绳头组合的型式试验证书。

2.1.34 悬挂装置载荷分布

【检验要求】

（1）至少在悬挂钢丝绳的一端应设有一个调节装置用来平衡各绳或链的张力。

（2）如果用弹簧来平衡张力，则弹簧应在压缩状态下工作。

（3）如果轿厢悬挂在两根钢丝绳上，则应设有一个电气安全装置，在一根钢丝绳或链条发生异常相对伸长时电梯应停止运行。

（4）调节钢丝绳或链条长度的装置在调节后，不应自行松动。

【检验方法】

现场目测检查。

2.1.35 补偿绳

【检验要求】

（1）补偿绳使用时必须符合下列条件：

① 使用张紧轮。

② 张紧轮的节圆直径与补偿绳的公称直径之比不小于30。

③ 张紧轮应设置防护装置。

④ 用重力保持补偿绳的张紧状态。

⑤ 用一个电气安全装置来检查补偿绳的最小张紧位置。

（2）若电梯额定速度大于3.5 m/s，除满足上述（1）的规定外，还应增设一个防跳装置。防跳装置动作时，一个电气安全装置应使电梯驱动主机停止运转。

【检验方法】

(1) 观察实物结构，审查设计和安装文件。

(2) 电梯在运行中人为动作电气装置，观察电梯是否停止；或是在电梯停止时人为动作电气装置，观察电梯是否能启动。

(3) 用尺子测量补偿绳和张紧轮的节圆直径，对照设计文件验算。

2.1.36 层门和轿门的尺寸

2.1.36.1 层门间隙、尺寸

【检验要求】

(1) 进入轿厢的井道开口处应装设无孔的层门。

(2) 层门关闭后，门扇之间及门扇与立柱、门楣和地坎之间的间隙应尽可能小。对于乘客电梯，此运动间隙不得大于 6 mm；对于载货电梯，此间隙不得大于 8 mm。由于磨损，间隙值允许达到 10 mm。如果有凹进部分，上述间隙从凹底处测量。

(3) 层门入口的最小净高度为 2 m。

(4) 层门入口净宽度比轿厢入口净宽度在任一侧的超出部分均不应大于 50 mm。

【检验方法】

目测检查，用尺测量。

2.1.36.2 轿门的设置、型式及间隙

【检验要求】

(1) 轿厢的入口应装设轿门。

(2) 轿门应是无孔的。

(3) 采用向上开启的垂直滑动门的载货电梯，可以采用网状的或带孔的板状形式的门，网或板孔的尺寸在水平方向不得大于 10 mm，垂直方向不得大于 60 mm。

(4) 轿门关闭后，门扇之间及门扇与立柱、门楣和地坎之间的间隙应尽可能小。对于乘客电梯，此运动间隙不得大于 6 mm；对于载货电梯，此间隙不得大于 8 mm。由于磨损，间隙值允许达到 10 mm。如果有凹进部分，上述间隙从凹底处测量，前面 (3) 中所述的垂直滑动门除外。

【检验方法】

外观检查，用尺测量。

2.1.36.3 地坎间、门间的距离

【检验要求】

(1) 轿厢地坎与层门地坎间的水平距离不得大于 35 mm。

(2) 轿门与关闭的层门间的水平距离或各门之间在整个正常操作期间的通行距离不得大于 0.12 m。

【检验方法】

用尺测量。

2.1.36.4 折叠门间隙

【检验要求】

如果电梯同时使用铰链式层门和折叠式轿门，则在关闭后的门之间的任何间隙内都

不应能放下一个直径为 0.15 m 的球体。

【检验方法】

从层站处把一个直径为 0.15 m 的球体或一段圆柱体放入关闭的折叠式轿门的内凹处，然后试验层门能否正常关闭。

2.1.37　层门和轿门的机械强度

2.1.37.1　受力间隙

【检验要求】

在水平滑动层门和折叠层门主动门扇的开启方向，以 150 N 的人力施加在一个最不利的点上时，前面 2.1.36.1 条规定的间隙可以大于 6 mm，但不得大于下列值：

① 对旁开门，30 mm。

② 对中分门，总和为 45 mm。

【检验方法】

在轿顶或层站，沿门开启方向，对任一扇层门的底部不用工具施加 150 N 的力，用尺子测量最大间隙。

2.1.37.2　层门的机械强度

【检验要求】

（1）层门及其门锁在锁住位置时应有这样的机械强度：用 300 N 的力垂直作用于该层门的任何一个面上的任何位置，且均匀地分布在 5 cm^2 的圆形或方形面积上时，应能：

① 无永久变形。

② 弹性变形不大于 15 mm。

③ 试验期间和试验后，门的安全功能不受影响。

（2）用 1 000 N 的静力从层站方向垂直作用于门扇或门框上的任何位置，且均匀地分布在 100 cm^2 的圆形或方形面积上时，应没有影响功能和安全的明显的永久变形。

（3）固定在门扇上的导向装置失效时，水平滑动层门应有将门扇保持在工作位置上的装置。具有这些装置的完整的层门组件应能承受软摆锤冲击试验（详见 3.14 节：层门、玻璃轿门和玻璃轿壁检测项目与技术要求）。

（4）层门应按照电梯型式试验规程进行型式试验（软摆锤冲击试验），并取得型式试验证书。

【检验方法】

（1）在测力计的端部固定一个面积为 5 cm^2 的金属块，在门楣上悬挂线坠，通过测力计施加 300 N 的力垂直作用在门扇上，用尺测量门扇上力的作用点在施力前和施加 300 N 的力作用后垂直层门方向上相对线坠的水平位移，试验期间和试验后检查门的锁闭和运行情况。

（2）审查型式试验证书。

2.1.37.3　轿门的机械强度

【检验要求】

轿门处于关闭位置时，应具有这样的机械强度：用 300 N 的力，沿轿厢内向轿厢外方向垂直作用在门的任何位置，且均匀地分布在 5 cm^2 的圆形或方形的面积上时，轿门应能：

① 无永久变形。

② 弹性变形不大于 15 mm。

③ 试验期间和试验后，门的安全功能不受影响。

【检验方法】

（1）在测力计的端部固定一个面积为 5 cm^2 的金属块，在门楣上悬挂线坠，通过测力计施加 300 N 的力垂直作用在门扇上，用尺测量门扇上力的作用点在施力前和施加 300 N 的力作用后垂直层门方向上相对线坠的水平位移，试验期间和试验后检查门的锁闭和运行情况。

（2）也可采用其他等效方法测量。

2.1.38　玻璃层门和轿门

【检验要求】

（1）玻璃门的固定件，即使在玻璃下沉的情况下，也应保证玻璃不会滑出。

（2）玻璃门扇的固定方式应能承受 2.1.37 条规定的作用力，而不损伤玻璃的固定件。

（3）玻璃尺寸大于 2.1.39.6 条所述的玻璃门，应使用夹层玻璃，且按 GB 7588—2003《电梯制造与安装安全规范》（含第 1 号修改单）附录 J 表 J2 选用或能承受附录 J 所述的冲击摆试验，试验后，门的安全功能应不受影响。

（4）需要摆捶冲击试验的玻璃门应提供型式试验报告。

【检验方法】

（1）对照设计文件现场检查实物，核查玻璃的冲击试验报告。

（2）核查摆锤的型式试验报告，现场实物及安装状态应与型式试验报告相符。

2.1.39　门运动的保护

2.1.39.1　剪切危险的防护

【检验要求】

为了避免运行期间发生剪切的危险，动力驱动的自动滑动门外表面不应有大于 3 mm 的凹进或凸出部分，这些凹进或凸出部分的边缘应在开门运行方向上倒角，层门的开锁三角钥匙入口处和有孔轿门除外。

【检验方法】

外观检查，用尺子测量。

2.1.39.2　阻止关门、开启门的力

【检验要求】

（1）动力驱动的水平滑动自动层门或轿门，阻止关门的力不应大于 150 N，这个力的测量不得在关门行程开始的 1/3 之内进行。

（2）对动力驱动的水平滑动自动门，在轿门和层门联动的情况下仍应满足该要求。

（3）阻止动力驱动、水平滑动的折叠式层门或轿门开启的力不应大于 150 N，这个力的测量应在折叠门扇的相邻外缘间距或与等效件（如门框）距离为 100 mm 时进行。

【检验方法】

在关门过程的后2/3行程范围内用测力计测量，或用测力计和钢直尺测量。

2.1.39.3　防撞击、碰撞的保护装置

【检验要求】

（1）对动力驱动的水平滑动自动门，当乘客在层门、轿门关闭过程中，通过入口时被门扇撞击或将被撞击时，一个保护装置应自动地使门重新开启，在层门、轿门联动的情况下，该保护装置可以只是轿门的保护装置。

（2）此保护装置的作用可在每个主动门扇最后50 mm的行程中被消除。

（3）若采用其他型式的动力驱动层门，如转门（铰链门），当开门或关门有碰撞使用人员的危险时，应采用类似动力驱动滑动门规定的保护措施。

【检验方法】

在层门、轿门关闭过程中，试验人员故意从门口通过或用于触碰门框，观察门的动作情况。

2.1.39.4　垂直滑动门

【检验要求】

垂直滑动的层门和轿门只能用于载货电梯，只有能同时满足下列条件，才能使用动力关闭：

① 门的关闭是在使用人员持续控制和监视下进行的。

② 门扇的平均关闭速度不大于0.3 m/s。

③ 轿门的结构符合2.1.38.2条的规定。

④ 层门开始关闭之前，轿门至少已关闭到2/3。

【检验方法】

（1）现场核对门的型式。

（2）用尺测量门的高度，用计时器测量关门所用的时间，计算出平均关门速度，测量三次取平均值。

2.1.39.5　轿门的反开

【检验要求】

对于动力驱动的自动轿门，在轿厢控制盘上应设有一装置，能使处于关闭中的门反开。

【检验方法】

在门关闭过程中按动开门按钮，观察门的运动情况。

2.1.39.6　手动开启的层门

【检验要求】

如果层门是手动开启的，使用人员在开门前，必须能知道轿厢是否在那里，为此应安装下列（1）或（2）之一：

（1）符合下列全部条件的一个或几个透明视窗：

① 除用冲击摆试验外，均应满足2.1.39.2条规定的机械强度。

② 最小厚度为6 mm。

③ 每个层门装玻璃的面积不得小于0.015 m^2，每个视窗的面积不得小于0.01 m^2。

④ 宽度不小于60 mm且不大于150 mm，对于宽度大于80 mm的视窗，其下沿距地

面不得小于 1 m。

(2) 一个发光的“轿厢在此”信号。它只能当轿厢即将停在或已经停在特定的楼层时燃亮，在轿厢停留在那里的时候，该信号应保持燃亮。

【检验方法】

实物目测检查，用尺测量相关尺寸。

2.1.39.7　铰链轿门

【检验要求】

对于铰链轿门，为防止其摆动到轿厢外面，应设撞击限位挡块。

【检验方法】

目测检查并分析其位置。

2.1.39.8　折叠门

【检验要求】

如果折叠门进入一个凹口内，则折叠门的任何外缘和凹口交叠的距离不应小于 15 mm。

【检验方法】

实物目测检查，用尺测量相关尺寸。

2.1.40　层门锁紧和闭合检查

2.1.40.1　运行时对层门的要求

【检验要求】

(1) 在正常运行时，应不能打开层门（或多扇层门中的任意一扇），除非轿厢在该层门的开锁区域内停止或停站。

(2) 开锁区域不应大于层站地平面上下 0.2 m。

(3) 在用机械方式驱动轿门和层门同时动作的情况下，开锁区域可增加到不大于层站地平面上下的 0.35 m。

【检验方法】

(1) 正常运行时，用三角钥匙打开层门，观察电梯运行情况。

(2) 在轿顶或站在层站打开层门，用尺子测量开锁区域高度，测量结果要核对门刀与门锁轮的尺寸。

2.1.40.2　层门开启时的电梯状态

【检验要求】

(1) 除对接操作运行和开门情况下的平层和再平层（见 2.1.16 条和 2.1.12 条）外，如果一个层门或多扇层门中的任何一扇门开着，在正常操作情况下，应不能启动电梯或保持电梯继续运行，但可以进行轿厢运行的预备操作。

(2) 在任意一层门或轿门开着的情况下，电梯应不能启动。

【检验方法】

目测检查，并核查电气安全装置是否符合要求。

2.1.40.3　层门的锁紧及锁紧元件

【检验要求】

(1) 轿厢运动前应将层门有效地锁紧在闭合位置上，但层门锁紧前可以进行轿厢运行的预备操作，层门锁紧必须由一个电气安全装置来证实。

（2）轿厢应在锁紧元件啮合不小于 7 mm 时才能启动。

【检验方法】

目测检查，并核查电气安全装置是否符合要求，用尺子测量。

2.1.40.4　连接

【检验要求】

（1）证实门扇锁闭状态的电气安全装置的元件应由锁紧元件强制操作而没有任何中间机构，应能防止误动作，必要时可以调节。

（2）安装在潮湿或易爆环境中需要特殊保护的门锁装置，其连接只能是刚性的，机械锁和电气安全装置之间的连接只能通过故意损坏门锁装置才能被断开。

【检验方法】

现场目测检查，并审查其结构是否合理。

2.1.40.5　铰链门

【检验要求】

对铰链门，锁紧元件应尽可能接近门的垂直闭合边缘处，即使在门下垂时也能保持正常。

【检验方法】

目测检查。

2.1.40.6　锁紧状态的保持

【检验要求】

（1）应由重力、永久磁铁或弹簧来产生和保持门锁的锁紧动作，弹簧应在压缩下作用，并且具有导向，同时弹簧的结构应满足在开锁时弹簧不会被压缩。

（2）即使永久磁铁（或弹簧）失效，重力也不应导致开锁。

（3）如果锁紧元件是通过永久磁铁的作用保持其锁紧位置，则一种简单的方法（如加热或冲击）不应使其失效。

【检验方法】

目测检查，并分析结构和安装情况。

2.1.40.7　防护和检查

【检验要求】

门锁装置应有防护，以避免可能妨碍正常功能的积尘危险；工作部件应易于检查，如采用一块透明板以便观察。

【检验方法】

目测检查。

2.1.40.8　盒盖螺钉

【检验要求】

当门锁触点放在盒中时，盒盖的螺钉应为不可脱落式的，在打开盒盖时，它们应仍留在盒或盖的孔中。

【检验方法】

目测检查，手动拆卸验证。

2.1.40.9　层门门锁

【检验要求】

(1) 每个层门均应能从外面借助于一个与 GB 7588—2003《电梯制造与安装安全规范》(含第 1 号修改单) 附录 B 规定的开锁三角孔相配的钥匙将门开启，这样的钥匙应只交给一个负责人员；钥匙应带有书面说明，详述必须采取的预防措施，以防止开锁后因未能有效地重新锁上而可能引起的事故。

(2) 在一次紧急开锁之后，门锁装置在层门闭合下，不应保持开锁位置。

(3) 在轿门驱动层门的情况下，当轿厢在开锁区域之外时，如层门无论因为何种原因而开启，则应有一种装置 (重块或弹簧) 能确保该层门自动关闭。

【检验方法】

(1) 目测检查每个层门的三角钥匙锁并审查使用说明文件。

(2) 轿厢在开锁区域外时逐一打开层门，检查层门能否自动关闭。

2.1.40.10　闭合证实装置

【检验要求】

每个层门应设有电气安全装置，以证实它的闭合位置，从而满足对剪切的保护。

【检验方法】

检查人员站在轿顶，检查层门电气开关是否符合电气安全装置要求及其工作是否正常。

2.1.40.11　锁紧状态证实装置

【检验要求】

在与轿门联动的水平滑动层门的情况下，倘若证实层门锁紧状态的装置是依赖层门的有效关闭，则该装置同时可作为证实层门闭合的装置。

【检验方法】

目测检查并分析其结构是否合理。

2.1.40.12　安装位置

【检验要求】

在铰链式层门的情况下，此装置应装于门的闭合边缘处或装在验证层门闭合状态的机械装置上。

【检验方法】

目测检查。

2.1.40.13　对证实装置的要求

【检验要求】

对于用来验证层门锁紧状态和闭合状态的装置，应注意：

(1) 在门打开或未锁住的情况下，从人们正常可接近的位置，用单一不属于正常操作程序的动作应不可能开动电梯。

(2) 验证锁紧元件位置的装置必须动作可靠。

【检验方法】

检查层门的电气联锁情况，在门打开或未锁住的情况下，检验用单一不属于正常操作程序的动作是否能开动电梯。

2.1.40.14　直接、间接机械连接的门扇

【检验要求】

（1）如果滑动门是由数个直接机械连接的门扇组成，则允许：

① 验证层门锁紧和闭合状态的电气安全装置装在一个门扇上。

② 若只锁紧一扇门，则应采用钩住重叠式门的其他闭合门扇的方法，使如此单一门扇的锁紧能防止其他门扇的打开。

（2）如果滑动门是由数个间接机械连接（如用钢丝绳、皮带或链条连接）的门扇组成，允许只锁紧一扇门。其条件是这个门扇的单一锁紧能防止其他门扇的打开，且这些门扇均未装设手柄。未被锁住的其他门扇的闭合位置应由一个符合标准要求的电气安全装置来证实。

【检验方法】

现场目测检查，分析结构是否符合要求。

2.1.40.15　延时关闭

【检验要求】

对动力驱动的自动门，正常操作中，若电梯轿厢没有运行指令，则根据在用电梯客流量所确定的必要的一段时间后，动力驱动的自动层门应关闭。

【检验方法】

在电梯正常停车开门后，不进行内选和外呼操作，等待一段时间观察轿门是否关闭。

2.1.40.16　门回路检测

【检验要求】

当轿厢在开锁区域内，轿门开启且层门门锁释放时，应当监测检查轿门关闭位置的电气安全装置、检查层门锁紧装置的锁紧位置的电气安全装置和轿门监控信号的正确动作。如果监测到故障，应当防止电梯的正常运行。

【检验方法】

（1）审查电气原理图。

（2）进行以下模拟测试：

① 电梯停梯关门状态下，在控制柜上短接层门触点回路，选层、将电梯正常运行至某一层站，开门后，观察是否有门回路故障（核对故障码）显示。对于贯通门，应分别短接前层门触点回路、后层门触点回路、前后层门触点回路进行试验。

② 电梯停梯关门状态下，在控制柜上短接轿门关闭验证触点，选层、将电梯正常运行至某一层站，开门后，观察是否有门回路故障（核对故障码）显示。对于贯通门，应分别短接前轿门触点回路、后轿门触点回路、前后轿门触点回路进行试验。

③ 短接或屏蔽门监控信号，选层将电梯正常运行至某一层站，开门后，观察是否有门回路故障（核对故障码）显示。

门回路检测电路原理示意图 1（图 2-8）和门回路检测电路原理示意图 2（图 2-9）是两种常见的门回路检测电路原理示意图。

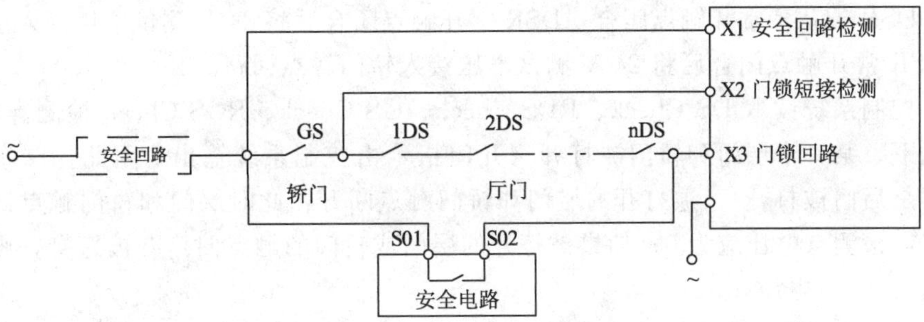

图 2-8　门回路检测电路原理示意图 1

图 2-8 的门回路检测电路是用一个安全电路去旁路整个门回路，检测过程如下：

（1）电梯平层后，控制系统输出开门指令，在开门过程或门完全打开后，控制系统读取 X2 点和 X3 点电压值：

① 如果 X2 点是高电平，则判断轿门触点有被短接。

② 如果 X2、X3 点同时为高电平，则判断轿门触点和层门触点均被短接。

③ 如果 X2 点为低电平，控制系统输出测试信号让安全电路 SO1、SO2 点接通，旁路整个门锁回路，控制系统读取 X2 点电压。

图 2-9 的门回路检测电路是用安全继电器将被检测电路从安全回路中切断出来，再通以一个 24 V 低压电压进行检测，GECB 板是层门触点回路检测板，CSPB 板是轿门触点回路检测板，DSR、GSR 分别是层门和轿门触点检测安全继电器，DS Check 是前层门触点检测点，RDS Check 是后层门检测点，GS Check 是前轿门触点检测点，RGS Check 是后轿门检测点。

检测过程如下：

（1）电梯平层后，控制系统输出开门指令，在开门过程或门完全打开后，控制系统输出层门和轿门触点检测信号，DSR、GSR 继电器线圈得电。

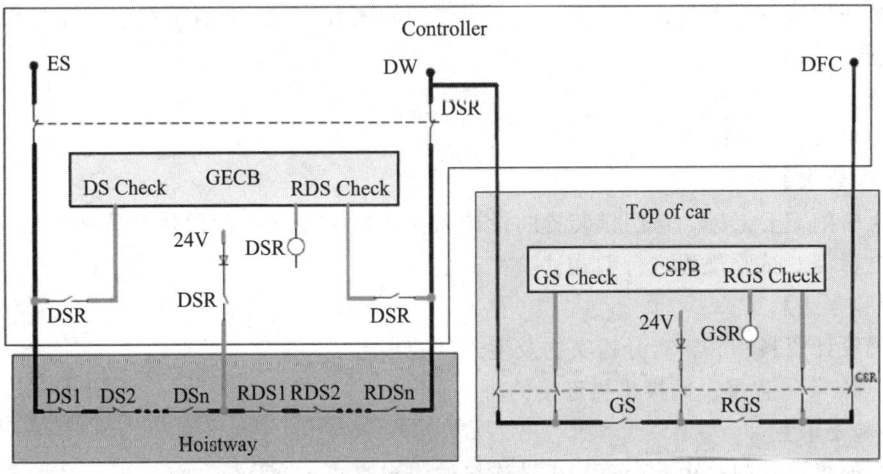

图 2-9　门回路检测电路原理示意图 2

（2）DSR、GSR 常闭触点断开，DSR 常闭触点将层门触点回路从 ES、DW 这一段安全回路中切断出来；GSR 常闭触点将层门触点回路从 DW、DFC 这一段安全回路中切断出来。

（3）DSR、GSR 常开触点闭合，DSR 常开触点闭合后将 24 V 测试电压接入层门触点回路，GSR 常开触点闭合后将 24 V 测试电压接入轿门触点回路。

（4）控制系统读取 DS Check、RDS Check、GS Check、RGS Check 检测点电压值，正常情况下，某一个层门和轿门被打开（开门指令由控制系统输出，因此控制系统知道是前门还是后门被打开），被打开的层门和轿门触点断开，此时层门和轿门触点回路处于断路状态，检测点电压应为 0；如果被打开的层门或轿门的触点回路有被短接，则对应的检测点上为 24 V 电压。

2.1.40.17　型式试验

【检验要求】

层门门锁装置安全保护装置，应按照电梯型式试验规程进行型式试验并取得型式试验证书。

【检验方法】

核查门锁装置型式试验证书与实物及安装状态是否相符。

2.1.41　轿门的锁紧和闭合检查及开启

2.1.41.1　轿门开启时的电梯状态

【检验要求】

除开门情况下的平层与再平层的情况外，如果一个轿门（或多扇轿门中的任何一扇门）开着，在正常操作情况下，应不能启动电梯或保持电梯继续运行，但可以进行轿厢运行的预备操作。

【检验方法】

在轿门开着的情况下，检查电梯能否启动或继续运行。

2.1.41.2　闭合证实装置

【检验要求】

每个轿门应设有电气安全装置，以证实轿门的闭合位置，保证满足上一条的要求。

【检验方法】

检查实物。

2.1.41.3　轿门门锁

【检验要求】

如果轿门需要上锁，该门锁装置的设计和操作应采用与层门门锁装置相类似的结构，并按照电梯型式试验规程进行型式试验。

【检验方法】

查阅设计资料，并核查分析实物及型式试验报告。

2.1.41.4　直接、间接机械连接的轿门

【检验要求】

（1）如果滑动门是由数个直接机械连接的门扇组成，允许：

① 将 2.1.41.2 条要求的电气安全装置安装在：

a. 一个门扇上（对重叠式门为快门扇）；

b. 如果门的驱动元件与门扇之间是由直接机械连接的，则安装在门的驱动元件上。

② 如果轿厢装有机械锁紧的门且只能在层门的开锁区域内打开，只锁住一个门扇，则应采用钩住重叠式门的其他闭合门扇的方法，使如此单一门扇的锁紧能防止其他门扇的打开。

(2) 如果滑动门是由数个间接机械连接（如用钢丝绳、皮带或链条连接）的门扇组成，允许电气安全装置安装在一个门扇上，条件是该门扇不是被驱动的门扇，且被驱动门扇与门的驱动元件是直接机械连接的。

【检验方法】

现场核查实物，分析其结构是否符合要求。

2.1.41.5　轿门的开启要求

【检验要求】

(1) 如果电梯由于任何原因停在开锁区域，为允许乘客离开轿厢，在轿厢停止并切断开门机（如有）电源的情况下，应能在下列位置用不超过 300 N 的力，手动打开轿门和层门：

① 轿厢所在层，用三角钥匙开锁或通过轿门使层门开锁后。

② 如层门与轿门联动，从轿厢内用手开启或部分开启轿门以及与其相连接的层门。

(2) 对曳引驱动电梯，为了限制轿厢内人员开启轿门，应提供措施使：

① 当轿厢运行时，需要施加大于 50 N 的力才能开启轿门。

② 当轿厢在开锁区域之外时，在开门限制装置处施加 1 000 N 的力，此时轿门开启不能超过 50 mm。

(3) 对曳引驱动电梯，至少当轿厢停在轿厢意外移动保护装置作用后的距离范围内时，打开对应的层门后，能够不用工具从层站打开轿门（可以用三角钥匙或永久性设置在现场的工具），本要求同样适用于安装有轿门锁的轿门。

【检验方法】

(1) 将电梯停在开锁区域内切断门机电源：

① 在层站用三角钥匙打开层门，用测力计测试开门力的大小。

② 人员在轿厢内用测力计测试开门力的大小。

(2) 将电梯停在非开锁区域内，使门机保持电梯运行时的通电（或断电）状态，在轿内用测力计测试开启轿门的力。

(3) 将轿厢分别停在离层站上和下 1.2 m 的地方，打开层门，在层站侧不用工具手动打开轿门，如果可以打开，检测合格；如果不能打开，则将轿厢分别停在轿厢地坎与层门门楣距离 1 m 及层门地坎与轿厢门楣距离 1 m 处的位置，打开层门，在层站侧不用工具手动打开轿门，如果可以打开，检测合格。

2.1.42　门地坎及导向和悬挂机构

2.1.42.1　故障防护

【检验要求】

(1) 层门、轿门的设计应防止正常运行中脱轨、机械卡阻或在行程终端时错位。

(2) 由于磨损、锈蚀或火灾等原因可能造成导向装置失效时，应设有应急的导向装置，使层门保持在原有位置上。

【检验方法】

目测检查并分析其结构是否合理。

2.1.42.2　导向装置

【检验要求】

(1) 水平滑动层门的顶部和底部都应设有导向装置。

(2) 垂直滑动层门两边都应设有导向装置。

【检验方法】

目测检查。

2.1.42.3　垂直滑动层门

【检验要求】

(1) 垂直滑动层门的门扇应固定在两个独立的悬挂部件上。

(2) 悬挂用的绳、链、皮带，其设计安全系数不应小于 8。

(3) 悬挂绳滑轮的直径不应小于绳直径的 25 倍。

(4) 悬挂绳与链应加以防护，以免脱出滑轮槽或链轮。

【检验方法】

目测检查，查阅设计资料，用尺子测量绳和轮的直径并计算。

2.1.43　轿厢尺寸及额定载重量

2.1.43.1　轿厢净高和乘客人数

【检验要求】

(1) 轿厢内部净高度不应小于 2 m。

(2) 乘客电梯乘客人数应为下列两值中的较小值：

① 按公式 $\left(\text{乘客人数}=\frac{\text{额定载重量}}{75}\right)$ 计算，计算结果向下圆整到最近的整数。

② 按表 2-4 所取的值（轿厢面积限定乘客人数）。

表 2-4　曳引与液压乘客电梯乘客人数与轿厢最小有效面积之间的关系

乘客人数/人	轿厢最小有效面积/m²	乘客人数/人	轿厢最小有效面积/m²
1	0.28	11	1.87
2	0.49	12	2.01
3	0.60	13	2.15
4	0.79	14	2.29
5	0.98	15	2.43
6	1.17	16	2.57
7	1.31	17	2.71
8	1.45	18	2.85
9	1.59	19	2.99
10	1.73	20	3.13
注：乘客人数超过 20 人时，每增加 1 人，轿厢最小有效面积增加 0.115 m²			

【检验方法】

审查设计资料及使用说明：

① 用尺测量轿厢的长、宽、高，判定净高是否小于 2 m。

② 计算轿厢有效面积，查表 2-4 得出轿厢面积限定乘客人数。

③ 用额定载重量除以 75 算出载重量限定乘客人数。

④ 检查轿厢上铭牌标注的乘客数量是否为以上②、③中的较小值。

2.1.43.2　曳引载货电梯额定载重量和有效面积的关系

【检验要求】

曳引式载货电梯额定载重量与对应的轿厢最大有效面积的关系通常应符合表 2-5 的规定，液压载货电梯额定载重量与对应的轿厢最大有效面积的关系应符合表 2-6 的规定。

如果轿门关闭后轿门立柱（门框）内侧到任一门扇的深度均不大于 100 mm，则两立柱之间的面积不计入轿厢有效面积。

表 2-5　曳引乘客与载货电梯额定载重量与对应的轿厢最大有效面积的关系

额定载重量/kg	轿厢最大有效面积/m^2	额定载重量/kg	轿厢最大有效面积/m^2
100①	0.37	900	2.20
180②	0.58	975	2.35
225	0.70	1 000	2.40
300	0.90	1 050	2.50
375	1.10	1 125	2.65
400	1.17	1 200	2.80
450	1.30	1 250	2.90
525	1.45	1 275	2.95
600	1.60	1 350	3.10
630	1.66	1 425	3.25
675	1.75	1 500	3.40
750	1.9	1 600	3.56
800	2.00	2 000	4.20
825	2.05	2 500③	5

① 一人电梯的最小值；
② 二人电梯的最小值；
③ 额定载重量超过 2 500 kg 时，每增加 100 kg，轿厢最大有效面积增加 0.16 m^2。对于中间的载重量，其面积由线性插入法确定。

表 2-6　液压载货电梯额定载重量与对应的轿厢最大有效面积之间的关系

额定载重量/kg	轿厢最大有效面积/m^2	额定载重量/kg	轿厢最大有效面积/m^2
400	1.68	975	3.52
450	1.84	1 000	3.60
525	2.08	1 050	3.72
600	2.32	1 125	3.90
630	2.42	1 200	4.08
675	2.56	1 250	4.20
750	2.80	1 275	4.26
800	2.96	1 350	4.44
825	3.04	1 425	4.62
900	3.28	1 500	4.80
		1 600①	5.04
① 额定载重量超过 1 600 kg 时，每增加 100 kg，轿厢最大有效面积增加 0.40 m^2，对于中间的载重量，其面积由线性值法确定。			

【检验方法】

审查设计资料及使用说明，用尺测量轿厢的有效面积，并与计算值相比较。

2.1.43.3　乘客电梯额定载重量和有效面积的关系

【检验要求】

乘客电梯轿厢的最大有效面积应符合表 2-5 的规定。如果轿门关闭后轿门立柱（门框）内侧到任一门扇的深度均不大于 100 mm，则两立柱之间的面积不计入轿厢有效面积。

【检验方法】

审查设计资料及实物，用尺测量轿厢的有效面积，并与计算值相比较。

2.1.44　轿壁地板和护脚板

2.1.44.1　轿厢的封闭要求

【检验要求】

轿厢应由轿壁、轿厢地板和轿顶完全封闭，只允许有下列开口：

① 使用人员正常出入口。

② 轿厢安全窗和轿厢安全门。

③ 通风孔。

【检验方法】

目测检查。

2.1.44.2　轿壁的机械强度

【检验要求】

轿壁应具有这样的机械强度：用 300 N 的力，均匀地分布在 5 cm^2 的圆形或方形面积上，沿轿厢内向轿厢外方向垂直作用于轿壁的任何位置上，轿壁应：

① 无永久变形。

② 弹性变形不大于 15 mm。

【检验方法】

在处于停止状态的轿厢内进行检验，检验方法同 2.1.39.2 条，线坠可悬挂在轿顶上。

2.1.44.3　玻璃轿壁装置及固定

【检验要求】

(1) 玻璃轿壁应使用夹层玻璃，应按 GB 7588—2003《电梯制造与安装安全规范》(含第 1 号修改单) 表 J1 选用或能承受附录 J 所述的冲击摆试验。在试验后，轿壁的安全性能应不受影响。

(2) 距轿厢地板 1.10 m 高度以下若使用玻璃轿壁，则应在高度 0.90 m 至 1.10 m 之间设置一个扶手，这个扶手应牢牢固定，与玻璃无关。

(3) 玻璃轿壁的固定件，即使在玻璃下沉的情况下，也应保证玻璃不会滑出。

【检验方法】

(1) 必要时用尺测量并核查冲击摆试验报告。

(2) 目测并分析扶手的固定方式。

(3) 目测检查并分析其结构是否合理。

2.1.44.4　轿厢地坎的护脚板

【检验要求】

每一轿厢地坎上均须装设护脚板，其宽度应等于相应层站入口的整个净宽度。护脚板的垂直部分以下应成斜面向下延伸，斜面与水平面的夹角应大于 60°，该斜面在水平面上的投影深度不得小于 20 mm。护脚板垂直部分的高度不应小于 0.75 m。

【检验方法】

目测检查，用尺测量。

2.1.45　轿厢安全窗和安全门

2.1.45.1　对安全窗、安全门的要求

【检验要求】

如果装设轿厢安全窗或安全门，则它们应符合 2.1.44.2 条的规定，并符合以下条件：

① 轿厢安全窗或安全门应设有手动上锁装置。

② 轿厢安全窗应能不用钥匙从轿厢外开启，并应能用三角钥匙从轿厢内开启，安全窗不应向轿内开启，且其开启位置不应超出电梯轿厢的边缘。

③ 安全窗的锁紧应由一个电气安全装置来证实，如果锁紧失效，该装置应使电梯停止，只有在重新锁紧后，电梯才可能恢复运行。

【检验方法】

(1) 审查设计文件，现场目测检查。

（2）打开轿厢安全窗，电梯应不能启动或立即停止运行。

（3）手动开启试验，检查分析锁紧结构。

2.1.45.2　安全窗、安全门的设置及尺寸

【检验要求】

（1）如果轿顶设有安全窗，其尺寸不应小于 0.35 m×0.50 m。

（2）在有相邻轿厢的情况下，如果轿厢之间的水平距离不大于 0.75 m，可设置轿厢安全门，安全门的高度不应小于 1.80 m，宽度不应小于 0.35 m。

【检验方法】

用尺测量，并核对井道布置图。

2.1.46　轿顶及其上的装置

2.1.46.1　轿顶站人面积及刚度要求

【检验要求】

（1）在轿顶的任何位置上，应能支承两个人的体重，每个人按 0.20 m×0.20 m 面积上作用 1 000 N 的力，应无永久变形。

（2）如果是玻璃轿顶，则应是夹层玻璃。

（3）轿顶应有一块不小于 0.12 m^2 的站人用的净面积，其短边不应小于 0.25 m。

【检验方法】

（1）查阅设计资料，或在轿顶上两个相邻的 0.20 m×0.20 m 面积上分别加载 1 000 N 的负荷保持 10 min，卸去载荷后检查轿顶的变形情况。

（2）检查玻璃标志，用尺测量。

2.1.46.2　轿顶护栏

【检验要求】

（1）离轿顶外侧边缘有水平方向超过 0.30 m 的自由距离时，轿顶应装设护栏。自由距离应测量至井道壁，井道壁上有宽度或高度小于 0.30 m 的凹坑时，允许在凹坑处有稍大一点的距离。

（2）护栏应由扶手、0.10 m 高的护脚板和位于护栏高度一半处的中间栏杆组成。根据护栏扶手外缘的水平自由距离，扶手高度为：

① 当自由距离不大于 0.85 m 时，不应小于 0.70 m。

② 当自由距离大于 0.85 m 时，不应小于 1.10 m。

（3）扶手外缘和井道中的任何部件［对重（或平衡重）、开关、导轨、支架等］之间的水平距离不应小于 0.10 m。

（4）人员应能安全和容易地通过护栏的入口进入轿顶。

（5）护栏应装设在距轿顶边缘 0.15 m 之内。

【检验方法】

（1）用尺测量，当距离超过 0.30 m 时，检查是否装设了护栏。

（2）用尺测量，并目测检查护栏结构。

（3）审查井道平面布置图，用尺测量。

2.1.46.3 反绳轮的防护

【检验要求】

如果在轿架上固定有反绳轮，则应设置防护装置以避免：

① 伤害人体。

② 悬挂绳松弛时脱离绳槽。

③ 绳与绳槽之间进入杂物。

这些装置的结构应不妨碍对反绳轮的检查和维修，如果采用链条的情况，也要有类似的装置。

【检验方法】

目测实物并分析其结构。

2.1.46.4 门楣与轿顶之间的空隙

【检验要求】

当层门打开时，如果层门的门楣与轿顶之间存在空隙，应在轿厢入口的上部用一覆盖整个层门宽度的刚性垂直板向上延伸，将其挡住。

【检验方法】

目测检查。

2.1.47 轿厢通风和照明

2.1.47.1 通风孔的设置及有效面积

【检验要求】

(1) 通风孔应这样设置：用一根直径为 10 mm 的坚硬直棒，不可能从轿厢内经通风孔穿过轿壁，无孔门轿厢应在其上部及下部设通风孔。

(2) 位于轿厢上部及下部通风孔的有效面积均不应小于轿厢有效面积的 1%，轿门四周的间隙在计算通风孔面积时可以考虑进去，但不得大于所要求的有效面积的 50%。

【检验方法】

审查设计资料，目测检查实物，用直径为 10 mm 的坚硬直棒检查，必要时测量并计算。

2.1.47.2 轿厢照明的设置及自动关断

【检验要求】

(1) 轿厢应设置永久性的电气照明装置，控制装置上的照度宜不小于 50 lx，轿厢地板上的照度宜不小于 50 lx。

(2) 使用中的电梯，轿厢应有连续照明。

(3) 当轿厢停在层站上，动力驱动的自动门按 2.1.41.15 条的规定自动关闭时，则可关断照明。

【检验方法】

审查电气原理图，现场检查设置情况，用照度计在垂直于光照方向上测量。

2.1.47.3 白炽灯的使用

【检验要求】

如果照明是白炽灯，至少要有两只并联的灯泡。

【检验方法】

目测检查，并审查接线图。

2.1.47.4　紧急照明电源的容量

【检验要求】

（1）应有自动再充电的紧急照明电源，在正常照明电源中断的情况下，它能至少供1 W灯具用电1 h，在正常照明电源一旦发生故障的情况下，应自动接通紧急照明电源。

（2）如果该紧急电源同时也给紧急报警装置供电，则电源应有相应的额定容量。

【检验方法】

（1）目测检查实物。

（2）将正常照明电源切断，观察轿内紧急照明情况。

（3）核算电源容量。

2.1.48　对重和平衡重

2.1.48.1　平衡重的使用

【检验要求】

对强制驱动式电梯不能使用对重，但可使用平衡重。

【检验方法】

审查资料及实物。

2.1.48.2　对重块

【检验要求】

（1）如对重（或平衡重）由对重块组成，为防止它们移位，应采取下列措施：

① 将对重块固定在一个框架内。

② 对于金属对重块，且电梯额定速度不大于1 m/s，则至少要用两根拉杆将对重块固定住。

（2）如果在对重上装有滑轮，则应设置防护装置以避免：

① 悬挂绳松弛时脱离绳槽。

② 绳与绳槽之间进入杂物。

这些装置的结构应不妨碍对滑轮的检查和维修，采用链条的情况下也要有类似的装置。

【检验方法】

目测实物并分析其结构。

2.1.48.3　轿厢和对重的距离

【检验要求】

轿厢及其关联部件与对重（或平衡重）及其关联部件之间的距离不应小于50 mm。

【检验方法】

审查井道平面布置图，并用尺测量。

2.1.49　导轨系统

2.1.49.1　导轨导向及选型

【检验要求】

(1) 轿厢、对重（或平衡重）各自应至少由两根刚性的钢质导轨导向。

(2) 在下列情况下，导轨应用冷拉钢材制成，或摩擦表面采用机械加工方法制作：

① 额定速度大于 0.4 m/s。

② 采用渐进式安全钳时，不论电梯速度如何。

(3) 对于没有安全钳的对重（或平衡重）导轨，可使用成型金属板材（空心导轨），它们应作防腐蚀保护。

【检验方法】

根据电梯速度和安全钳类型目测检查。

2.1.49.2　导轨与导轨支架的固定

【检验要求】

导轨与导轨支架在建筑物上的固定，应能自动地或采用简单调节的方法对建筑物的正常沉降和混凝土收缩的影响予以补偿。

【检验方法】

审查安装图，目测检查实物并分析其结构。

2.1.49.3　导轨的最大允许计算变形

【检验要求】

导轨计算应符合 GB 7588—2003《电梯制造与安装安全规范》（含第 1 号修改单）附录 G 和 10.1.2 条的规定，T 型导轨的最大允许计算变形为：

① 对于装有安全钳的轿厢、对重（或平衡重）导轨，安全钳动作时，在两个方向上为 5 mm。

② 对于没有安全钳的对重（或平衡重）导轨，在两个方向上为 10 mm。

【检验方法】

审查计算书。

2.1.50　消防返回功能

【检验要求】

如果电梯设有消防返回功能，应当符合以下要求：

(1) 消防开关应当设在基站或者撤离站，防护玻璃应当完好，并且标有“消防”字样。

(2) 消防功能启动后，电梯不响应外呼和内选信号，轿厢直接返回指定撤离层，开门待命。

【检验方法】

(1) 现场目测检查，模拟试验。

(2) 到达消防开关设置层站，一人进轿厢里，并给电梯较远楼层的指令呼梯，电梯运行离开后，动作消防开关，观察电梯状态：电梯不响应外呼和内选信号，轿厢直接返回指定撤离层，开门待命。

2.1.51 安全空间和维修空间

【检验要求】

机器设备没有安装在机房内时，安全空间和维修空间应满足下列要求：

（1）井道内无防护的电梯驱动主机旋转部件上方应有不小于 0.3 m 的铅垂净空距离。如果该距离小于 0.3 m，应按照 GB 7588—2003《电梯制造与安装安全规范》（含第 1 号修改单）中 9.7.1a）的要求提供防护。

（2）滑轮间内天花板以下的净高度不应小于 1.5 m（装有控制柜的滑轮间除外），滑轮上方应有不小于 0.3 m 的铅垂净空距离。

（3）在控制柜（屏）、紧急和试验操作屏前应有一块净空面积，该面积：

① 深度：从屏、柜的外表面测量时不小于 0.7 m。

② 宽度：为 0.5 m 或柜、屏的全宽，取两者中的较大值。

（4）为了对运动部件进行维修和检查，在必要的地点以及需要手动紧急操作的地方，应有一块不小于 0.5 m×0.6 m 的水平净空面积。

（5）工作区域的净高度不应小于 2.0 m。

（6）通道的净高度不应小于 1.8 m，这一净高度应从通道区域地面测量到屋顶横梁的下表面。

【检验方法】

（1）现场目测检查，用尺测量有关尺寸。

（2）工作区域指检查和维修驱动主机、控制柜等机器设备时所需的区域，机器设备安装在井道内时，常见的工作区域主要有：轿厢内或轿顶上、底坑或平台这三个区域。

2.1.52 轿厢内或者轿顶上的工作区域

【检验要求】

机器设备在井道内时，轿厢内或者轿顶上的工作区域应满足下列要求：

（1）在轿厢内或轿顶上进行机器维修和检查工作的场合，如果因维修和检查导致的轿厢失控或意外移动可能给维修或检查人员带来危险，应遵守下列要求：

① 应有一个机械装置，防止轿厢的任何危险移动。

② 除该机械装置处于非工作（即完全缩回）位置外，应借助于一个电气安全装置来防止轿厢的所有移动。

③ 当该装置处于工作位置时，维修检查人员应能进行维修作业并能安全地离开工作区域。

（2）紧急和试验操作装置应设置在能够从井道外对其进行操作的地方。

（3）如果检查窗/门设置在轿厢壁上，它们应：

① 有足够的尺寸通过这个门/窗进行必需的作业。

② 为避免坠入井道，其尺寸应尽可能地小。

③ 不应向轿厢外开启。

④ 装有一把用钥匙开启的锁，且不用钥匙就能关闭并锁住。

⑤ 应提供一个电气安全装置来检查其锁紧位置。

⑥ 是无孔的，并满足与轿壁相同的机械强度要求。

(4) 检查门/窗开启的情况下需要从内部移动轿厢的场合，应满足：

① 在检查门/窗的附近有一个可用的检修控制装置。

② 轿内的检修控制装置应使所要求的电气安全装置失效。

③ 仅被批准的人员可以接近轿厢内检修控制装置，且其布置应保证不可能站在轿顶上用它来移动轿厢，例如，把它放置在检查门/窗的后面。

④ 如果开口的较小一个尺寸超过 0.20 m，轿厢壁上开口的外边缘与在该开口面前的井道内安装的设备之间的距离应小于 0.30 m。

【检验方法】

(1) 审查有关产品（机械和电气）及土建设计文件，现场目测检查，分析轿厢移动的可能性和检修人员离开检修作业工作区域的途径。

(2) 用尺子测量有关尺寸，手动进行开关各检查门或窗以及各安全装置的试验。

2.1.53　底坑内的工作区域

【检验要求】

机器设备在井道内时，底坑内的工作区域应满足下列要求：

(1) 在底坑内进行机器设备的维修或检查时，如果此工作需要移动轿厢，或可能导致轿厢的失控或意外移动时，应满足下列要求：

① 应提供一个永久性安装的装置用以机械地制停最大为额定载荷的任何负载、以最大为额定速度的任何速度运动的轿厢，使工作区域的地面与轿厢最低部件间的铅垂净空距离不小于 2.0 m。除安全钳外，其他机械装置的制停减速度不应超过缓冲器作用时的值。

② 该机械装置应能保持轿厢停止。

③ 该机械装置可由手动或自动进行操作。

④ 如果需要从底坑中移动轿厢，底坑中应有一个检修控制装置。

⑤ 用钥匙打开任何通往底坑的门时，应有一个电气安全装置来防止电梯的进一步运动，但下面⑦要求的移动是可能的。

⑥ 当该机械装置离开其非工作（即完全缩回）位置时，应有一个电气安全装置防止轿厢的所有运行。

⑦ 当由一个电气安全装置检查到该机械装置处于工作位置时，应仅能从检修控制装置来控制轿厢的电动移动。

⑧ 应有一个设于井道外的电气复位装置，只有通过操作此装置才能使电梯恢复到正常工作状态。该电气复位装置应设置于只有经批准的人员才能接近的地方，如设置在上锁的箱柜内。

(2) 当轿厢处于（1）①所述的位置时，维修及检查人员应能安全地离开该工作区域。

(3) 用于紧急和试验操作所必需的装置，应设置在能够从井道外对其进行操作的地方。

【检验方法】

（1）审查有关产品（机械和电气）及土建设计文件，现场目测检查，分析轿厢移动的可能性以及停止轿厢的装置的合理性，分析检修人员离开检修作业工作区域的途径。

（2）用尺子测量有关尺寸，手动进行停止装置及各安全装置的试验。

2.1.54 平台上的工作区域

【检验要求】

机器设备在井道内时，平台上的工作区域应满足下列要求：

（1）当从一个平台上进行机器设备的维修和检查工作时，该平台：

① 应是永久性安装的平台。

② 如果它位于轿厢、对重（或平衡重）运行的通道中，应是可缩回的。

（2）当需要从一个位于轿厢、对重（或平衡重）运行通道中的平台上进行维修或检查工作时：

① 应通过一个机械装置使轿厢不能移动。

② 对于需要移动轿厢的地方，应用可移动的阻止装置将轿厢的运行通道限定。该阻止装置应以这样的方式使轿厢停止：

a. 如果轿厢从上而下向平台运行，应至少停在上方距平台 2 m 处；

b. 如果轿厢从下而上向平台运行，应停在平台下方符合 GB 7588—2003《电梯制造与安装安全规范》中 5.7.1.1b)、c）和 d）的要求的地方。

（3）该平台应：

① 能够在其任何位置支撑 2 个人的重量而无永久变形，每个人按在平台 0.2 m×0.2 m面积上作用 1 000 N 来计算。如果此平台还用于装卸重的设备，则应据此相应地考虑平台的尺寸，平台还应有足够的机械强度来承受负荷和预计作用其上的力。

② 设置一个符合 2.1.46.2 要求的护栏。

③ 装备有设施以确保：

a. 平台地板与入口通道平面之间台阶高差不超过 0.50 m；

b. 在平台与通道门的门槛之间不能有可通过直径 0.15 m 球体的间隙；

c. 完全打开的层门板与平台边缘之间的水平间隙不能超过 0.15 m，除非采取了附加的预防措施来防止坠入井道。

（4）任何可缩回的平台还应：

① 设有一个确认平台处于完全缩回位置的电气安全装置。

② 设有一个可使平台进入或退出工作位置的装置，该装置的操作可从底坑中或通过安装在井道外且只有经过批准的人员才可以接近的装置进行。

如果进入平台的通道不经过层门，则当平台不在工作位置时，应不能打开通道门，或者是采取适当措施和手段防止人员坠入井道。

（5）在（2）②的情况下，当使平台进入工作位置（即伸出）时，可移动的阻止装置应被自动启动。阻止装置应包括：

① 符合要求的缓冲器。

② 一个只有阻止装置处于完全缩回位置才允许轿厢运行的电气安全装置。

③ 一个电气安全装置，仅当阻止装置处于完全伸出位置时，它才允许轿厢在平台伸出后移动。

(6) 对于需要从平台上移动轿厢的地方，应有一个在平台上可以使用的符合要求的检修控制装置。

当可移动的阻止装置处于完全伸出位置时，轿厢的电动运行只能从检修控制装置进行。

(7) 用于紧急和试验操作所必需的装置，应设置在能够从井道外对其进行操作的地方。

【检验方法】

(1) 审查有关产品（机械和电气）及土建设计文件，现场目测检查。根据平台的位置，分析轿厢的移动和轿厢的停止方式，分析检修人员离开检修作业工作区域的途径。

(2) 用尺子测量有关尺寸，手动进行停止装置及各安全装置的试验。

2.1.55　井道外的工作区域

【检验要求】

(1) 当机器设置于井道内，但要从井道外对其进行维修和检查时，在井道外的作业位置应有满足 2.1.51 (3) ～ (6) 要求的工作区域。

(2) 接近机器设备只能通过符合 2.1.56 (2) 要求的门或检修活板门。

2.1.56　门和检修活板门

【检验要求】

(1) 通过井道围封上的门应可接近井道内的工作区域，这些门应是层门或是满足以下要求的门：

① 宽度不小于 0.6 m，高度不小于 1.8 m。

② 不应向井道内开启。

③ 装有一个用钥匙开启的锁，不用钥匙也能将门关闭并锁住。

④ 即使被锁住时，也应能不需要钥匙从井道内部将其打开。

⑤ 有一个确认门的锁闭位置的电气安全装置。

⑥ 是无孔的，应具有与层门相同的机械强度，并遵守相关建筑物的防火规范。

(2) 从井道外部的工作区域接近井道内的机器设备时，应：

① 通过门/检修活板门有足够的尺寸来完成所需做的工作。

② 开口尽可能地小，以避免坠入井道。

③ 不应向井道内开启。

④ 装有一个用钥匙开启的锁，不用钥匙也能将门关闭并锁住。

⑤ 有一个确认其锁闭位置的电气安全装置。

⑥ 是无孔的，应具有与层门相同的机械强度，并遵守相关建筑物的防火规范。

【检验方法】

(1) 审查电梯土建设计资料，目测检查实物。

(2) 手动进行开关门和电气安全装置试验，用尺测量有关尺寸。

2.1.57 紧急操作和动态测试装置

【检验要求】

（1）在机器设备设置在井道内，工作区域需要设置在轿顶上（或轿厢内）、底坑内或平台上的情况下，应在一个或两个屏（紧急和试验操作屏）上装有必要的紧急和试验操作装置，以便在井道外进行所有紧急操作和所有必要的动态测试工作。只有称职人员才能接近该屏。

（2）如果紧急和试验操作装置未保护在机器设备室内，则应用适当的罩子罩住。此罩：

① 不应向井道内开启。

② 应设有一个用钥匙开启的锁，不用钥匙也能将罩关闭并锁住。

（3）该紧急和试验操作屏应设置：

① 紧急操作装置和一个对讲系统。

② 能进行动态测试的控制装置。

③ 电梯驱动主机的直接观察或显示装置，它应能给出下列指示：

a. 轿厢运动的方向；

b. 到达开锁区；

c. 电梯轿厢的速度（能有效控制轿厢移动速度者除外）。

（4）紧急和试验操作屏上的装置应用一个永久性安装的电气照明装置照亮，在这些装置上的照度不应小于 50 lx。应在屏上或靠近屏的地方设置一个开关用于控制该屏的照明。

（5）紧急和试验操作屏只能安装在符合 2.1.51（3）～（6）规定的工作区域内。

【检验方法】

（1）审查设计文件，对照救援操作说明进行模拟试验。

（2）审查设计及安装文件现场目测检查，模拟紧急操作和对讲通话试验。

（3）审查电气原理图，用照度仪测量照度。

（4）审查结构及土建设计文件，现场目测检查，用尺测量有关尺寸。

2.1.58 电梯 IC 卡系统

2.1.58.1 供电控制

【检验要求】

电梯 IC 卡系统应当由电梯主开关控制。如果 IC 卡系统独立供电，则应当由独立的专用开关控制，且电梯控制系统的电源与 IC 卡系统的电源应当相互隔离。

【检验方法】

审查电气原理图，现场检查试验。

2.1.58.2 自动退出功能

【检验要求】

在电梯设备进入故障、检修、紧急电动、消防、地震等特殊状态时，应当自动退出 IC 卡功能。

【检验方法】

审查电气原理及功能说明书，现场模拟试验。

2.1.58.3　使用和防范操作功能

【检验要求】

轿厢内的人员无须通过 IC 卡系统即可到达建筑的出口层。建筑的受限层，需要刷卡进行权限认证后才能乘坐电梯到达。电梯在非乘客指令的自动运行时（如自动分散运行等），如在受限层停层，电梯不开门，且开门按钮等无效。

【检验方法】

现场操作试验。

2.1.58.4　标志

【检验要求】

电梯 IC 卡系统读卡设备处应当有图文标志，指引乘客在指定位置刷 IC 卡。

轿厢操纵箱上的出口层选层按钮应当采用凸出的星形图案予以标识，或者采用比其他按钮明显凸起的绿色按钮。

【检验方法】

现场检查实物。

2.1.59　曳引驱动电梯平衡系数

【检验要求】

曳引驱动电梯测得的平衡系数应当在 0.4～0.5 范围内。

【检验方法】

（1）轿厢内分别载有 30%、40%、45%、50%和 60%左右的额定载荷，每种载荷时均做一次全程往复运行。

（2）每次上下运行时，当轿厢经过行程中间部位（即轿厢和对重运行到同一水平位置）时，用电流表测量读取并记录电源进线任一相的电流。

（3）绘制载荷-电流曲线，横坐标为载荷，纵坐标为电流，上、下行电流曲线的交点所对应的 x 轴的数值即为平衡系数。

（4）对于直流电梯，可以通过在电机供电电路中串接直流电流表来测量电机的电流。如果供电电压较稳定，可以通过测量电机供电电压来测量和计算平衡系数。

2.1.60　轿厢运行速度

【检验要求】

电源为额定频率和额定电压时，对曳引驱动和强制驱动电梯，载有 50%额定载重量的轿厢向上和向下运行至行程中段（除去加速和减速段）时的速度，分别不大于其对应运行方向额定速度的 105%，且不小于其对应运行方向额定速度的 92%；对液压驱动电梯，上行额定速度和下行额定速度不大于 1.0 m/s，空载轿厢上行的速度和载有额定载重量的轿厢下行速度与对应额定速度的偏差不大于 8%。

【检验方法】

（1）轿厢内装载 50%的额定载荷，将转速表放置在测量处，如曳引钢丝绳上；轿厢从最底层向上以额定速度全程运行，当经过行程中间部位（即轿厢和对重运行到同一水平位置）时，在转速表读取若干个转速数据，选取最大值，然后换算成电梯的运行速度。紧接着在轿厢额定速度全程运行下行时重复一遍上述操作。

（2）也可以采用其他等效方法测量速度。例如轿厢内放置加速度测试仪进行测量等。

说明：由于供电环境所限，测量速度时的电源条供电电压允许在额定电压的±7%范围内，频率允许在其额定值的±2%范围内。

2.1.61 曳引能力

【检验要求】

钢丝绳曳引应满足以下条件：

（1）在相应于电梯最严重制动情况下，停车数次，进行曳引检查。每次试验，轿厢应完全停止，试验应这样进行：

① 行程上部范围内，上行，轿厢空载。

② 行程下部范围内，下行，轿厢载有125%额定载重量。

（2）当对重压在缓冲器上而曳引机按电梯上行方向旋转时，应不可能提升空载轿厢。

【检验方法】

审查设计文件，分条按以下方法试验：

（1）在平衡系数试验后，确认曳引电梯的平衡系数应在0.4～0.5内，再进行以下试验。对于在未确认平衡系数前进行的曳引能力试验，当确认平衡系数不符合要求时，该曳引能力试验应在调整平衡系数后重新进行。

（2）轿厢空载额定速度上行，运行到行程上部时，动作紧急停止装置或切断主开关，轿厢应能完全停止，电梯复位后再进行数次停车试验。试验时，电梯无须达到额定速度。

（3）轿厢载有125%额定载重量额定速度下行，运行到行程下部时，动作紧急停止装置或切断主开关，轿厢应能完全停止，电梯复位后再进行数次停车试验。试验时，电梯无须达到额定速度。

（4）将电梯处于最高层平层位置，关闭电梯门，短接上极限、上限位和对重缓冲器开关，以检修速度操纵电梯向上运行，当对重压在缓冲器上后仍继续向上运行，此时在机房观察曳引绳是否在曳引轮上打滑。

2.1.62 运行噪声

2.1.62.1 曳引驱动电梯运行噪声

【检验要求】

曳引驱动乘客电梯运行噪声包括机房下平均噪声、轿内运行噪声和开关门噪声，各噪声限值要求见表2-7。对额定速度大于6.0 m/s的乘客电梯，机房内平均噪声值（驱动主机噪声值）和轿内运行噪声值不得大于电梯制造单位给出的限值。制造单位没有给出限值指标时，按照额定速度为6.0 m/s的电梯限值指标来判定。

表 2-7　曳引驱动乘客电梯的噪声值

额定速度/（m/s）	v≤2.5	2.5<v≤6.0
额定速度运行时机房内平均噪声值/dB（A）	≤80	≤85
运行中轿厢内最大噪声值/dB（A）	≤55	≤60
开关门过程最大噪声值/dB（A）	≤65	
注：无机房电梯的“机房内平均噪声值”是指距离曳引机 1 m 处所测得的平均噪声值		

【检验方法】

（1）机房噪声。

电梯以额定速度运行，取距驱动主机前、后、左、右最外侧各 1 m 处的（H+1）/2 高度上 4 个点（H 为驱动主机的顶面高度，单位为 m）及正上方 1 m 处 1 个点，手持声级计（A 声级）水平指向发声源（驱动主机），传声器距身体 300 mm 以外，取每个测点测得的声压修正值的平均值。受建筑物结构或者设备布置的限制可以减少测点。

（2）开关门噪声。

声级计（A 声级）分别从轿内和层站门宽中央水平指向轿门和层门，传声器距门 0.24 m 至 0.30 m，距地面 1.5 m±0.1 m，任选包括首层在内的三层测试，取最大值。其余同上一条。

（3）轿内运行噪声。

电梯从门完全关闭后到完全停止将开门之前的全程上下运行过程中，测试人员手持声级计（A 声级）水平指向轿门，传声器测头应位于轿厢地板中心半径为 0.10 m 的圆形区域的正上方 1.5 m±0.1 m 高度处，除测试人员外轿厢空载全程上下各运行两次，取最大值。其余同前面两条。

注：如果所测声源噪声与背景噪声相差不大于 10 dB（A），按表 2-8 给出的修正值进行修正。

表 2-8　噪声修正值

声源工作时测得的 A 声级与背景噪声 A 声级之差/dB（A）	应减去的修正值/m
3	3.0
4	2.0
5	2.0
6	1.0
7	1.0
8	1.0
9	0.5
10	0.5
>10	0
注：背景噪声是指被测量声源不存在时，周围环境的噪声	

2.1.62.2　液压电梯运行噪声

【检验要求】

（1）机房内噪声（液压泵站噪声）的最大值不大于 85 dB（A）。

（2）对液压客梯，运行中轿厢内噪声值和自动门开关门噪声值分别不大于 55 dB（A）和 65 dB（A）。

【检验方法】

见 2.1.62.1。

2.1.63　曳引驱动电梯加、减速度

【检验要求】

（1）曳引驱动乘客电梯启动加速度和制动减速度最大值不大于 1.5 m/s^2。

（2）曳引驱动乘客电梯启动加速和制动减速过程的 A95 加、减速度应当符合下列要求：

① 当乘客电梯额定速度为 1.0 m/s＜v≤2.0 m/s 时，A95 加、减速度不应小于 0.50 m/s^2。

② 当乘客电梯额定速度为 2.0 m/s＜v≤6.0 m/s 时，A95 加、减速度不应小于 0.70 m/s^2。

③ 对额定速度大于 6.0 m/s 的乘客电梯，应当符合电梯制造单位给出的限值指标。制造单位没有给出限值指标时，按照额定速度为 6.0 m/s 的电梯限值指标来判定。

【检验方法】

（1）把加速度传感器安放在轿厢地板中央半径为 0.10 m 的区域内，传感器敏感方向设置为铅垂方向，仪器放置应水平且稳定，人员（如有）不应站在可能造成轿厢载荷不平衡的位置且距传感器至少 150 mm。

（2）记录下电梯启动全过程的加速度和制动全过程的减速度，进行 10 Hz 低通滤波后再计算。

（3）测试工况为：轿厢轻载（实际为含仪器和最多 2 个人）和额定载荷两种工况，分别选取单层、多层和全程上下运行各测一次。

2.1.64　曳引驱动电梯轿厢振动加速度

【检验要求】

（1）额定速度不大于 6 m/s 的乘客电梯，轿厢运行在恒加速度区域内的垂直（Z 轴）振动的最大峰峰值不应大于 0.30 m/s^2，A95 峰峰值不应大于 0.20 m/s^2。

（2）额定速度不大于 6 m/s 的乘客电梯，乘客电梯轿厢运行期间水平（X 轴和 Y 轴）振动的最大峰峰值不应大于 0.20 m/s^2，A95 峰峰值不应大于 0.15 m/s^2。

（3）额定速度大于 6 m/s 的乘客电梯，运行时垂直方向和水平方向的振动加速度不应大于电梯制造企业给出的限值，企业没有给出限值指标时，按照额定速度为 6 m/s 的电梯限值指标来判定。

【检验方法】

（1）振动传感器的安放要求及轿内传感器应分别对准铅垂、水平平行门和水平垂直

门三个方向，电梯轻载和满载工况下至少上下全程运行各一次。

（2）仪器应记录匀速运行全程的数据（去掉启动加速和制动减速阶段），10 Hz 低通滤波后取单峰最大值。

（3）仪器应记录从电梯启动到停止三个方向的振动的全过程。对垂直方向的振动，数据处理时可区分恒加速度区域和变加速度区域。

2.1.65　开关门时间

【检验要求】

乘客电梯水平自动滑动门的开关门时间不应超过表 2-9 的规定。对开门宽度超过 1 300 mm的乘客电梯，应当符合电梯制造单位给出的限值指标。制造单位没有给出限值指标时，按照开门宽度为 1 300 mm 的电梯限值指标来判定。

表 2-9　乘客电梯的开关门时间

开门方式	开门宽度（B）/mm			
	$B \leqslant 800$	$800 < B \leqslant 1\ 000$	$1\ 000 < B \leqslant 1\ 100$	$1\ 100 < B \leqslant 1\ 300$
中分自动门	3.2 s	4.0 s	4.3 s	4.9 s
旁开自动门	3.7 s	4.3 s	4.9 s	5.9 s

【检验方法】

用计时器测量开、关门时间各三次，取三次的平均值：

① 开门时间的测量：在控制柜内测量并记录开门启动信号发出到开门到位信号发出的时间。

② 关门时间的测量：在控制柜内测量并记录关门启动信号发出至证实层门锁紧装置、轿门锁紧装置（如果有）以及层门、轿门关闭状态的电气安全装置的触点全部接通时的时间。

2.1.66　平层准确度和平层保持精度

【检验要求】

（1）曳引驱动电梯轿厢的平层准确度应在±10 mm 的范围内。

（2）液压电梯轿厢的平层准确度应在±15 mm 的范围内。

（3）曳引与液压驱动电梯的平层保持精度应在±20 mm 的范围内。

【检验方法】

（1）平层准确度的测量：轿厢内分别为轻载（含最多 2 名试验人员）和额定载重量，单层、多层和全程上下各运行一次。在开门宽度的中部测量层门地坎上表面和轿门地坎上表面间的垂直高度差。

（2）平层保持精度的测量：轿厢在底层平层位置加载至额定载重量并保持 10 min 后，在开门宽度的中部测量层门地坎上表面与轿门地坎上表面间的垂直高度差。

2.1.67 安全钳制动试验

【检验要求】

(1) 轿厢安全钳制动试验。

试验是在轿厢正在下行期间，轿厢装有均匀分布的规定的载重量，电梯驱动主机运转直至钢丝绳打滑或松弛，并在下列条件下进行：

① 瞬时式安全钳，轿厢装有额定载重量，且安全钳的动作在检修速度下进行；对超面积的曳引驱动载货电梯应以轿厢实际载重量达到了轿厢面积按表 2-5 规定所对应的额定载重量进行安全钳的动作试验。

② 渐进式安全钳，轿厢装有 125%额定载重量，而且安全钳的动作需在不小于额定速度下进行（液压电梯安全钳的动作可在额定速度或检修速度下进行)。对液压货梯，取 125%额定载重量与轿厢实际载重量达到了轿厢面积按表 2-6 规定所对应的额定载重量两者中的较大值，进行安全钳的动作试验。

(2) 对重（或平衡重）安全钳制动试验。

试验是在对重（或平衡重）下行期间，电梯驱动主机运转直至钢丝绳打滑或松弛，并在下列条件下进行：

① 瞬时式安全钳，轿厢空载，安全钳的动作应由限速器或安全绳触发，并在检修速度下进行。

② 渐进式安全钳，轿厢空载，安全钳的动作需在不小于额定速度下进行。

【检验方法】

(1) 轿厢安全钳制动试验。

① 对瞬时式安全钳。

短接限速器的电气安全装置，轿厢装有均匀分布的规定的载重量，以检修速度向下运行，人为动作限速器，此时限速器绳应能提拉安全钳，安全钳的电气安全装置动作，电梯停止运行；短接安全钳的电气安全装置，轿厢继续以额定速度或检修速度向下运行，安全钳应夹紧导轨，使轿厢制停，电梯驱动主机运转直至钢丝绳打滑或松弛，观察轿厢制停情况。

② 对渐进式安全钳。

a. 轿厢装有均匀分布的规定的载重量，先以检修速度验证限速器安全钳联动是否有效，安全钳能否制停轿厢，如不可以，则停止试验，该项目不合格。如果可以，则复位后进行下一步试验。

b. 呼梯至顶层，关闭电梯门，确保电梯轿厢没有人后，短接限速器开关、安全钳开关、限速器装置开关和补偿绳张紧装置各开关（如有)，给电梯快车到下端站指令，人为使抱闸保持打开状态（不受安全回路控制)，当电梯运行到额定速度后，人为动作限速器，使限速器安全钳联动，此时也应保持抱闸在打开状态。通过钢丝绳观察轿厢制停情况，如发现轿厢无减速趋势或继续加速，应马上松开抱闸，利用抱闸给轿厢减速。对于无法手动触发动作的限速器，应采用溜梯的方式使轿厢超速而触发限速器-安全钳联动。此时应拆除封星，并把该线路断开，可让电梯的速度尽快增加并防止电流过大烧毁元器件。

（2）对重（或平衡重）安全钳制动试验。

短接限速器的电气安全装置，轿厢空载，对重（或平衡重）以额定速度或检修速度向下运行，人为动作限速器，此时限速器绳应能提拉安全钳并使安全钳动作，夹紧导轨，使轿厢制停，使对重（或平衡重）制停，电梯驱动主机运转直至钢丝绳打滑或松弛，观察对重（或平衡重）制停情况。

（3）试验以后，应用直观检查（目测）确认整个组装件，包括轿厢、对重（或平衡重）、安全钳、导轨及其和建筑物的连接件未出现对电梯正常使用产生不利影响的损坏。必要时，可更换摩擦元件。

限速器安全钳复位后，检修速度提升轿厢至平层位置：

① 手动呼梯让电梯自动跑全程，观察电梯运行情况。

② 在最高层平层位置检修速度提升空轿厢，观察电梯运行情况。

注：为了便于试验结束后轿厢卸载及松开安全钳，试验宜尽量在对着层门的位置进行。

（4）试验结果判定。

① 试验中，安全钳动作后轿厢或者对重（或平衡重）应被可靠制停。反之，则试验结果不合格。

② 试验后，整个组装件，包括轿厢、对重（或平衡重）、安全钳、导轨及其和建筑物的连接件应无明显破损。

限速器安全钳复位后，电梯应恢复自动正常使用：

a. 电梯应能响应呼梯自动无异响跑全程，正常开关门，运行途中不应出现意外开门；

b. 在最高层平层位置检修速度提升空轿厢，极限或者限位开关应该正常动作，使电梯停止运行。

2.1.68　超载运行试验

【检验要求】

轿厢内载有110%额定载重量的载荷，启动—全程运行—停止—正常开关门，连续正常运行60次，电梯应当无故障。

【检验方法】

轿厢内均匀装载110%额定载重量的载荷，手动启动电梯使之全程运行，连续60次全程运行，电梯应当无故障。

2.1.69　曳引驱动电梯的其他制动装置（功能）

【检验要求】

驱动主机机电式工作制动器作为轿厢上行超速保护装置减速部件或者轿厢意外移动保护装置制停部件时，应当设置其他制动装置（如电气制动）。在驱动主机机电式工作制动器失效时，该装置应当能限制停靠在任何层站的轿厢的移动速度，以符合以下要求：

（1）空载轿厢上行时，至少使对重撞击缓冲器的速度限制在其缓冲器的设计速度范围内。

（2）装载有不超过额定载重量的任何载荷的轿厢意外移动时，在 1.2 m 的移动距离范围内使轿厢的速度不大于 0.3 m/s。

其他电气制动装置的元器件应当能承受电梯在额定速度运行时意外停梯的冲击。如果使用了封星接触器，其触点粘连时应当防止电梯正常启动。该装置的制动功能被取消时，电梯不能投入正常运行。该装置在电梯供电电源失效的情况下，可以不起作用。

【检验方法】

（1）确定驱动主机制动器是否作为上行超速保护装置和轿厢意外移动保护装置的制停部件，如果是，进行第（2）（3）（4）步。

（2）轿厢停在中间层站，手动松开驱动主机制动器，让轿厢溜梯上行直到井道上部，测量轿厢溜梯速度是否超过对重缓冲器设计允许撞击速度。

（3）将轿厢停在次顶层，手动松开驱动主机制动器，让轿厢溜梯上行，测量在 1.2 m 的移动距离范围内轿厢速度是否大于 0.3 m/s。

（4）模拟该装置的制动功能被取消时，电梯是否退出正常运行。

2.1.70 包覆带承载体监测

【检验要求】

电梯应当设有监测包覆带每根承载体强度情况的装置，当检测到任一根承载体破断时，应当防止电梯的下一次正常启动。

【检验方法】

查看电路原理图，确定监测包覆带每根承载体强度情况的方法，然后模拟任何一根承载体破断（产品通常设置有模拟破断的方法），查看电梯下一次是否正常启动。

2.1.71 限速切断阀动作试验

【检验要求】

（1）轿厢内装有均匀分布的额定载重量，超速向下运行，限速切断阀应动作并制停轿厢。

（2）限速切断阀动作速度与其调整值一致。

【检验方法】

（1）将装有均匀分布额定载重量的轿厢停在适当的楼层（足以使破裂阀动作，但尽量低的楼层），轿厢内放置加速度测试仪（测量轿厢运行及制停过程中的速度值）。

（2）在机房操作破裂阀的手动试验装置，检查破裂阀能否动作并将轿厢可靠制停，读取加速度测试仪记录到的轿厢最高运行速度即为限速切断阀动作速度。

2.1.72 液压电梯压力试验

【检验要求】

在单向阀与液压缸之间的液压系统中施加 200% 的满载压力，保持 5 min，液压系统的压力下降值应当不超过电梯制造单位给出的限值指标。

【检验方法】

在单向阀与液压缸之间的液压系统中施加200%的满载压力，保持 5 min 后记录系统压力值，计算压力下降值，与制造单位给定限值进行比较。

2.1.73　液压电梯沉降试验

【检验要求】

装有额定载重量的轿厢停在顶层端站，10 min 内的下沉距离应当不超过 10 mm。

【检验方法】

将装载额定载重量的轿厢停在顶层端站，测量并记录轿厢地坎与层门地坎的垂直距离值 h_1（轿厢地坎低于层门地坎时 h_1 为正数，反之为负数），保持 10 min 后，再次测量并记录轿厢地坎与层门地坎的垂直距离值 h_2，合格判定：$h_2-h_1 \leqslant 10$ mm。

2.2　消防员电梯附加检测项目与技术要求

2.2.1　消防员电梯基本要求

2.2.1.1　消防楼层

【检验要求】

消防员电梯应服务于建筑物的每一楼层。

【检验方法】

审查设计文件，现场选层试验。

2.2.1.2　轿厢尺寸

【检验要求】

消防员电梯轿厢尺寸不应小于 1 350 mm（宽）×1 400 mm（深），额定载重量不应小于 800 kg，轿厢的净入口宽度不应小于 800 mm。在有预定用途包括疏散的场合，为了运送担架、病床等，或者设计有两个出入口的消防员电梯，其额定载重量不应小于 1 000 kg，轿厢的最小尺寸为 1 100 mm（宽）×21 000 mm（深）。

【检验方法】

审查设计文件，现场测量。

2.2.2　电气设备防水保护

2.2.2.1　井道内或者轿厢上电气设备的防水保护

【检验要求】

在消防员电梯道内或轿厢上部的电气设备，如果其设置在距设有层门的任一井道壁 1 m 的范围内，则应设计成能防滴水和防淋水，或者其外壳防护等级应至少为 IPX3。

【检验方法】

对照现场实物审查安装布置图，核查电气外壳防护等级证明文件。

2.2.2.2　底坑内电气设备

【检验要求】

设置在消防员电梯底坑地面以上 1 m 以内的所有电气设备，防护等级应至少为 IP67。插座和最低的井道照明灯具应设置在底坑内最高允许水位之上至少 0.50 m 处。

【检验方法】

对照现场实物审查安装布置图，核查电气外壳防护等级证明文件。

2.2.2.3　井道外的机器区间内和消防员电梯底坑内的设备的防水措施

【检验要求】

应保护在井道外的机器区间内和消防员电梯底坑内的设备，以免因进水而造成故障。

【检验方法】

对照现场实物审查安装布置图和保护措施。

2.2.2.4　建筑物防水措施

【检验要求】

建筑物应具备适当的措施，确保在消防员电梯底坑内的水位不会上升到轿厢缓冲器被完全压缩时的上表面以上。

【检验方法】

审查设计文件的防护要求，现场检查实际安装。

2.2.3　消防员被困在轿厢内的救援

2.2.3.1　应急轿厢安全窗尺寸

【检验要求】

应在轿顶设置一个轿厢安全窗，其尺寸应至少为 0.50 m×0.70 m。

【检验方法】

审查设计文件的防护要求，现场实际测量。

2.2.3.2　应急轿厢安全窗设置

【检验要求】

应在轿顶设置一个轿厢安全窗，其尺寸应至少为 0.50 m×0.70 m。

【检验方法】

审查设计文件的要求，现场检查实际安装。

2.2.3.3　轿厢外救援方法

【检验要求】

从轿厢外救援。可使用下列救援方法：

（1）设置在距上层站地坎垂直距离不大于 0.75 m 范围内的固定式梯子。该梯子高度超过 1.50 m 时，其与水平方向夹角应在 65°～75°之间，并不易滑动或翻转；梯子的净宽度不应小于 0.35 m，其踏板深度不应小于 25 mm；对于垂直设置的梯子，踏板与梯子后面墙的距离不应小于 0.15 m；踏板的设计载荷应为 1 500 N；靠近梯子顶端，至少应设置一个容易握到的把手；梯子周围 1.50 m 的水平距离内，应能防止来自梯子上方坠落物的危险。

（2）使用轿外救援便携式梯子（图 2-10）、绳梯或安全绳系统等救援工具进行救援。

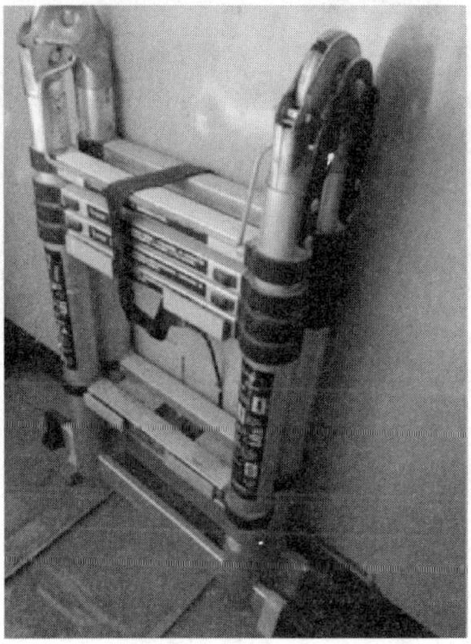

图 2-10　轿外救援便携式梯子

图 2-11　轿厢内自救梯子

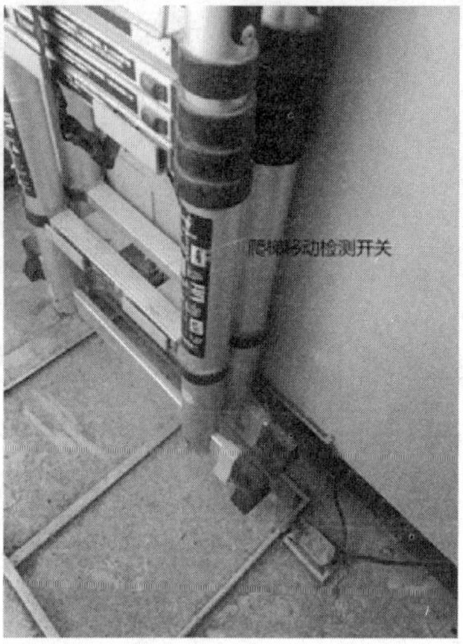

图 2-12　装有检测开关的梯子

【检验方法】

审查电梯及土建设计资料，必要时现场目测检查。

2.2.3.4　轿厢内救援方法

【检验要求】

(1) 从轿厢内自救应提供从消防员电梯轿厢内能完全打开轿厢安全窗的方法，例如在轿厢内提供合适的踩踏点，其最大梯阶高度为 0.40 m。任一踩踏点应能支撑 1 200 N 的负荷。

(2) 如果提供轿厢内自救梯子（图 2-11），其设置方式应能使它们安全地展开。

(3) 任何踩踏点的外缘与对应的垂直轿厢壁之间的自由距离不应小于 0.10 m。

(4) 梯子与安全窗的尺寸和位置，应能允许消防员通过。

(5) 在井道内每个层站人口靠近门锁处，应设置简单的示意图或标志，清楚地表明如何打开层门。

【检验方法】

审查电梯及土建设计资料，必要时现场目测检查。

2.2.3.5　轿厢外部的刚性梯子设置

【检验要求】

如果在轿厢外部设置一个用于救援的刚性梯子，即装有检测开关的梯子（图 2-12），则应符合下列要求：

① 应提供一个电气安全装置，以确保梯子从其储存位置移开后消防员电梯不能移动。

② 梯子的储存位置应避免在正常维护作业时发生绊倒维护人员的危险。

③ 梯子的最小长度应按以下方式确定：当消防员电梯轿厢停在平层位置时，应能接触到上一层站的层门锁。如果这种梯子不可能设置在轿厢上，则应采用永久固定于井道内的梯子。

【检验方法】

审查设计文件，现场目测检查梯子的储藏位置，实际检查梯子的长度，移开后，测试电梯是否可以正常或检修运行。

2.2.4　轿门和层门

【检验要求】

应当使用自动操作水平滑动的（联动的）轿门和层门。

【检验方法】

现场检查轿门和层门的设置。

2.2.5　消防员电梯主机和相关设备

2.2.5.1　机器设备间防火等级

【检验要求】

装有消防员电梯驱动主机和相关设备的任何区间，应至少具有与消防员电梯井道相同的防火等级。当驱动主机和相关设备的机房设置在建筑物的顶部且机房内部及其周围没有火灾危险时除外。

【检验方法】

审查土建设计文件，必要时现场察看布置情况。

2.2.5.2　井道外和防火分区外的机器区间

【检验要求】

设置在井道外和防火分区外的所有机器区间，应至少具有与防火分区相同的防火等级。防火分区之间的连接（如电缆、液压管路等）也应予以同样的保护。

【检验方法】

审查土建设计文件，现场察看布置情况。

2.2.6　控制系统

2.2.6.1　消防员电梯开关设置

【检验要求】

消防员电梯开关应设置在预定用作消防员入口层的前室内，该开关应设置在距消防员电梯水平距离 2 m 范围内，高度在地面以上 1.8 m 到 2.1 m 之间的位置。消防员电梯开关应采用图 2-13 的标志标示。

图 2-13　消防员电梯开关的标志

【检验方法】

现场目测检查，审查设计或安装说明。

2.2.6.2　消防员电梯开关型式

【检验要求】

（1）消防员电梯开关（图 2-14）的操作应借助于一个三角形钥匙。该开关的工作位置应是双稳态的，并应清楚地用“1”和“0”标示。位置“1”是消防员服务有效状态。

（2）该服务有两个阶段：阶段 1（优先召回阶段），具体功能见 2.2.6.7；阶段 2（消防服务阶段），具体功能见 2.2.6.9。

(3) 附加的外部控制或输入仅能用于使消防员电梯自动返回到消防员入口层，并停在该层保持在开门状态。消防员电梯开关仍应被操作到位置“1”，才能完成阶段 1 的运行。

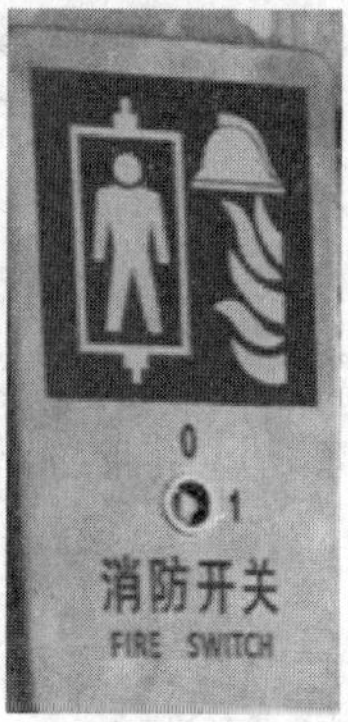

图 2-14　消防员电梯开关

【检验方法】

审查电气原理图及控制程序说明，现场进行手动模拟试验。

2.2.6.3　安全保护装置的有效性

【检验要求】

在消防员电梯开关处于有效状态期间，除 2.2.6.7 (3) 和 2.2.6.9 (6) 所述的反开门装置外，消防员电梯的所有安全装置（电气和机械）都应保持有效状态。

【检验方法】

审查电气原理和接线图，现场模拟试验。

2.2.6.4　消防员电梯开关控制权限

【检验要求】

消防员电梯开关不应取消检修运行控制、停止装置或紧急电动运行控制。

【检验方法】

审查电气原理和接线图，现场模拟试验。

2.2.6.5　电气故障的影响

【检验要求】

(1) 当处于消防员服务状态时，层站召唤控制或设置在消防员电梯井道外的消防员电梯控制系统其他部分的电气故障不应影响消防员电梯的功能。

(2) 与消防员电梯在同一群组中的其他任一台电梯的电气故障，均不应影响消防员电梯的运行。

【检验方法】

审查电气原理和接线图，现场模拟试验。

2.2.6.6　开门超时报警

【检验要求】

为了确保消防员获得对消防员电梯的控制不被过度延误，消防员电梯应设置一个听觉信号，当门开着的实际停顿时间超过 2 min 时在轿厢内鸣响。在超过 2 min 后，此门将试图以减小的动力关闭，在门完全关闭后听觉信号解除。该听觉信号的声级应能在 35 dB (A) 至 65 dB (A) 之间调整，通常设置在 55 dB (A)，而且该信号还应能与消防员电梯的其他听觉信号区分开。此功能仅在电梯的优先召回阶段（阶段 1）有效。

【检验方法】

审查电气原理和接线图，现场模拟试验。

2.2.6.7　消防员电梯的优先召回阶段（阶段 1）

【检验要求】

阶段 1 可手动或自动进入。一旦进行阶段 1，应确保：

(1) 所有的层站控制和消防员电梯的轿厢内控制均应失效，所有已登记的呼梯均应被取消。

（2）开门和紧急报警的按钮应保持有效。

（3）可能受到烟和热影响的轿门反开门装置应失效，以允许门关闭。

（4）消防员电梯应脱离同一群组中的所有其他电梯独立运行。

（5）到达消防员入口层后，消防员电梯应停留在该层，且轿门和层门保持在完全打开位置。

（6）消防服务通信系统应有效。

（7）如果进入阶段1时消防员电梯正处于检修运行/紧急电动运行控制状态下，听觉信号应鸣响，内部对讲系统（如果有）应被启动。当消防员电梯脱离上述状态时，该信号应被取消。

（8）正在离开消防员入口层的消防员电梯，应在可以正常停层的最近楼层做一次正常的停止，不开门，然后返回到消防员入口层。

（9）在消防员电梯开关启动后，井道和机房照明应自动点亮。

【检验方法】

审查电气原理和接线图，现场模拟试验。

2.2.6.8　外部控制或者输入接口

【检验要求】

附加的外部控制或者输入仅能用于使消防员电梯自动返回到消防员服务通道层并保持开门状态停在该层。消防员电梯开关仍必须被操作到位置“1”，才能完成阶段1的运行。

【检验方法】

审查电气原理和接线图，现场模拟试验。

2.2.6.9　在消防员控制下消防员电梯的使用（阶段2）

【检验要求】

消防员电梯开着门停在消防员入口层以后，消防员电梯应完全由轿厢内消防员控制装置所控制，并应确保：

（1）如果消防员电梯是由一个外部信号触发进入阶段1的，在消防员电梯开关被操作到位置“1”前，消防员电梯应不能运行。

（2）消防员电梯应不能同时登记一个以上的轿厢内选层指令。

（3）当轿厢正在运行时，应能登记一个新的轿厢内选层指令，原来的指令应被取消，轿厢应在最短的时间内运行到新登记的层站。

（4）一个登记的指令将使消防员电梯轿厢运行到所选择的层站后停止，并保持门关闭。

（5）如果轿厢停止在一个层站，通过持续按压轿厢内“开门”按钮应能控制门打开。如果在门完全打开之前释放轿厢内“开门”按钮，门应自动再关闭。当门完全打开后，应保持在打开状态直到轿厢内控制装置上有一个新的指令被登记。

（6）除2.2.6.7（3）规定的情况外，轿门反开门装置和开门按钮应与阶段1一样保持有效状态。

（7）通过操作消防电梯开关从位置“1”到“0”，保持时间不大于5 s，再回到“1”，则重新进入阶段1，消防员电梯应返回到消防员入口层。本要求不适用于轿厢内设有消防员电梯开关的情况。

(8) 如果设置有一个附加的轿厢内消防员钥匙开关。它应用消防员电梯标志（见 2.2.6.1）标示，并应清楚地标明位置“0”和“1”，该钥匙仅能在处于位置“0”时才能拔出。钥匙开关应按下列方法操作：

① 当消防员电梯由消防员入口层的消防员电梯开关控制而处于消防员服务状态时，为了使轿厢进入运行状态，该钥匙开关应被转换到位置“1”。

② 当消防员电梯在其他层而不在消防员入口层，且轿厢内钥匙开关被转换到位置“0”时，应防止轿厢进一步地运行，并保持门在打开状态。

(9) 已登记的轿厢内指令应清晰地显示在轿厢内控制装置上。

(10) 在正常或应急电源有效时，应在轿厢内和消防员入口层显示出轿厢的位置。

(11) 直到已登记下一个轿厢内指令为止，消防员电梯应停留在它的目的层站。

(12) 在阶段 2 期间，消防服务通信系统应保持有效。

(13) 当消防员开关被转换到位置“0”时，仅当消防员电梯已回到消防员入口层时，消防员电梯控制系统才应恢复到正常服务状态。

【检验方法】

审查电气原理和接线图，现场模拟试验。

2.2.6.10　两个入口的要求

【检验要求】

如果消防员电梯有两个入口，且消防员电梯前室都与消防员入口层的消防员电梯前室设置在同一侧，则应符合下列附加要求：

(1) 在轿厢内靠近两个门的位置均应有控制装置：

① 其中之一供乘客正常使用。

② 靠近前室的消防员控制装置仅供消防员使用，并应采用消防员电梯的标志（见 2.2.6.1）标示。

注：GB/T 24477《适合于残障人员的电梯附加要求》不适用于消防员电梯控制装置。

(2) 进入了阶段 1 时，除开门和报警按钮外，供乘客正常使用的控制装置上的其他按钮都应是无效的。

(3) 靠近消防员电梯前室的消防员控制装置，在进入阶段 2 时变为有效。

(4) 预定不被消防员使用的所有层门，在消防员电梯恢复到正常运行状态之前应始终保持关闭状态，这些层门的确定取决于建筑设计。

(5) 面向消防员电梯前室的所有层门，在消防员电梯恢复到正常运行前都应恢复正常。

【检验方法】

现场模拟试验，审查电气控制原理图和接线图。

2.2.7 系统供电及转换

2.2.7.1　系统供电设置

【检验要求】

消防员电梯和照明的供电系统应由第一和第二（应急、备用或二者之一）电源组成，其防火等级应至少等于消防员电梯井道的防火等级。消防员电梯第一和第二电源的供电电缆应进行防火保护，它们相互之间以及与其他电源之间应独立设置。

【检验方法】

审查电气原理图和接线图，并现场进行目测检查。

2.2.7.2　第二电源容量

【检验要求】

第二电源应足以驱动额定载重量的消防员电梯运行，运行速度应满足入口层到顶层的时间不超过 60 s。

【检验方法】

现场进行模拟测试。

2.2.7.3　供电转换

【检验要求】

供电转换时应满足下列要求：

（1）校正运行不是必要的。

（2）当恢复供电时，消防员电梯应立即进入服务状态。如果消防员电梯需要移动来确定轿厢的位置，则应向着消防员入口层运行不超过两个楼层，并显示轿厢所在位置。

【检验方法】

现场模拟试验，审查电气控制原理图和接线图。

2.2.8　轿厢和层站的控制装置

【检验要求】

（1）轿厢和层站的控制装置以及相关的控制系统，不应登记因热、烟和湿气影响所产生的错误信号。

（2）轿厢和层站的控制装置、轿厢和层站的指示器以及消防员电梯开关，其防护等级应至少为 IPX3。除非在消防员电梯开关启动时通过电气方式被断开，层站控制装置和层站指示器应至少具有 IPX3 级的防护。

（3）在阶段 2 控制时，消防员电梯的运行应依靠轿厢内的控制装置上的按钮，其他的操作系统都应变成无效状态。

（4）在消防员电梯轿厢内，除正常的楼层标志外，在轿厢内消防员入口层的按钮之上或其附近，还应设有清晰的消防员入口层的指示，该指示应采用消防员电梯的标志（见 2.2.6.1）。

【检验方法】

现场模拟试验，审查电气控制原理图和接线图。

2.2.9　消防服务通信系统

【检验要求】

（1）消防员电梯应有交互式双向语音通信的对讲系统或类似的装置，当消防员电梯处于阶段 1 和阶段 2 时，用于消防员电梯轿厢与下列地点之间通信：

① 消防员入口层。

② 消防员电梯机房或无机房电梯的紧急操作屏处。如果是在机房内，只有通过按压

麦克风的控制按钮才能使其有效。

（2）轿厢内和消防员入口层的通信设备应是内置式麦克风和扬声器，不能用手持式电话。

（3）通信系统的线路应敷设在井道内。

【检验方法】

现场察看及模拟试验，审查电气控制原理图和接线图。

2.3 防爆电梯附加检测项目与技术要求

2.3.1 建筑与环境要求

【检验要求】

（1）机器空间、井道及底坑内使用的建筑材料应为不燃烧体或阻燃材料。机器空间和底坑内不应存放易燃物品，如油布、油纸等。

（2）机器空间、井道及底坑内应采取措施防止粉尘堆积，并便于清扫。

（3）当可燃性物质密度大于空气密度时，应防止底坑内可燃性物质大量积聚；当可燃性物质密度小于空气密度时，应防止井道顶部和机器空间顶部中可燃性物质大量积聚。

（4）防爆电梯的工作环境：

① 机器空间的环境温度为 5～40 ℃。

② 井道的环境温度为－20～40 ℃。

③ 整机工作的大气压强为 80～110 kPa。

④ 整机工作场所的空气中标准氧含量（体积比）不大于 21%。

对超出该范围的条件下使用的防爆电梯应做特殊考虑，并可要求增加评定和试验。

【检验方法】

目测检查，并查阅相关资料或者测量相关数据。

2.3.2 基本要求

【检验要求】

（1）防爆电梯的低压配电系统的接地形式应为 TN-S 系统。

（2）防爆电梯应具有在爆炸性环境中救援防爆电梯内被困人员的措施。

（3）防爆电梯应具有在爆炸性环境中，不打开控制柜的情况下检测和排除控制柜外本质安全系统故障的功能，本质安全系统故障至少包含表 2-10 中列举的项目。故障检测可通过观察控制柜或设备箱外部的显示器或窥视窗实现。

表 2-10 本质安全系统故障表

序号	故障描述
1	本质安全型安全回路和门锁电路故障
2	本质安全型检修运行电路、紧急电动运行电路和紧急报警电路故障
3	本质安全型门系统控制电路故障

续表

序号	故障描述
4	本质安全型操纵箱和召唤盒电路故障
5	本质安全型锁梯、消防和称重等电路故障
6	本质安全型轿厢位置信息反馈装置（如限位和门区开关等）电路故障

（4）本质安全系统应满足 GB 3836.18—2017《爆炸性环境　第 18 部分：本质安全电气系统》的要求。

【检验方法】

目测检查，并查阅相关资料。

2.3.3　部件选用

【检验要求】

（1）防爆电梯应与使用环境的爆炸性混合物相适应。同一区域内存在两种或两种以上不同防爆要求的爆炸性混合物时，应选择与防爆要求最高的爆炸性混合物相适应的防爆电梯。

（2）应根据可燃性物质种类确定防爆电梯的防爆类别和级别及选用标准见表 2-11。

表 2-11　防爆电梯的防爆类别和级别及选用标准

防爆电梯的防爆类别和级别	适合选用的防爆类别和级别
Ⅱ A	Ⅱ A、Ⅱ B 和Ⅱ C
Ⅱ B	Ⅱ B 和Ⅱ C
Ⅱ C	Ⅱ C
Ⅲ A	Ⅲ A、Ⅲ B 和Ⅲ C
Ⅲ B	Ⅲ B 和Ⅲ C
Ⅲ C	Ⅲ C

（3）应根据可燃性物质种类确定防爆电梯的防爆温度组别及选用标准见表 2-12。

表 2-12　防爆电梯防爆温度组别及选用标准

温度组别	最高表面温度/℃	适合选用的温度组别
T1	450	T1～T6
T2	300	T2～T6
T3	200	T3～T6
T4	135	T4～T6
T5	100	T5、T6
T6	85	T6

（4）应根据防爆电梯成为点燃源的可能性和爆炸性气体环境、可燃性粉尘环境所具有的不同特征而对防爆电梯规定保护级别及选用标准见表 2-13。

表 2-13　防爆电梯的保护级别及选用标准

防爆电梯的保护级别	适用的区域
Gb	1 区和 2 区
Gc	2 区
Db	21 区和 22 区
Dc	22 区

（5）应根据不同的爆炸性环境区域确定防爆电气部件与防爆非电气部件适用的防爆型式及选用标准见表 2-14。

表 2-14　防爆电气部件与防爆非电气部件适用的防爆型式及选用标准

防爆型式	防爆电气部件保护级别				防爆非电气部件保护级别			
	气体环境		粉尘环境		气体环境		粉尘环境	
	Gb	Gc	Db	Dc	Gb	Gc	Db	Dc
本质安全型	ia、ib	ia、ib、ic	iD	iD	—	—	—	—
隔爆外壳/外壳保护型	d	d	tD	tD	d	d	d	d
增安型	e	e	—	—	—	—	—	—
油/液浸型	o	o	—	—	k	k	k	k
正压型	px、py	px、py、pz	pD	pD	p	p	p	p
浇封型	ma、mb	ma、mb	mD	mD	—	—	—	—
冲砂型	q	q	—	—	—	—	—	—
外壳和限制表面温度	—	—	DIPA21、DIPB21	DIPA22、DIPB22	—	—	—	—
无火花型	—	n	—	—	—	—	—	—
光辐射点燃保护	op—is op—pr op—sh	op—is op—pr op—sh	—	—	—	—	—	—
控制点燃源	—	—	—	—	b	b	b	b
限制流速外壳	—	—	—	—	—	fr	—	fr
结构安全型	—	—	—	—	c	c	c	c

（6）爆炸性环境发生以下变化时，应符合下列要求：

① 爆炸性混合物改变，防爆电梯的类别及温度组别应重新确定。

② 建筑物布局或可燃性物质释放源改变，防爆电梯安装地点应重新界定爆炸性环境区域。

（7）出现上一条的情况后，必要时防爆电梯应按新的爆炸性环境改装。

（8）防爆电气部件与防爆非电气部件工作时的最高表面温度应满足下列要求：

① 爆炸性气体环境用防爆电气部件与防爆非电气部件测定的最高表面温度不应超过：

a. 防爆电梯的温度组别（表 2-12）；

b. 设计规定的防爆电气部件与防爆非电气部件最高表面温度；

c. 使用环境中具体气体的点燃温度。

② 可燃性粉尘环境用防爆电气部件与防爆非电气部件测定的最高表面温度不应超过：

a. 防爆电梯的温度组别（表 2-12）；

b. 设计规定的防爆电气部件与防爆非电气部件最高表面温度；

c. 使用环境中具体可燃性粉尘云和沉积于其外壳的粉尘层的点燃温度。

【检验方法】

目测或者查阅相关资料。

2.3.4 电气部件防爆要求

【检验要求】

(1) 在正常运行和预期故障状态下可能产生火花、电弧或危险温度的电气部件应采用如下防爆措施：

① 用于爆炸性气体环境的防爆电气部件，应按 GB 3836.1—2010《爆炸性环境　第 1 部分：设备通用要求》、GB 3836.2—2010《爆炸性环境　第 2 部分：由隔爆外壳“d”保护的设备》、GB 3836.4—2010《爆炸性环境　第 4 部分：由本质安全型“i”保护的设备》、GB 3836.5—2010《爆炸性环境　第 5 部分：正压外壳型“p”》、GB 3836.6—2010《爆炸性环境　第 6 部分：油浸型“o”》或 GB 3836.9—2010《爆炸性环境　第 9 部分：浇封型“m”》的要求采用隔爆外壳“d”、本质安全型“i”、正压外壳型“p”、油浸型“o”、浇封型“m”等。

② 用于可燃性粉尘环境的防爆电气部件，应按 GB 12476.1—2013《可燃性粉尘环境用电气设备　第 1 部分：通用要求》、GB 12476.4—2010《可燃性粉尘环境用电气设备　第 4 部分：本质安全型“iD”》、GB 12476.5—2013《可燃性粉尘环境用电气设备　第 5 部分：外壳保护型“tD”》、GB 12476.6—2010《可燃性粉尘环境用电气设备　第 6 部分：浇封保护型“mD”》（或）GB 12476.7—2010《可燃性粉尘环境用电气设备　第 7 部分：正压保护型“pD”》的要求，采用外壳和限制表面温度保护“DIP”、本质安全型“iD”、外壳保护型“tD”、浇封保护型“mD”、正压保护型“pD”等。

(2) 在正常运行条件下不会产生火花、电弧或危险温度的爆炸性气体环境用防爆电气部件除采用上一条中规定的防爆型式外，可按 GB 3836.3—2010《爆炸性环境　第 3 部分：由增安型“e”保护的设备》的要求采用增安型“e”。

(3) 仅 2 区的防爆电气部件还可采用 GB 3836.5—2017《爆炸性环境　第 5 部分：由正压外壳“p”保护的设备》中规定的“n”型。

(4) 除本质安全型电气部件外，在爆炸性环境中打开外壳时具有点燃危险的防爆电气部件，需满足以下要求：

① 当充电电压为 200 V 或以上时，其外壳应延迟到放电至下列剩余能量所需时间后方可打开：

a. Ⅰ类或ⅡA 类电气设备：0.2 mJ；

b. ⅡB 类设备：0.06 mJ；

c. ⅡC 类设备：0.02 mJ，包括仅标志Ⅱ类的电气设备；

d. Ⅲ类设备：0.2 mJ。

或者，如果充电电压低于 200 V，剩余能量为上述能量的 2 倍。

② 应在外壳明显位置设置“断电后，应放电 Y 分钟方可开盖（‘Y’分钟为延迟所需时间）”，“有爆炸性气体时请勿打开”的警告标志。

(5) 对于具有潜在静电与电磁辐射点燃源的电气部件的危险评定见表 2-15、表 2-16。对于表 2-15、表 2-16、表 2-17 中未列出的新的重大危险和危险状态，并确认具备点燃危险的电气部件，制造商应进行点燃危险评定。

表 2-15　电气部件与非电气部件静电危险评定表

序号	点燃源类别	说明/基本原因	正常运行	预期故障	罕见故障	可忽略	评定依据	防爆防燃措施
1	静电	轿厢内的操作面板及按钮等非金属材料静电放电		√			可由乘坐人员导致轿厢内的操作面板及按钮等非金属绝缘材料带电造成静电放电	用导电材料替换或控制绝缘材料的最大表面积不大于 10 cm×10 cm
2	静电	轿底敷设的非导电材料静电放电		√			人员或货物经常接触携带静电引起静电放电	采用绝缘电阻小于 1 GΩ 的材料，如防静电 PVC 地板
3	静电	金属外层覆盖的有机层		√			金属外层的有机涂层、有机保护膜易产生刷形放电	采用防静电有机层
4	静电	轿厢缓冲垫等		√			轿厢反绳轮和轿架之间有橡胶缓冲垫且导靴是高密度低压聚乙烯，轿厢和轿架之间有缓冲橡胶，这样就有两个被绝缘体分开的部件，接地不良就可能产生静电	控制绝缘材料的最大表面积不大于 10 cm×10 cm，如果超过该面积，产生绝缘效应，则应加跨接线
5	静电	电气部件外壳静电放电		√			电气部件外壳带静电，且外壳接地不良时，可能产生静电放电	遵守使用说明书的规定；外壳如果采用导电材料，则外壳应有效接地

表 2-16　电气部件电磁辐射危险评定表

序号	点燃源类别	说明/基本原因	正常运行	预期故障	罕见故障	可忽略	评定依据	防爆防燃措施
1	电磁辐射	变频器产生的电磁辐射	√			√	变频器工作时产生的电磁辐射	变频器应置于金属隔爆控制柜中，并应可靠接地

续表

序号	点燃源类别	说明/基本原因	正常运行	预期故障	罕见故障	可忽略	评定依据	防爆防燃措施
2	电磁辐射	无线控制、感应和通话装置	√				接收装置或周围导体吸收无线发射装置的辐射能量而产生发热或感应电火花	防爆电梯不允许使用基于电磁传输方式工作的遥控装置和通话装置（防爆无线对讲机、防爆移动电话除外）

表 2-17　电气部件光辐射危险评定表

序号	点燃源类别	说明/基本原因	正常运行	预期故障	罕见故障	可忽略	评定依据	防爆防燃措施
1	光辐射	基于存在光辐射能量的电气设备	√	√			见 IEC 60079-28—2015《爆炸性环境　第 28 部分：利用光辐射保护设备和传输系统》的有关规定	见 IEC 60079-28—2015《爆炸性环境　第 28 部分：利用光辐射保护设备和传输系统》的有关规定

【检验方法】

目测、查阅相关资料或者测量相关数据。几种常用电气防爆措施检验解释和指引如下：

（1）本质安全型（可简称“本安型”）电气部件。

【说明解释】

① 本安型代号为“i”，分为“ia”“ib”“ic”三种保护级别，用于电气爆炸性环境。“iD”用于粉尘爆炸性环境。

② GB 3836.4—2010《爆炸性环境　第 4 部分：由本质安全型“i”保护的设备》对本质安全型的定义为：电气设备的一种防爆型式，它将设备内部和暴露于潜在爆炸性环境的连接导线可能产生的电火花或热效应能量限制在不能产生点燃的水平。

③ 本安型电路由本安设备和简单设备组成。GB 3836.4—2010《爆炸性环境　第 4 部分：由本质安全型“i”保护的设备》第 5.7 项规定了简单设备的类型：

a. 无源的元件，例如开关、接线盒、电阻和简单半导体器件。

b. 参数符合规定，由简单电路的单个元件组成的贮能元件，例如电容或电感，其值在确定系统整体安全性能时应加以考虑。

c. 可产生能量的元件，例如光电耦合光电池，他们产生的电压不超过 1.5 V、电流不超过 150 mA 和功率不超过 25 mW。

【检验工作指引】

① 本安型是防爆电梯中使用量最大的防爆类型。通常电梯的整个安全回路、门回路、内外召唤电路等电路均采用本安型。本安型电气装置从外观上看与非防爆电气装置没有区别，唯一的区别是本安型电气装置的接线均为蓝色。

② 本安型电气装置防爆的原理是采用本安型电源或者安全栅，如图 2-15 中方框所示，限制电路中电流和电压的乘积，也就是限制电路中的最大点燃能量。本安电源和安全栅是本安型电气装置的关键部件，需要取得相应的防爆合格证，其他简单设备（如安全开关、安全触点）不需要取得防爆合格证。

③ 旋转编码器、平层感应器、超载装置由于其内部可能存在非简单设备，需要查看其铭牌是否满足标准的要求，如果满足要求可以判定其为本安型。通常旋转编码器难以符合简单电路的要求，需要采用其他防爆型式。

图 2-15　控制柜内的安全栅

④ 除了上述旋转编码器、平层感应器、超载装置的铭牌以外，还需要检查安全栅、本安型轿内操作箱、层站召唤盒、消防开关、轿顶检修箱、接线盒等装置的铭牌（安全栅铭牌见图 2-16）。

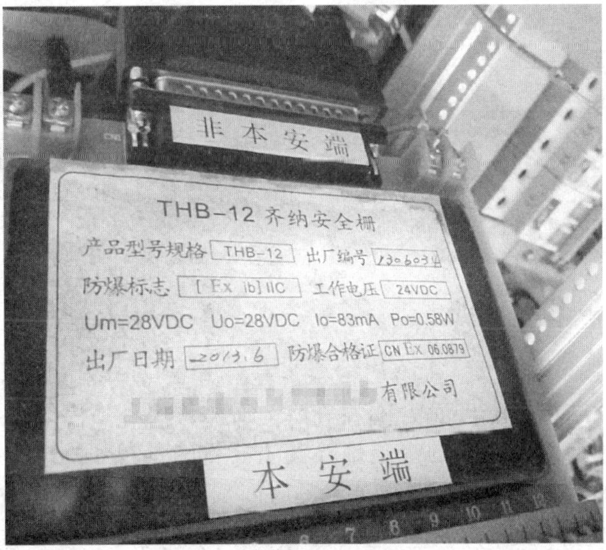

图 2-16　安全栅铭牌

（2）隔爆型电气部件。

【说明解释】

① 隔爆型代号为“d”“tD”的用于粉尘爆炸性环境。

② GB 3836.2—2010《爆炸性环境　第2部分：由隔爆外壳“d”保护的设备》对隔爆外壳“d”的定义为：电气设备的一种防爆型式，其外壳能够承受通过外壳任何结合面或结构间隙进入外壳内部的爆炸性混合物在内部爆炸而不损坏，并且不会引起外部由一种、多种气体或蒸气形成的爆炸性气体环境的点燃。

③ 气体环境用隔爆型设备并不限制爆炸性介质进入外壳内部，其外壳需要能够承受其容纳的所有爆炸性气体所产生的爆炸，同时其结合面需要阻断内部形成的爆炸，防止爆炸从外壳内部往外部传递。粉尘环境用隔爆型设备通常需要在隔爆面间增加橡胶圈，防止粉尘进入外壳内部。

【检验工作指引】

① 通常电梯主开关、控制柜、制动器线圈等具有接触器、高压开关等可能产生电火花的电气设备均采用隔爆型（图2-17）。

② 如果带电打开隔爆型电气设备，其内部点亮将点燃周围的爆炸物，所以必须断电后才能打开隔爆外壳。隔爆外壳需要设置电气连锁开关或者采用警示标志。电气连锁开关是与电气设备的供电连锁，未断电时不能打开隔爆外壳；隔爆型外壳上的警示标志如图2-18所示。

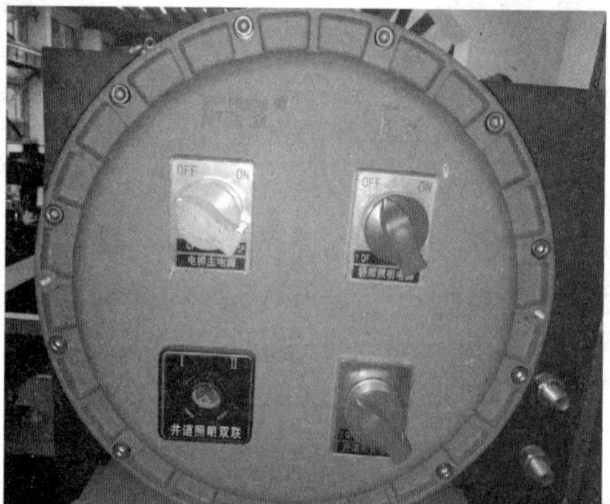

图2-17　气体和粉尘用IIC级隔爆型主开关

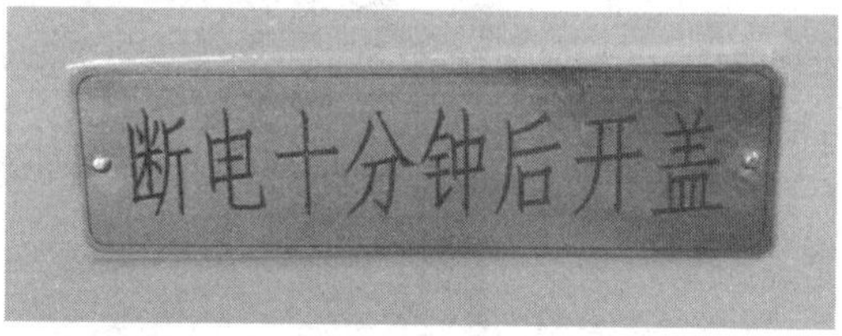

图2-18　隔爆型外壳上的警示标志

③ 由于控制柜等隔爆型电气设备内部通常具有电容、电感等储能元件，即使具有电气连锁装置也不能在断电后立即打开隔爆外壳，必须等电容、电感放完电之后方能打开隔爆外壳。隔爆外壳上数量较多的固定螺栓其主要目的是增加隔爆外壳的强度，另一个目的是利用拧螺栓的时间延缓打开隔爆外壳的时间。

④ 隔爆型设备的外壳之间具有一定的间隙，该间隙的大小与隔爆面的长度有关。隔爆面的相应尺寸由机械加工保证，隔壁面一旦有损伤可能不能满足相应的隔爆效果，因此在检验的时候需要检查隔爆面是否有锈蚀层、机械损伤和油漆。

⑤ 气体和粉尘用IIC级隔爆型设备外壳隔爆面（图2-19）通常需要较长的隔爆面，

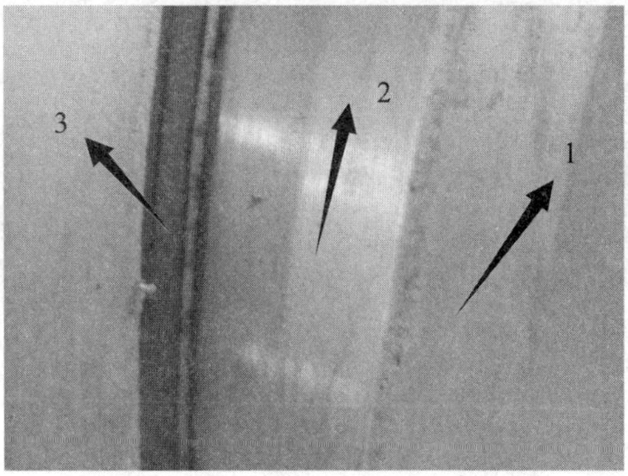

图 2-19　气体和粉尘用 IIC 级隔爆型设备外壳隔爆面

采用折边结构可以降低外壳重量和制造成本，因此 IIC 级隔爆型设备通常采用圆形。粉尘环境用隔爆型设备通常还需要在隔壁面间增加橡胶圈，防止粉尘进入外壳内部。图中 1 和 2 均为隔爆面，3 为防止粉尘进入的密封圈。

(3) 增安型电气部件。

【说明解释】

① 增安型代号为“e”，仅用丁爆炸性气体环境。

② GB 3836.3—2010《爆炸性环境　第 3 部分：由增安型“e”保护的设备》对隔爆外壳增安型“e”的定义为：电气设备的一种防爆型式，即对电气设备采取一些附加措施，以提高其安全程度，防止在正常运行或规定的异常条件下产生危险温度、电弧或火花的可能性。

③ 隔爆型电气设备通常用于非本安电路的接线，非本安电路的接线盒通常采用增安型。如果非本安电路带有接触器、开关等电气元件，则不能使用增安型，需要选用隔爆型。增安型接线盒通常采用金属外壳，而本安电路的接线盒为非增安型，通常采用塑料外壳。

【检验工作指引】

增安型保护装置的防爆能力有效，不能像隔爆型外壳一样阻断爆炸的传递，增安型保护装置中只能安装不会产生火花的电气部件，例如，接线端子。增安型接线盒见图 2-20，增安型接线内部接线桩见图 2-21。

图 2-20　增安型接线盒

图 2-21　增安型接线内部接线桩

非本安电路的接触器、开关、电容、电感以及其他简单电路元件由于工作或者故障时，可能产生火花或者高温，不能装设在增安型保护装置内。增安型保护装置通常只能安装非本安电路的接线端子。

（4）浇封型电气部件。

【说明解释】

① 增安型代号为“m”，可以用于爆炸性气体环境和爆炸性粉尘环境。

② GB 3836.9—2014《爆炸性气体环境用电气设备　第9部分：浇封型“m”》对浇封型“m”的定义为：电气设备的一种防爆型式，这种型式是将可能产生点燃爆炸性混合物的火花或过热的部分封入复合物中，使它们在运行或安装条件下不能点燃爆炸性气体环境。

③ 浇封型分为浇封型电气设备、浇封型电气设备部件及浇封 Ex 元件，其额定电压不超过 10 kV（实际工作电压可以超出额定电压的 10%）。

【检验工作指引】

防爆电梯中部分磁感应开关的参数超过本安电路的设计要求时，需要采用浇封型磁感应开关（图 2-22）。大多数防爆电梯用平层感应开关符合本安电路的有关参数要求，可以采用本安型。现场检验时查验制造单位的配置情况，如果采用浇封型磁感应开关，应满足本要求。采用本安磁感应开关时，只需要符合本安的有关要求即可。

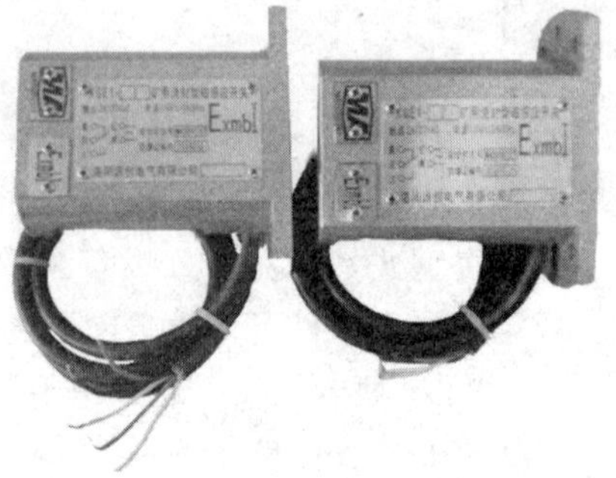

图 2-22　浇封型磁感应开关

检验时需要查验浇封型电气部件填充材料的完整性，一旦浇封表面有裂缝（非裂纹）、剥落等影响防爆性能的缺陷时应予以更换；若浇封部件外露而使浇封部件失去任何防爆性能，也应予以更换。

（5）油浸型电气部件。

【检验要求】

① 油浸型代号为“o”，仅用于爆炸性气体环境。

② GB 3836.6—2004《爆炸性气体环境用电气设备　第6部分：油浸型“o”》对油浸型“o”的定义为：该种防爆型式是将电气设备或电气设备的部件整个浸在保护液中，使设备不能够点燃液面上或外壳外面的爆炸性气体。

③ GB 3836.6—2004《爆炸性气体环境用电气设备　第6部分：油浸型“o”》中对油浸型电气部件的保护液提出了许多要求，主要的要求有：

a. 着火点最低为 300 ℃；

b. 闪电最低为 200 ℃；

c. 电气击穿强度最低为 27 kV；

d. 凝固点最高为−30 ℃。

【检验方法】

① 油浸型电气设备通常用于制动电阻箱，油浸型电阻箱如图 2-23 所示，油浸型电阻箱铭牌如图 2-24 所示，目前使用量也越来越少。制动电阻箱采用油浸型可以通过油进行电阻的散热，降低表面最高温度，同时隔绝浸入油中的电气部件发出的火花与空气的接触。

图 2-23　油浸型电阻箱

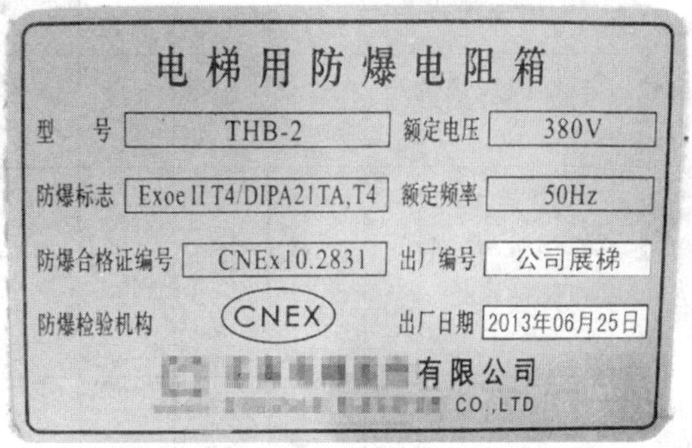

图 2-24　油浸型电阻箱铭牌

② 检验时需要注意油箱是否有漏油现象；油位高度是否便于现场观察。部分油浸型电气设备具有油位检测传感器，当油位低于规定值时停止电梯的运行，这时需要模拟故障试验开关的状态，同时查验该开关的防爆级别和温度组别。

③ 由于在使用的过程中，油会逐渐蒸发，油浸型电气部件的油箱密封，维护保养时需要定期检查油位。在电梯定期检验时特别要注意检查油位，当油位低于最低油位时将不能保证表面温度低于最高表面问题，存在爆炸的风险。

④ 检验时，需要使电梯持续运行一段时间，然后用点温计测量油浸型电气部件外壳的表面温度，应低于其温度组别规定的温度或最高表面温度。

2.3.5　非电气部件防爆要求

【检验要求】

(1) 对于具有潜在点燃源的非电气部件的危险评定如表 2-15、表 2-18、表 2-19 所示。

表 2-18　非电气部件机械火花危险评定表

序号	点燃源类别	说明/基本原因	正常运行	预期故障	罕见故障	可忽略	评定依据	防爆防燃措施
1	机械火花	门锁闭合时的撞击				√	锁钩锁合时运动元件撞击可能产生火花	根据 EN 13463—1—2009 中 6.4，该撞击不会成为有效点燃源
2	机械火花	检修工作中产生的碰撞和摩擦		√			维修人员在检修时，使用工具可能产生火花	根据 GB 25285.1—2010 附录 A，禁止使用切割或磨削过程中生火花簇射的工具
3	机械火花	门刀撞击地坎等固定部位			√		门刀过度接近层门地坎等固定部位，可能因摩擦或撞击产生火花	日常维护和定期检查时查看运动部件与固定部件之间的距离，过度接近时及时调整。即使产生火花，根据 EN 13463—1—2009 中 6.4，该火花不会成为有效点燃源

续表

序号	点燃源类别	说明/基本原因	正常运行	预期故障	罕见故障	可忽略	评定依据	防爆防燃措施
4	机械火花	轿厢内风扇的扇叶碰撞			√		异物坠入轿厢风扇内产生火花	风扇向上的开口采用防护罩防护
5	机械火花	安全钳与导轨之间碰撞摩擦			√		安全钳动作时，钳块与导轨之间碰撞摩擦产生火花	楔块表面采用无火花、易导热材料，并限制防爆电梯的额定速度不大于 1 m/s
6	机械火花	制动器松闸凸块转动撞击		√			手柄扳动时，制动器内旋转元件撞击可能产生火花	根据 EN 13463—1—2009 中 6.4，该撞击不会成为有效点燃源
7	机械火花	轿厢/对重墩底时与缓冲器撞击			√		轿厢/对重墩底时撞板与缓冲器撞击可能产生火花	撞击面采用非金属材料，如聚氨酯
8	机械火花	钢丝绳的断丝端与绳轮槽撞击			√		钢丝绳如果有断丝，且断丝尖锐部位以一定角度触碰绳槽壁可能产生火花	根据 EN 13463—1—2009 中 8.4，该撞击不会成为有效点燃源，并规范钢丝绳检查制度，及时更换不适用的钢丝绳
9	机械火花	层门/轿门闭合时产生的撞击和摩擦				√	层门/轿门闭合时门扇碰撞可能产生火花	根据 EN 13463—1—2009 中 6.4，该撞击不会成为有效点燃源
10	机械火花	运输工具或货物撞击轿厢地面或轿壁			√		运输工具或货物撞击轿厢地面或轿壁产生火花	制定防爆电梯内装卸的安全作业规范
11	机械火花	限速器棘爪和棘轮撞击				√	限速器动作时，棘爪与棘轮撞击产生火花	根据 EN 13463—1—2009 中 6.4，该撞击不会成为有效点燃源
12	机械火花	补偿装置（如补偿链）与支架碰撞摩擦或断裂			√		补偿装置与支架或其他固定部件碰撞摩擦产生火花	采取措施限制补偿装置的运动位置，可能撞击速度不大于 1.5 m/s. 如果产生火花也不可能成为点燃源
13	机械火花	曳引轮与防跳装置之间的摩擦			√		曳引轮与防跳装置之间的摩擦产生火花	控制间隙，不小于 2 mm，防跳装置应采用符合 GB 25286.5 有关规定的不产生火花的材料

续表

序号	点燃源类别	说明/基本原因	正常运行	预期故障	罕见故障	可忽略	评定依据	防爆防燃措施
14	机械火花	曳引绳与楼板孔洞边缘的摩擦			√		曳引绳与楼板孔洞边缘的摩擦产生火花	孔洞内壁应采用符合 GB 25286.5 有关规定的不产生火花的材料
15	机械火花	门系统连杆机构之间的摩擦			√		门系统连杆机构之间的摩擦产生火花	门系统连杆机构相对运动速度远小于 1 m/s，不可能成为点燃源
16	机械火花	滑动导靴磨损后与导轨之间的摩擦			√		滑动导靴磨损后与导轨之间的摩擦产生火花	采用不可脱落式靴衬，或加强对靴衬磨损程度的检查

表 2-19　非电气部件热表面危险评定表

序号	点燃源类别	说明/基本原因	正常运行	预期故障	罕见故障	可忽略	评定依据	防爆防燃措施
1	热表面	钢丝绳与曳引轮摩擦（紧急制动时）		√			紧急制动时钢丝绳与绳轮滑动摩擦可能产生火花和热量	限制防爆电梯的额定速度不大于 1 m/s
2	热表面	钢丝绳与曳引轮摩擦（滞留工况时）			√		轿厢或对重运动受阻或蹾底等情况下钢丝绳与曳引轮滑动摩擦可能产生火花和热量	限制电动机运转时间（限制曳引机运转时间应符合 GB 7588—2003 中 12.10 的要求，不可能点燃）
3	热表面	制动轮（盘）和制动衬摩擦	√		√		正常减速和紧急制动时旋转元件制动轮（盘）与制动衬摩擦发热	限制制动轮（盘）转动线速度，并通过试验确认温升在安全范围内，依据 GB/T 24478—2009 中 4.2.2.2 检测每组制动器机械部件的工作情况
4	热表面	限速器钢丝绳与限速器轮或夹绳机构之间			√		限速器动作时限速器钢丝绳与限速器绳轮和/或压绳舌因滑动摩擦而发热	限制防爆电梯额定速度不大于 1 m/s
5	热表面	导轨与导靴的摩擦	√				滑动导靴与导轨之间因滑动摩擦而发热	定期检查导靴和导轨之间的润滑

续表

序号	点燃源类别	说明/基本原因	正常运行	预期故障	罕见故障	可忽略	评定依据	防爆防燃措施
6	热表面	轴承部位的异常摩擦			√		轴承间隙过大、冷热变形、润滑不良等原因造成的旋转元件摩擦发热	定期检查轴承部位的润滑
7	热表面	钢丝绳与防跳装置摩擦			√		钢丝绳与防跳装置接触摩擦并发热	控制间隙，不小于2 mm，防跳装置应采用符合GB 25286.5有关规定的不产生火花的材料
8	热表面	钢丝绳与机器空间绳孔摩擦			√		钢丝绳与机器空间绳孔边缘摩擦发热	控制钢丝绳与绳孔内壁的间隙

（2）对于表2-15、表2-18、表2-19中未列出的新的重大危险和危险状态，并确认具备点燃危险的非电气部件，制造商应进行点燃危险评定，并按GB 25286.1—2010《爆炸性环境用非电气设备　第1部分：基本方法和要求》、GB 25286.2—2010《爆炸性环境用非电气设备　第2部分：限流外壳型“fr”》、GB 25286.3—2010《爆炸性环境用非电气设备　第3部分：隔爆外壳型“d”》、GB 25286.5—2010《爆炸性环境用非电气设备　第5部分：结构安全型》、GB 25286.6—2010《爆炸性环境用非电气设备　第6部分：控制点燃源型“b”》或GB 25286.8—2010《爆炸性环境用非电气设备　第8部分：液浸型“k”》的要求，采用限流外壳型“fr”、隔爆外壳型“d”、结构安全型“c”、控制点燃源型“b”或液浸型“k”等防爆型式，或采取其他有效的防爆/防燃措施。

【检验方法】

目测、查阅相关资料或者测量相关数据。

2.3.6　安装要求

【检验要求】

（1）通用要求。

① 防爆电梯的安装作业不应使安装地点的爆炸性环境具有点燃隐患，当不可避免时（如需要现场焊接或切割等），应采取措施确保现场不形成爆炸性环境。

② 防爆电梯电气部件的安装除满足本标准的要求外，还应符合GB 3836.15—2017《爆炸性环境　第15部分：电气装置的设计、选型和安装》和GB 12476.2—2016《可燃性粉尘环境用电气设备　第2部分：选型和安装》等的规定。

（2）电气配线。

① 防爆电气部件的固定电缆可采用热塑性护套电缆、热固护套电缆、合成橡胶护套电缆或矿物绝缘金属护套电缆，且电缆应为阻燃型。移动电缆应采用加厚的氯丁橡胶或其他与之等效的合成橡胶护套电缆。

② 电缆的连接应采用有防松措施的螺栓固定或用压接、钎焊和熔焊的方式固定，不应采用绕接方式固定。

③ 易受到机械或其他损伤的电缆应使用管道或电缆槽保护。

④ 敷设电缆线路时，因电缆管道穿过不同爆炸性环境区域而在区域交界墙面开设的孔洞，应采用不燃烧体材料严密封堵。

(3) 对本质安全电路的附加要求。

① 本质安全电路与非本质安全电路电缆应有效隔离，分开束扎固定。

② 本质安全电路的多芯电缆应符合 GB 3836.15—2000《爆炸性气体环境用电气设备　第 15 部分：危险场所电气安装》中 12.2.2.7 的规定。

③ 本质安全电路导线线芯的截面面积应不低于 GB 3836.4—2010《爆炸性环境　第 4 部分：由本质安全型“i”保护的设备》中 8.7 的要求。

④ 本质安全电路与非本质安全电路接线端子之间应保持不小于 50 mm 的距离，或用隔离板隔离。

⑤ 本质安全电路的电缆护套应有淡蓝色标识。

⑥ 本质安全电路的关联设备应安装在爆炸性环境区域外，或具有隔爆外壳。

(4) 对非本质安全电路的附加要求。

① 防爆电气部件上所有的电气线路都应采用电缆引入装置引入，电缆引入装置应满足以下要求：

a. 电缆密封。

保证电缆和电缆引入装置密封性可用下列方法：

· 弹性密封圈（图 2-25）；

· 填料（图 2-26）。

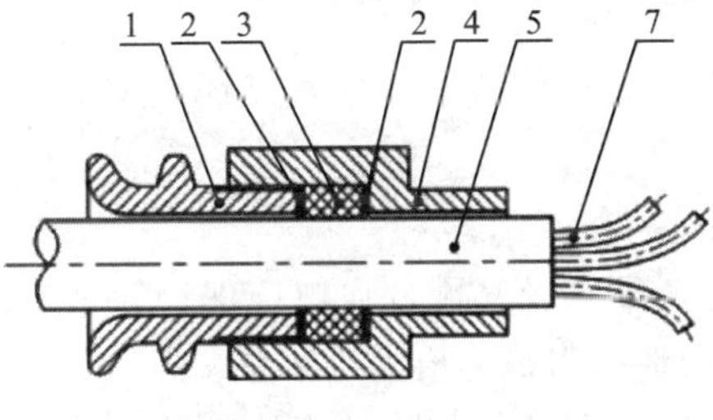

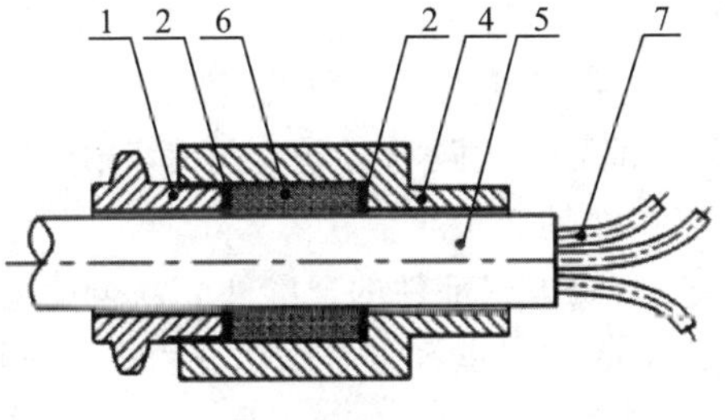

1—压紧螺母；2—金属垫圈；3—弹性密封圈；4—联通节；5—电缆；6—填料；7—导线

图 2-25　弹性密封圈式电缆引入装置

图 2-26　填料式电缆引入装置

b. 弹性密封圈的最小非压缩轴密封长度应为：

• 对于直径不大于 20 mm 圆形电缆或周长不大于 60 mm 的非圆形电缆为 20 mm；

• 对于直径大于 20 mm 圆形电缆或周长大于 60 mm 的非圆形电缆为 25 mm。

c. 安装密封填料最小长度应为 20 mm，而且应保证在 20 mm 间电缆芯线上任何一点至少应有 20%横截面积被填料充填，而且填料凝固后应不透水、不收缩并且不受爆炸性环境中化学物质的影响。

d. 电缆引入装置应能夹紧电缆，以防止电缆受到的拉力或扭矩传到连接件上。这种夹紧措施可通过夹紧组件、密封圈或填料来实现。

e. 防爆电气部件的电缆引入装置应设置在：

- 外壳壁上（整体式）；
- 装配在外壳壁内或外壳壁上连接板上的光孔或螺孔（分开式）。

f. 对于安装在隔爆型防爆电气部件外壳壁内的螺纹引入装置应符合 GB 3836.2—2010《爆炸性环境　第 2 部分：由隔爆外壳“d”保护的设备》中 C.2.2 的要求。

g. 对于安装在增安型防爆电气部件外壳壁上的螺纹引入装置，应使电缆与增安型防爆电气部件有效连接，并能保持增安型防爆电气部件与螺纹引入装置均达到 IP54 的要求。

h. 螺纹引入装置的螺纹形式应在防爆电气部件引入口旁标明或应在说明书中说明。

i. 电缆引入装置不应有损伤电缆的尖锐棱角。

j. 可弯曲电缆进线口应有一个至少为 75°的圆弧，半径 R 至少为允许使用电缆最大直径的四分之一，但不必超过 3 mm，见图 2-27。

k. 电缆引入装置安装后，应仅通过工具才能拆卸。

l. 冗余电缆引入口应采用符合相应专用防爆型式要求的封堵件严密封堵或采用与 f 相对应的螺纹实体有效啮合 5 个螺距以上。

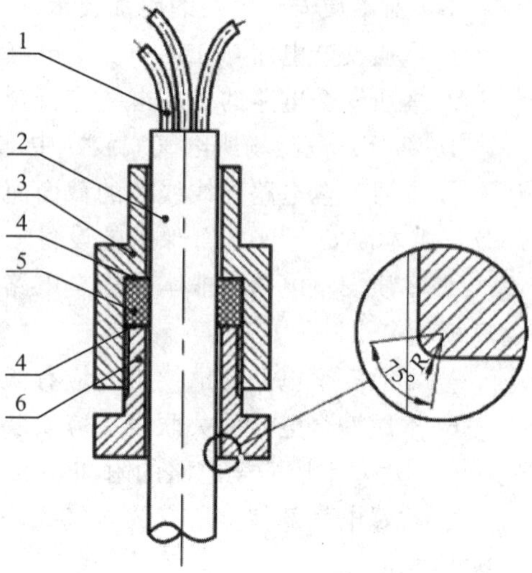

1—导线；2—电缆；3—联通节；4—金属垫圈；5—弹性密封圈；6—压紧螺母

图 2-27　可弯曲电缆进线口圆角

② 电气线路的敷设不应出现中间接头，不可避免时应使用防爆分线盒或防爆接线盒连接。

③ 电缆线芯的最小截面面积应符合 GB 3836.15—2000《爆炸性气体环境用电气设备　第 15 部分：危险场所电气安装》中 9.3 的规定。

（5）接地。

① 防爆电气部件的金属外壳、金属架构、金属配管及其配件、电缆保护管、电缆的金属护套等非带电裸露金属部分均应有效接地，接地电阻值不应大于 4 Ω。

② 防爆电气部件的接地铜线不应互相串联，应分别独立与接地干线连接。接地导线连接件的最小截面积应符合表 2-20 的要求。

③ 本质安全电路的电缆如果没有屏蔽层，则屏蔽层的接地应符合 GB 3836.15—2000《爆炸性气体环境用电气设备　第 15 部分：危险场所电气安装》中 12.2.2.3 的要求。

表 2-20　保护导线的最小截面积

导线每相截面积 S/mm^2	对应保护线最小截面积 S_p/mm^2
$S \leqslant 16$	S
$16 < S \leqslant 35$	16
$S > 35$	$0.5S$

【检验方法】

目测、查阅相关资料或者测量相关数据。几种重点安装要求的检验指引：

（1）防爆接线盒。

【检验工作指引】

① 现场查验非本质安全电路的接线，在线路连接或者分路的位置，应设置符合隔爆型、增安型、浇封型、油浸型电气部件要求的接线盒。

② 通常防爆接线盒采用增安型，但不禁止其他型式。

③ 本质安全电路的接线不需要满足本要求，可以采用普通接线盒或者本质安全电路专用的接线盒（图 2-28）。通常外壳材质为塑料的接线盒为本安接线盒，外壳材质为金属的接线盒为增安接线盒。本安接线盒不需要标明相应参数，但增安接线盒需要设置铭牌（图 2-29），且满足标准的要求。

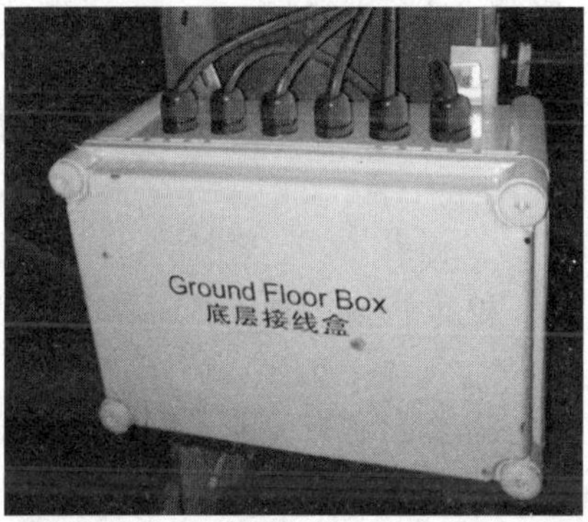

图 2-28 本质安全电路专用的接线盒

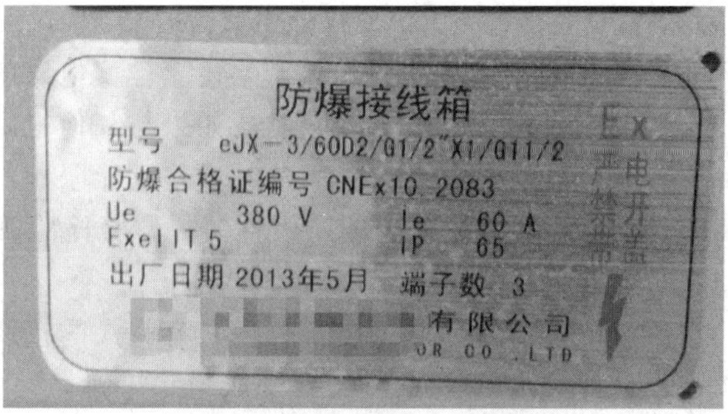

图 2-29 增安型接线箱铭牌

④ 检验时除了对增安接线盒进行查验以外，也需要查验本安接线盒。查看本安接线盒内是否有蓝色本安电线以外的其他电线，如果有非蓝色电线，可能是本安电路用线有误，不符合标准的要求；也可能是将非本安电路接入本安接线盒，未采用专门的防爆接线盒，不符合本项要求。

（2）电缆配线。

【说明解释】

电缆配线的要求内容主要来自 GB/T 31094—2014《防爆电梯制造与安装安全规范》和 GB/T 3836.15—2017《爆炸性环境 第 15 部分：电气装置的设计、选型和安装》。GB/T 31094—2014《防爆电梯制造与安装安全规范》中对电缆的要求与本条款略有不同：

a. 固定电缆可以采用热塑性护套电缆、热固护套电缆、合成橡胶护套电缆、矿物绝缘金属护套电缆；

b. 移动电缆应采用加厚的氯丁橡胶或其他与之等效的合成橡胶护套电缆。

【检验工作指引】

① 现场检验时抽查电缆配线是否符合要求。防爆电梯上的电线均需要有包裹层，不允许单根或多根电线进行布线。

② 各类电缆分开的含义是具有不同的接线盒。现场检验时应检查接线盒内是否有多个电压等级的电缆。

③“电缆上易发生机械损伤的部位”主要是指各移动电缆的活动部分，例如，随行电缆在轿厢和井道内的固定部位。这些地方应采用措施防止剐蹭，避免电缆外部损失后导致导电部分直接暴露在爆炸性环境中。现场检验时，对电缆的活动部分进行外观检查。

（3）本安配线。

【说明解释】

本安电路通常都采用浅蓝色电线或电缆，但由于部分购置的开关、感应器出厂时就附有其他颜色的电线或电缆，对这类设备可以放宽要求，其进出端部具有浅蓝色标识即可。

【检验工作指引】

① 只有本安型配线可以使用浅蓝色电缆或线路（图 2-30），检验时看到浅蓝色电缆或电线就可以识别本安电路。查验控制柜及其他本安接线盒，全部电缆和电线的前后两端均具有浅蓝色标识，或者电缆和电线均为浅蓝色即可判定该项符合要求。

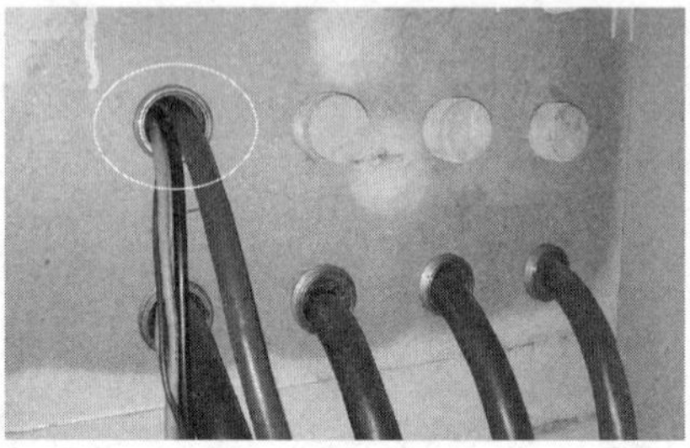

图 2-30 本安线路

② 该项是对本安布线的要求，由于本安电路的电流和电压通过安全栅予以限制，如果与其他电路布置在一个线槽内，绝缘损坏的时候将不能限制本安电路的电压和电流，破坏防爆性能。监督检验时查验各种布线槽、管是否将本安电路与其他电路分开。

③ 部分隔爆型或增安型部件内具有较大的接线空间，需要同时布置非本安电路和本安电路（如控制柜），此时需要采取绝缘措施（绝缘隔板或者间距大于 50 mm）。检验时需要查验控制柜内安全栅与其他电路的绝缘措施，其他增安型接线盒内具有本安电路时，也需要查验其绝缘措施。

（4）电缆引入。

【说明解释】

非本安型防爆电气部件（主要是指隔爆型和增安型）的电缆引入段需要采取密封措施，防止爆炸性气体或粉尘进入电气部件内部。常用的密封措施有弹性密封圈或者填料封堵，图 2-31、图 2-32、图 2-33 中采用的密封措施均为弹性密封圈。使用时需要将两端盖拧开，电缆从弹性元件中穿过后，拧紧端盖使弹性密封圈压缩变形，挤满电缆周围的间隙达到密封效果。

图 2-31 隔爆型电气箱的电缆引入

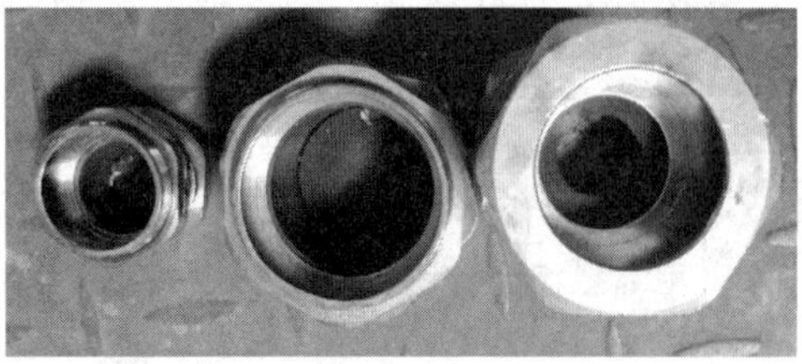

图 2-32 电缆引入用弹性端盖

图 2-33 电缆引入用端盖侧面图

填料密封与浇封型电气部件的防爆原理类似，采用填料来填补电缆与引入口之间的间隙。在完成制作之后填料形成具有一定强度的固态材料，防止在使用过程中丧失密封性能。

【检验工作指引】

① 检验时需要查验每根电缆是否单独使用一个电缆引入口，不允许多根电缆使用一个引入口。

② 检验时查验夹紧组件是否已拧紧，填料是否完整。

③ 检验时检验人员可以用较小的力气拉拽电缆，如果电缆出现松动则不能达到密封效果。

(5) 防爆封堵。

【说明解释】

隔爆型、增安型防爆部件的外壳上通常布有许多电缆引入口，根据实际的需要选择合适数量和位置的引入口穿线，多余的引入孔应采用专用封堵件予以封堵。封堵件首先应保证密封，其次需要具有足够的强度防止内部的爆炸往外传递。图 2-34 中 2 所示为多余的电缆引入孔。

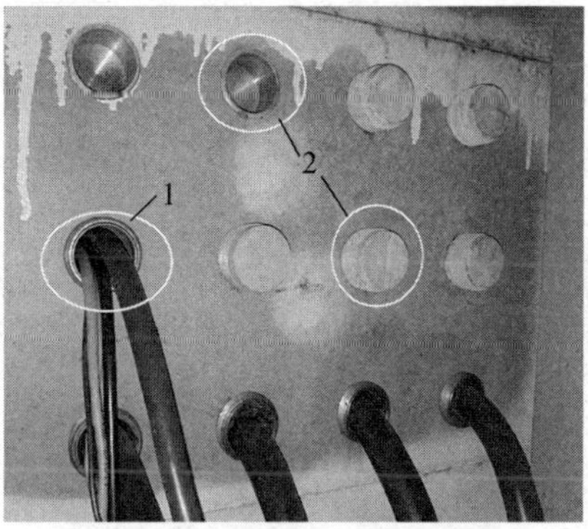

图 2-34　隔爆型电气箱的电缆引入和封堵

【检验工作指引】

检验时，检验人员需要查验无电缆的引入口是否采用专用封堵件进行了封堵。具有电缆的引入口通常引入一根电缆，如果引入多根电缆，应采用专用的填充材料予以填充和密封（图 2-34 中 1 所示为多根电缆共用一个引入口，但未使用专用填充材料填充）。

2.3.7　使用信息

【检验要求】

(1) 防爆电梯的标志和标牌。

① 防爆电梯入口处明显位置上（如召唤箱上）应设置“Ex”字符：

Ex

字符颜色采用红色，字体采用黑体，第一个字母“E”大写，第二个字母“x”小写，字体的最小高度为 15 mm。

② 在防爆电梯轿厢内明显位置应设置永久性标牌，标牌上除了标出 GB 7588—2003《电梯制造与安装安全规范》（含第 1 号修改单）中 15.2、GB 25194—2010《杂物电梯制造与安装安全规范》中 15.2 规定的内容外，还应包括：

a. 防爆电梯适用的爆炸性环境区域；

b. 防爆电梯的防爆类别和温度组别。

(2) 表 2-21 中的防爆电气部件在外壳明显位置应设置防爆标记。

表 2-21　提供防爆合格证的防爆电气部件

防爆电梯类型	防爆电气部件名称
曳引式、强制式	门机电动机、风扇或空调
	安全栅或本质安全电源
	照明开关或照明灯具
	接线箱、接线盒或分线盒
	动力电路和照明电路断路器
	报警装置或电话
	驱动主机电动机
	制动器
	电阻箱
	驱动主机电动机外的编码器
液压式	门机电动机、风扇或空调
	安全栅或本质安全电源
	照明开关或照明灯具
	接线箱、接线盒或分线盒
	动力电路和照明电路断路器
	报警装置或电话
	液压泵站
	电磁阀

(3) 使用说明书。

防爆电梯的使用说明书应至少包含以下内容：

① 防爆电梯的主要结构、性能和特点。

② 使用和救援操作说明。

③ 培训的要求。

④ 维护保养的要求。

⑤ 已知风险和防护措施。

⑥ 安全使用的特殊条件。

【检验方法】

目测、查阅相关资料或者测量相关数据。

2.4　自动扶梯、自动人行道检测项目与技术要求

2.4.1　电气设备

2.4.1.1　通则

(1) 一般要求。

【检验要求】

在按预期目的使用且得到充分维护的前提下，自动扶梯和自动人行道电气设备的设计和制造应能防止在使用中由电气设备本身或由外界对电气设备影响所可能引起的危险。因此，电气设备应符合相关的国家标准。

【检验方法】

审查资料，确认自动扶梯和自动人行道制造商给出的使用条件，对照设备使用场所的环境空气温度、湿度、海拔高度、污染情况以及供电电压波动范围等。审查自动扶梯和自动人行道制造商的《使用维护说明书》(手册)，确认是否包含以下内容：

① 必须符合 GB/T 18775—2009《电梯、自动扶梯和自动人行道维修规范》。

② 个人防护装备的使用及必要的培训。

③ 检查的项目和频度。

④ 需要一定的技术知识或特殊技能，即仅称职人员（如维护人员、专家）才能进行的维护操作的相关说明。

⑤ 不需要特殊的技能，可由业主自行进行的维护工作的相关说明。

⑥ 便于维护人员完成任务（尤其是故障查寻）的相关图样和图表。

⑦ 清洁的相关说明。

⑧ 自动扶梯或自动人行道维护后，维护人员必须观察梯级或踏板运行一个完整的循环后，才能将自动扶梯和自动人行道投入使用。

⑨ 在维护和修理工作期间，使用检修控制装置的必要说明。

(2) 适用范围。

【检验要求】

① 对有关电气设备及主要组成部件（图 3-35）的要求适用于：

a. 自动扶梯或自动人行道各动力电路（如驱动主机、加热系统）的主开关和附属电路。

b. 自动扶梯或自动人行道照明电路的开关和附属电路。

自动扶梯或自动人行道应如同一台内装设备的机器，作为一个整体来考虑。

② 适用范围未涉及①中所提及的开关输入端电源及供给机房、驱动站和转向站照明电源的规定。

③ 电磁兼容性宜符合 GB/T 24807—2009《电磁兼容　电梯、自动扶梯和自动人行道的产品系列标准发射》和 GB/T 24808—2009《电磁兼容　电梯、自动扶梯和自动人行道的产品系列标准抗扰度》的规定。

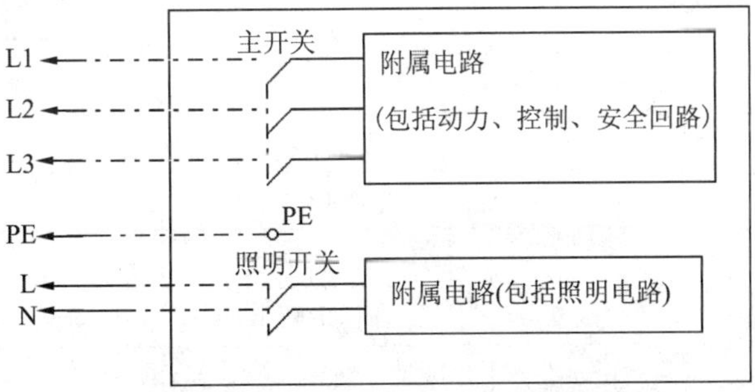

图 2-35　电气设备主要组成部分

【检验方法】

① 审查电气原理图，确认自动扶梯或自动人行道各动力电路、照明电路和加热装置的开关输入端与用户的配电电源直接相连，而输出端起至由其供电的电气装置所组成的电路，即为对应开关的附属电路。

② 符合 GB 16899—2011《自动扶梯和自动人行道的制造与安装安全规范》附录 A 中“A. 4 电源”对建筑物侧的电源规定：

业主和制造商之间应就电源和电气保护的要求（如电击、短路、过载）达成一致，并应符合：

a. GB 5226. 1—2019《机械电气安全机械电气设备　第 1 部分》；

b. 其他相关国家标准。

③ 自动扶梯和自动人行道的电磁骚扰发射限值和试验条件、装置抗扰度性能标准和试验强度，包括与其电磁兼容环境相关的基本安全要求，是推荐性的。

（3）直接接触的防护。

【检验要求】

① 任何人都能够接触的电气设备（如出入口附近的紧急停止开关、手动操作的启动和停止开关等），其直接接触的防护等级至少为 IP4X 或 IPXXD。

② 对只有被授权人员才能接触的电气设备，可采用以下防护措施：

a. 用外壳做防护；

b. 用绝缘物防护带电体；

c. 残余电压的防护；

e. 用遮拦或外护物的防护；

f. 用阻挡物的防护；

g. 置于伸臂以外的防护。

【检验方法】

审查设计图纸资料，根据 GB 4208—2008《外壳防护等级（IP 代码）》对照实物，必要时现场测量［外壳防护等级（IP 代码）的数字、字母含义如表 2-22 所示］。

表 2-22　外壳防护等级（IP 代码）的数字、字母含义

组成	数字或字母	对设备防护的含义	对人员防护的含义
代码字母	IP	—	—
第一位特征数字		防止固体异物进入	防止接近危险部件
	0	无防护	无防护
	1	≥直径 50 mm	手背
	2	≥直径 12.5 mm	手指
	3	≥直径 2.5 mm	工具
	4	≥直径 1.0 mm	金属线
	5	防尘	金属线
	6	尘密	金属线

续表

组成	数字或字母	对设备防护的含义	对人员防护的含义
第二位特征数字		防止进水造成有害影响	—
	0	无防护	—
	1	垂直滴水	—
	2	15°滴水	—
	3	淋水	—
	4	溅水	—
	5	喷水	—
	6	猛烈喷水	—
	7	短时间浸水	—
	8	连续浸水	—
附加字母	A	—	手背
	B	—	手指
	C	—	工具
	D	—	金属线

(4) 绝缘电阻检测。

【检验要求】

绝缘电阻检测范围应包括整台电气设备的电源开关的电源输入端子和输出端子，以及所有动力电路导线。如果设有专用的电源进线端子组，也应和电源开关和所有动力电路导线同时进行绝缘电阻检测。当需要时可以对整台设备中超过 PELV 电压的电路进行检测。

导体之间以及导体与地之间的绝缘电阻应符合 GB 5226.1—2008《机械电气安全　机械电气设备　第 1 部分：通用技术条件》中 18.3 条的规定（对相关电路绝缘测试要求如表 2-23 所示）。

表 2-23　绝缘测试要求

项目及类别	检验内容与要求			检验方法
电气绝缘	动力电路、照明电路和电气安全装置电路的绝缘电阻值应当符合下述要求：			分别测量动力电路、照明电路和电气安全装置电路的绝缘电阻值
	标称电压/V	测试电压/V	绝缘电阻/MΩ	
	安全电压 ≤500 >500	250 500 1 000	≥0.25 ≥1.00 ≥1.00	

【检验方法】

① 测试前，应检查仪表接地端对地的连通性。先测量确定接地与金属结构是否通零

后，再将兆欧表一表笔（一般为 E 端）固定在接地端，用另一表笔（一般为 L 端）测量。绝缘测试示例如图 2-36 所示。

图 2-36　绝缘测试

② 分别测量动力电路、电气安全装置电路、控制电路、照明电路导体之间和导体对地的绝缘电阻。测量前应断开主开关，当电路中含有电子装置时，测量时应先将相线和零线连接起来，并拆下主电源处零线和接地端子之间的连接。

③ 当测量电压的工作电压大于 500 V 时，用 1 000 V 兆欧表测量；当测量电压的工作电压小于等于 500 V 时，用 500 V 兆欧表测量；当工作电压为 SELV（安全特低电压）时，用 250 V 兆欧表测量。

④ 动力电路应测量电动机绕组，不要测电源开关下端，如果电动机绕组不易测量，可测与其直接连通的热继电器或过载保护器输出端子。

⑤ 由于断电时接触器或继电器的触点是处于断开的状态，导致控制柜内的部分测量端子被隔离而影响测量结果，因此测量时要人为使安全及门锁回路接触器闭合。

⑥ 绝缘电阻表在测试时，其表笔带有高压，应小心不要触及表针，防止二次伤害，特别是在高处做绝缘测试时。

⑦ 测量完成后，须检查被测装置是否已恢复原状。

（5）控制电路和安全回路的电压限制。

【检验要求】

对于控制电路和安全回路，导体之间或导体对地之间的直流电压值或交流电压的有效值不应大于 250 V。自动扶梯驱动和控制回路如图 2-37 所示。

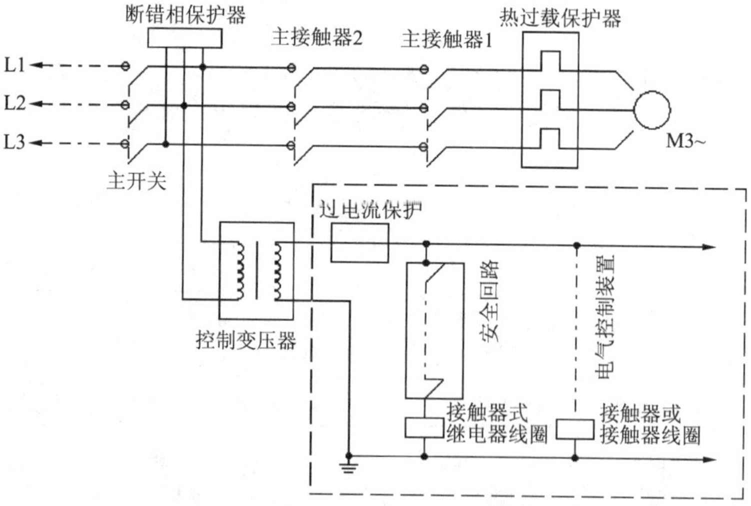

图 2-37　自动扶梯驱动和控制回路图示

【检验方法】

控制电路和安全回路应由控制变压器供电，根据电气原理图查证控制电路和安全回路标定的电压值，用万用表测量控制变压器输出端的交流电压有效值，以及控制电路、安全回路对地的电压值。

（6）中性导体和接地导体。

【检验要求】

应符合 GB 5226.1—2008《机械电气安全　机械电气设备　第 1 部分：通用技术条件》中第 8 章的规定。

① 保护联结电路：

为防止因绝缘失效导致间接接触发生电击而连接在一起的保护导线和导体件。该电路由 PE 端子、机械设备上的保护导线、电气设备外露可导电部分和可导电结构件、机械结构的外部可导电部分组成。

② 用户配电系统接地的型式：

为防止触电危险，自动扶梯和自动人行道电气设备的内部中性导线与保护联结电路之间不应相连，用户提供的电源应该为三相五线制即 TN-S 系统。

若用户提供的电源为 TN-C-S 系统，则要求在进入机房前将 PE 线分开，形成独立的中性线（N）和保护线（PE），要求分开后不应再合并或相互接触。

③ 保护线的标识、截面积应符合要求。

④ 保护联结电路的连续性，即所有外露和外部可导电部分都应通过保护导线连接到保护联结电路上，并且应采用并联的方式。与保护联结电路的连接方式如图 2-38 所示。

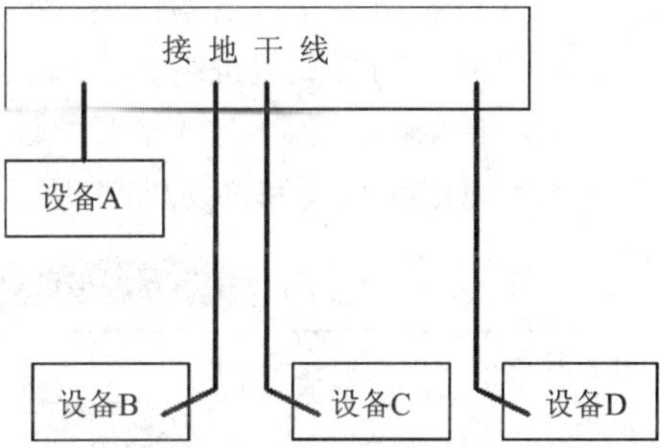

图 2-38　与保护联结电路的连接方式

【检验方法】

① 检查对照电气原理图和实物，应满足 GB 5226.1—2008《机械电气安全　机械电气设备　第 1 部分：通用技术条件》第 8 章中关于保护联结和功能联结的要求。

② 零地分开检查：TN-C-S 系统进入机房前应将 PEN 线分开成中性线（N）与保护线（PE）。将主电源断开，在进线端断开中性线（N），用万用表检查中性线（N）与保护线（PE）是否连通。TN-C-S 系统如图 2-39 所示。

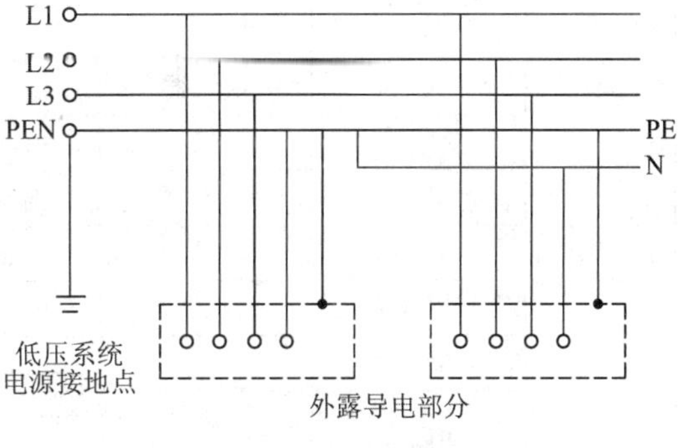

图 2-39　TN-C-S 系统

③ 保护联结电路连续性检查：测量保护接地 PE 端与保护联结电路中各部件的接点端或外壳的压降不超过表 2-24 的限值。试验前应断开整台电气设备的外部供电电源，将测试仪表的接地端导线接至自动扶梯和自动人行道电气设备的 PE 端，仪器的测试端导线接至测试部件的保护接地端子或外壳上，测量电流不小于 10 A，每个测试点的试验时间不小于 10 s（保护导线截面积与电压降关系如表 2-24 保护导线截面积与电压降的对应关系所示）。

表 2-24　保护导线截面积与电压降的对应关系

保护导线支路最小有效截面积/mm²	设计电压降（对应测试电流为 10 A 的值）/V
1.0	3.3
1.5	2.6
2.5	1.9
4.0	1.4
>6.0	1.0

2.4.1.2　接触器、接触器式继电器、安全电路元件

(1) 接触器、接触器式继电器。

【检验要求】

① 为使驱动主机停止运转，主接触器应属于 GB 14048.4—2008《低压开关设备和控制设备　第 4 部分：机电式接触器和电动机起动器》中规定的下列类别：

a. AC-3，用于交流电动机；

b. DC-3，用于直流机组。

GB 14048.4—2008《低压开关设备和控制设备　第 4 部分：机电式接触器和电动机起动器》规定接触器和电动机起动器主电路使用类别及代号如表 2-25 所示。

表 2-25　接触器和电动机起动器主电路通常选用的使用类别及代号

电流种类	使用类别代号	附加类别名称	典型用途举例
交流(AC)	AC-1	一般用途	无感或微感负载、电阻炉
	AC-2		绕线式感应电动机的启动、分断
	AC-3		笼式感应电动机的启动、运行中分断
	AC-4		笼式感应电动机的启动、反接制动或反向运转、点动
	AC-5a	镇流器	放电灯的通断
	AC-5b	白炽灯	白炽灯的通断
	AC-6a		变压器的通断
	AC-6b		电容器组的通断
	AC-7a		家用电器和类似用途的低感负载
	AC-7b		家用的电动机负载
	AC-8a		具有手动复位过载脱扣器的密封制冷压缩机中的电动机控制
	AC-8b		具有自动复位过载脱扣器的密封制冷压缩机中的电动机控制
直流(DC)	DC-1		无感或微感负载、电阻炉
	DC-3		并激电动机的启动、反接制动或反向运转、点动、电动机在动态中分断
	DC-5		串激电动机的启动、反接制动或反向运转、点动、电动机在动态中分断
	DC-6	白炽灯	白炽灯的通断

② 接触器式继电器应属于 GB/T 14048.5—2008《低压开关设备和控制设备　第 5-1 部分：控制电路电器和开关元件　机电式控制电路电器》中规定的下列类别：

a. AC-15，用于交流控制电路；

b. DC-13，用于直流控制电路。

GB/T 14048.5—2008《低压开关设备和控制设备　第 5-1 部分：控制电路电器和开关元件　机电式控制电路电器》规定开关元件使用类别及代号如表 2-26 所示。

表 2-26　开关元件使用类别及代号

电流种类	使用类别	典型用途
交流（AC）	AC-12	控制电阻性负载和光电耦合隔离的古田负载
	AC-13	控制有变压器隔离的固态负载
	AC-14	控制小容量电磁铁负载（≤72 VA）
	AC-15	控制小容量电磁铁负载（>72 VA）
直流（DC）	DC-12	控制电阻性负载和光电耦合隔离的固态负载
	DC-13	控制电磁铁负载
	DC-14	控制电路中有经济电阻的电磁铁负载

③ 对于主接触器和接触器式继电器，在为满足 GB 16899—2011《自动扶梯和自动人行道的制造与安装安全规范》中 5.12.1.1.2 条要求所采取的措施中，可假设：

a. 如果动断触点（常闭触点）中一个闭合，则全部动合触点断开；

b. 如果动合触点（常开触点）中一个闭合，则全部动断触点断开。

该假设是分析下列故障是否可能成为自动扶梯和自动人行道危险状态原因的前提。在此假设下，可通过对某一触点的监测来实现监测整个接触器或接触器式继电器的状态。

故障种类：

a. 无电压；

b. 电压降低；

c. 导线（体）中断；

d. 电路的接地故障；

e. 电气元件（如电阻器、电容器、晶体管、灯等）的短路或断路，参数值或功能改变；

f. 接触器或继电器的可动衔铁不吸合或不完全吸合；

g. 接触器或继电器的可动衔铁不断开；

h. 触点不断开；

i. 触点不闭合；

j. 错相。

【检验方法】

① 对主接触器选型的判断，要求其额定工作电流不应小于自动扶梯和自动人行道正常使用情况下驱动主机的最大电流。审查电气原理图，检查电气元器件出厂合格证或其

安全电路报告并现场对照实物判断。接触器示例如图 2-40 所示。

② 对接触器式继电器选型的判断，根据电气原理图确定其用于控制开关、信号中间放大隔离等控制电路，根据其电气元器件出厂合格证或其安全电路报告对照实物判断。接触器式继电器示例如图 2-41 所示。

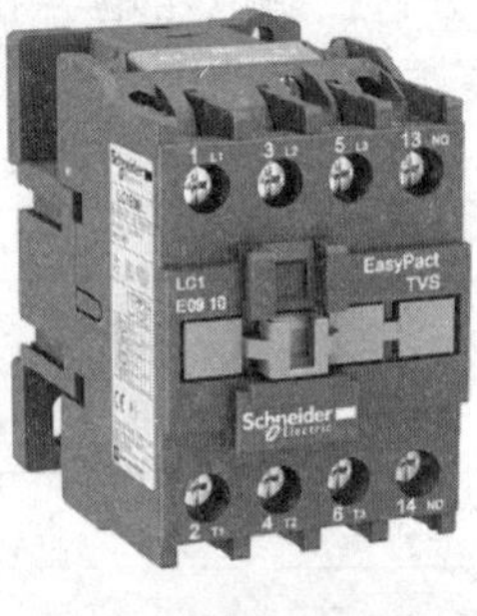

图 2-40　接触器

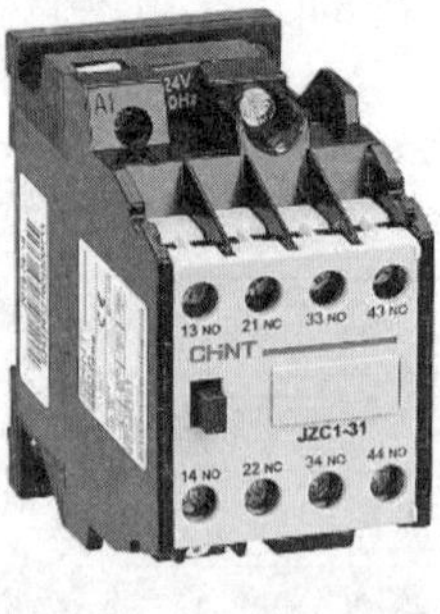

图 2-41　接触器式继电器

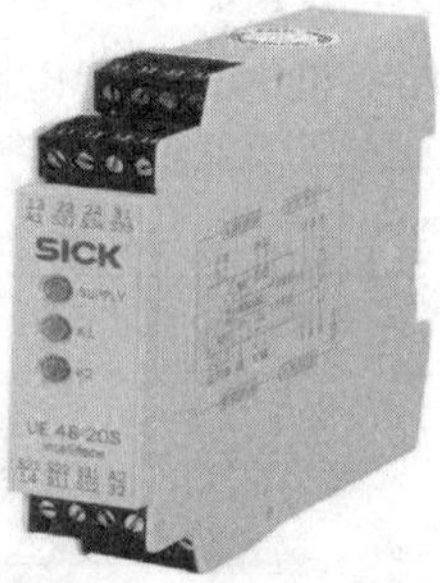

图 2-42　安全继电器

③ 检查主接触器与接触器式继电器的机械联锁结构，确认其触头元件采用内部提供操作力的机械联锁，从而能保证接触器和接触器式继电器的动断触点（常闭触点）和动合触点（常开触点）机械强制联锁能够实现上述假设。用于安全电路的安全继电器如图 3-42 所示。

（2）安全电路元件。

【检验要求】

① 当符合上述“接触器、接触器式继电器”项中②规定的器件作为安全电路的继电器时，则“接触器、接触器式继电器”项中③的假设也应适用。

② 如果使用的继电器动断和动合触点，不论衔铁处于任何位置均不能同时闭合，那么衔铁不完全吸合的可能性可不予考虑。

③ 连接在电气安全装置之后的装置应符合 GB 16899—2011《自动扶梯和自动人行道的制造与安装安全规范》中 5.12.1.2.2.3 条中关于爬电距离和电气间隙的规定（不考虑分断距离）。本要求不适用于接触器和接触器式继电器。

【检验方法】

① 检查接触器、接触器式继电器、安全电路元件的产品标牌、出厂合格证或试验报告，检查实物，必要时可拆解试验。

② 用于安全电路的继电器需要保证动作正确可靠，应检查其是否具有强制导向触点结构，以确保动断和动合触点不能同时闭合。一般继电器与具有强制导向的安全继电器结构对比如图 2-43 所示。

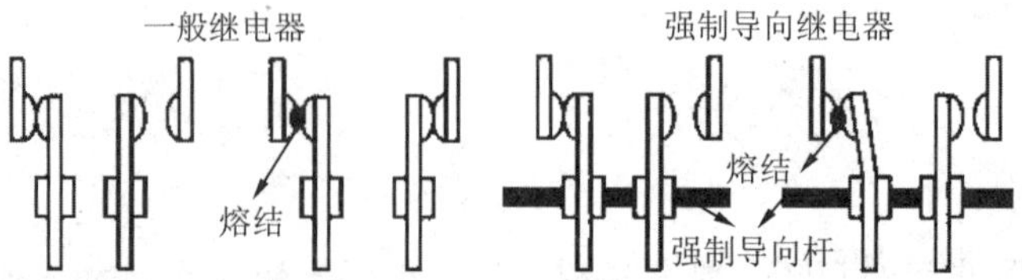

图 2-43　一般继电器与具有强制导向的安全继电器结构对比图示

③“连接在电气安全装置之后的装置”包括其他电气安全装置、接触器、接触器式继电器、继电器、印刷电路板、连接件、端子和接插件等，应当检查其是否符合相关爬电距离、电气间隙或外壳防护等级的要求，以确保排除这些器件发生短路故障的可能。

2.4.1.3　电动机的保护

（1）短路保护。

【检验要求】

直接与电源连接的电动机应进行短路保护。短路保护应能防止与电动机直接连接的外部电路短路或电动机内部绝缘破损短路对电动机造成损坏。由于短路时电流大且破坏程度大，因而短路保护且切断动作应该是快速的。

一般可采用断路器作为保护装置。大容量断路器如图 2-44 所示。

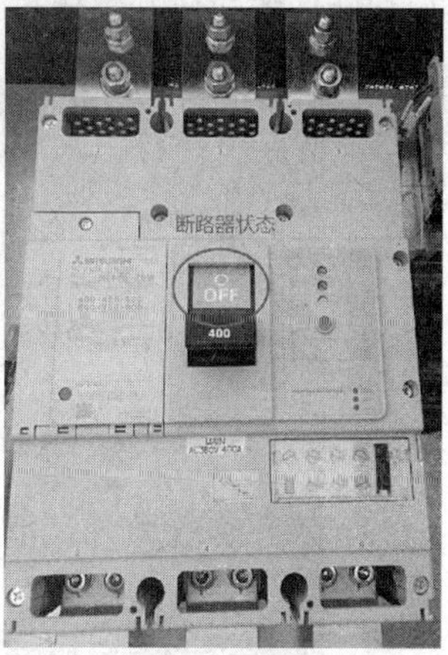

图 2-44　大容量断路器

【检验方法】

① 审查电气原理图和对照实物，确认电动机和主电源之间没有整流、调压和变频等电气装置，确认有设置短路保护装置，再进行检查短路保护的试验。

② 以人为短接的方式，检查短路保护装置是否动作起保护作用。

（2）过载保护。

【检验要求】

① 直接与电源连接的电动机应采用手动复位的自动断路器进行过载保护（满足③要求的除外），该断路器应切断电动机的所有供电。

② 当过载检测取决于电动机绕组温升时，保护装置可在绕组充分冷却后自动地闭合，但只是在 GB 16899—2011《自动扶梯和自动人行道的制造与安装安全规范》中 5.12.2.1 条规定的条件下，才可能再启动自动扶梯或自动人行道。

③ 如果电动机具有多个不同电路供电的绕组，则上述①和②要求也适用于每一绕组。

④ 当自动扶梯或自动人行道的驱动电动机是由电动机驱动的直流发电机供电时，发电机的驱动电动机应设置过载保护。

【检验方法】

① 确认自动断路器为过载继电器，判断过载继电器的型式以及设定容量是否合适。人为动作断路器，检查主接触器是否切断，电动机供电是否切断，过载保护是否有效。

② 当过载检测取决于电动机绕组温升时，应查证温感设定值的大小，应不小于电动机热稳定时的温度，不大于电动机电气绝缘结构耐热等级所对应的最高工作温度。动作完成后，检查自动扶梯或自动人行道的再启动条件。

③ 对照电气原理图，查证电动机各绕组的形式（如交流双速电机的快速、慢速绕组；交流调速电机的电动、制动绕组等），检查每个绕组的过载保护设置情况。

2.4.1.4　主开关

（1）主开关的设置。

【检验要求】

在驱动主机附近、转向站中或控制装置旁，应设置一个能切断电动机、制动器释放装置和控制电路电源的主开关。

该开关不应切断电源插座或检查和维修所必需的照明电路的电源。当辅助设备——梯级照明（图 2-45）（如加热装置、扶手照明和梳齿板照明）分别单独供电时，应能单独地切断。各相应开关应位于主开关近旁，并应有明显的标志。

图 2-45　辅助设备——梯级照明

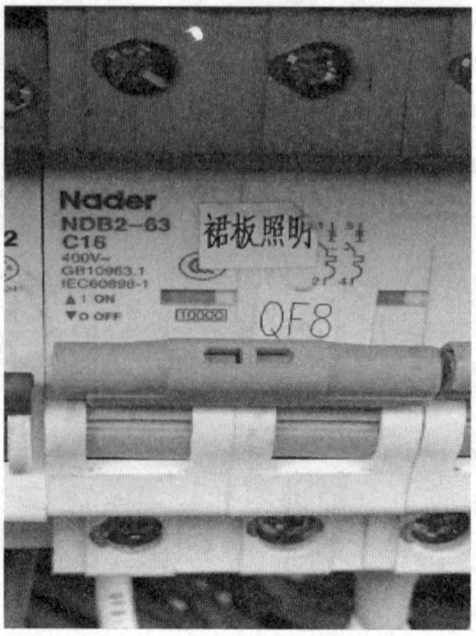

图 2-46　辅助开关——裙板照明开关

【检验方法】

① 根据设计文件和实物，判断主开关的容量和类别是否适当。

② 断开主开关，检查照明、插座、通风及报警装置是否被切断。

③ 检查辅助开关——裙板照明开关（图 2-46）的设置、位置和标识情况。

（2）主开关的型式及识别。

【检验要求】

① 按上述“主开关的设置”中定义的主开关应能采用挂锁或其他等效方式锁住（图 2-47）或使其处于“隔离”位置，以确保不会出现误操作。主开关的控制机构应在打开门或活板门后能迅速且方便地操纵。

② 主开关应有切断自动扶梯或自动人行道在正常使用情况下最大电流的能力，并应符合 GB 5226.1—2008《机械电气安全　机械电气设备　第 1 部分：通用技术条件》第 5 章的规定。

③ 如果几台自动扶梯或自动人行道的各主开关设置在一个机房内，则各台自动扶梯或自动人行道的主开关应易于识别。

【检验方法】

① 现场目测。

② 确定主开关符合 GB 5226.1—2008《机械电气安全　机械电气设备　第 1 部分：通用技术条件》第 5 章规定的型式之一，同时应满足以下要求：

a. 把电气设备从电源上隔离，仅有一个“断开”和“接通”位置，并有清晰的标记；

b. 有可见的触头间隙或位置指示器并满足隔离功能的要求，指示器所有触头没有确定断开前不能指示断开（隔离）；

c. 有一个外部操作装置（如手柄）；

d. 在断开（隔离）位置上提供能锁住的机构（图 2-48、图 2-49）（如挂锁）；锁住时，应防止遥控及在本地使开关误闭合；

e. 切断电源电路的所有带电导线，但对于 TN 电源系统，可不切断中性线；

f. 有足以切断最大电动机堵转电流及所有其他电动机和负载的正常运行电流总和的分断能力。

图 2-47　主开关挂锁孔

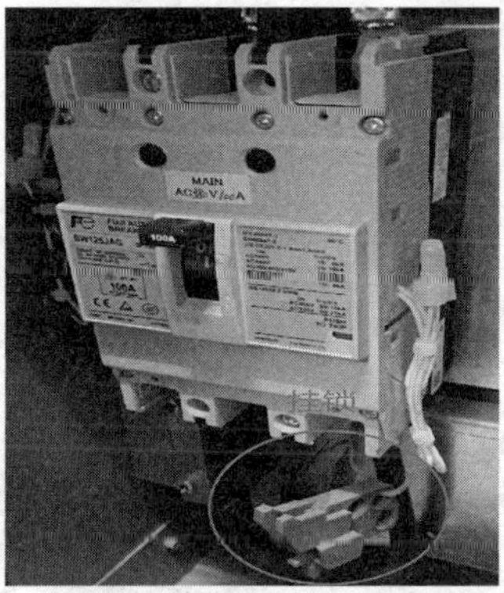

图 2-48　主开关挂锁

图 2-49　断电装上挂锁

2.4.1.5　电气配线

（1）电气配线通用要求。

【检验要求】

① 电线和电缆（图 2-50）应根据国家标准选用，其质量应至少等效于 GB/T 5013.4—2008《额定电压 450/750 V 及以下橡皮绝缘电缆　第 4 部分：软线和软电缆》、GB/T 5023.3—2008《额定电压 450/750 V 及以下聚氯乙烯绝缘电缆　第 3 部分：固定布线用无护套电缆》、GB/T 5023.4—2008《额定电压 450/750 V 及以下聚氯乙烯绝缘电缆　第 4 部分：固定布线用护套电缆》、GB/T 5023.5—2008《额定电压 450/750 V 及以下聚氯乙烯绝缘电缆　第 5 部分：软电缆（软线）》的规定。

② 质量等效于 GB/T 5023.3—2008《额定电压 450/750 V 及以下聚氯乙烯绝缘电缆　第 3 部分：固定布线用无护套电缆》第 2 章［60227 IEC 01（BV）］、第 3 章［60227 IEC 02（RV）］、第 4 章［60227 IEC 05（BV）］和第 5 章［60227 IEC 06（RV）］规定的导线，只允许置于导管、线槽或具有等效保护作用的类似装置中。当与 GB/T 5023.3 规定有差异时，导线的名义截面积不应小于 0.75 mm^2。

③ 质量不低于 GB/T 5023.4—2008《额定电压 450/750 V 及以下聚氯乙烯绝缘电缆　第 4 部分：固定布线用护套电缆》第 2 章规定的护套电缆，允许明敷设于墙或置于导管、线槽或类似装置中。

④ 质量等效于 GB/T 5013.4—2008《额定电压 450/750 V 及以下橡皮绝缘电缆　第 4 部分：软线和软电缆》第 3 章［60245 IEC 53（YZ）］和 GB/T 5023.5—2008《额定电压 450/750 V 及以下聚氯乙烯绝缘电缆　第 5 部分：软电缆（软线）》第 6 章［60227 IEC 53（RVV）］规定的普通软电缆，只允许置于导管、线槽、具有等效防护

作用的类似装置中或桁架中不易受到意外破坏的位置。对于符合 GB/T 5013.4—2008《额定电压 450/750 V 及以下聚氯乙烯绝缘电缆　第 4 部分：固定布线用护套电缆》第 5 章规定的重型护套软电缆，允许在规定条件下固定安装，也可用于连接移动设备及易受振动的场合。

⑤ 控制柜中、控制屏上的控制或配电装置的配线，不必符合②③④的规定，但是对于以下 a 或 b，应符合 GB 7251.1—2005《低压成套开关设备和控制设备　第 1 部分：型式试验和部分型式试验成套设备》中 7.8 条的规定：

a. 电气设备中不同器件间的配线；

b. 这些器件与连接端子间的配线。

图 2-50　自动扶梯和自动人行道桁架内敷设的电线电缆

【检验方法】

① 检查电线和电缆的合格证，并与现场实物对照。

② GB/T 5013 和 GB/T 5023 系列适用于额定电压 450/750 V 以下的橡皮绝缘软、硬电缆和聚氯乙烯绝缘软，硬电缆是自动扶梯和自动人行道电线电缆的选用标准。

③ 对于控制屏（柜）以外的主要指自动扶梯和自动人行道桁架内敷设的电线电缆，需考虑其外部的防护。具体分三类：

a. 固定布线用无护套电缆；

b. 固定布线用护套电缆；

c. 软电缆。

④ 控制屏（柜）内配线应满足 GB 7251.1—2005《低压成套开关设备和控制设备　第 1 部分：型式试验和部分型式试验成套设备》第 7.8 条规定：（导管配线如图 2-51 所示，自动扶梯控制柜布线如图 2-52 所示）。

a. 载流部件之间的连接应保证有足够的和持久的接触压力；

b. 配线导体的截面积，除了必须承受额定电流外，还需考虑其所承受的机械应力、导体的敷设方法、绝缘类型和所连接的元件种类；

c. 布线要求。

图 2-51　导管配线

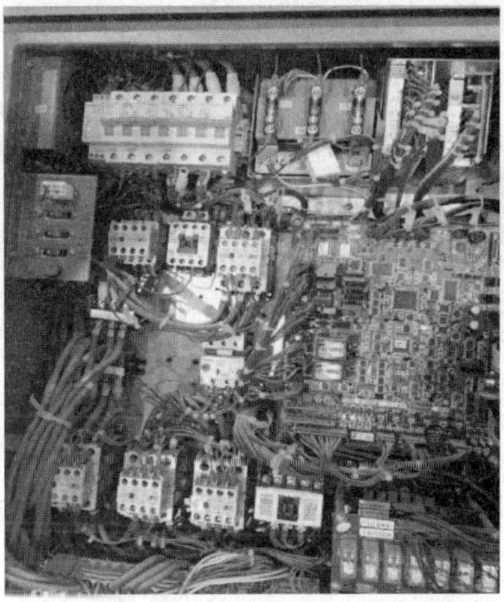

图 2-52　自动扶梯控制柜布线

(2) 导线截面积。

【检验要求】

为了保证足够机械强度，安全回路导线的名义截面积不应小于 0.75 mm²。导线的截面积是按载流量确定的，由于电气安全装置的负载电流较小，如按实际电流量选用的导线，其截面积会偏小而不能达到相应的机械强度，因此规定了安全回路导线的最小名义截面积。

【检验方法】

目测，必要时用尺测量。

(3) 安装方法。

【检验要求】

① 应随电气设备提供必要的、易于理解的说明。

② 如果自动扶梯或自动人行道的主开关或其他开关断开后，一些连接端子仍然带电，则它们应与不带电端子明显地隔开，并且当带电端电压大于 50 V 时，应标注适当标记。上述情况也应符合 GB 5226.1—2008《机械电气安全　机械电气设备　第 1 部分：通用技术条件》中 5.3.5 条和 16.2 条的规定。

③ 为保证机械防护的连续性，电缆防护套应引入开关和设备的壳体内，或在电缆端部应有适当的保护套管。

【检验方法】

① 检查说明和标识。

② 检查随电气设备提供的资料应包括安装文件、概略图、功能图、电路图、操作说明、维修说明和元器件清单等。

③ 主开关断开后，部分连接端子（如照明回路）仍然带电，需检查这部分端子与不带电端子的隔离措施，当带电端电压大于 50V 时，应标注符合 GB/T 5465.2—2008《电气设备用图形符号　第 2 部分：图形符号》中要求的式样，以防人员触电，危险电压图示如图 2-53 所示。

图 2-53　危险电压图示

④ 检查开关和设备外部的配线应符合要求，要求线缆的外层护套应引入开关和设备的壳体内，屏（柜）、导管、线槽等的出线口应采取如衬套等的保护措施。

(4) 连接器件。

【检验要求】

设置在安全相关电路中的、不用工具即可拔出的连接器件和插装式装置应设计成在重新插入时绝不会插错。

【检验方法】

① 目测和手动试验。

② 通常采用为相关的插座与插接头标注唯一、明显的标示（如颜色、代号等）；或者选取不同级数、不同序列排布的插接方式。

2.4.1.6 静电保护

【检验要求】

① 应采取适当的措施来释放静电（如静电刷）。

② 自动扶梯或自动人行道的梯级或踏板以及扶手带等部件的运动摩擦容易产生静电，如果这些部件在结构上不能有效地释放静电，则可能导致危险。

【检验方法】

审查电气原理图，检查是否采用静电刷或接地等释放静电的方式。

2.4.2 电气故障的防护与控制

2.4.2.1 电气故障的防护通则

(1) 电气故障。

【检验要求】

在 GB 16899—2011《自动扶梯和自动人行道的制造与安装安全规范》的 5.12.1.1.2 条中列出的自动扶梯和自动人行道电气设备中的任何一种故障，如果在 GB 16899—2011《自动扶梯和自动人行道的制造与安装安全规范》的 5.12.1.1.3 条或附录 B 条件下不能排除，则本身不应成为自动扶梯和自动人行道危险状态的原因。可能出现的故障如下：

① 无电压。

② 电压降低。

③ 导线（体）中断。

④ 电路的接地故障。

⑤ 电气元件（如电阻器、电容器、晶体管、灯等）的短路或断路，参数值或功能改变。

⑥ 接触器或继电器的可动衔铁不吸合或不完全吸合。

⑦ 接触器或继电器的可动衔铁不断开。

⑧ 触点不断开。

⑨ 触点不闭合。

⑩ 错相。

【检验方法】

① 检查电气原理图，分析电路设计中采取的措施是否合理有效，该条款的检查也可

和其他电气故障条款的检查相结合。

② 电气设备在使用过程中可能出现上述 10 种故障。其中，对由外界造成的故障（如错相），应有相应的检测装置加以防护。

③ 对由电气设备内部元件造成的故障（如触电不断开、不闭合等），应根据 GB 16899—2011《自动扶梯和自动人行道的制造与安装安全规范》附录 B 对 4 类电子元件（无源元件、半导体、其他元件和装配的印制电路）可能发生的 5 种故障（断路、短路、改变为更高值、改变为更低值以及功能改变）进行排除。

（2）安全开关触点。

【检验要求】

对于安全开关，可不必考虑其触点不断开问题。

【检验方法】

分析安全触点的动作机理。

（3）电气安全装置接地故障。

【检验要求】

如果含有电气安全装置的电路发生接地故障，应使驱动主机立即停机。接地故障保护示例如图 2-54 所示。

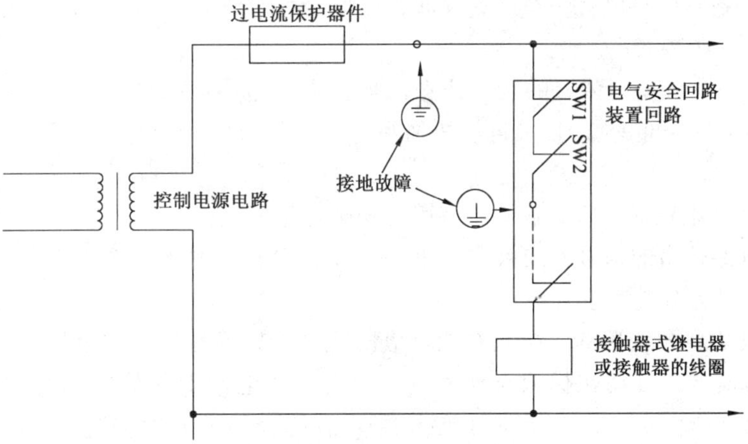

图 2-54　接地故障保护示例

【检验方法】

① 发生接地故障时，主接触器和相关的接触器式继电器线圈应当失电，从而切断驱动主机和工作制动器电源，使驱动主机立即停机。

② 检查电气原理图，查证电气安全装置回路与主接触器或接触器式继电器线圈的连接方式，以及控制电路是否采取了过电流保护和接保护联结电路等防止接地故障的保护措施。

③ 可在电气安全装置低压段，人为地和接地端子短接，检查驱动主机是否能立即停机。

2.4.2.2　电气安全装置的通用要求

（1）功能。

【检验要求】

当电气安全装置动作时，应能防止驱动主机启动，或使其立即停机，工作制动器也应起作用。

【检验方法】

人为动作每一电气安全装置，检查其功能。

（2）电气安全装置的组成、控制及设计要求。

【检验要求】

① 电气安全装置应包括：

a. 一个或几个安全开关，直接切断接触器或接触器式继电器的供电。

b. 安全电路：

（a）一个或几个安全开关，这些开关不直接切断接触器或接触器式继电器的供电；

（b）非安全开关；

（c）符合 GB 16899—2011《自动扶梯和自动人行道的制造与安装安全规范》附录 B 要求的其他元件。

（d）可编程电子安全相关系统，直接切断接触器或接触器式继电器的供电。

② 电气安全装置设计要求：

a. 电气设备不应与电气安全装置并联，以下情况除外：

（a）在检修状态下；

（b）为采集电气安全装置的状态信息，与安全回路不同点的连接。为此目的而设置的装置应符合 GB 16899—2011《自动扶梯和自动人行道的制造与安装安全规范》附录 B 的规定。

b. 内、外部电感或电容的影响不应引起安全电路失效。

c. 安全电路输出的信号不应被同一电路中设置在其后的另一个电气装置发出的外来信号所改变，以免造成危险后果。

d. 内部动力电源装置的结构和布置，应防止由于转换作用而在电气安全装置的输出端出现错误的信号。自动扶梯或自动人行道的运行或电网上其他设备引起的电压峰值，不应对电子元件产生不允许的干扰（抗扰度），宜符合 GB/T 24807—2009《电磁兼容　电梯、自动扶梯和自动人行道的产品系列标准　发射》和 GB/T 24808—2009《电磁兼容　电梯、自动扶梯和自动人行道的产品系列标准　抗扰度》的相关规定。

③ 电气安全装置的控制：

控制电气安全装置的执行元件应经筛选，即使在连续操作产生机械力的条件下，也能正常工作。对于冗余型安全电路，传感器元件应通过机械设计或几何布置确保机械故障不会导致冗余能力的减弱或丧失。如果不检测安全电路的传感元件故障，则安全电路的传感元件应满足 GB 16899—2011《自动扶梯和自动人行道的制造与安装安全规范》附录 D 中 D. 4. 2 条和 D. 4. 3 条的要求。

【检验方法】

① 检查电气原理图并对照实物，分析电气安全装置的设计是否符合要求。

② 判断电气安全装置的类型：

a. 安全开关：适用于仅通过机械操作就能完成的功能；

b. 安全电路：适用于需简单逻辑判断处理才能完成的功能；

c. 可编程电子安全相关系统：适用于需编程处理，即通过计算处理或复杂逻辑判断处理才能完成的功能。

③ 查看电气原理图，判断电气安全装置与控制接触器或接触器式继电器的连接方式为串联，判断电气安全装置任一断开，会直接切断接触器或接触器式继电器的供电，从而令驱动主机立即停止。电气安全装置与接触器和接触器式继电器的逻辑关系如图 2-55 所示。

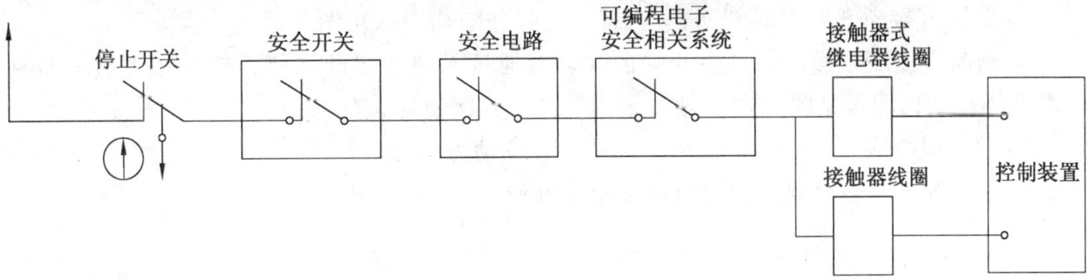

图 2-55　电气安全装置与接触器和接触器式继电器的逻辑关系

④ 无论检修状态下并联的装置，还是为采集电气安全装置的状态信息而并联的装置，都应该符合 GB 16899—2011《自动扶梯和自动人行道的制造与安装安全规范》附录 B 的规定，以防止由于并联装置的原因引起有关电气安全装置的失效。检修状态并联线路如图 2-56 所示。

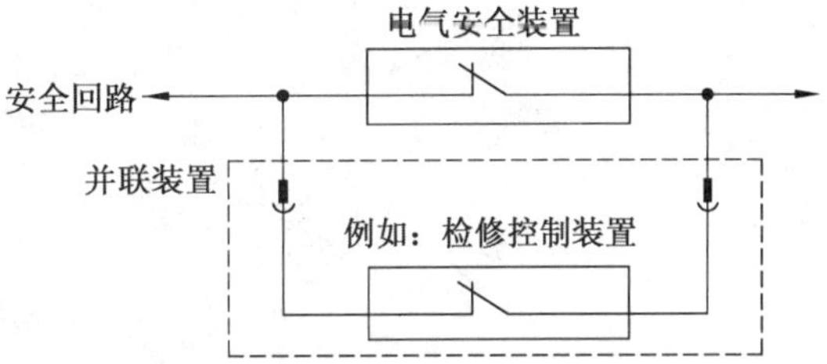

图 2-56　检修状态并联线路

⑤ 电感元件具有电流不能突变、电容元件具有电压不能突变的特性，导致由其组成的电路存在充放电的延时过程。通过电气原理图判断在控制线路的设计上，是否采取措施防止该类延时过程对电气安全电路产生不良影响。

⑥ 对由安全电路和可编程电子安全相关系统组成的电气安全装置，在检验时需关注如下的方面：

a. 电气安全装置在布置时应尽量远离如变频器、动力线等干扰源；

b. 避免信号线和动力线平行布线或成束布线；

c. 继电器、接触器以及电磁制动器等可能产生大量噪声的器件应装设抑制器件，如浪涌抑制器；

d. 接地线不宜过长，接点接触良好，必要时采用专用接地线；

e. 亦可增加滤波器、电抗器、磁环或采用屏蔽电缆/电线等措施提高电气安全装置的抗扰度。

2.4.2.3　安全开关

（1）安全触点设计要求。

【检验要求】

① 安全开关的动作应使其触点强制地机械断开，甚至当两触点熔接在一起时也应使

其强制地机械断开。

② 当所有触点断开元件处于断开位置时，且在有效行程内，动触点和驱动机构之间无弹性元件（如弹簧）施加作用力，即为触点获得强制的机械断开。

③ 在设计上应尽可能地减少由于部件故障而引起的短路危险。

【检验方法】

① 分析安全触点的动作机理。

② 关于直接断开操作的判断：（直接断开操作结构图示见图 2-58）

a. 判断直接断开操作，是指开关的操动器通过无弹性部件（即不能采用弹簧，非直接断开操作结构图示见图 2-57）做规定的动作，直接使触头分离；

b. 驱动机构应有足够的机械强度，以保证驱动力的可靠传递；

c. 施加开关制造商规定的力应能使触点强制断开。

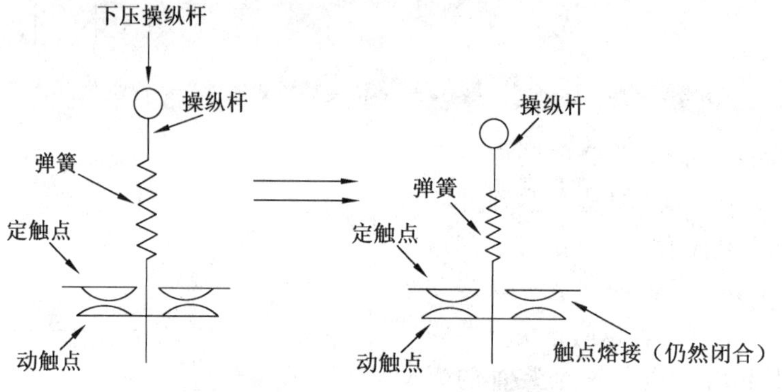

图 2-57　非直接断开操作结构图示

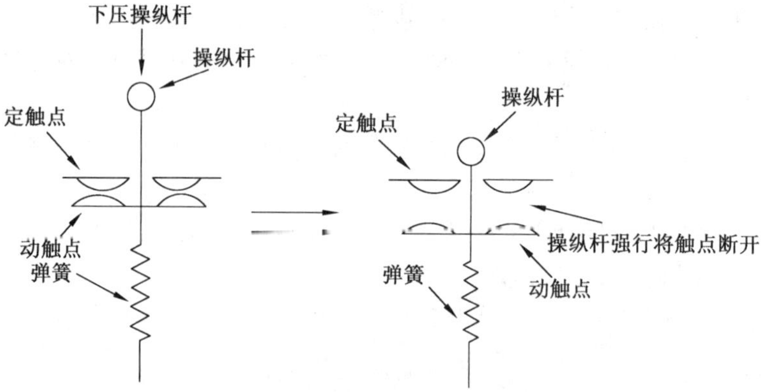

图 2-58　直接断开操作结构图示

（2）安全开关外壳防护。

【检验要求】

① 如果安全开关保护外壳的防护等级不低于 IP4X，则安全开关应能承受 250 V 的额定绝缘电压。

② 如果其外壳防护等级低于 IP4X，则应能承受 500 V 的额定绝缘电压。

【检验方法】

① 核查安全开关的资料。

② 检查防护等级：

a. 防护等级不低于 IP4X 表示安全开关保护外壳可防止直径不小于 1 mm 的物体进入；

b. 在任何情况下最大的额定工作电压不应超过额定绝缘电压。如果器件上没有额定绝缘电压，则所明确的工作电压的最高值视为额定绝缘电压值。

(3) 安全开关类别。

【检验要求】

安全开关应属于 GB 14048.5—2008《低压开关设备和控制设备　第 5-1 部分：控制电路电器和开关元件　机电式控制电路电器》中规定的下列类别：

a. AC-15，用于交流电路；

b. DC-13，用于直流电路。

【检验方法】

该使用类别的选择源自安全开关应能直接切断接触器或接触器式继电器供电的要求。核查安全开关的资料。

(4) 安全开关电气间隙与爬电距离。

【检验要求】

① 外壳防护等级低于 IP4X 时，其电气间隙不应小于 3 mm，爬电距离不应小于 4 mm。断开后触点之间的距离不应小于 4 mm。

② 对于多个分断点的情况，断开后触点之间的距离不应小于 2 mm。

③ 导电材料的磨屑不应导致触点短路。

【检验方法】

① 核查安全开关的资料，分析动作机理。

② 电气间隙和爬电距离的测量确定需以两导电部件所处环境的污染程度为前提条件：

a. 电气间隙：两导电部件之间在空气中的最短距离；

b. 爬电距离：两导电部件之间沿固体绝缘材料表面的最短距离；

c. 污染等级：用数字表征微观环境受预期污染程度。污染等级说明如表 2-27 所示。

③ 对于外壳防护等级不低于 IP4X 时的电气间隙和爬电距离最小值，可参照 GB 16899—2011《自动扶梯和自动人行道的制造与安装安全规范》附录 B“电子元件的故障排除”的相关规定判断。

④ 对于串联的分断点，能将触点分断瞬间所产生的电弧分隔成串联的短弧，从而达到灭弧的效果。在保证分断点动作的同步性和一致性的前提下，触点间距允许降至 2 mm。

表 2-27　污染等级说明

污染等级	说　明
1	无污染或仅有干燥的、非导电性的污染，该污染没有任何影响
2	一般仅有非导电性污染，然而必须预期到凝露会偶然发生短暂的导电性污染
3	有导电性污染或由于预期的凝露使干燥的非导电性污染变为导电性污染
4	造成持久的导电性污染，例如，由于导电性尘埃、雨或其他潮湿条件所引起的污染

2.4.2.4 安全电路

【检验要求】

（1）GB 16899—2011《自动扶梯和自动人行道的制造与安装安全规范》中 5.12.1.1 条中的任一故障均不应导致危险状态的产生。

（2）下列条件适用于 GB 16899—2011《自动扶梯和自动人行道的制造与安装安全规范》中 5.12.1.1 条所述的故障：

如果某一故障与第二个故障组合可能导致危险状态，那么最迟应在该故障元件参与的下一个操作程序时使自动扶梯或自动人行道停止运行。

在自动扶梯或自动人行道按照上述程序停止运行之前，第二个故障导致危险状态的可能性不予考虑。

如果在状态变化下不能检测出导致第一故障的元件失效，则应有适当的措施确保该故障被检测出，并最迟在按照 5.12.2.4 重新启动时防止自动扶梯和自动人行道运行。

安全电路的 MTBF（平均失效间隔工作时间）不应小于 2.5 年。确定这个时间的依据是，假设每台自动扶梯或自动人行道在三个月内，根据 GB 16899—2011《自动扶梯和自动人行道的制造与安装安全规范》中 5.12.2.4 条至少重新启动一次，即经历一次状态的变化。

（3）如果两个故障与第三个故障组合可能导致危险状态，那么最迟应在有该两个故障元件中任何一个参与的下一个操作程序时使自动扶梯或自动人行道停止运行。

在自动扶梯或自动人行道按照上述程序停止运行之前，第三故障导致危险状态的可能性不予考虑。如果在状态变化下不能检测出导致前两个故障的元件失效，则应有适当的措施确保这些故障被检测出，并最迟在按照 GB 16899—2011《自动扶梯和自动人行道的制造与安装安全规范》中 5.12.2.4 条重新启动时防止自动扶梯和自动人行道运行。安全电路的 MTBF（平均失效间隔工作时间）不应小于 2.5 年。确定这个时间的依据是，假设每台自动扶梯或自动人行道在三个月内，根据 GB 16899—2011《自动扶梯和自动人行道的制造与安装安全规范》中 5.12.2.4 条至少重新启动一次，即经历一次状态的变化。

（4）如果满足下列 a 或 b 的要求，多于三个故障的组合可以不予考虑，否则不允许中断失效分析，而应继续类似于 GB 16899—2011《自动扶梯和自动人行道的制造与安装安全规范》中 5.12.1.2.3.3 条的分析处理：

① 安全电路至少由两个通道组成，并且它们的相同状态由一个控制电路监测。在自动扶梯或自动人行道重新启动（按照 GB 16899—2011《自动扶梯和自动人行道的制造与安装安全规范》中 5.12.2.4）前，检查控制电路（见 GB 16899—2011《自动扶梯和自动人行道的制造与安装安全规范》附录 C），冗余型安全电路图示见图 2-59。

② 安全电路至少由三个通道组成，并且它们的相同状态由一个控制电路监测。

（5）电气安全装置的动作当电气安全装置动作时，应能防止驱动主机启动或立即使其停机。工作制动器应起作用。

（6）电气安全装置的控制电气安全装置的执行元件应经筛选，即使在连续操作产生机械力的条件下，也能正常工作。对于冗余型安全电路，传感器元件应通过机械设计或几何布置确保机械故障不会导致冗余能力的减弱或丧失。

如果不检测安全电路的传感元件故障，则安全电路的传感元件应满足 GB 16899—2011《自动扶梯和自动人行道的制造与安装安全规范》附录 D. 4. 2 和 D. 4. 3 的要求。

【检验方法】

(1) 检查安全电路的设计资料、型式试验报告和合格证。

(2) 当某一故障发生时，该故障元件由于未参与运行，或故障状态与运行要求保持一致，因此可能不能马上被检出，无法使自动扶梯或自动人行道停止运行，但该单一故障也不会导致危险状态的产生。

(3) 规定要求在该故障元件参与的下一个操作程序时使自动扶梯或自动人行道停止运行，在此之前发生第二个故障的概率几乎为零，所以不予考虑。

(4) 冗余型安全电路判断：

由两个或以上独立的通道以及一个监控电路组成的安全电路。每一个通道可以独立地执行安全电路的功能，即使其中一个通道出现故障，也不会影响其余通道的正常工作。但故障通道的输出和其余正常通道的输出不一致时，监控回路将会检出，并发出动作信号切断串接于安全回路的继电器。

(5) 对电气安全装置控制的可靠性需分两类判断：

① 对于机械式的，应保证执行元件即使在连续操作产生机械力的条件下，也能工常工作。

② 对于传感器元件，需分两种情况进行判断：

a. 对于冗余型安全电路（图 2-59），不同通道的输入应该是独立的，因此传感器元件不应由于机械故障导致冗余能力的减弱或丧失；

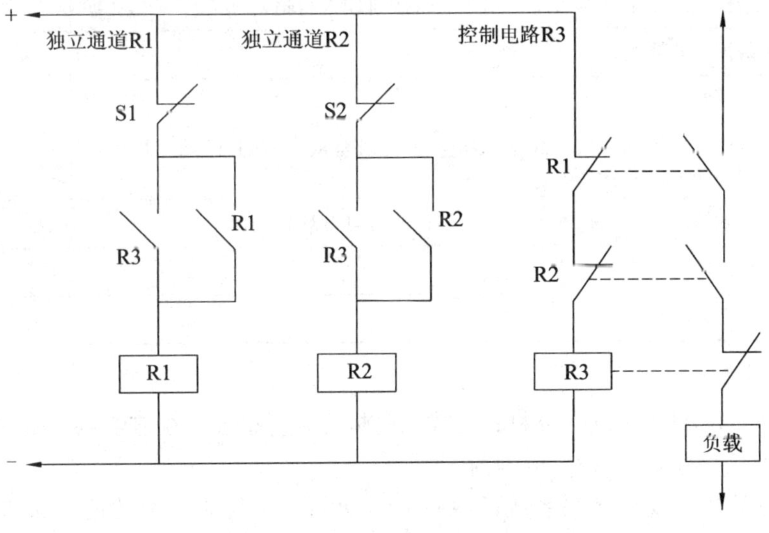

图 2-59　冗余型安全电路图示

b. 对于安全电路的传感器元件，如果不检测其故障，则应满足 GB 16899—2011《自动扶梯和自动人行道的制造与安装安全规范》附录 D. 4. 2 “振动试验” 和 D. 4. 3 “碰撞试验” 的要求。

2.4.2.5 可编程电子安全相关系统（PESSRAE）

【检验要求】

（1）可编程电子安全相关系统应符合 GB/T 20438—2017《电气/电子/可编程电子安全相关系统的功能安全》的规定。

（2）如果可编程电子安全相关系统和一个与安全无关的系统共用同一硬件，则该硬件应符合 PESSRAE 的规定。PESSRAE 的最低安全完整性等级如表 2-28 所示。

表 2-28 PESSRAE 的最低安全完整性等级

序号	PESSRAE 所检查的装置	最低安全完整性等级（SIL）
1	检查超速并在速度超过名义速度 1.2 倍之前起作用；向上运行时，检查非操纵逆转	2
2	检查附加制动器的动作	1
3	直接驱动梯级（踏板、胶带）的元件（如链条或者齿条）断裂或者过分伸长	1
4	驱动装置与转向装置之间的距离（无意性）伸长或者缩短	1
5	梯级（踏板、胶带）进入梳齿板处有异物夹住	1
6	多台连续且中间出口的自动扶梯或者自动人行道中的一台停止运行或者自动扶梯和自动人行道出口被建筑结构（如闸门、防火门）阻挡	2
7	扶手带入口夹入异物	1
8	梯级（踏板）的下陷（本条不适用于胶带式自动人行道）	2
9	梯级（踏板）的缺失	2
10	自动扶梯或者自动人行道启动后，制定系统未释放	1
11	扶手带速度与梯级（踏板、胶带）实际速度偏差最大超过 15%，并且持续时间达到 5～15 s	1
12	打开桁架区域的检修盖板和（或者）移去或者打开楼层板	1
13	装上可拆卸的手动盘车装置	1
14	驱动链松弛及断裂	1

【检验方法】

（1）检查 PESSRAE 设计资料、型式试验报告和合格证，检查实物。

（2）对上述检验要求（2）的判断：

如果可编程电子安全相关系统既执行安全功能又执行非安全功能，除非能够表明安全功能和非安全功能是充分独立的，也就是说，非安全功能的失效不会引起安全功能的危险失效，否则所有的软硬件都应该被视为与安全相关。

2.4.2.6 自动扶梯或自动人行道的启动和投入使用

【检验要求】

（1）自动扶梯或自动人行道的启动或投入自动运行状态（即使用者经过某一点的自动启动），应只能由被授权人员通过操作一个或数个开关（如钥匙操作式开关、拆卸式手柄开关、护盖可锁式开关、远程启动装置）来实现，这些开关应能从梳齿和踏面相交线外部区域操作。

这种开关不应同时用作主开关。操作开关的人员在操作之前应能看到整个自动扶梯或自动人行道，或者应有措施确保在操作之前没有人员正在使用自动扶梯或自动人行道。在开关的指示上应能明显识别运行方向。

任何一个自动扶梯或自动人行道的电气设备故障，如果在 GB 16899—2011《自动扶梯和自动人行道的制造与安装安全规范》中 5.12.1.1.3 条和附录 B 所述的条件下不能排除，不应导致自动扶梯和自动人行道的启动。启动开关应位于可触及停止开关的范围内。对于远程启动，也应符合上述规定。

（2）由使用者的进入而自动启动或加速的自动扶梯或自动人行道（待机运行），在该使用者到达梳齿与踏面相交线时应以不小于 0.2 倍的名义速度运行，然后以小于 0.5 m/s^2 的加速度加速（考虑行人平均行走速度为 1 m/s），且应满足 GB 16899—2011《自动扶梯和自动人行道的制造与安装安全规范》中 5.12.1.1 条的要求。

为了防止使用者避开控制元件，可能需要在建筑物上采取措施。由使用者进入而自动启动的自动扶梯或自动人行道的运行方向应预先设定，并要有明显标识，清晰可见。自动扶梯和自动人行道运行方向标识如图 2-60 和图 2-61 所示。

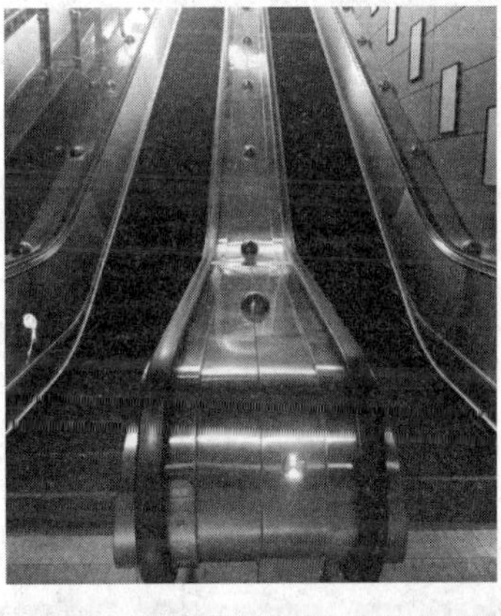

图 2-60　自动扶梯运行方向标识

图 2-61　自动人行道运行方向标识

（3）在由使用者进入而自动启动的自动扶梯或自动人行道上，如果使用者能从与预定运行方向相反的方向进入时，自动扶梯或自动人行道仍应按照预先设定的方向启动并符合上述（2）的规定，运行时间应不少于 10 s。

【检验方法】

（1）目测，手动试验。用秒表测试运行时间，用加速度仪测试速度和加速度，如有必要，用尺测距离。

（2）启动开关必须由被授权人员才能操作，因此应判断防止非被授权人员误操作的措施，例如，采用钥匙操作式开关、拆卸式手柄开关等。

（3）上述（2）对感应装置没有限制具体实现方法，也就是没有安装位置方面的明确要求。需注意的是，采取停止待机方式的自动扶梯或自动人行道，应通过计算得出其感应装置布置在距离梳齿相交线前的位置，并核对实物。

（4）应注意检查运行方向指示设置的合理性：

① 在入口处（上行时在下部，下行时在上部）显示运行方向的信号；

② 在出口处（上行时在上部，下行时在下部）显示“禁止进入”信号。

2.4.2.7　停止运行

（1）手动操作停止运行。

【检验要求】

在停止运行之前，操作开关的人员应有措施确保在操作之前没有人员正在使用自动扶梯或自动人行道。对于远程停止装置，同样应符合上述规定。

【检验方法】

手动模拟试验。

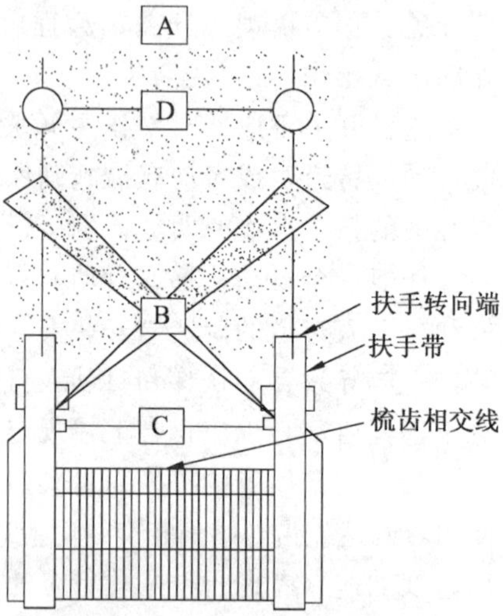

图 2-62　自启动自动扶梯或自动人行道人员进入检测方式图示

（2）自动操作停止运行。

【检验要求】

控制系统应能使自动扶梯或自动人行道在使用者启动了控制元件之后，经过一段足够的时间（至少为预期输送使用者的时间再加上 10 s）才能自动停止。

【检验方法】

手动试验，用秒表测试运行时间。

（3）手动操作紧急停止开关。

【检验要求】

① 自动扶梯或自动人行道应在紧急情况下使其停止的紧急停止开关。紧急停止开关应设置在自动扶梯或自动人行道出入口附近、明显而易于接近的位置。紧急停止开关应为红色，且有“停止”标识。紧急停止开关之间的距离应符合以下规定：

a. 自动扶梯，不应大于 30 m；

b. 自动人行道，不应大于 40 m。

为保证上述距离要求，必要时应设置附加紧急停止开关。对于用于输送购物车和行李车的自动人行道的检验要求，参见 GB 16899—2011《自动扶梯和自动人行道的制造与安装安全规范》附录 I 中 1.2 条。附加紧急停止开关如图 2-63 所示。

② 紧急停止开关（图 2-64）应为电气安全装置。

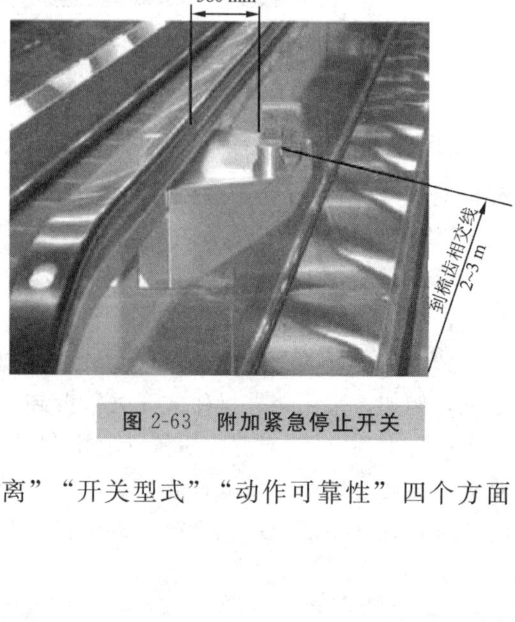

图 2-63　附加紧急停止开关

【检验方法】

① 目测，手动试验。用秒表测试运行时间，用卷尺测试距离。

② 检验时应从“布置位置”“开关之间距离”“开关型式”“动作可靠性”四个方面验证。

图 2-64　紧急停止开关

（4）由监测装置或电气安全装置触发的停止运行。

【检验要求】

① 当发生由表 2-29 所列监测装置或电气安全装置（或功能）检测到的事件时，在重新启动之前，驱动主机应不能启动或立即停止（见 GB 16899—2011《自动扶梯和自动人行道的制造与安装安全规范》中 5.12.2.4 条）。

② 断开安全回路中的监测装置和电气安全装置的执行装置（如检修控制装置）应符合 GB 16899—2011《自动扶梯和自动人行道的制造与安装安全规范》附录 B 的规定。

表 2-29　监测装置和电气安全装置（或功能）的要求

序号	被检测的事件	要求
a	过载（通过自动断路器）。应防止启动	—
b	过载（基于温度升高而动作）	—
c	超速或运行方向的非操纵逆转。应防止启动	SIL2
d	附加制动器的动作	SIL1
e	直接驱动梯级、踏板或胶带的元件（如链条或齿条）断裂或过分伸长。应防止启动	SIL1
f	驱动装置与转向装置之间的距离（无意性）伸长或缩短	SIL1
g	梯级、踏板或胶带进入梳齿板处有异物夹住	SIL1
h	多台连续且无中间出口的自动扶梯或自动人行道中的一台停止运行（按照 A.2.6）或自动扶梯和自动人行道出口被建筑结构（如闸门、防火门）阻挡。附加紧急停止开关见附录 I	SIL2
i	扶手带入口夹入异物	SIL1
j	梯级或踏板的下陷。应防止启动；本条不适用于胶带式自动人行道	SIL2
k	梯级或踏板的缺失（见 5.3.6）。应防止启动	SIL2
l	自动扶梯或自动人行道启动后，制动系统未释放。应防止启动	SIL1
m	扶手带速度偏离梯级、踏板或胶带的实际速度大于－15％且持续时间大于 15 s	SIL1

续表

序号	被检测的事件	要求
n	打开桁架区域的检修盖板或移去或打开楼层板	SIL1
o	超出最大允许制停距离 1.2 倍。应防止启动	—
p	含有电气安全装置的电路发生接地故障。应防止启动	—
q	装上可拆卸的手动盘车装置	SIL1

【检验方法】

① 定义判断：

a. 监测装置：实现 GB 16899—2011《自动扶梯和自动人行道的制造与安装安全规范》要求的监测功能的装置，表 2-29 中有 a、b、o、p 四项；

b. 电气安全装置：由安全开关和（或）安全电路组成的部分安全回路；

c. 电气安全功能：采用 PESSRAE 方式实现的电气安全装置。

② 模拟试验监测装置或电气安全装置动作后，观察驱动主机状态。

③ 现场观察执行装置的结构，分析其设计资料，注意上表中电气安全装置的执行装置应串接在安全回路中。

④ 执行装置的型式，可以是限位开关、紧急停止开关，也可以是接触器式继电器或其他符合要求的控制元件。

2.4.2.8　运行方向的转换

【检验要求】

只有当自动扶梯或自动人行道处于停机状态，并符合 GB 16899—2011《自动扶梯和自动人行道的制造与安装安全规范》中 5.12.2.1.1 条、5.12.2.1.2 条、5.12.2.1.3 条和 5.12.2.2.2 条的规定时，才能转换运行方向。

【检验方法】

手动试验。

2.4.2.9　再启动

【检验要求】

① 使用开关进行再启动。每次停止运行之后，除自动操作停止运行外，只有通过启动开关或检修控制装置才可能重新启动。

如在表 2-29 的 a、c、e、j、k、l、o、p 和 q 情况下停止运行，则只有在故障锁定被手动复位之后，才能重新启动。即使电源失电或电源恢复，故障锁定应始终保持有效。

② 自动再启动的重复使用。如果由紧急停止开关实现停止，自动扶梯或自动人行道在下述情况下，可不使用启动开关而重复使用自动再启动：

a. 在两端梳齿与踏面相交线，包括它们外侧 0.30 m 的附加距离之间，应对梯级、踏板或胶带进行监测，且只有当这个区域内没有人和物时，自动再启动的重复使用才是有效的。该装置应能探测到在该区域内任何位置直径为 0.30 m、高度为 0.30 m 的不透明直立圆柱。

b. 使用者进入时使自动扶梯或自动人行道启动。至少在 10 s 时间内，监测装置在规定的区段内没有检测到人或物时，启动才是有效的。

c. 控制自动再启动的重复使用的应是电气安全装置，自检测传感元件允许单通道设计。

【检验方法】

① 手动试验。

② 故障锁定采用方式的判定：

a. 机械方式：采用需手动复位的机械结构；

b. 电气方式：采用软件将故障信息锁存在失电保护的存储器中。

③ 故障锁定复位的判定：

a. 通过机械方式锁定的电气安全装置，需手动复位相应的动作部件；

b. 通过电气方式锁定的电气安全装置，需触发某个为此目的设置的开关或装置来进行软件复位。

2.4.2.10　检修控制

【检验要求】

(1) 自动扶梯或自动人行道应设置检修控制装置，便于在维护、修理、检查时能使用便携式手动操作的控制装置。

(2) 为此目的，各出入口（如桁架内的驱动站和转向站）应至少提供一个用于便携式控制装置柔性电缆连接的检修插座。便携式控制装置柔性电缆的长度不应小于 3 m。检修插座的设置应能使便携式控制装置到达自动扶梯或自动人行道的任何位置。

(3) 便携式控制装置的操作元件应能防止发生意外动作。自动扶梯或自动人行道的运行应依靠手动持续操作，开关上应有明显且易识别的运行方向指示标记。

每个便携式控制装置应配置一个停止开关，停止开关应：

① 手动操作。

② 有清晰、永久的开关转换位置标记。

③ 为安全开关。

④ 须手动复位。

当插上便携式控制装置时，操作停止开关应能断开驱动主机的电源，并使工作制动器动作。

(4) 当使用便携式控制装置时，其他所有启动装置都应不起作用，并应符合电气安全装置的规定。

所有检修插座应这样设置：当连接一个以上的便携式控制装置时，所有便携式控制装置都不起作用。除了表 2-29 的 h、j、k、l、m 和 n 提及的以外，电气安全装置应仍有效。

【检验方法】

(1) 目测，手动试验，观察驱动主机和工作制动器的动作状态。

(2) 便携式控制装置（图 2-65）应采用有线连接、便于弯曲和移动的柔性电缆。

(3) 防止操作元件误操作的判定：

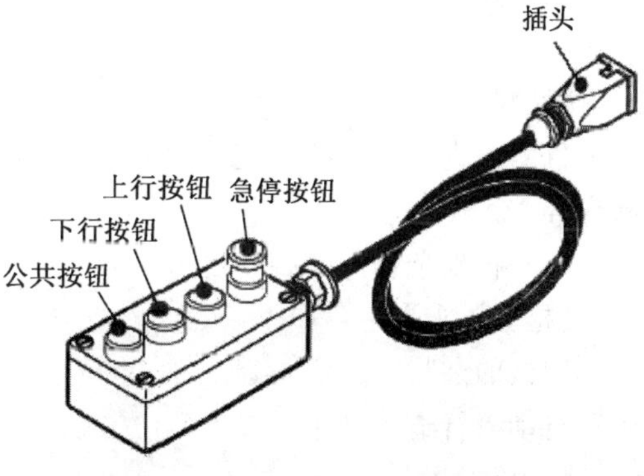

图 2-65　便携式控制装置图示

① 上下行开关应采用自动复位方式，具有防止误操作措施的开关。

② 操作运行中，可采用同时操作两个开关才能启动的方式。

2.4.3 支撑结构（桁架）和围板

2.4.3.1 通用要求

（1）机械运动部分的封闭。

【检验要求】

除使用者可踏上的梯级、踏板或胶带以及可接触的扶手带部分外，自动扶梯或自动人行道的所有机械运动部分均应完全封闭在无孔的围板或墙内。用于通风的孔是允许的。

【检验方法】

目测。（自动扶梯和自动人行道整体结构图示分别见图 2-66、图 2-67）

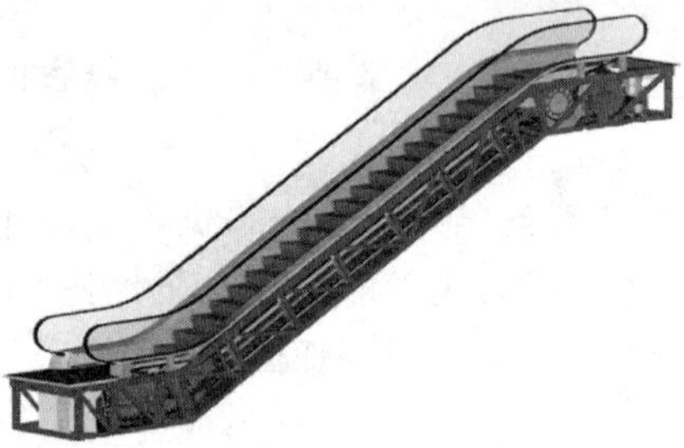

图 2-66 自动扶梯整体结构图示

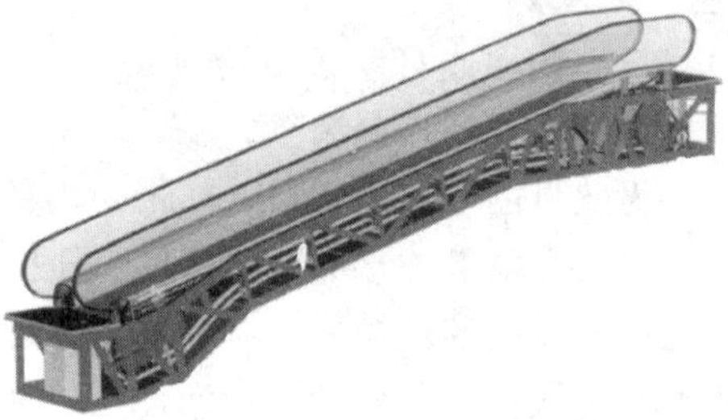

图 2-67 自动人行道整体结构图示

（2）外装饰板强度。

【检验要求】

在外装饰板上任意点垂直施加 250 N 的力作用在 25 cm^2 面积上，外装饰板不应产生破损或导致缝隙的变形。固定件应设计成至少能够承受两倍的围板自重。

【检验方法】

用专用测量装置测试外装饰板变形。

（3）机械运动部分的围板。

【检验要求】

如果采取了对公众不会产生危险的措施（如房间门上锁、只允许被授权的专业人员进入），机械运动部分可不设围板。

【检验方法】

目测检查，采取的措施诸如房间上锁、只允许被授权的专业人员进入、完全封闭在墙内等。

（4）积聚杂物的清扫。

【检验要求】

积聚的杂物（如润滑脂、油、灰尘、纸等）存在火灾的风险，因此应能清扫自动扶梯和自动人行道内部。

【检验方法】

目测，判断应能允许清扫自动扶梯和自动人行道的内部。

（5）通风孔的设置或布置。

【检验要求】

通风孔的设置或布置应符合 GB 23821—2009《机械安全　防止上下肢触及危险区的安全距离》表 5（即表 2-30）的规定。此外，一根直径为 10 mm 的刚性直杆应不能穿过围板，且不能穿过通风孔触及任何运动部件。

【检验方法】

用量棒或内孔测量工具测试通风孔直径。（GB 23821—2009《机械安全　防止上下肢触及危险区的安全距离》“适合三岁及以上人群的规则开口”表 2-30）

表 2-30　通过规则开口触及的安全距离——3 岁及以上人员

身体部位	图示	开口	安全距离 s_r		
			槽形	方形	圆形
指尖	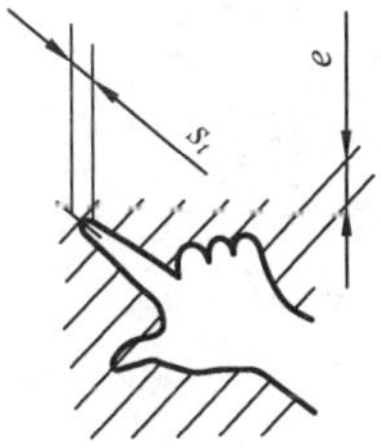	$e \leqslant 4$	≥2	≥2	≥2
		$4 < e \leqslant 6$	≥20	≥10	≥10
指至指关节	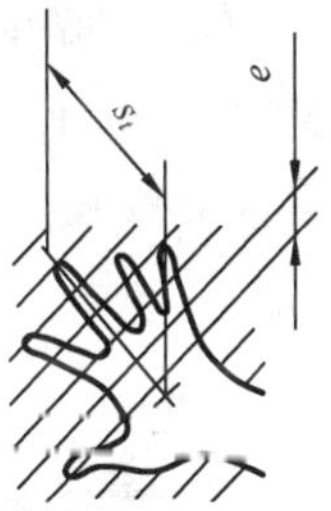	$6 < e \leqslant 8$	≥40	≥30	≥20
		$8 < e \leqslant 10$	≥80	≥60	≥60
手		$10 < e \leqslant 12$	≥100	≥80	≥80
	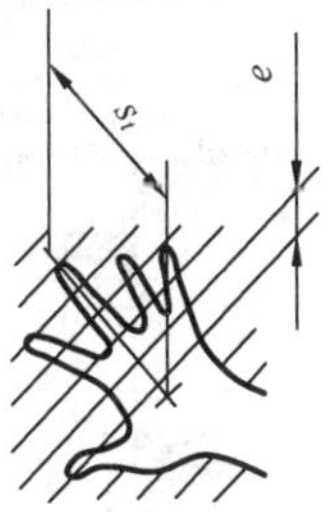	$12 < e \leqslant 20$	≥900[a]	≥120	≥120
臂至肩关节	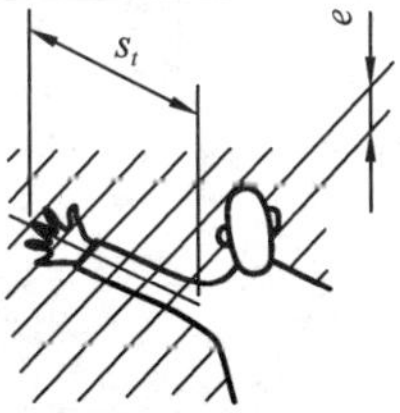	$30 < e \leqslant 100$	≥900	≥550	≥120
		$30 < e \leqslant 100$	≥900	≥900	≥900
表中的粗实线划分了开口尺寸限制的人体部分					
[a] 如果槽形开口长度≤40 mm，拇指将受到阻挡，安全距离可减小到 120 mm					

（6）外装饰板的电气保护。

【检验要求】

任何设计成可被打开的外装饰板（如为清扫目的）应设置电气安全装置。

【检验方法】

目测，手动试验。

2.4.3.2 倾斜角

【检验要求】

自动扶梯的倾斜角 α 不应大于 30°，当提升高度不大于 6 m 且名义速度不大于 0.50 m/s 时，倾斜角 α 允许增至 35°。自动人行道的倾斜角不应大于 12°。

【检验方法】

检查设计图纸，用量角器测量角度。

2.4.3.3 内部入口

【检验要求】

桁架内的机房应只允许被授权的专业人员进入（如通过钥匙、出入控制）。

【检验方法】

目测。

2.4.3.4 检修盖板和楼层板

【检验要求】

检修盖板和楼层板应设置一个电气安全装置（图 2-68），检修盖板和楼层板应只能通过钥匙或专用工具开启。如果检修盖板和楼层板后的空间是可进入的，即使上了锁也应能从里面不用钥匙或工具把检修盖板和楼层板打开。检修盖板和楼层板应是无孔的。检修盖板应同时符合其安装所在位置的相关要求。

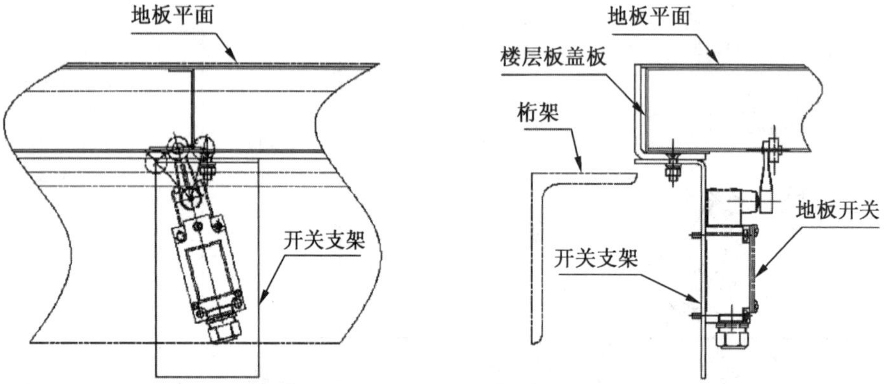

图 2-68 楼层板电气安全装置图示

【检验方法】

（1）目测，手动试验。

（2）对检修盖板的检验，需和其安装所在位置的受力等要求一致，必要时应采用专用测量装置测量。

2.4.3.5　支撑结构设计

【检验要求】

自动扶梯或自动人行道支撑结构设计所依据的载荷是：自动扶梯或自动人行道的自重加上 5 000 N/m² 的载荷。根据 5 000 N/m² 的载荷计算和实测的最大挠度，不应大于支承距离的 1/750。对于公共交通型自动扶梯或自动人行道，根据 5 000 N/m² 的载荷计算和实测的最大挠度，不应大于支承距离的 1/1 000。

【检验方法】

(1) 自动扶梯或自动人行道的自重包括支撑结构本身以及驱动装置、梯级或踏板、装潢部分等部件的重量（自动扶梯或自动人行道自重包括的部分如图 2-69 所示）。

(a) 桁架　(b) 上部驱动轮、梯级链轮

(c) 下部梯级链轮　(d) 驱动链

(e) 梯级　(f) 主机

图 2-69　自动扶梯或自动人行道自重部件

(2) 5 000 N/m² 载荷的承载面积＝自动扶梯或自动人行道名义宽度×两端部支承之间的距离。

(3) 检查申请单位提供的支撑结构设计计算书或试验报告。

(4) 对于自动扶梯和带附加制动器的自动人行道，应现场加载实测最大挠度。

2.4.4 梯级、踏板或胶带

2.4.4.1 通用要求

【检验要求】

在自动扶梯的载客区域，梯级踏面应是水平的，允许在运行方向上有±1°的偏差。自动扶梯和自动人行道的踏面应提供一个安全的立足面，其表面防滑性能应符合 GB 16899—2011《自动扶梯和自动人行道的制造与安装安全规范》附录 J 的要求。

【检验方法】

目测，必要时用磁性角度规等仪器测试运行方向上的角度偏差。查阅证明文件，确认防滑性能符合要求。

2.4.4.2 尺寸

【检验要求】

（1）自动扶梯和自动人行道的名义宽度不应小于 0.58 m，也不应大于 1.10 m。对于倾斜角不大于 6°的自动人行道，该宽度允许增大至 1.65 m。

（2）梯级和踏板：

a. 梯级高度不应大于 0.24 m，深度不应小于 0.38 m。

b. 梯级踏面和踏板的表面应具有沿运行方向且与梳齿板的梳齿相啮合的齿槽。

c. 梯级踢板表面应做成合适的楞齿，齿形表面应光滑。梯级踏面的前端，应与相邻梯级踢板的齿槽相啮合。

d. 齿槽的宽度不应小于 5 mm，也不应大于 7 mm，深度不应小于 10 mm。

e. 齿的宽度不应小于 2.5 mm，也不应大于 5 mm。

f. 梯级踏面、梯级踢板或踏板，其两侧边缘不应是齿槽。

g. 梯级踏面与踢板的交接处应消除锐角。

（3）胶带：

a. 胶带应具有沿运行方向且与梳齿板的梳齿相啮合的齿槽。

b. 齿槽的宽度不应小于 4.5 mm，也不应大于 7 mm。该宽度应在胶带的踏面上测量。

c. 齿槽的深度不应小于 5 mm。

d. 齿的宽度不应小于 4.5 mm，也不应大于 8 mm。该宽度应在胶带的踏面上测量。

e. 胶带的两侧边缘不应是齿槽。胶带的拼接应保证其踏面的连续一致性。

【检验方法】

目测或用尺测量。梯级或踏板图如图 2-70 所示，梯级或踏板相关尺寸如表 2-31 所示。

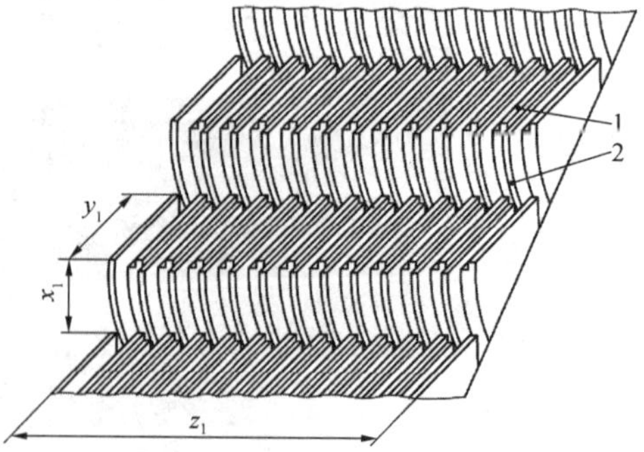

图 2-70 梯级或踏板图

表 2-31　梯级或踏板相关尺寸

主要尺寸	条款
$x_1 \leqslant 0.24$ m	GB 16899—2011　5.3.2.2.1
$y_1 \geqslant 0.38$ m	GB 16899—2011　5.3.2.2.2
0.58 m$\leqslant z_1 \leqslant$1.10 m	GB 16899—2011　5.3.2.1

2.4.4.3　胶带强度

【检验要求】

在考虑环境因素的情况下，材料应在规定的使用寿命周期内保持其强度特性。梯级、踏板和胶带应设计成能够承受正常运行时由导轨、导向和驱动系统施加的所有可能的载荷和扭曲作用，并应能承受 6 000 N/m^{2}的均布载荷。

为了确定胶带及其支承系统的尺寸，应以其有效宽度乘以 1.0 m 长的面积作为上述指定载荷的基础，此外还应符合 GB 16899—2011《自动扶梯和自动人行道的制造与安装安全规范》中 5.3.3.2.4 条的规定。测试要求如图 2-71 所示。

【检验方法】

查阅设计文件。

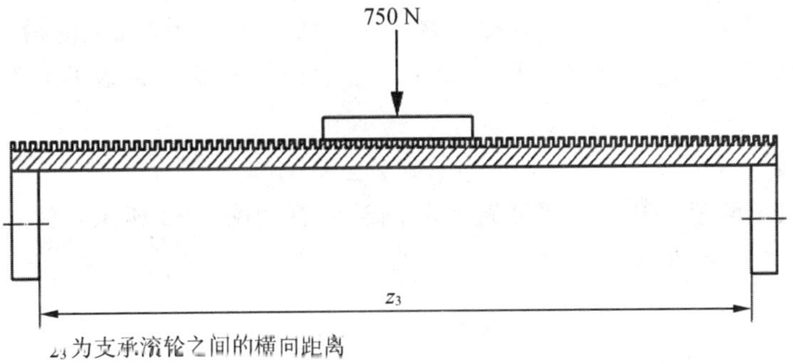

图 2-71　胶带强度测试

2.4.4.4　连接

【检验要求】

装配梯级和踏板的所有零部件（如嵌入件或固定件）应可靠连接，并在使用寿命周期内不会发生松动。嵌入件和固定件应能承受使梳齿板或梳齿支撑板的电气安全装置动作所产生的反作用力。

【检验方法】

（1）现场检查连接件的可靠性。

（2）梯级和踏板的种类主要有两类：一类是由铝合金压铸整体成型的整体梯级或踏板；另一类是通过固定件或紧固件将若干组件拼装而成的装配梯级或踏板。针对结构稳定性而言，虽然整体类的也有紧固件，但在检验中应更多关注装配类的梯级或踏板。

2.4.4.5　梯级、踏板和胶带的导向

【检验要求】

（1）梯级或踏板偏离其导向系统的侧向位移，在任何一侧不应大于 4 mm，在两侧测得的总和不应大于 7 mm。对于垂直位移，梯级和踏板不应大于 4 mm，胶带不应大于 6 mm。

（2）上述要求仅适用于梯级、踏板或胶带的工作区段。

（3）沿胶带中心线应提供间距不大于 2 m 的支撑。当按照 GB 16899—2011《自动扶梯和自动人行道的制造与安装安全规范》中 5.3.3.2.4 条规定加载时，这些支撑的表面与胶带底面间的距离不应大于 50 mm。

【检验方法】

（1）用尺子测量尺寸。

（2）侧向位移的限定目的：保证梯级、踏板或胶带与围裙板之间的间隙限制（GB 16899—2011《自动扶梯和自动人行道的制造与安装安全规范》第 5.5.5 条）。

（3）垂直位移的限定目的：防止梯级、踏板或胶带在运行时脱离导向系统，在到达梳齿位置时与梳齿撞击造成损坏后事故。

2.4.4.6　梯级间或踏板间的间隙

【检验要求】

（1）在工作区段内的任何位置，从踏面测得的两个相邻梯级或两个相邻踏板之间的间隙不应大于 6 mm。

（2）在出入口处，应提供突显梯级后缘的定界线（如梯级踏面上的槽）。

（3）在自动人行道过渡曲线区段，如果踏板的前缘和相邻踏板的后缘啮合，其间隙允许增至 8 mm。

【检验方法】

目测，用尺子测量尺寸（梯级或踏板间间隙示意如图 2-72 所示，注：图中尺寸单位为 mm，标出的 6 max 指最大值是 6 mm 的意思）。

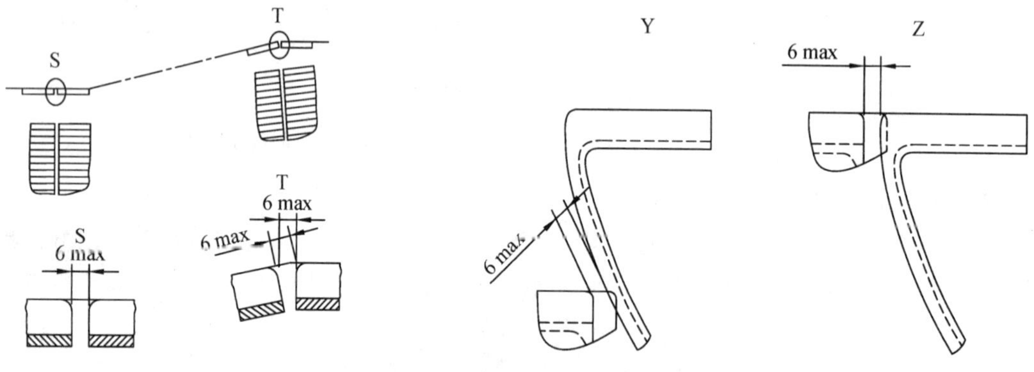

图 2-72　梯级或踏板间间隙示意

2.4.4.7　梯级或踏板缺失监测装置

【检验要求】

在自动扶梯和自动人行道的上下端部均应当装设梯级（踏板）缺失监测装置，该装置应当装设在尽可能靠近梳齿板而又能防止缺口从梳齿板位置出现的位置上（考虑最大制停距离的影响）。当自动扶梯和自动人行道运行时，最迟应当在缺口从端部梳齿板位置出现之前停止运行。

【检验方法】

图 2-73 是一种梯级缺失检测开关安装示意图，试验时卸除 1 个梯级（踏板），将缺口运行至返回分支内与回转段下部相接的直线段位置，正常启动设备运行，分别检查缺口到达梳齿板位置之前，设备是否停止运行。

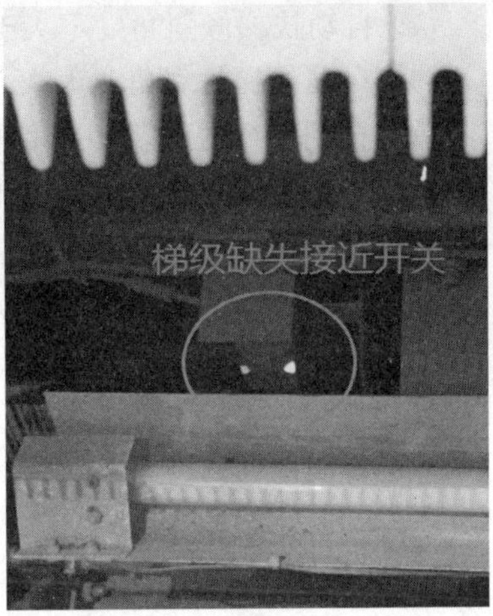

图 2-73　一种梯级缺失检测开关

2.4.4.8　梯级或踏板下陷监测装置

【检验要求】

如果因梯级或踏板的任何部分下陷而不能再保证与梳齿板的啮合，一个符合规定的安全装置应使自动扶梯或自动人行道停止运行。该安全装置应设置在每个过渡圆弧段之前，以保证下陷的梯级或踏板在到达梳齿与踏面相交线前有足够的距离。该监测装置可监测梯级或踏板的任一位置。

【检验方法】

该试验宜在梯级缺失试验完成后，梯级还没装上的时候进行，将空梯级运行至梯级下陷检测开关位置（图 2-74），观察该装置动作方式和安装位置，确认是否能满足要求，人为动作该机构并参考制停距离的要求进行判断。

图 2-74　一种梯级下陷检测开关

2.4.5　驱动装置检查

2.4.5.1　通用要求

【检验要求】

一台驱动主机不应驱动两台以上的自动扶梯或自动人行道。

【检验方法】

现场目测。

2.4.5.2　速度

（1）速度偏差。

【检验要求】

在额定频率和额定电压下，梯级、踏板或胶带沿运行方向空载时所测得的速度与名义速度之间的最大允许偏差为±5%。

【检验方法】

现场测试。可手持转速表，人面对围裙板蹲在运行中的扶梯上，转速表测速头压紧围裙板上盖板，持转速表的手保持姿势。测出扶梯相对于围裙板的速度即为扶梯的运行速度，也可以用其他等效的测试方法，然后和名义速度进行比较、计算。

（2）名义速度。

【检验要求】

① 自动扶梯的名义速度有如下几种情况：

a. 自动扶梯倾斜角 α 不大于 30°时，为 0.75 m/s；

b. 自动扶梯倾斜角 α 大于 30°但不大于 35°时，为 0.50 m/s。

② 自动人行道的名义速度不应大于 0.75 m/s。

③ 如果踏板或胶带的宽度不大于 1.10 m，并且在出入口踏板或胶带进入梳齿板之前的水平距离不小于 1.60 m 时，自动人行道的名义速度最大允许达到 0.90 m/s。

④ 上述要求不适用于具有加速区段的自动人行道以及能直接过渡到不同速度运行的自动人行道。

【检验方法】

① 查阅设计文件，核对实物。

② 对上述④的判定应为，采用在入口段踏板或胶带以符合③规定的速度运行，中间段直接过渡至高速区段，在出口段又过渡回③规定的速度的自动人行道，是不符合本条要求的。

2.4.5.3　工作制动器和梯级、踏板或胶带驱动装置之间的连接

【检验要求】

(1) 工作制动器与梯级、踏板或胶带驱动装置之间的连接应优先采用非摩擦传动元件，如轴、齿轮、多排链条、两根或两根以上的单排链条。如果采用摩擦元件，如三角传动皮带（不允许使用平皮带），则应采用附加制动器。

(2) 所有驱动元件（包括主机轴、联轴器、驱动链条等）静力计算的安全系数不应小于 5。如果采用三角传动皮带，不应少于 3 根。

上述安全系数是驱动元件的破断力与驱动元件所受静力之比。静力是指自动扶梯或倾斜式自动人行道承受 5 000 N/m² 的载荷，同时还承受张紧装置所产生的张力。对水平自动人行道，安全系数依据 GB 16899—2011《自动扶梯和自动人行道的制造与安装安全规范》中 5.4.2.1.3.3 条制动载荷下动载荷以及张紧装置所产生的张力来确定。

【检验方法】

(1) 目测，查阅设计文件。

(2) 对“所有驱动元件”的判定，应包括从工作制动器至梯级（或踏板）链轮或胶带驱动轮或驱动滚筒之间的所有驱动元件。

2.4.5.4　手动盘车装置

【检验要求】

如提供手动盘车装置，该装置应易于取用并可安全操作；对于可拆卸的手动盘车装置，一个电气安全装置应在手动盘车装置装上驱动主机之前或装上时动作；不允许采用曲柄或多孔手轮。

【检验方法】

目测，手动试验。

2.4.5.5　停机及停止状态检查

(1) 停止方式。

【检验要求】

通过电气安全装置停止自动扶梯或自动人行道应符合 (2) 和 (3) 的规定。

【检验方法】

检查电气图纸是否符合要求，现场试验。

(2) 交流或直流电动机由电源直接供电。

【检验要求】

电源应由两个独立的接触器切断，这些接触器的触点应串联在供电回路中。当自动扶梯或自动人行道停止时，如果其中任一接触器的主触点未打开，则自动扶梯或自动人行道应不能重新启动。

【检验方法】

① 检查电气图纸是否符合要求。

② 人为按住其中一个主接触器不释放，停车、再启动，检查自动扶梯或自动人行道是否能启动。

(3) 交流或直流电动机由静态元件供电和控制。

【检验要求】

应采用下述①或②方法：

① 由两个独立的接触器切断电动机电流。自动扶梯或自动人行道停止时，如果其中任一接触器的主触点未打开，则自动扶梯或自动人行道应不能重新启动。

② 一个由以下元件组成的系统：

a. 切断各相（极）电流的接触器。当自动扶梯或自动人行道停止时，如果接触器未释放，则自动扶梯或自动人行道应不能重新启动。

b. 用来阻断静态元件中电流流动的控制装置。

c. 用来检验自动扶梯或自动人行道每次停止时电流流动阻断情况的监控装置。在正常停止期间，如果静态元件未能有效阻断电流的流动，监控装置应使接触器释放并应防止自动扶梯或自动人行道重新启动。

【检验方法】

① 检查电气图纸是否符合要求。

② 人为按住其中一个主接触器不释放，停车、再启动，检查自动扶梯或自动人行道是否能启动。

③ 分析静态元件功能是否满足要求。

2.4.5.6 工作制动器通用要求

(1) 制动系统

【检验要求】

自动扶梯和自动人行道应设置一个制动系统，该制动系统使自动扶梯和自动人行道有一个接近匀减速的制停过程直至停机，并使其保持停止状态（工作制动）。制动系统在使用过程中应无故意延迟。如果制停距离超过规定最大值的 1.2 倍，自动扶梯和自动人行道应在故障锁定被复位之后才能重新启动。自动扶梯和自动人行道启动后，应有一个装置监测制动系统的释放。

【检验方法】

观察制动系统的制动过程，检查是否接近匀减速制动。模拟制动距离过长的情况，检查故障锁定及复位的情况。

① 现场测试满载、空载制停距离。

② 查看保护系统中制停距离保护值设置是否为规定值的1.2倍或以下，改小该保护值，现场模拟制停距离超标；或者在记录好制动器调整间隙后，让申请单位调整制动力至较小值，进行空载制停距离测试，当制停距离超过规定最大值的1.2倍时，观察是否有故障提示出现。

③ 故障提示出现后，断开主电源数秒钟后恢复供电，观察该故障提示是否还存在，如果不存在，则判定故障锁定功能不符合要求。然后手动复位故障。

（2）制动条件。

【检验要求】

制动系统在下列情况下应能自动工作：

① 动力电源失电。

② 控制电路失电。

【检验方法】

① 运行时分别断开动力电源和控制电路，检查制动器的动作情况。

② 现场模拟制动系统释放故障，观察是否有相关保护，如把制动器释放检测开关移开。

（3）制动器型式。

【检验要求】

工作制动应使用机-电式制动器或其他制动器来完成。如果不采用机-电式工作制动器，则应装设附加制动器。能用手释放的制动器，应由手的持续力使制动器保持松开状态。

【检验方法】

① 参考制动器相关资料并现场观察。

② 对于能用手释放的制动器，现场操作观察是否需要持续力使其保持松开状态。

2.4.5.7　机-电式制动器

（1）工作原理和结构。

【检验要求】

机-电式制动器应持续通电保持正常释放；制动器电路断开后，制动器应立即制动。制动力应通过一个（或多个）带导向的压缩弹簧来产生，制动器释放装置自激应是不可能的。

【检验方法】

查证资料，分析制动力产生的原理是否符合要求。

（2）控制。

【检验要求】

供电的中断应至少由两套独立的电气装置来实现，这些电气装置可以是切断驱动主机供电的装置。当自动扶梯或自动人行道停机时，如果这些电气装置中的任一个未断开，自动扶梯或自动人行道应不能重新启动。

【检验方法】

① 检查电气原理图，检查供电的中断是否由两套独立的电气装置来实现。

② 人为按住其中一个电气装置（接触器）不释放，停车、再启动，检查自动扶梯或自动人行道是否能重新启动。

2.4.5.8　附加制动器

（1）设置条件。

【检验要求】

在下列任何一种情况下，自动扶梯和倾斜式自动人行道应设置附加制动器：

① 工作制动器与梯级、踏板或胶带驱动装置之间不是用轴、齿轮、多排链条或多根单排链条连接的。

② 工作制动器不是规定的机-电式制动器。

③ 提升高度大于 6 m。

④ 公共交通型自动扶梯或倾斜角不小于 6°的公共交通型自动人行道。

【检验方法】

① 检查配置是否符合要求，并和设计文件相对照；

② 需注意工作制动器和附加制动器的使用工况和疲劳寿命并不相同。工作制动器在正常和紧急停止时都动作；附加制动器一般仅在紧急停止时动作。本条并没有对附加制动器与梯级、踏板驱动装置之间的驱动元件作出安全系数不小于 5 的要求。

（2）制动原理和连接方式。

【检验要求】

① 附加制动器应为机械式的（利用摩擦原理）。切断附加制动器电源后，附加制动器应处于动作状态。

② 附加制动器与梯级、踏板或胶带驱动装置之间应用轴、齿轮、多排链条或多根单排链条连接，不允许采用摩擦传动元件（如离合器）构成的连接。

③ 对于梯级链条或踏板链条传动的自动扶梯和自动人行道，其附加制动器应能防止驱动系统移位和失效而造成梯级或踏板逆转，不允许将工作制动器作为附加制动器使用。

【检验方法】

分析其工作原理是否利用摩擦原理，检查连接型式和可靠性。

（3）作用条件。

【检验要求】

附加制动器在下列任何一种情况下都应起作用：

① 在速度超过名义速度的 1.4 倍之前。

② 在梯级、踏板或胶带改变其规定运行方向时。

附加制动器在动作开始时应强制地切断控制电路。

【检验方法】

① 分析设计原理和电气原理图。

② 现场模拟试验，附加制动器在达到上述①和②条件时，应立即无延迟地动作。在进行超速试验时，对于部分制造厂家的产品，需要先屏蔽超速 1.2 倍保护功能。

2.4.5.9　超速保护和非操纵逆转保护

【检验要求】

① 自动扶梯和自动人行道应在速度超过名义速度的 1.2 倍之前自动停止运行。如果

采用速度限制装置，该装置应能在速度超过名义速度的1.2倍之前切断自动扶梯或自动人行道的电源。如果自动扶梯或自动人行道的设计能防止超速，则可不考虑上述要求。

② 自动扶梯和$\alpha \geqslant 6°$的倾斜式自动人行道应设置一个装置，使其在梯级、踏板或胶带改变规定运行方向时自动停止运行，正常上行时逆转下行和正常下行时逆转上行两种工况下均应起作用。

【检验方法】

① 导致“非操纵逆转”的可能性判定：

a. 驱动电机失效或输出功率不足；

b. 驱动主机与梯级（或踏板）链轮或胶带的驱动轮或驱动滚筒之间的传动失效。

② 关于超速保护，审查资料并现场试验，可通过厂家试验方法或使用专用测试仪器进行试验。

③ 关于逆转保护，现场试验。对于没有变频器的扶梯和人行道，可先拆除主机输入端供电，短接盘车开关，然后启动扶梯或人行道，手动往相反方向盘车，观察是否有保护。对于有变频器的，因为变频器有输出保护功能，不能用该方法进行试验，可使用专用扶梯测试仪器进行试验或者对调扶梯运行方向检测装置，让其检测运行方向与实际运行方向相反。

2.4.5.10 梯级和踏板的驱动

（1）链条数量。

【检验要求】

自动扶梯的梯级应至少用两根链条驱动，梯级的每侧应不少于一根。如果自动人行道的踏板在工作区段内的平行运动用其他机械方法保证，则允许用一根链条驱动。

【检验方法】

目测。

（2）设计要求。

【检验要求】

梯级和踏板链应按照名义无限疲劳寿命设计。每根链条的安全系数不应小于5，其材料应满足GB/T 699—2015《优质碳素结构钢》、GB/T 700—2006《碳素结构钢》、GB/T 1591—2018《低合金高强度结构钢》、GB/T 3077—2015《合金结构钢》、GB/T 4171—2000《高耐候结构钢》或GB/T 16270—2009《高强度结构用调质钢板》。梯级链应进行拉伸试验。

【检验方法】

① 检查材质化验报告。

② 检查关于拉伸试验的第三方委托报告。

③ 检查应用于整机上的强度计算书。

（3）张紧装置。

【检验要求】

链条应能连续地张紧。在张紧装置的移动超过±20 mm之前，自动扶梯和自动人行道应自动停止运行，不允许采用拉伸弹簧作为张紧装置。如果采用重块张紧，则一旦悬挂装置断裂，重块应能安全地被截住。

【检验方法】

测试张紧装置的可移动距离，分析其结构型式。

2.4.5.11　胶带的驱动

(1) 安全系数。

【检验要求】

根据动载荷计算的胶带及其接头的安全系数不应小于 5。

【检验方法】

检查计算书。

(2) 张紧装置。

【检验要求】

胶带应由滚筒驱动并能连续和自动地张紧，不允许采用拉伸弹簧作为张紧装置。如果采用重块张紧，则一旦悬挂装置断裂，重块应能安全地被截住。

【检验方法】

审查资料，分析其结构型式。

2.4.5.12　驱动链松弛及断裂的电气安全保护装置

【检验要求】

应当装设防止驱动主机驱动链过度松弛和断裂的电气安全保护装置。当该装置动作时，应当使自动扶梯和自动人行道停止运行。

【检验方法】

审查资料，必要时手动测试。

2.4.6　扶手装置

2.4.6.1　通用要求

【检验要求】

自动扶梯或自动人行道的两侧应装设扶手装置。

【检验方法】

目测。

2.4.6.2　尺寸

【检验要求】

① 扶手带距梯级前缘、踏板表面或胶带表面之间的垂直距离不应小于 0.90 m，也不应大于 1.10 m。

② 扶手装置应没有任何部位可供人员正常站立。扶手装置上若装设防爬装置、阻挡装置和防滑行装置，应满足 GB 16899—2011《自动扶梯和自动人行道的制造与安装安全规范》中 5.5.2.2 条的要求。

③ 扶手装置应能同时承受静态 600 N 的侧向力和 730 N 的垂直力，这两个力均匀分布在扶手带导向系统顶部同一位置 1 m 的长度上。

④ 护壁板：

a. 朝向梯级、踏板或胶带一侧的扶手装置部分应光滑、齐平。如果压条或镶条的装设方向与运行方向不一致，其凸出高度不应大于 3 mm，且应坚固并具有圆角或倒角的边缘。此类压条或镶条不允许装设在围裙板上。

b. 沿运行方向的盖板连接处（尤其是围裙板与护壁板之间的连接处）的结构应消除勾绊的风险。

c. 护壁板之间的间隙不应大于 4 mm，其边缘应呈圆角或倒角状。在护壁板表面任何部位，垂直施加一个 500 N 的力作用于 25 cm^2 的面积上，不应出现大于 4 mm 的缝隙和永久变形。如果采用玻璃做成护壁板，该种玻璃应是钢化玻璃。单层玻璃的厚度不应小于 6 mm。当采用多层玻璃时，应为夹层钢化玻璃，并且至少有一层的厚度不应小于 6 mm。两护壁板下部各点之间的水平距离（垂直于运行方向测量）不应大于其上部对应点间的水平距离。

⑤ 内盖板和护壁板与水平面的倾斜角 γ 均不应小于 25°。该要求不适用于直接与护壁板相接的内盖板的水平部分。水平部分（直到护壁板）应小于 30 mm。对于与水平面成倾斜角小于 45°的每一块内盖板，沿水平方向测得的宽度应小于 0.12 m。

【检验方法】

① 对防爬装置、阻挡装置、防滑装置以及护壁板和内盖板等的相关尺寸用尺测量；防爬装置和阻挡装置应用非常规性的外露紧固件进行安装，目的是防止用普通工具就能轻易盗卸，导致装置的安全功能失效（防误用装置尺寸如图 2-75、表 2-32 所示，扶手装置、护壁板、内盖板等尺寸要求见图 2-76、表 2-33）。

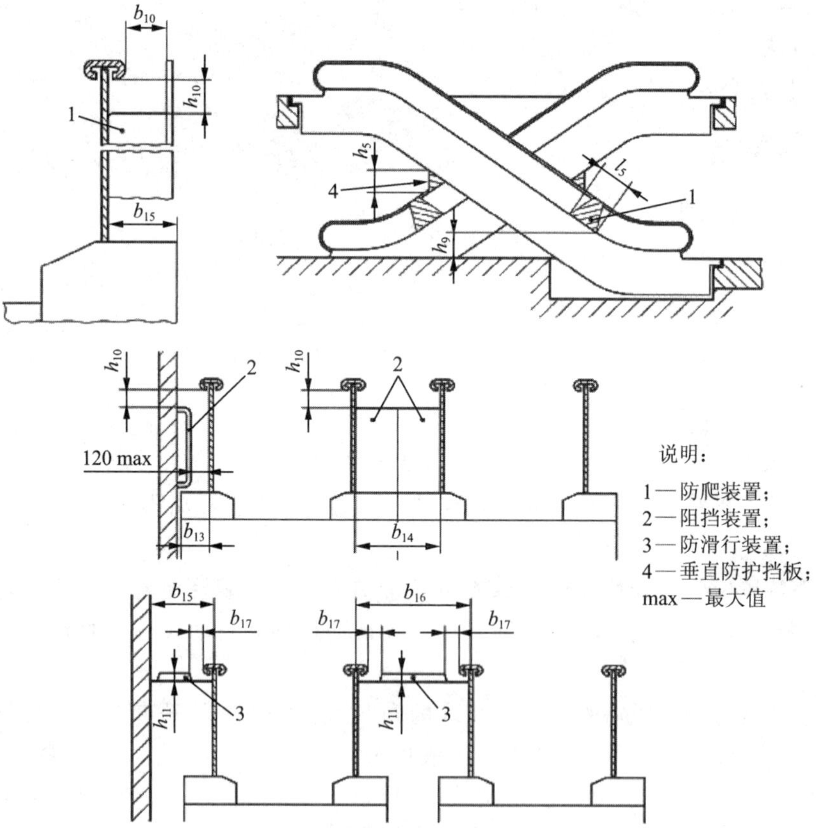

图 2-75　防误用装置尺寸

表 2-32　防误用装置尺寸

主要尺寸	主要尺寸
$b_{17} \geqslant 100$ mm	h_{10} 为 25～150 mm
$h_5 \geqslant 0.30$ m	$h_{11} \geqslant 20$ mm
$h_9 = (1\,000 \pm 50)$ mm	$l_5 \geqslant 1\,000$ mm

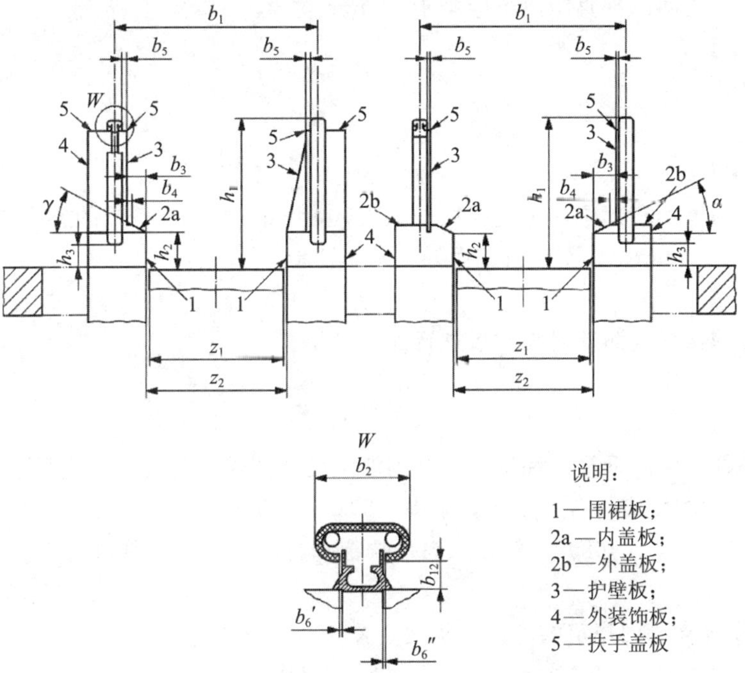

图 2-76　自动扶梯或自动人行道主要尺寸

表 2-33　扶手装置相关尺寸

主要尺寸	主要尺寸	主要尺寸
$b_1 \leqslant z_2 + 0.45$ m	$b_6{}' \leqslant 8$ mm；$b_6{}'' \leqslant 8$ mm	$z_2 = z_1 + 7$ mm 围裙板之间距离
b_2 为 70～100 mm	$b_{12} \geqslant 25$ mm	
$b_3 < 0.12$ m（如果 $\gamma < 45°$）	h_1 为 0.90～1.10 m	
$b_4 < 30$ mm	$h_2 \geqslant 25$ mm	$\gamma \geqslant 25°$
$b_5 \leqslant 50$ mm	h_3 为 0.10～0.25 m	

② 使用测力仪器对护壁板受力能力进行测量；审查夹层玻璃的质量证明资料及检测报告，核对现场实物判定其是否符合要求。

③ 使用磁性角度规测量内盖板角度。

2.4.6.3　围裙板

（1）结构。

【检验要求】

围裙板应垂直、平滑且是对接缝的。对于长距离的自动人行道，在其跨越建筑伸缩缝部位的围裙板的接缝处可采取其他特殊连接方法（如滑动接头）来替代对接缝。

【检验方法】

目测，审查相关图样资料。

（2）高度。

【检验要求】

围裙板上缘、内盖板折线底部或围裙板防夹装置刚性部分的底部与梯级前缘的连线、踏板或胶带踏面之间的垂直距离不应小于 25 mm。

【检验方法】

用尺测量。

（3）刚度。

【检验要求】

在围裙板的最不利部位，垂直施加一个 1 500 N 的力于 25 cm^2 的方形或圆形面积上，其凹陷不应大于 4 mm，且不应由此而导致永久变形。

【检验方法】

使用扶梯围裙板检测仪对围裙板进行加力测量。

（4）减少迟滞措施。

【检验要求】

对自动扶梯，应降低梯级和围裙板之间滞阻的可能性。为此，应满足下列三个条件：

① 围裙板的刚度应符合 2.3.6.3 条中（3）条的规定。

② 间隙应符合 GB 16899—2011《自动扶梯和自动人行道的制造与安装安全规范》中 5.5.5.1 条的规定。

③ 应装设符合下列规定的围裙板防夹装置：

a. 由刚性和柔性部件（如毛刷、橡胶型材）组成。

b. 从围裙板垂直表面起的突出量应最小为 33 mm，最大为 50 mm。

c. 在刚性部件突出区域施加 900 N 的力，该力垂直于刚性部件连接线并均匀作用在一块 6 cm^2 的矩形面积上，不应产生脱离和永久变形。

d. 刚性部件应有 18 mm 到 25 mm 的水平突出，并具有符合规定的强度。柔性部件的水平突出应为最小 15 mm，最大 30 mm。

e. 在倾斜区段，围裙板防夹装置的刚性部件最下缘与梯级前缘连线的垂直距离应在 25 mm 和 30 mm 之间。

f. 在过渡区段和水平区段，围裙板防夹装置的刚性部件最下缘与梯级表面最高位置的距离应在 25 mm 和 55 mm 之间。

g. 刚性部件的下表面应与围裙板形成向上不小于 25°的倾斜角，其上表面应与围裙板形成向下不小于 25°倾斜角。

h. 围裙板防夹装置边缘应倒圆角。紧固件和连接件不应突出至运行区域。

i. 围裙板防夹装置的末端部分应逐渐缩减并与围裙板平滑相连。围裙板防夹装置的端点应位于梳齿与踏面相交线前（梯级侧）不小于 50 mm、最大 150 mm 的位置。

j. 如果围裙板防夹装置是内盖板的延伸，则 GB 16899—2011《自动扶梯和自动人行道的制造与安装安全规范》中 5.5.2.6.2 条的要求同样适用。如果围裙板防夹装置是装设在围裙板上或是围裙板的组成部分，则 2.4.6.3（1）的要求同样适用。

k. 围裙板防夹装置下方的围裙板宜采用合适的材料或合适的表面处理方式，以减小其与皮革（湿和干）、PVC（干）和橡胶（干）之间的摩擦系数。

【检验方法】

① 需注意本条仅针对自动扶梯，“滞阻”是指梯级侧面与相邻围裙板构成的间隙随自动扶梯上移时，存在将两者间的物体夹住的风险。

② 用尺子测量几何尺寸、安装尺寸。

③ 用仪器测试围裙板防夹装置形变。

④ 查阅刚性部件的设计文件，检查其倾斜角等外观尺寸，必要时用角度规测量。

⑤ 查阅围裙板防夹装置下方的围裙板型式试验报告。

围裙板防夹装置如图 2-77 所示（注：25° min 表示最小角度要求是 25°）。

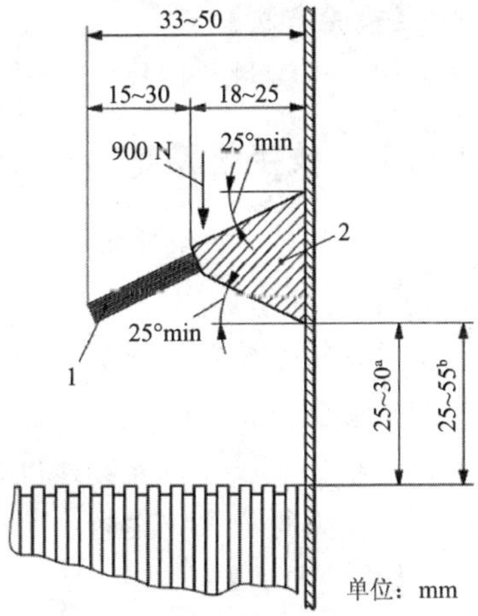

图 2-77 围裙板防夹装置

2.4.6.4 扶手转向端

【检验要求】

包括扶手带在内的扶手转向端，距梳齿与踏面相交线的纵向水平距离不应小于 0.60 m。在出入口，扶手带水平部分的延伸长度自梳齿与踏面相交线起不应小于 0.30 m。对于倾斜式自动人行道，如果出入口不设置水平段，其扶手带延伸段的倾斜角可与自动人行道的倾斜角相同。

【检验方法】

用尺子测量几何尺寸。梳齿与踏面相交关系如图 2-78 所示。

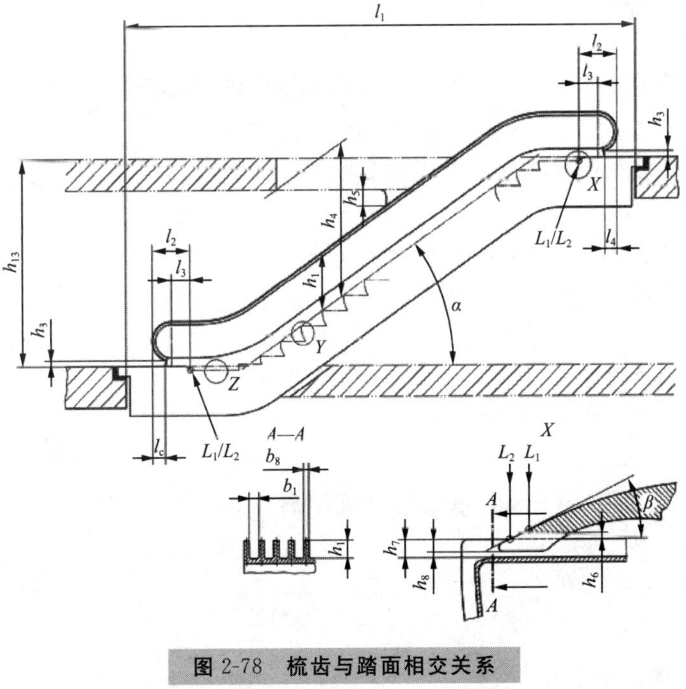

图 2-78 梳齿与踏面相交关系

2.4.6.5　梯级、踏板或胶带与围裙板之间的间隙

【检验要求】

自动扶梯或自动人行道的围裙板设置在梯级、踏板或胶带的两侧，任何一侧的水平间隙不应大于 4 mm，在两侧对称位置处测得的间隙总和不应大于 7 mm。如果自动人行道的围裙板位于踏板或胶带之上，则踏面与围裙板下端间所测得的垂直间隙不应大于 4 mm。踏板或胶带的横向摆动不应在踏板或胶带的侧边与围裙板垂直投影间产生间隙。

【检验方法】

用尺子测量几何尺寸。

2.4.7　扶手带系统

2.4.7.1　通用要求

【检验要求】

每一扶手装置的顶部应当设置运行的扶手带，其运行方向应当与梯级（踏板、胶带）相同。应当有扶手带速度监测装置，在自动扶梯和自动人行道运行时，当扶手带速度与梯级（踏板、胶带）实际速度偏差最大超过 15%，且持续时间达到 5～15 s 时使自动扶梯或者自动人行道停止运行。

【检验方法】

（1）用仪器测试扶手带上下两个方向上的运行速度，分别和测得的梯级、踏板或胶带实际速度相比较，计算其差值。

（2）现场观察并测试。可通过调整扶手带张紧装置让扶手带速度与梯级的实际速度产生较大偏差，然后测量相关数值。或者查看制造单位保护系统中相关保护值的设置是否符合要求。

2.4.7.2　扶手带截面和位置

【检验要求】

（1）扶手装置的扶手带截面及其导轨的成形组合件不应挤夹手指或手。

（2）扶手带开口处与导轨或扶手支架之间的距离在任何情况下均不应大于 8 mm。

（3）扶手带宽度应在 70 mm 与 100 mm 之间。

（4）扶手带与扶手装置边缘之间的距离不应大于 50 mm。

【检验方法】

目测，用尺测量尺寸。（扶手带截面如图 2-79 所示）

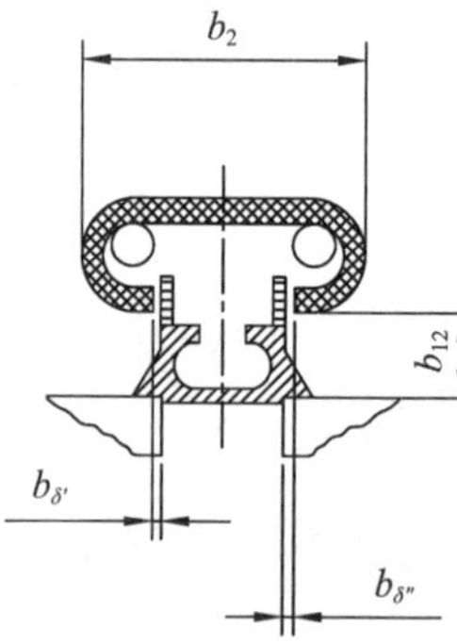

图 2-79　扶手带截面图

2.4.7.3　扶手带中心线之间距离

【检验要求】

扶手带中心线之间距离所超出围裙板之间距离的值不应大于 0.45 m。

【检验方法】

用尺测量尺寸。扶手带中心线如图 2-80 所示。

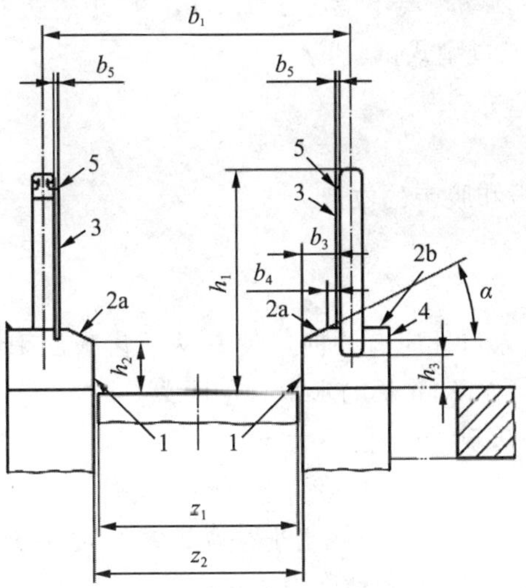

图 2-80　扶手带中心线图示

2.4.7.4　扶手带入口

【检验要求】

扶手带在扶手转向端入口处的最低点与地板之间的距离不应小于 0.10 m，也不应大于 0.25 m。扶手转向端顶点到扶手带入口处的水平距离不应小于 0.30 m。如果该距离超过扶手转向端顶点到梳齿与踏面相交线 50 mm，则扶手带进入扶手装置时，与水平方向的夹角不应小于 20°。在扶手转向端的扶手带入口处应设置手指和手的保护装置，并应设置安全装置。

【检验方法】

(1) 用尺测量尺寸。

(2) 查阅手指和手的保护装置的设计图纸。模拟动作，检查能否动作。

2.4.7.5　导向

【检验要求】

扶手带的导向和张紧应使其在正常工作时不会脱离扶手导轨。

【检验方法】

目测，手动试验。

2.4.8　出入口

2.4.8.1　表面特性

【检验要求】

(1) 自动扶梯和自动人行道在出入口区域（如梳齿支撑板和楼层板）应具有一个安全的立足面（梳齿板除外），该面从梳齿板齿根部起测量的纵深距离不应小于 0.85 m。如果名义速度大于 0.50 m/s 但不大于 0.65 m/s 或提升高度大于 6 m，该水平移动距离不应小于 1.2 m；如果名义速

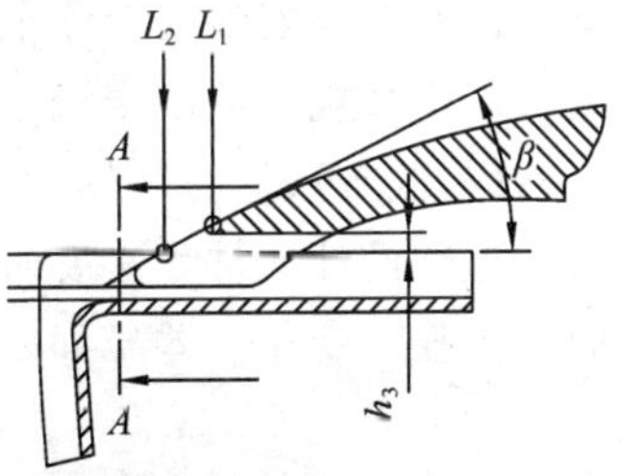

图 2-81　出入口纵深距离测量起始点（L_1 点）图示

度大于 0.65 m/s，该水平移动距离不应小于 1.6 m。该距离从 L_1 点（图 2-81）起测量。

（2）材料防滑性能应经过型式试验。

【检验方法】

用尺测量尺寸。

2.4.8.2　梯级、踏板和胶带的位置

（1）水平移动距离。

【检验要求】

① 自动扶梯梯级在出入口处应有导向，使其从梳齿板出来的梯级前缘和进入梳齿板的梯级后缘应有一段不小于 0.8 m 长的水平移动距离。

② 如果名义速度大于 0.50 m/s 但不大于 0.65 m/s，或提升高度大于 6 m，该水平移动距离不应小于 1.2 m。

③ 如果名义速度大于 0.65 m/s，该水平移动距离不应小于 1.6 m。在水平运动区段内，两个相邻梯级之间的高度差最大允许为 4 mm。

④ 对踏板式自动人行道，离开梳齿板的踏板前缘和进入梳齿板的踏板后缘，应有一段不小于 0.4 m、不改变角度的移动距离。

⑤ 倾斜角大于 6°的自动人行道，其上部出入口的踏板或胶带在进入梳齿板之前或离开梳齿板之后，应有一段不小于 0.4 m、最大倾斜角为 6°的移动距离。

【检验方法】

用尺测量。在测量水平运动区段的距离时，应先测量两个相邻梯级之间的高度差，若不超过 4 mm，方可计入水平区段。

（2）曲率半径。

【检验要求】

① 自动扶梯从倾斜区段到上水平区段过渡的曲率半径应符合下列规定：

a. 名义速度 $v \leqslant 0.5$ m/s 时，不小于 1.00 m（倾斜角最大为 35°）；

b. 名义速度 0.5 m/s $< v \leqslant 0.65$ m/s 时，不小于 1.50 m（倾斜角最大为 30°）；

c. 名义速度 $v > 0.65$ m/s 时，不小于 2.60 m（倾斜角最大为 30°）。

② 名义速度不大于 0.65 m/s 时，自动扶梯从倾斜区段到下水平区段过渡的曲率半径不应小于 1.00 m；名义速度大于 0.65 m/s 时，该曲率半径不应小于 2.00 m。

③ 胶带式自动人行道从倾斜区段到水平区段过渡的曲率半径不应小于 0.40 m。

④ 考虑到两个相邻踏板间的最大允许间隙（见 GB 16899—2011《自动扶梯和自动人行道的制造与安装安全规范》中 5.3.5 条），曲率半径总是足够大的，因此，踏板式自动人行道不必规定曲率半径。

【检验方法】

查阅设计文件，必要时测量。新旧版标准自动扶梯从倾斜段到上下水平区段过渡的曲率半径有变化，差异如表 2-34 所示。

表 2-34　新旧版标准自动扶梯从倾斜段到上下水平区段过渡的曲率半径差异

项目	GB 16899—2011		GB 16899—1997	
	名义速度/（m/s）	曲率半径/m	额定速度/（m/s）	曲率半径/m
上过渡段	$v \leqslant 0.5$	≥1.00	$v \leqslant 0.5$	≥1.00
	$0.5 < v \leqslant 0.65$	≥1.50	$v > 0.5$	≥1.50
	$v > 0.65$	≥2.6	$v > 0.65$（公共交通型）	≥2.6（建议）
下过渡段	$v \leqslant 0.65$	≥1.00	与额定速度无关	≥1.00
	$v > 0.65$	≥2.00	$v > 0.65$（公共交通型）	≥2.00（建议）

（3）梯级或踏板下陷保护。

【检验要求】

① 在梳齿板区段应采取措施以保证梳齿和踏面齿槽正确啮合。胶带在该区段应采用适当的方法支撑，如滚筒、滚轮、滑板。

② 如果因梯级或踏板的任何部分下陷而不能再保证与梳齿板的啮合，电气安全装置应使自动扶梯或自动人行道停止运行。该安全装置应设置在每个过渡圆弧段之前，以保证下陷的梯级或踏板在到达梳齿与踏面相交线前有足够的距离。该监测装置可监测梯级或踏板的任一位置。

【检验方法】

用尺测量安装位置，手动试验。

2.4.8.3　梳齿板

【检验要求】

（1）梳齿板应安装在两端出入口处，以方便使用者出入。梳齿板应易于更换。

（2）梳齿板的梳齿应与梯级、踏板或胶带的齿槽相啮合，在梳齿板踏面位置测量梳齿的宽度不应小于 2.5 mm。

（3）梳齿板的端部应为圆角，使其在与梯级、踏板或胶带之间造成挤夹的风险尽可能降至最低。

（4）梳齿端的圆角半径不应大于 2 mm。

（5）梳齿板的梳齿应具有在使用者离开自动扶梯或自动人行道时不会绊倒的形状和斜度，设计角 β 不应大于 35°。

（6）梳齿板或其支撑结构应为可调式的，以保证正确啮合。

（7）梳齿板应设计成当有异物卡入时，梳齿在变形情况下仍能保持与梯级或踏板正常啮合，或者梳齿断裂。

（8）如果卡入异物后并不是（7）所述的状态，梳齿板与梯级或踏板发生碰撞时，自动扶梯或自动人行道应自动停止运行。

【检验方法】

（1）查阅设计文件。

（2）用尺测量几何尺寸。

（3）手动试验，检查电气安全装置的动作情况。

2.4.8.4　梳齿板的梳齿

【检验要求】

梳齿板的梳齿与踏面齿槽的啮合深度不应小于 4 mm，间隙不应大于 4 mm。

【检验方法】

（1）梳齿板梳齿与踏面齿槽间隙可用斜塞尺配合钢直尺进行测量。

（2）梳齿板梳齿与踏面齿槽的啮合深度，可用钢直尺测量齿槽深度，减去塞尺测量的梳齿距离齿槽底部的距离，由于梳齿顶部是圆弧状，该方法测量的数据会偏小；另外，可以沿梯级面在梳齿画记号线，再拆梳齿板用钢直尺测量。

2.4.9　机房、驱动站和转向站

2.4.9.1　通则

【检验要求】

（1）机房、驱动站和转向站只允许放置自动扶梯或自动人行道运行、维修和检查所必需的设备。

（2）对于能有效地防止意外损坏的火灾报警器、直接灭火用的设备和喷洒头等消防器具，如不会对维修作业产生附加风险，可放置在上述空间内。

（3）根据 GB/T 15706.2—2007《机械安全　基本概念与设计通则　第 2 部分：技术原则》第 5 章规定，如果运动或转动的部件易接近并对人员有危险，应设置有效的保护和防护装置，尤其是对下列部件：

① 轴上的键和螺栓。

② 链条和传动皮带。

③ 传动机构、齿轮和链轮。

④ 电动机主轴伸出部分。

⑤ 外露的限速器。

⑥ 必须在内部进行维修工作的驱动站和（或）转向站内的梯级和踏板转向部分。

⑦ 手轮和制动盘（鼓）。

【检验方法】

（1）目测。

（2）对防护装置的判定：机器的组成部分，用于提供保护的物理屏障。防护装置可以称作外壳、护罩、盖、屏、门和封闭式装置。

2.4.9.2　尺寸和装置

【检验要求】

（1）在机房，尤其是在桁架内部的驱动站和转向站内，应具有一个没有任何永久固定设备的、站立面积足够大的空间，站立面积不应小于 0.3 m^2，其较小一边的长度不应小于 0.5 m。

（2）如果因维修目的而必须移动或提升控制柜，则应提供合适的提升附件，如吊环螺栓、手柄。

（3）当主驱动装置或制动器装在梯级、踏板或胶带的载客分支和返回分支之间时，在工作区段应提供一个水平的立足平台，其面积不应小于 0.12 m^2，最小边尺寸不应小于

0.3 m。该立足平台可以是固定的或可移动的。

【检验方法】

用尺测量几何尺寸。

2.4.9.3　照明和插座

(1) 电源。

【检验要求】

电气照明装置和电源插座的电源应与驱动主机电源分开，并由单独的供电电缆或由接在自动扶梯或自动人行道电源总开关之前的分支电缆供电。电气照明装置和电源插座的电源应能用一个独立的开关切断各相供电。

【检验方法】

① 查阅电路图。

② 现场手动试验，检查电源开关的接线情况。

(2) 照明。

【检验要求】

在桁架内的机房、驱动站以及转向站中的电气照明装置应为常备的手提行灯。手提行灯可设置在驱动站、转向站或机房中的某一处，并应在这些地点的每一处配备一个或多个电源插座。工作区域的照度应至少为 200 lx。

【检验方法】

① 目测插座分布情况。

② 用照度计测量照度。

(3) 插座。

【检验要求】

① 插座应是：2P＋PE 型（2 极＋地线），250 V，由主电源直接供电。

② 或由符合 GB 16895.21—2016《低压电气装置　第 4-41 部分：安全防护　电击护防》规定的安全特低电压供电的类型。

【检验方法】

检查插座型式，测量插座电压。

2.4.9.4　维护和修理用停止开关

【检验要求】

(1) 在驱动站和转向站都应设有停止开关。

(2) 对于驱动装置安装在梯级、踏板或胶带的载客分支和返回分支之间，或安装在转向站外面的自动扶梯和自动人行道，则应在驱动装置附近另设停止开关。

(3) 停止开关的动作应能切断驱动主机供电，使工作制动器制动，并有效地使自动扶梯或自动人行道停止运行。停止开关应符合 GB 16754—2008《机械安全　急停　设计原则》的规定，并实现 0 类停机。

(4) 停止开关动作后，应能防止自动扶梯或自动人行道启动。停止开关应具有清晰且永久性的开、关位置标记。如果机房设有主开关，则可不设置停止开关。

【检验方法】

(1) 目测，手动试验。

（2）0类停机的判定：

a. 立即切断机器制动机构的动力源；

b. 机械断开（停转）危险元件及机器制动机构，必要时制动。

2.4.10 搬运运输便利性

【检验要求】

完成装配的自动扶梯或自动人行道，或不能由人工搬运的自动扶梯或自动人行道的零部件应满足下列要求之一：

① 设有供提升装置搬运的连接附件，或可供运输的装置。

② 设计一种可被吊运的连接件（如螺纹孔）。

③ 设计一种提升设备及其他运输工具都容易吊运的装置。

【检验方法】

查阅产品安装说明书，现场检查。

2.4.11 标志、说明及使用须知

【检验要求】

（1）所有的标志、说明和使用须知应由经久耐用的材料制成，设置在醒目的位置，并且采用中文书写（必要时可同时使用几种文字），字体应清晰、工整。

（2）下列指令标志和禁止标志应设置在入口附近：

①“小孩必须拉住”。

②“宠物必须抱着”。

③“握住扶手带”。

④“禁止使用手推车”。

根据需要，可增加标志，如“不准运输笨重物品”“赤脚者不准使用”。

（3）如果有手动盘车装置，在其附近应有操作使用说明，并且应明确地标明自动扶梯或自动人行道的运行方向。

（4）在分离机房、驱动站和转向站的入口门上应有固定、明显的标志：“机器重地——危险，未经授权人员禁止入内”。

（5）对于自动启动式自动扶梯和自动人行道，应设置一个清晰可见的信号系统，如道路交通信号，以便向使用者指明自动扶梯或自动人行道是否可供使用及其运行方向。

（6）至少在一个出入口的明显位置应有包括以下信息的产品铭牌：

① 产品名称及型号。

② 自动扶梯提升高度或者自动人行道使用区段长度。

③ 产品编号。

④ 制造日期。

⑤ 制造单位名称及其制造地址。

⑥ 型式试验机构名称或者标志。

【检验方法】

目测或手动试验，设置在入口附近的指令标志和禁止标志如图2-82所示。

a. 小孩必须拉住

b. 宠物必须抱着

c. 握住扶手带

d. 禁止使用手推车

图 2-82　指令标志和禁止标志

2.4.12　公共交通型自动扶梯和自动人行道的特殊要求

2.4.12.1　倾斜角

【检验要求】

公共交通型自动扶梯的倾斜角应当不大于 30°。

【检验方法】

审查设计资料并目测，必要时用角度规测量验证。

2.4.12.2　防滑等级

【检验要求】

公共交通型自动扶梯和自动人行道的梯级（踏板）、梳齿支撑板和楼层板等承载面板的防滑等级应当达到 GB 16899—2011《自动扶梯和自动人行道的制造与安装安全规范》中附录 J 规定的 R10 级。

【检验方法】

查看其型式试验报告，并核对现场梯级（踏板）、梳齿支撑板和楼层板等承载面板表面与型式试验报告上的照片是否一致。

2.4.12.3　扶手带强度

【检验要求】

扶手带的破断拉力应当不小于 25 kN。

【检验方法】

查看其试验报告或出厂合格证明等文件。

2.4.12.4 梯级的水平移动距离

【检验要求】

梯级从梳齿板出来的梯级前缘和进入梳齿板的梯级后缘应当有一段不小于 1.2 m 长的水平移动距离。如果公共交通型自动扶梯的名义速度大于 0.65 m/s，则该水平移动距离应当不小于 1.6 m。

【检验方法】

目测，必要时用尺测量。

2.4.12.5 倾斜区段到水平区段过渡的曲率半径

【检验要求】

公共交通型自动扶梯从倾斜区段到上水平区段过渡的曲率半径应当符合下列规定：

① 名义速度 $v\leqslant 0.65$ m/s 时，不小于 1.50 m。

② 名义速度 $v>0.65$ m/s 时，不小于 2.60 m。

【检验方法】

审查设计资料，必要时测量。

2.4.13 特殊功能和环境下的性能

2.4.13.1 用于输送购物车和行李车的自动扶梯的要求

(1) 出入口区域。

【检验要求】

在两端出入口区域，自动扶梯水平段梯级的运行距离宜为 1.6 m，过渡曲率半径上部最小为 2.6 m，下部最小为 2.0 m，额定速度限制在 0.5 m/s 以内，倾斜角限制在 30°以内。购物车或行李车以及车上的物品宽度宜比梯级的名义宽度至少小 400 mm。即使购物车或行李车在自动扶梯上，乘客也能离开自动扶梯。梳齿板宜设计成其倾斜角 β 最大不超过 19°。

【检验方法】

审查设计资料，必要时用尺测量。

(2) 附加紧急停止开关。

【检验要求】

在梯级到达梳齿板与踏面相交线前 2.0～3.0 m 处，在扶手带高度位置宜安装附加紧急停止开关。位于过渡曲线区域附近的紧急停止开关宜能从自动扶梯乘客站立区域操作，在出口处的紧急停止开关宜能从自动扶梯外部操作。

【检验方法】

审查设计资料，用尺测量并进行手动试验。

2.4.13.2 用于输送购物车和行李车的自动人行道的要求

(1) 速度限制和梳齿板倾斜角。

【检验要求】

对于倾斜角大于 6°的自动人行道，其额定速度应限制在 0.5 m/s 以内。梳齿板应设计成其倾斜角 β 最大不超过 19°，对应的购物车或行李车的滚轮直径不应小于 120 mm。

【检验方法】

审查设计资料，必要时用尺测量。

(2) 附加紧急停止开关

【检验要求】

在踏板到达梳齿与踏面相交线前 2.0 m 到 3.0 m 处，在扶手带高度位置（考虑 2.3.1 条的要求）应安装附加紧急停止开关。位于过渡曲线区域附近的紧急停止开关应能从自动人行道乘客站立区域操作，在出口处的紧急停止开关应能从自动人行道外部操作。

【检验方法】

用尺测量，必要时还需进行手动试验。

2.4.13.3　室外型自动扶梯和自动人行道的特殊要求

【检验要求】

(1) 对于室外型自动扶梯和自动人行道，应在下列方面采取保护措施，所采取的措施应适合于使用的环境并符合企业规定的要求：

① 结构的防锈措施。

② 外壳防护等级。

③ 防冻措施（寒冷地区适用）。

④ 材料的选择。

⑤ 防积水措施。

⑥ 防油污染措施。

⑦ 导线选择及布置。

⑧ 重要部件的防水或密封措施。

⑨ 漏电保护装置。

⑩ 根据使用环境条件采取的其他措施。

(2) 不采用室外型设计。

【检验方法】

检查图样等设计文件，现场检查对照实物是否符合企业规定的要求。

2.4.14　自动扶梯制动距离

【检验要求】

空载和有载向下运行自动扶梯的制停距离应符合表 2-35 的规定。

表 2-35　空载和有载向下运行自动扶梯的制停距离

名义速度 v/ (m/s)	制停距离范围/m
0.50	0.20～1.00
0.65	0.30～1.30
0.75	0.40～1.50

如果速度在上述数值之间，制停距离用插入法计算。自动扶梯向下运行时，制动器制动过程中沿运行方向上的减速度不应大于 1 m/s^2。

【检验方法】

制停距离应从电气制动装置动作时开始测量。采样获得的减速度原始减速信号应经过 4.0 Hz 两阶巴特沃思（2-pole Butterworth）滤波器滤波。

（1）空载制停距离试验：

① 将感应元件对（如光电开关、磁开关等）分别固定在梯级和围裙板上，并将感应元件的触点串接在安全回路中。

② 启动自动扶梯或自动人行道至额定速度，当感应元件对重合时，安全回路作用使自动扶梯或自动人行道自动停止。

③ 测量感应元件对之间的距离，即为制停距离。

（2）自动扶梯有载下行制停距离试验。

① 确定制动载荷：

a. 自动扶梯有载下行时梯级制动载荷见表 2-36：

表 2-36　自动扶梯有载下行时梯级制动载荷

名义宽度 z_1/m	每个梯级上的制动载荷/kg
$z_1 \leqslant 0.60$	60
$0.60 < z_1 \leqslant 0.80$	90
$0.80 < z_1 \leqslant 1.10$	120

b. 总制动载荷＝每个梯级载荷×提升高度/最大可见梯级踢板高度。

② 将总制动载荷均匀分布在上部 2/3 的梯级上，和空载制停距离检查方法相同，布置感应元件对，向下启动自动扶梯，进入额定速度运行后制动切断安全回路，同时测量减速过程中的减速度变化过程。

c. 检查制停距离是否符合要求。

③ 也可用精度不低于规定要求的其他等效方法。

2.4.15　自动人行道制动距离

【检验要求】

空载和有载水平运行或有载向下运行自动人行道的制停距离应符合表 2-37 的规定。

表 2-37　空载和有载水平运行或有载向下运行自动人行道的制停距离

名义速度 v/（m/s）	制停距离范围/m
0.50	0.20～1.00
0.65	0.30～1.30
0.75	0.40～1.50
0.90	0.55～1.70

如果速度在上述数值之间，制停距离用插入法计算。

【检验方法】

（1）空载制动距离试验应在自动人行道上行或水平运行时进行，其方法和自动扶梯空载制动距离试验相同。

（2）现场可不进行有载制动距离试验，但应审核相应计算书。

2.4.16　附加制动器

【检验要求】

（1）附加制动器应能使具有制动载荷向下运行的自动扶梯和自动人行道有效地减速停止，并使其保持静止状态，其减速度不应超过 1 m/s^2。

（2）附加制动器动作时，不必保证对工作制动器所要求的制停距离。

（3）如果电源发生故障或安全回路失电，允许附加制动器和工作制动器同时动作，此时仍应满足工作制动器独立制动时的制动距离的要求；否则，附加制动器和工作制动器只允许在（2）规定的情况下同时动作。

（4）在自动扶梯和自动人行道正常停机时，允许附加制动器滞后于工作制动器动作。

（5）附加制动器动作时，不应当造成制动盘、驱动主轴等部件的损坏或者安装位置的变化。

【检验方法】

（1）附加制动器试验时的制动载荷和减速度数据处理方法和工作制动器试验相同。

（2）如果电源发生故障或者安全回路失电，允许附加制动器和工作制动器同时动作，则应当进行 2 次附加制动器单独试验和 1 次附加制动器及工作制动器同时动作试验，否则应当进行 3 次附加制动器单独试验。试验间隔时间至少为 10 min，以允许摩擦件恢复到正常温度。试验期间，可以按照产品说明书的要求对附加制动器进行调整，但是不允许更换任何零部件，包括摩擦件。如果装有电气开关检测附加制动器摩擦件的磨损量，以保证摩擦件磨损到最大磨损设计值之前能防止自动扶梯和自动人行道的启动，则允许在试验期间更换摩擦件。

（3）对需要检查和调整的附加制动器，产品说明书应当规定详细的检查和调整方法，并可据此操作。

【检验方法】

现场试验并测量。

注意：

① 该试验应在工作制动器试验后，确保其制停距离满足要求后进行。

② 对于大提升高度的扶梯，宜先进行半载单独附加制动器试验。

③ 在进行单独附件制动器试验时，应至少三个人：第一人负责启动扶梯且放置测量制停距离标志物（或者测量仪器），并发号指令；第二人负责在扶梯启动后人为顶开工作制动器，使工作制动器保持打开状态，当观察到单独附加制动器不能制停扶梯时，松开工作制动器动作手柄；第三人负责在听到第一人号令后动作附加制动器，如断开主电源。

④ 减速度可通过仪器直接测量或者测量制停距离后换算。

⑤ 目前大部分扶梯在电梯故障时，附加制动器和工作制动器是同时动作的，这种情况下，应进行 2 次附加制动器单独试验和 1 次附加制动器及工作制动器同时动作试验，并

验证这次同时动作试验的制动距离是否满足单工作制动器动作的要求。

2.4.17 扶手带系统速度偏差

【检验要求】

空载上下运行时扶手带的运行速度相对于梯级（踏板、胶带）实际速度的允许偏差为0%～+2%。

【检验方法】

现场测量。

2.4.18 楼层板强度

【检验要求】

楼层板应当能够承受以下要求确定的载荷的较大值。

(1) 楼层板踏面面积（m^2）乘以6 000 N/m^2。

(2) 每块楼层板2 200 N。

试验时，在自动扶梯和自动人行道的上下部楼层板上，分别放置均匀分布的载荷，在楼层板踏面测得的变形应当不大于4 mm，且永久变形不大于1 mm。

【检验方法】

现场试验并测量。

(1) 上、下部楼层板均需要测量。

(2) 楼层板不需要搬离，保持在正常工作位置。

(3) 计算重量时，按全部楼层板面积计算（上部测试时计算上部楼层板，下部同样方法）；对于单块面积较小，按照该面积计算出载货不足2 200 N时，按2 200 N计算。

2.5 杂物电梯检测项目与技术要求

2.5.1 井道相关项目的检查

2.5.1.1 井道的围封

【检验要求】

除必要的开口外，井道应当由无孔的墙、井道底板和顶板与周围环境分开，只允许有下述开口：

(1) 层门开口。

(2) 通往井道的检修门和检修活板门的开口。

(3) 火灾情况下，气体和烟雾的排气孔。

(4) 通风孔。

(5) 井道与机房之间必要的功能性开孔。

(6) 杂物电梯之间或与电梯之间隔板上的开孔。

(7) 对于人员可进入的机房，井道与机房隔开的顶板上的开孔。

【检验方法】

审核井道布置图或者现场检查。

2.5.1.2　检修门和检修活板门

(1) 门的具体要求。

【检验要求】

① 检修门和垂直铰接的检修活板门不得向井道内部开启。

② 门上应当装设用钥匙开启的锁，当门开启后，不用钥匙也能将其关闭和锁住；门锁住后，不用钥匙也能够从井道内将门打开。

【检验方法】

现场目测，手动试验并检查井道布置图。

(2) 关闭验证。

【检验要求】

① 只有检修门和检修活板门均处于关闭位置时，杂物电梯才能运行。为此，应采用符合标准规定的电气安全装置证实上述门的关闭状态。

② 该项要求不适用于仅通向驱动主机及其附件的检修门和检修活板门，但适用于通向井道中装有限速器的检修门和检修活板门。

【检验方法】

现场检查确认是否采用的是电气安全装置验证门的关闭状态。打开检修门和检修活板门，杂物电梯应不能启动或立即停止运行。

2.5.1.3　通风

【检验要求】

井道除用于机房（机罩）以及滑轮间通风外，不能用于其他用房的通风。

【检验方法】

审核井道布置图或者现场检查。

2.5.1.4　井道内的部件设置

【检验要求】

从层门地坎上任何一点到需要维护、调节或检修的任一部件的距离应不大于600 mm。如果达不到以上要求，则应提供检修门或检修活板门，并设置在与上述要求相应的位置。如未按上述要求设置，则井道应允许进入，且轿厢应设置可在任一层站附近防止轿厢移动的装置。该装置应符合以下规定：

① 若人员可进入轿顶，则轿厢应设置机械停止装置使其停在指定位置上，在进入轿顶前由胜任人员触发该装置。该装置能防止轿厢意外下行且至少承受的静载荷为空载轿厢的质量加 200 kg。同时应在轿顶或每一层门旁设置符合标准要求的停止装置。

② 轿顶在其任意位置上应能支承两个人的重量，每个人按 0.20 m×0.20 m 的面积上作用 1 000 N 的力应无永久变形。

③ 该装置在顶层高度范围停止轿厢时，应保证在轿顶以上有 1.80 m 的自由垂直距离。

【检验方法】

现场检查，用尺测量尺寸并判定设置是否合理。

2.5.1.5　井道的结构

【检验要求】

井道的结构应至少能承受此类载荷：驱动主机施加的、液压缸施加的、轿厢偏载情况下安全钳动作瞬间经导轨施加的、缓冲器动作产生的以及轿厢的装卸载产生的载荷。

【检验方法】

审核机房井道布置图，并进行外观检查。

2.5.1.6　底坑下的空间

【检验要求】

若在杂物电梯的轿厢和对重（或平衡重）之下确有人能够到达的空间存在，则应按GB 25194—2010《杂物电梯制造与安装安全规范》中9.7条和10.3条的规定采取防护措施。

【检验方法】

审核井道布置图，并进行现场检查。

2.5.1.7　井道内的防护

【检验要求】

（1）在维护人员可进入的井道下部，对重（或平衡重）的运行区域应按GB 25194—2010《杂物电梯制造与安装安全规范》中5.5.1条的规定采取防护措施。

（2）装有多台电梯的井道，不同电梯的运动部件之间设置隔障，隔障应至少从轿厢、对重（或平衡重）行程的最低点延伸到最低层站楼面以上2.50 m的高度，宽度应能防止人员从一个底坑通往另一个底坑。若轿顶边缘与相邻电梯的运动部件之间的水平距离小于0.50 m，则隔障应延伸到整个井道高度，其宽度不应小于运动部件或其需要防护部分的宽度两边各加0.10 m。如果这种隔障是网孔型的，则应遵循GB 23821—2009《机械安全　防止上下肢触及危险区的安全距离》中4.2.5条的原则。

【检验方法】

审核井道布置图，并现场目测检查，必要时用卷尺测量。

2.5.1.8　顶层高度

【检验要求】

（1）曳引式杂物电梯的顶部间距：当对重停在其限位挡块上或其完全压在缓冲器上时，轿厢导轨的长度应能提供不小于0.10 m的进一步制导行程。当轿厢停在其限位挡块上或其完全压在缓冲器上时，对重导轨的长度应能提供不小于0.10 m的进一步制导行程。

（2）强制式杂物电梯的顶部间距：轿厢从顶层层站向上直到撞击井道顶部最低部件时的制导行程不应小于0.20 m。当轿厢停在其限位挡块上或其完全压在缓冲器上时，平衡重（如有）的导轨长度应能提供不小于0.10 m的进一步制导行程。

（3）液压杂物电梯的顶部间距：当柱塞通过其行程限位装置到达其上限位置时，轿厢的导轨长度应能提供不小于0.10 m的进一步制导行程。当轿厢停在其限位挡块上或其完全压在缓冲器上时，平衡重（如有）的导轨长度应能提供不小于0.10 m的进一步制导行程。

【检验方法】

审核井道布置图以及设计资料，并现场用尺测量。

2.5.1.9　底坑

【检验要求】

(1) 井道下部应设置底坑，除必需的部件和装置外，其底部应光滑平整，不得渗水或漏水。

(2) 如底坑是可进入的，应有一种可移动的装置，当轿厢停在其上面时，保证在 0.20 m×0.20 m 的区域内底坑地面与轿厢最低部件之间有 1.80 m 的自由垂直距离，该装置应永久地保留在井道内。同时底坑内应有符合标准要求的停止开关和电源插座，停止开关应在打开门进底坑时容易接近，并应标出“停止”字样。

(3) 如底坑是不可进入的，底坑地面应能从井道外部进行清扫。

【检验方法】

目测检查并手动试验，必要时用尺测量。

2.5.2　机房

2.5.2.1　机房的用途和设置

【检验要求】

机房不应用于杂物电梯以外的其他用途，也不应设置非杂物电梯用的线槽、电缆或装置。如果机房不与井道相邻，连接机房与井道的液压管道和电气线路应全部或部分安装在专门预留的套管或线槽内。

【检验方法】

外观检查。

2.5.2.2　通道的设置

【检验要求】

应为杂物电梯驱动主机及其附件的检修门或检修活板门提供安全、无障碍的通道。这些门的最小净尺寸应满足更换部件的需要。检修门或检修活板门在开启时不应占用用来检修、维护、操作的空间。

【检验方法】

审核井道布置图以及设计资料，或者现场检查。

2.5.2.3　机房门

【检验要求】

(1) 不可进入的机房应设置检修门或检修活板门以方便接近驱动主机及其附件，其门的最小尺寸为 0.60 m×0.60 m，即使在机房尺寸不允许的情况下，开孔尺寸也应满足更换部件要求。从检修门或检修活板门门槛到需要维修、调节或检修的任一部件的距离应不大于 600 mm。

(2) 对于可进入的机房，供人员进出的水平铰接的活板门应提供不小于 0.64 m^2 的通道面积，短边不小于 0.65 m，且开门后能保持在开启位置。所有检修活板门其强度和结构应符合标准规定的要求。供人员进出的检修门尺寸不应小于 0.60 m×0.60 m，其门槛不应高出其通道水平地面 0.40 m。

（3）上述两种门应设用钥匙开启的锁，当门开启后不用钥匙也能将其关闭和锁住，即使在锁住的情况下也能不用钥匙从井道内部将门打开。

【检验方法】

外观检查，必要时用尺测量。

2.5.2.4　机房的空间尺寸

【检验要求】

在控制屏与控制柜前应有一块净空面积，该面积：

（1）从屏、柜的外表面测量时深度不小于 0.7 m。

（2）宽度取两者中的较大值：0.5 m 或屏、柜的全宽。

（3）在需要维修或紧急人工操作的机械部件前方，至少在门的高度范围内应留有一块不小于 0.5 m×0.6 m 的水平净空面积，以保证在部件前方或在检修门门槛前方，检修门和检修活板门都能完全打开。

（4）在任何情况下，供活动或操作所需的净高度不应小于 1.8 m。

【检验方法】

外观检查，必要时用尺测量。

2.5.2.5　照明及插座

【检验要求】

机房内应至少提供一个电源插座，插座电源和机房照明电源（如有）应与杂物电梯驱动主机电源分开。插座应是 2P＋PE 型 250 V 直接供电，或符合 GB 16895.21—2016《低压电气装置　第 4-41 部分：安全防护　电击护防》规定的安全电压供电。

【检验方法】

外观检查，手动试验。

2.5.2.6　设备搬运

【检验要求】

在机房顶梁或横梁的适当位置上应装备具有安全工作载荷标志的金属支架或吊钩，以便起吊较重设备。

【检验方法】

外观检查。

2.5.3　轿厢、对重和平衡重

2.5.3.1　轿厢尺寸及额定载重量

【检验要求】

（1）轿厢尺寸：面积应不大于 1.0 m^2，深度应不大于 1.0 m，高度应不大于 1.20 m。

（2）如果轿厢由几个固定的间隔组成，且每一间隔都满足上述要求，则轿厢总高度允许大于 1.20 m，额定载重量应不大于 300 kg。

【检验方法】

外观检查，用尺测量。

2.5.3.2　材质及封闭

【检验要求】

轿厢应由轿壁、轿厢地板和轿顶完全封闭，唯一允许的开口是装载和卸载的入口。轿厢不应使用易燃或可能产生有害或大量气体和烟雾的材料。

【检验方法】

观察检查。

2.5.3.3　机械强度

【检验要求】

轿壁、轿厢地板和轿顶及其总成应有足够的机械强度：用 300 N 的力均匀地分布在 5 cm^2 的圆形或方形面积上，从轿厢内向外垂直作用于轿壁的任何位置应无永久性变形且弹性变形不大于 15 mm；对于维护人员可以进入的杂物电梯的轿顶，在其任意位置上应能支承两个人的体重，每个人按 0.20 m×0.20 m 的面积上作用 1 000 N 的力，应无永久变形。

【检验方法】

查阅设计资料，或利用测力计、砝码手动试验。

2.5.3.4　轿厢入口

【检验要求】

若在运行过程中运送的货物可能触及井道壁，则在轿厢入口处应设置适当的部件，如挡板、栅栏、卷帘以及轿门，特别是具有贯通入口或者相邻入口的轿厢，应防止货物突出轿厢。这些部件应配有符合标准要求的用来证实其关闭位置的电气安全装置。

【检验方法】

外观检查，手动试验。打开一个轿厢入口处设置的部件，电梯应不能启动或者继续运行。

2.5.3.5　轿厢与面对轿厢入口的井道壁的间距

【检验要求】

在层门全开状态下，轿厢和层门或层门框架之间的间隙不应大于 30 mm。

【检验方法】

目测检查，用尺测量。

2.5.3.6　护脚板和自动搭接地坎

【检验要求】

（1）每一轿厢地坎上都应设置护脚板，其宽度应等于相应层站入口的整个净宽度。护脚板垂直部分以下应成斜面向下延伸，斜面与水平面的夹角应大于 60°，该斜面在水平面上的投影深度不得小于 20 mm。护脚板垂直部分的高度不应小于有效开锁区域的高度。

（2）如果杂物电梯采用垂直滑动门且其服务位置与层站地面等高，则可用固定在层站上的自动搭接地坎代替护脚板，但该地坎应符合 GB 25194—2010 中 8.4.2 条的要求。

【检验方法】

目测检查，用尺测量。

2.5.3.7　轿门

【检验要求】

如设有轿门，轿门应是无孔的、网格的或孔板的，除必要的间隙外，轿门关闭后应将轿厢入口完全封闭。

【检验方法】

目测检查。

2.5.3.8　动力驱动的滑动门

【检验要求】

动力驱动的滑动门阻止关门的力不应大于150 N。若轿门先于层门关闭，则应按层门滑动门相关的要求采取保护措施。

【检验方法】

在关门过程的后2/3行程范围内用测力计测量，并试验防撞击的保护装置。

2.5.3.9　对重和平衡重

【检验要求】

若对重（或平衡重）由对重块组成，应防止它们移动，并采取下列措施：

(1) 将对重块固定在一个框架内。

(2) 对于金属对重块，则至少要用两根拉杆将对重块固定。

【检验方法】

目测检查。

2.5.4　层门

2.5.4.1　层门及间隙

【检验要求】

进入轿厢的井道开口处应设置无孔的层门。层门关闭后，门扇之间及门扇与立柱、门楣和地坎之间的间隙应尽可能小。此运动间隙不得大于6 mm。由于磨损，间隙值允许达到10 mm。如果有凹进部分，上述间隙从凹底处测量。

【检验方法】

用斜塞尺测量。

2.5.4.2　地坎

【检验要求】

每一个层站入口应该装设一个具有足够强度的地坎，以承受通过它运入轿厢的载荷。

【检验方法】

观察检查。

2.5.4.3　机械强度

【检验要求】

层门及其门锁在锁住的位置时应有这样的机械强度：用300 N的力垂直作用在该层门的任何一个面上的任何位置，且均匀分布在5 cm^2的圆形或者方形面积上时，应：

① 无永久变形。

② 弹性变形不大于15 mm。

③ 试验期间和试验后，门的安全功能不受影响。

【检验方法】

在测力计的端部固定一个面积为 5 cm^2 的金属块，并在门框的横梁上悬挂线坠，通过测力计施加 300 N 的力垂直作用在门扇上，用尺测量门扇上力的作用点在施力前、300 N 的力作用下以及解除作用力后垂直层门方向上相对线坠的水平距离，然后计算变形量。

2.5.4.4　导向装置

【检验要求】

(1) 层门的设计应防止正常运行中脱轨、机械卡阻或行程终端错位。

(2) 水平滑动层门的顶部和底部都应该设有导向装置。

(3) 垂直滑动层门两边都应该设有导向装置，即使在悬挂部件断裂时，层门也不应脱离导向装置。

【检验方法】

审查设计资料，外观检查，手动试验。

2.5.4.5　垂直滑动层门的悬挂装置

【检验要求】

(1) 垂直滑动层门的门扇应固定在两个独立的悬挂部件上。

(2) 悬挂用的绳、链、皮带，其设计安全系数不应小于 8。

(3) 悬挂绳滑轮的节圆直径不应小于绳直径的 20 倍。

(4) 悬挂绳与链应加以防护，以免脱出滑轮槽或链轮。

【检验方法】

目测检查，查阅设计资料，用尺测量绳和轮的直径并计算。

2.5.4.6　阻止开启门的力

【检验要求】

动力驱动的滑动门阻止关门的力不应大于 150 N。

【检验方法】

在关门过程的后 2/3 行程范围内，用测力计测量。

2.5.4.7　防撞击的保护装置

【检验要求】

对于动力驱动的滑动门，若人员或货物被门扇撞击或将被撞击时，一个保护装置应自动地使门重新开启。如在入口处用手动方式使门关闭，则该装置可不起作用。此保护装置的作用可在每个主动门扇最后 50 mm 的行程中被消除。

【检验方法】

在层门关闭过程中，试验人员使物体从门口经过，观察门的动作情况。

2.5.4.8　剪切危险的防护

【检验要求】

为了避免运行期间发生剪切的危险，动力驱动的滑动门外表面不应有大于 3 mm 的凹进或凸出部分，这些凹进或凸出部分的边缘应在开门运行方向上倒角，层门的开锁三角钥匙孔和有孔轿门除外。

【检验方法】

外观检查，用尺测量。

2.5.4.9　指示信号

【检验要求】

如果层门是手动开启的，使用人员在开门前，必须要知道轿厢是否在层站，“轿厢在此”信号应在轿厢停留在层站的整个时段内保持燃亮。

【检验方法】

观察检查。

2.5.4.10　局部照明

【检验要求】

在层站地坎附近的自然或人工照明不应小于 50 lx，以便安全使用杂物电梯。

【检验方法】

用照度计测量。

2.5.4.11　对坠落危险的防护

【检验要求】

在正常运行时，应不能打开层门（或多扇层门中的任意一扇），除非轿厢在该层门的开锁区域内停止或停站。开锁区域不应大于层站平层位置上下的 0.10 m。

【检验方法】

外观检查，手动试验。

2.5.4.12　对剪切的防护

【检验要求】

如果一个层门或多扇层门中的任何一扇门开着，在正常操作情况下，应不能启动电梯或保持电梯继续运行。在开锁区域内，只要符合 GB 25194—2010《杂物电梯制造与安装安全规范》的相应条件，允许杂物电梯开着门，在相应的层门地坎处进行平层、再平层或电气防沉降运行。

【检验方法】

外观检查，手动试验。

2.5.4.13　锁紧装置

【检验要求】

（1）每个层门都应设置锁紧装置。

（2）当杂物电梯额定速度≤0.63 m/s、开门高度≤1.2 m 且层门地坎高度≥0.7 m 时，锁紧无须电气验证，层门无须在轿厢移动之前进行锁紧。

（3）当轿厢驶离开锁区域时，锁紧元件应自动闭合，而且除了正常锁紧位置外，无论证实层门关闭的电气控制装置是否起作用，都应至少有第二个锁紧位置。

（4）若以上任一个条件不能满足，则门锁应符合 GB 7588—2003《电梯制造与安装安全规范》（含第 1 号修改单）的规定。若杂物电梯安装在公众不允许进入的区域，可不用符合上述规定。

【检验方法】

外观检查，手动试验。

2.5.4.14　锁紧元件

【检验要求】

锁紧元件的啮合应能满足在沿着开门方向施加 300 N 的力的情况下不会降低锁紧有效性。

【检验方法】

外观检查，手动试验。

2.5.4.15　锁紧状态的保持

【检验要求】

（1）应由重力、永久磁铁或弹簧来产生和保持门锁的锁紧动作。

（2）应采用有导向的压缩弹簧，且弹簧的结构应满足在开锁时弹簧不会被压并圈。

（3）即使永久磁铁（或弹簧）失效，重力亦不应导致开锁。

（4）如果锁紧元件是通过永久磁铁的作用保持其锁紧位置，则一种简单的方法（如加热或冲击）不应使其失效。

【检验方法】

目测检查并分析结构和安装情况。

2.5.4.16　门锁装置的防护

【检验要求】

门锁装置应有防护，以避免可能妨碍正常功能的积尘危险，但工作部件应易于检查。

【检验方法】

目测检查。

2.5.4.17　锁紧位置

【检验要求】

对于铰链门，锁紧应尽可能接近门的垂直闭合边缘处，即使在门下垂时，也能保持锁住，锁紧元件啮合应不小于 10 mm；对于滑动门，锁紧应尽可能接近主动门扇的关闭边缘处；对于垂直中分式滑动门，门锁应位于上门扇上。

【检验方法】

外观检查，手动试验。

2.5.4.18　层门关闭验证

【检验要求】

（1）每个层门应设有电气安全装置，以证实它的闭合位置，从而满足对剪切的保护。

（2）在与轿门联动的滑动层门的情况下，倘若证实层门锁紧状态的装置是依赖层门的有效关闭，则该装置同时可作为证实层门闭合的装置。

（3）在铰链式层门的情况下，此装置应装于门的闭合边缘处或验证层门闭合状态的机械装置上。

【检验方法】

目测检查并手动试验每个层门的锁紧装置，审查使用说明文件；轿厢在开锁区域外，逐一打开层门，检查层门能否自动关闭。

2.5.4.19　紧急开锁

【检验要求】

（1）每个层门均应能从外面借助于一个与GB 25194—2010《杂物电梯制造与安装安全规范》附录B规定的开锁三角孔相配的钥匙将门开启。

（2）这样的钥匙应只交给一个负责人员。

（3）钥匙应带有书面说明，详述必须采取的预防措施，以防止开锁后因未能有效地重新锁上而可能引起的事故。

（4）在一次紧急开锁以后，锁紧装置在层门闭合下，不应保持开锁位置。

（5）在轿门驱动层门的情况下，当轿厢在开锁区域之外时，层门无论因为何种原因而开启，应有一种装置（重块或弹簧）能确保该层门自动关闭。

【检验方法】

在电梯运行过程中打开层门，电梯应该停止运行，同时目测检查紧急开锁装置是否符合要求，最后检查层门自动关闭的功能是否有效。

2.5.4.20　直接、间接机械连接的多扇滑动门

【检验要求】

（1）如果滑动门是由数个直接机械连接的门扇组成，则允许验证层门锁紧和闭合状态的电气安全装置装在一个门扇上，且若仅锁紧一个门扇，则应在关闭位置采用钩住其他门扇的方法，使如此单一门扇的锁紧能防止其他门扇的开启。

（2）如果滑动门是由数个间接机械连接（如用钢丝绳、皮带或链条）的门扇组成，允许只锁紧一扇门，其条件是：这个门扇的单一锁紧能防止其他门扇的打开，且这些门扇均未装设手柄。未被锁住的其他门扇的闭合位置应由一个符合标准要求的电气安全装置来证实。

【检验方法】

目测检查，分析结构是否符合要求。

2.5.5　悬挂装置

2.5.5.1　材质

【检验要求】

轿厢和对重（或平衡重）应用钢丝绳或平行链节的钢质链条或滚子链条悬挂。钢丝绳的特性应该符合GB 8903—2005《电梯用钢丝绳》和GB 25194—2010《杂物电梯制造与安装安全规范》中9.1.2 b）条的规定。

【检验方法】

现场目测检查，核对资料。

2.5.5.2　钢丝绳或链条的数量

【检验要求】

（1）钢丝绳或链条最少应有两根，每根钢丝绳或链条应是独立的。

（2）强制式电力驱动的杂物电梯若使用单根钢丝绳或链条，则应符合GB 25194—2010《杂物电梯制造与安装安全规范》中9.1.3条的规定。

（3）若采用复绕法，应考虑钢丝绳或链条的根数而不是其下垂根数。

【检验方法】

外观检查。

2.5.5.3　轮与绳的直径比

【检验要求】

不论钢丝绳的股数多少，曳引轮、滑轮或者卷筒的节圆直径与悬挂绳的公称直径之比不应该小于 30。

【检验方法】

从设计资料查出曳引轮的节圆直径，计算其与悬挂绳直径的比值，必要时在检验现场核对曳引轮的节圆直径。

2.5.5.4　张力调节装置

【检验要求】

（1）若悬挂钢丝绳或链条多于一根，则至少在悬挂钢丝绳或链条的一端应设有一个自动调节装置来平衡各绳或链的张力。

（2）如果用弹簧来平衡张力，则弹簧应在压缩状态下工作。调节钢丝绳或链条长度的装置在调节后不应自行松动。

【检验方法】

外观检查。

2.5.5.5　钢丝绳的固定

【检验要求】

（1）钢丝绳末端应固定在轿厢、对重（或平衡重）或系结钢丝绳固定部件的悬挂装置上。固定时需采用金属或树脂填充的绳套、自锁紧楔形绳套、至少带有三个合适绳夹的鸡心环套、手工捻接绳环、环圈压紧式绳环或具有同等安全性能的任何其他装置。钢丝绳在卷筒上固定时，应该采用带楔块的压紧装置，或者至少用 2 个绳夹或具有同等安全性能的其他装置。

（2）每根链条的端部应采用适合的端接装置固定在轿厢、对重（或平衡重）或系结链条固定部件的悬挂部件上，应依靠自身的结构或采取附加的装置防止意外脱落，以保证固定的可靠性。

【检验方法】

外观检查。

2.5.5.6　强制式杂物电梯钢丝绳的卷绕

【检验要求】

（1）卷筒应加工出螺旋槽，该槽应与所用的钢丝绳相适应。

（2）当轿厢停在完全压缩的缓冲器或限位挡块上时，绳槽中至少应该保留一圈半的钢丝绳，卷筒上只能缠绕一层钢丝绳。

（3）钢丝绳相对于绳槽偏角（放绳角）不大于 4°。

【检验方法】

将轿厢支承在缓冲器或限位挡块上，检查卷筒上保留的圈数。对（3）采用在轿厢位于上极限位置时，用磁力线坠和钢直尺检查放绳角的方法来测量。

2.5.5.7　钢丝绳曳引条件

【检验要求】

钢丝绳曳引应满足以下两个条件：

（1）当对重压在缓冲器或限位挡块上而曳引机按电梯上行方向旋转时，应不可能提升空载轿厢。

（2）当空载或装有125%额定载荷的轿厢进行曳引检查时，应能被移动和停止。

【检验方法】

（1）短接上极限和对重缓冲器开关（如有），电梯处于顶层端站，检修操纵电梯向上运行，当对重压在缓冲器或限位挡块上后仍继续向上运行，此时观察曳引绳是否在曳引轮上打滑。

（2）在行程上部范围内轿厢空载上行，在行程下部范围内轿厢载有125%额定载荷下行，停车数次观察轿厢能否完全停止。

2.5.5.8　曳引轮、滑轮和链轮的防护

【检验要求】

曳引轮、滑轮和链轮应根据GB 25194—2010《杂物电梯制造与安装安全规范》中9.6.1条的表1设置防护装置，以避免：

（1）人身伤害。

（2）钢丝绳或链条因松弛而脱离绳槽或链轮。

（3）异物进入绳与绳槽或链与链轮之间。

采用的防护装置不应妨碍对旋转部件的观察及检查与维护工作。若防护装置是网孔状，则其孔洞尺寸应符合GB 23821—2009《机械安全　防止上下肢触及危险区的安全距离》中表4的要求。

【检验方法】

检查实物和设计文件。

2.5.5.9　防止自由坠落、超速下行的保护措施

【检验要求】

（1）若井道下方有人员可进入的空间或在采用一根钢丝绳（链条）悬挂的情况下，电力驱动的杂物电梯或间接作用式液压杂物电梯的轿厢应配置安全钳，安全钳由限速器触发（对于装有破裂阀或节流阀或单向节流阀的间接作用式液压杂物电梯，可使用安全绳或悬挂装置断裂的方式触发）。

（2）若井道下方有人员可进入的空间，直接作用式液压杂物电梯应设置由限速器触发的安全钳、破裂阀或节流阀（或单向节流阀）。

（3）若井道下方对重或平衡重区域有人员可进入的空间，则对重或平衡重应配置安全钳，安全钳由限速器或安全绳或液压驱动情况下悬挂装置的断裂来触发。

【检验方法】

现场目测检查，分析结构是否符合要求。

2.5.6　导轨

2.5.6.1　导向

【检验要求】

轿厢、对重（或平衡重）各自应至少由两根刚性的钢质导轨导向。

【检验方法】

目测检查。

2.5.6.2　材料

【检验要求】

（1）对于额定速度大于 0.4 m/s 的杂物电梯，导轨应用冷拉钢材制成，或工作表面采用机械加工方法制作。

（2）对于没有安全钳的轿厢、对重（或平衡重）导轨，可使用成型金属板材，但应采取防腐蚀措施。

【检验方法】

根据电梯速度和安全钳类型目测检查。

2.5.6.3　固定

【检验要求】

导轨与导轨支架在建筑物上的固定，应能自动地或采用简单调节的方法对建筑物的正常沉降和混凝土收缩的影响予以补偿，应防止导轨附件的转动造成导轨的松动。

【检验方法】

审查安装图，目测检查实物并分析其结构。

2.5.7　电气设备及安装

2.5.7.1　外壳防护

【检验要求】

机房内，必须采用防护罩壳以防止直接触电。所用外壳防护等级不低于 IP2X。

【检验方法】

用 IP 标准试具检查。

2.5.7.2　绝缘

【检验要求】

每个通电导体与地之间绝缘电阻的取值如表 2-1 所示。

【检验方法】

用兆欧表测量。当电路中包含有电子装置时，测量时应将线和零线连接起来，且所有电子元件的连接均应断开。

2.5.7.3　电压

【检验要求】

对于控制电路和安全电路，导体之间或导体对地之间的直流电压平均值和交流电压有效值均不应大于 250 V。

【检验方法】

用万用表测量。

2.5.7.4 零线和接地线

【检验要求】

零线和接地线应始终分开。

【检验方法】

检查电路图及实物，必要时用万用表测量。

2.5.7.5 电动机的短路保护

【检验要求】

直接与主电源连接的电动机应进行短路保护。

【检验方法】

审查图纸，检查实物。

2.5.7.6 主接触器

【检验要求】

主接触器应该采用 GB 14048.4—2010《低压开关设备和控制设备 第 4-1 部分：接触器和电动机起动器机电式接触器和电动机起动器（合电动机保护器）》中规定的类型：

① AC-3，用于交流电动机的接触器。

② DC-3，用于直流电动机的接触器。

此外，这些接触器应该允许启动操作次数的 10%用于点动运行。

【检验方法】

审查主接触器的型式证明文件。

2.5.7.7 继电接触器

【检验要求】

由于承受功率的原因必须使用继电接触器时，应该采用 GB 14048.5—2017《低压开关设备和控制设备 第 5-1 部分：控制电路电器和开关元件 机电式控制电路电器》中规定的类型：

① AC-15，用于控制交流电磁铁。

② DC-13，用于控制直流电磁铁。

【检验方法】

审查继电接触器的型式证明文件。

2.5.7.8 主接触器和继电接触器防故障措施

【检验要求】

对于符合规定的主接触器和继电接触器，下列规定可认为是防止 GB 25194—2010《杂物电梯制造与安装安全规范》中 14.1.1.1 条相关故障的措施：

① 如果动断触点（常闭触点）中的一个闭合，则全部动合触点断开。

② 如果动合触点（常开触点）中的一个闭合，则全部动断触点断开。

【检验方法】

审查主接触器、继电接触器的型式证明文件。

2.5.7.9　安全电路元件

【检验要求】

(1) 当将符合 2.5.7.7 条规定的继电接触器用于安全电路，2.5.7.8 条的规定也应适用。

(2) 如果使用的继电器，其动断和动合触点不论衔铁处于任何位置均不应同时闭合，那么按衔铁不完全吸合的可能性可不予考虑。

(3) 连接在电气安全装置之后的装置（如有）应符合 GB 25194—2010《杂物电梯制造与安装安全规范》中 14.1.2.2.3 条规定的爬电距离和电气间隙（不是分断距离）的要求。

(4) 印制电路板应符合 GB 25194—2010《杂物电梯制造与安装安全规范》附录 G 表 G.1 中 3.6 条的规定。

【检验方法】

审查相关资料；如有必要，用尺或仪器进行测量。

2.5.7.10　电动机直接供电的过载保护

【检验要求】

直接与主电源连接的电动机应采用手动复位的自动断路器（2.5.7.11 条所述情况例外）进行过载保护，该断路器应切断电动机所有供电。

【检验方法】

审查电气原理图，检查自动断路器的规格和设定是否与电机相匹配。

2.5.7.11　基于电动机绕组温升的过载保护

【检验要求】

当对电梯电动机过载的检测是基于电动机绕组的温升时，则只有在电动机充分冷却后，断路器才能自动闭合。

【检验方法】

审查电气原理图，检查热敏电阻的规格和整定值是否与电动机相匹配。

2.5.7.12　主开关的设置

【检验要求】

(1) 在机房中，每台杂物电梯都应单独装设一只能切断该梯所有供电电路的主开关。

(2) 该开关应具有切断杂物电梯正常使用情况下最大电流的能力。

(3) 该开关不应切断下列供电电路：

① 轿厢照明（如有）。

② 主机照明（如有）。

③ 机房内与底坑中的电源插座。

【检验方法】

根据设计文件和实物，判断主开关的容量和类别是否适当；对于（3）所列情况，可断开主电源开关，检查照明、插座是否被切断。

2.5.7.13　主开关的误操作防护

【检验要求】

主开关应具有稳定的断开和闭合位置，并且在断开位置时应能用挂锁或其他等效装置锁住，以确保不会出现误操作。

【检验方法】

现场目测，检查设计文件。

2.5.7.14　主开关的型式

【检验要求】

（1）应能从机房入口处方便、迅速地接近主开关的操作机构。如机房为几台电梯所共用，各台电梯主开关的操作机构应易于识别。

（2）如果机房有多个入口或同一台电梯有多个机房，而每一机房又有各自的一个或多个入口，则可以使用一个断路器式接触器，其断开应由电气安全装置控制，该装置接入断路器式接触器线圈供电回路。

（3）断路器式接触器断开后，除借助上述安全装置外，断路器式接触器不应被重新闭合或不应有被重新闭合的可能。断路器式接触器应与手动分断开关连用。

【检验方法】

（1）现场目测，审查电路图；检查主电源开关的型式、标识、安装位置。

（2）人为动作该电气安全装置，观察断路器式接触器的动作情况。

2.5.7.15　一组电梯的情况

【检验要求】

对于一组电梯，当一台电梯的主开关断开后，如果其部分运行回路仍然带电，这些带电回路应能在机房中被分别断开，必要时可切断组内全部电梯的电源。

【检验方法】

检查实物及电路图。

2.5.7.16　电气配线

【检验要求】

在杂物电梯机房和井道中，除随行电缆外，导线和电缆的质量至少应等效于GB/T 5023.3—2008《额定电压450/750 V及以下聚氯乙烯绝缘电缆　第3部分：固定布线用无护套电缆》和GB/T 5013.4—2008《额定电压450/750 V及以下橡皮绝缘电缆　第4部分：软线和软电缆》的规定。

【检验方法】

审查产品证明文件。

2.5.7.17　导线截面积

【检验要求】

门电气安全装置导线的截面积不应小于0.75 mm^2。

【检验方法】

现场检查或测量。

2.5.7.18　带电端子的标记

【检验要求】

如果杂物电梯的主开关或其他开关断开后，一些连接端子仍然带电，则它们应与不带电的端子明显地隔开。如果带电端子电压超过50 V，应注上适当标记。偶然互接将导致杂物电梯危险故障的连接端子应被明显地隔开，除非其结构形式能避免这种危险。

【检验方法】

现场目测，并用万用表测量。

2.5.7.19 连接器件和插接式装置

【检验要求】

设置在安全电路中的连接器件和插接式装置，如果错误的连接能导致杂物电梯的危险故障，应保证重新插入时绝对不会插错。

【检验方法】

目测检查，插拔试验。

2.5.7.20 照明电源和插座电源

【检验要求】

(1) 轿厢和机房照明电源（如有）应与电梯驱动主机电源分开，可通过另外的电路或通过与主开关供电侧相连而获得照明电源。

(2) 机房及底坑应设置插座，插座所需的电源应取自（1）所述的电路。这些插座是2P+PE型，250 V，直接供电，或根据 GB 14821.1—93《建筑物的电气装置 电击防护》的规定以安全电压供电。

【检验方法】

(1) 根据设计文件和实物，判断主开关的容量和类别是否适当。

(2) 断开主电源开关，检查照明、插座、通风及报警装置是否被切断。

2.5.8 电气故障的防护、控制、优先权

2.5.8.1 电气故障的防护

【检验要求】

(1) 电梯电气设备中如果可能出现 GB 25194—2010《杂物电梯制造与安装安全规范》中 14.1.1.1 条所述的任何一种故障，其本身不应成为导致电梯危险故障的原因。

(2) 对于符合 GB 25194—2010《杂物电梯制造与安装安全规范》要求的安全触点，可不必考虑其触点不断开的情况。

【检验方法】

审查电气原理图，检查实物接线及布置。

2.5.8.2 接地保护

【检验要求】

如果包含有电气安全装置的电路接地或接触金属构件而造成接地，该电路应：

(1) 电梯驱动主机立即停止运转。

(2) 第一次正常停止运转后，防止杂物电梯驱动主机再启动，恢复电梯运行只能通过手动复位。

【检验方法】

审查电气原理图，分析其电气安全回路接地或接触金属构件的保护原理。

2.5.8.3 电气安全装置

【检验要求】

GB 25194—2010《杂物电梯制造与安装安全规范》附录 A 列出的某一电气安全装置

动作时，应按规定防止驱动主机启动，或使其立即停止运转。电气安全装置应包括：

（1）一个或几个安全触点，它直接切断向驱动主机供电的接触器或继电接触器的供电。

（2）满足标准要求的安全电路，应包括下列一项或几项：

① 一个或几个满足标准要求的安全触点，它们不直接切断主回路接触器或继电接触器的供电。

② 不符合安全触点要求的触点。

③ 符合 GB 25194—2010《杂物电梯制造与安装安全规范》附录 G 要求的元件。

【检验方法】

对照 GB 25194—2010《杂物电梯制造与安装安全规范》附录 A 检查现场元件或电路是否满足对电气安全装置的要求，同时审查电气原理图。

2.5.8.4　电气安全装置的并联

【检验要求】

除开门情况下的平层和再平层、紧急电动运行和对接操作运行外，电气装置不应与电气安全装置并联。

【检验方法】

审查电气原理图，必要时检查现场接线布置。

2.5.8.5　电气安全装置的连接

【检验要求】

与电气安全回路上不同点的连接只允许用来采集信息。这些连接装置应该满足安全电路的要求。

【检验方法】

审查电气原理图，必要时检查现场接线布置。

2.5.8.6　电气安全装置信号的可靠性

【检验要求】

（1）一个电气安全装置发出的信号，不应被同一电路中设置在其后的另一个电气安全装置发出的外来信号所改变，以免造成危险后果。

（2）在含有两条或更多平行通道组成的安全电路中，一切信息，除奇偶校验所需要的信息外，应仅取自一条通道。

【检验方法】

审查分析电气原理图，必要时检查现场接线布置。

2.5.8.7　电气安全装置记录或延迟信号电路

【检验要求】

（1）记录或延迟信号的电路，即使发生故障，也不应妨碍或明显延迟由电气安全装置作用而产生的电梯驱动主机停机，即停机应在与系统相适应的最短时间内发生。

（2）内部电源装置的结构和布置，应防止由于开关作用而在电气安全装置的输出端出现错误信号。

【检验方法】

审查分析电气原理图，必要时检查现场接线布置。

2.5.8.8　安全触点的可靠断开

【检验要求】

(1) 安全触点的动作应由断路装置将其可靠地断开，甚至两触点熔接在一起时也应将其断开。

(2) 安全触点的设计应尽可能减小由于部件故障而引起的短路危险。

注：当所有触点的断开元件处于断开位置时，且在有效行程内，动触点和施加驱动机构之间无弹性元件（如弹簧）施加作用力，即为触点获得了可靠的断开。

【检验方法】

检查实物结构。

2.5.8.9　安全触点的类型及外壳防护等级

【检验要求】

(1) 如果安全触点的保护外壳的防护等级不低于 IP4X，则安全触点应能承受 250 V 的额定绝缘电压。

(2) 如果其外壳防护等级低于 IP4X，则应能承受 500 V 的额定绝缘电压。

(3) 安全触点应是在 GB 14048.5—2017《低压开关设备和控制设备　第 5-1 部分：控制电路电器和开关元件　机电式控制电路电器》中规定的下列类型：

① AC-15，用于交流电路的安全触点。

② DC-13，用于直流电路的安全触点。

【检验方法】

审查安全触点的资料，必要时使用仪器进行检测。

2.5.8.10　安全触点的电气间隙及爬电距离

【检验要求】

(1) 如果保护外壳的防护等级不高于 IP4X，则其电气间隙不应小于 3 mm，爬电距离不应小于 4 mm，触点断开后的距离不应小于 4 mm。

(2) 如果保护外壳的防护等级高于 IP4X，则其爬电距离可降至 3 mm。

【检验方法】

审查安全触点的资料。如有必要，用尺进行测量。

2.5.8.11　安全触点断开后的距离

【检验要求】

对于多分断点的情况，在触点断开后，触点之间的距离不得小于 2 mm。

【检验方法】

审查安全触点的资料。如有必要，用尺进行测量。

2.5.8.12　电气安全装置的操作

【检验要求】

(1) 操作电气安全装置的部件应能在连续正常操作产生机械应力的条件下正确地起作用。

(2) 如果操作电气安全装置的装置设置在人们容易接近的地方，则它们应这样设置：采用简单的方法不能使其失效。

(3) 对于冗余型安全电路，应用传感器元件机械或几何的布置来确保机械故障时不应丧失其冗余性。

注：用磁铁或桥接件不算简单方法。

【检验方法】

审查分析电气原理图和现场接线布置，目测检查操作部件结构。

2.5.8.13　运行的控制

【检验要求】

（1）杂物电梯运行的控制应是电气控制。

（2）正常运行的控制应借助于按钮或类似装置，如触摸控制、磁卡控制等。这些装置应置于盒中，以防止使用人员触及带电零件。

（3）控制器不应安装在轿厢内。

【检验方法】

现场目测检查。

2.5.8.14　电气安全装置的直接作用

【检验要求】

（1）当电气安全装置为保证安全而动作时，应防止电梯驱动主机启动或立即使其停止运转。

（2）对电力驱动杂物电梯，制动器的电源也应被切断；电气安全装置应直接作用在控制电梯驱动主机供电的设备上；由于输电功率而使用了继电接触器控制电梯驱动主机，则它们应视为直接控制电梯驱动主机启动和停止的供电设备。

【检验方法】

（1）审查分析电气原理图。

（2）手动使一个电气安全装置动作，观察电梯的停止情况。

2.5.8.15　开门时的平层和再平层运行

【检验要求】

在满足下列条件时，允许层门、轿门或负载保护装置打开时进行轿厢的平层和再平层运行：

（1）运行只限于开锁区域：

① 应至少由一个开关装置防止轿厢在开锁区域外的所有运行。

② 该开关装于门及锁紧电气安全装置的桥接或旁接式电路中。

③ 该开关应是满足要求的安全触点，或者其连接方式满足对安全电路的要求。

④ 如果该开关的动作是依靠一个不与轿厢直接机械连接的装置，如绳、带或链，则连接件的断开或松弛应通过一个电气安全装置的作用使电梯驱动主机停止运转。

⑤ 平层运行期间，只有在已给出停站信号之后才能使门电气安全装置不起作用。

（2）再平层速度不大于 0.3 m/s。

（3）到达开锁区域时的平层速度不大于 0.8 m/s。

【检验方法】

（1）检查开关的型式、功能及安装位置，审查电气原理图及安装调试文件。

（2）速度检测：在机房内用转速表测量驱动主机的转速，再计算出轿厢的速度，或者用测速系统在轿厢内直接测出速度。也可采用其他满足测量准确度要求的方法进行速度测量。

2.5.8.16　液压杂物电梯电气防沉降系统

【检验要求】

若 GB 25194—2010《杂物电梯制造与安装安全规范》中 7.7.3.1.1 条规定的条件未能满足，则液压杂物电梯应配置满足下列条件的电气防沉降系统：

(1) 当轿厢所在的区域处于平层位置以下最多 0.05 m 至开锁区域下端范围内时，无论轿门处于任何位置，都应按上行方向给驱动主机通电。

(2) 杂物电梯在上次正常运行后停止使用 15 min 内，轿厢应自动运行到最低层站停靠。

(3) 应设置符合 GB 25194—2010《杂物电梯制造与安装安全规范》中 15.2.5 条、15.2.5 条和 15.4.5 条规定的标识。

【检验方法】

轿厢装载均匀分布的额定载荷，操作手动下降阀使电梯进入检验内容规定的区域，检查轿厢能否自动向上移动至平层位置。

2.5.8.17　停止装置的设置

【检验要求】

杂物电梯应设置停止装置，用于停止电梯并使电梯包括动力驱动的门保持在非服务的状态。停止装置应设置在：

(1) 底坑，且该装置应在打开门去底坑时容易接近。

(2) 若有关人员可进入轿顶，则应在轿顶或井道内每一层门旁安装。

【检验方法】

(1) 对停止装置的功能进行试验。

(2) 检查实物，审查电气原理图和布置尺寸图。如有必要，用尺测量相关位置尺寸。

2.5.8.18　停止装置的型式

【检验要求】

停止装置应是电气安全装置，它应为双稳态的，误动作不能使电梯恢复运行。

【检验方法】

目测检查，手动试验实物。

2.5.8.19　手动门电梯

【检验要求】

手动门杂物电梯应有一种装置，在电梯停止后不小于 3 s 内，防止轿厢离开停靠站。

【检验方法】

用计时器测量，审查电气原理图。

2.5.9　安全钳

2.5.9.1　安全钳的释放

【检验要求】

(1) 安全钳动作后的释放须经称职人员进行。

(2) 只有将轿厢或对重（或平衡重）提起，才能使轿厢或对重（或平衡重）上的安全钳释放并自动复位。

【检验方法】

（1）查阅文件中的有关规定。

（2）在限速器—安全钳联动试验后，提升轿厢或对重（或平衡重），检查安全钳的释放。

2.5.9.2　安全钳的结构要求

【检验要求】

不应将安全钳的夹紧部件或钳体当作导靴使用。如果安全钳是可调节的，则应在其调整后加封记。

【检验方法】

现场目测检查。

2.5.9.3　安全钳的电气检查

【检验要求】

当轿厢安全钳作用时，装在轿厢上面的一个电气安全装置在安全钳动作以前或同时使驱动主机停转。

【检验方法】

人为动作电气开关，观察电梯的停止情况。

2.5.9.4　安全钳的触发条件

【检验要求】

安全钳动作时由其触发结构施加的张力不应小于安全钳起作用所需力的2倍或300 N中的较大值。对于仅靠摩擦力来产生张力的限速器，其槽口应经过附加的硬化处理或有一个切口槽。

【检验方法】

进入井道，试验人员站在轿顶，用测力计测量提拉起安全钳的力，把此力与所提供技术资料中触发机构的施加张力进行比较；对限速器进行目测检查。

2.5.10　限速器触发

2.5.10.1　动作速度

【检验要求】

当轿厢速度大于或等于轿厢下行额定速度的115%时，操纵轿厢安全钳的限速器应动作，但最大动作速度应小于下列规定值：

（1）额定速度不大于0.63 m/s时，为0.8 m/s。

（2）额定速度大于0.63 m/s时，为额定速度的125%。

【检验方法】

检查限速器铭牌上的动作速度值，并和额定速度进行对照。

2.5.10.2　对重限速器

【检验要求】

对重或平衡重安全钳的限速器动作速度应大于轿厢安全钳的限速器的动作速度，但不应超过10%。

【检验方法】

检查限速器铭牌上的动作速度值，并与轿厢限速器的动作速度进行比较。

2.5.10.3　封记和方向

【检验要求】

限速器的可调部件在调整后应加封记，限速器上应标明与安全钳动作相应的旋转方向。

【检验方法】

外观目测检查。

2.5.10.4　绳的张紧

【检验要求】

限速器绳应用张紧轮张紧，张紧轮（或其配重）应有导向装置。

【检验方法】

现场检查，核查设计资料。

2.5.10.5　位置

【检验要求】

（1）限速器应是可接近的，以便检查和维修。

（2）若限速器装在井道内，则应能从井道外面接近它。当下列条件满足时，无须符合上述要求：

① 能够从井道外用远程控制的方式（除无线方式外）来实现限速器动作，这种方式应不会造成限速器的意外动作，且未经授权的人不能接近远程控制的操纵装置。

② 能够从轿顶或从底坑接近限速器进行检查和维护。

③ 限速器动作后，提升轿厢、对重（或平衡重）能使限速器自动复位。

【检验方法】

（1）现场目测检查，并核对限速器型式试验报告。

（2）按照实际动作方式，在井道外进行限速器动作试验；试验动作后，提升轿厢、对重（或平衡重），检查限速器的复位。

2.5.10.6　电气检查

【检验要求】

限速器绳断裂或过分伸长，应通过一个电气安全装置的作用使驱动主机停止运转。

【检验方法】

检查该装置的设定情况；人为动作电气开关，观察电梯停止情况。

2.5.10.7　限速器绳

【检验要求】

限速器绳应为专用的钢丝绳，该绳的最小破断载荷对应于限速器动作时在限速器绳中所产生的张力的安全系数不应小于 8，绳的公称直径不应小于 6 mm，限速器绳轮的节圆直径与钢丝绳的公称直径之比不应小于 30。

【检验方法】

核查设计资料，用尺子现场测量检查。

2.5.11 安全绳触发

2.5.11.1 张紧

【检验要求】

安全绳应由重力张紧或至少由一个有导向的压缩弹簧张紧。

【检验方法】

现场检查，核查设计资料。

2.5.11.2 电气检查

【检验要求】

安全绳的断裂或松弛应通过一个符合 GB 25194—2010《杂物电梯制造与安装安全规范》要求的电气安全装置使驱动主机停止运转。

【检验方法】

检查该装置的设定情况；人为动作电气开关，观察电梯停止情况。

2.5.11.3 滑轮的设置

【检验要求】

安全绳滑轮应与任何悬挂绳（链）的轴或滑轮组分别设置，并具有相应的防护装置。

【检验方法】

现场检查，核查设计资料。

2.5.11.4 安全绳

【检验要求】

安全绳应为专用的钢丝绳，绳的公称直径不应小于 6 mm，该绳的最小破断载荷对应于使安全钳动作时绳中所产生的张力的安全系数不应小于 8。

【检验方法】

核查设计资料，用尺子现场测量检查。

2.5.12 悬挂装置断裂触发

2.5.12.1 弹簧触发

【检验要求】

当使用弹簧触发安全钳动作时，应使用有导向的压缩弹簧。

【检验方法】

现场检查，核查设计资料。

2.5.12.2 测试方法

【检验要求】

应能从井道外试验，验证悬挂装置断裂能够触发安全钳。

【检验方法】

现场检查，按照实际动作方式，在井道外进行动作试验。

2.5.13　极限开关

2.5.13.1　电力驱动杂物电梯极限开关的设置

【检验要求】

（1）电力驱动杂物电梯的极限开关应设置在尽可能接近端站时起作用而无误动作危险的位置上。

（2）极限开关应在轿厢或对重（如有）接触缓冲器或限位挡块之前起作用，并在缓冲器被压缩期间或轿厢与限位挡块接触期间保持其动作状态。

【检验方法】

（1）审查资料。

（2）进入轿顶，用尺子测量极限开关与其撞板的动作重叠尺寸，并与缓冲器的行程进行比较。如现场不容易测量，可实际试验验证。

2.5.13.2　电力驱动杂物电梯的极限开关动作方式

【检验要求】

正常的端站停止装置和极限开关必须采用不同的动作装置。电力驱动杂物电梯的极限开关动作应由以下方式实现：

① 利用与驱动主机的运动相连的一种装置。

② 如果没有平衡重，利用位于井道顶部和底部的轿厢。

③ 利用处于井道顶部的轿厢或平衡重（如有）。

【检验方法】

目测检查实物及极限开关的动作方式。

2.5.13.3　电力驱动杂物电梯的极限开关作用方法

【检验要求】

（1）电力驱动杂物电梯的极限开关应直接通过符合 GB 25194—2010《杂物电梯制造与安装安全规范》相关规定的电气安全装置或强制的机械断开的方式切断电动机和制动器的供电回路。

（2）应防止电动机向操纵制动器的电气装置馈电，极限开关动作后，电梯不能自动恢复运行。

【检验方法】

（1）审查电气原理图。

（2）人为动作极限开关和电气开关，检查电梯的停止情况，并检查电梯能否自动恢复运行。

2.5.14　缓冲器和限位挡块

2.5.14.1　设置要求

【检验要求】

缓冲器或限位挡块应设置在轿厢和对重的行程底部极限位置。若轿厢、对重（或平衡重）之下确有人能够到达的空间，则应设置缓冲器。

【检验方法】

检查实物。

2.5.14.2　液压杂物电梯的设置要求

【检验要求】

对于液压杂物电梯，当缓冲器完全压缩或轿厢停在限位挡块上时，柱塞不应触及缸筒的底座。

【检验方法】

用尺测量从轿厢在下端站平层位置至柱塞向上完全伸出期间柱塞向上伸出的行程 L_1（或者测量轿厢移动的距离，然后按照电梯的顶升方式折算成柱塞的行程），查阅柱塞的行程 L，并通过测得的轿厢撞板至缓冲器的距离 S_1 和轿厢缓冲器的行程 S_3，计算是否满足：$L-L_1>(S_1+S_3)/K$（K 为轿厢速度与柱塞速度之比）。限位挡块按类似方法计算。

2.5.14.3　承受能力

【检验要求】

缓冲器或限位挡块应能承受满载轿厢或对重以 115%额定速度的撞击，并且撞击后无永久性变形。

【检验方法】

审核设计资料并与型式试验报告进行比较。

2.5.14.4　复位及电气检查

【检验要求】

若采用耗能型缓冲器，则仅在缓冲器动作且回复至其正常伸长位置后杂物电梯才能正常运行。监测缓冲器的正常复位所用的装置应是一个符合标准要求的电气安全装置。

【检验方法】

外观检查装置的型式，人为使缓冲器动作，检查电梯是否能启动。

2.5.14.5　液位检查

【检验要求】

对于液压缓冲器，应便于检查其液位。

【检验方法】

外观检查。

2.5.15　电力驱动主机

2.5.15.1　驱动方式

【检验要求】

允许使用两种驱动方式：曳引式（使用曳引轮和曳引绳）和强制式（使用卷筒和钢丝绳或使用链轮和链条）。

【检验方法】

目测检查实物，审查设计文件。

2.5.15.2　制动系统

【检验要求】

杂物电梯应设置制动系统，并在出现动力电源失电或控制电路电源失电时能自动动作。

【检验方法】

目测检查实物，切断相应电源检查制动系统动作状况。

2.5.15.3　制动能力

【检验要求】

当轿厢载有 125%额定载荷并以额定速度向下运行时，操作制动器应能使曳引机停止运转。

【检验方法】

装有 125%额定载荷的轿厢下行，当电梯运行达到额定速度时，按动急停按钮或切断主电源，观察电梯是否停止。

2.5.15.4　工作状态

【检验要求】

(1) 正常运行时，制动器应在持续通电下保持松开状态。

(2) 制动闸瓦的压力必须用有导向的压缩弹簧或者重锤施加。

(3) 严禁使用带式制动器。

(4) 制动衬应是不易燃的。

(5) 装有手动紧急操作装置的电梯驱动主机应能用手动松开制动器，并需要持续保持其松开状态。

【检验方法】

现场检查并审查电气原理图，进行外观检查和手动试验。

2.5.15.5　控制

【检验要求】

(1) 切断制动器电流，至少应用两个独立的电气装置来实现，不论这些装置与用来切断电梯驱动主机电流的电气装置是否为一体。

(2) 当电梯停止时，如果其中一个接触器的主触点未打开，最迟到下一次运行方向改变时，应防止电梯再运行。

【检验方法】

(1) 对照现场实物分析并审查电气原理图及接线图。

(2) 在正常运行和检修运行状态下，现场分别模拟接触器的主触点不释放故障，观察电梯正常停车后的再启动情况；分析、检查监控装置的有效性。

2.5.15.6　释放电路的断开

【检验要求】

断开制动器的释放电路后，电梯应无附加延迟地被有效制动。使用二极管或电容器与制动器线圈两端直接连接不能看作延时装置。

【检验方法】

动作试验并目测检查。

2.5.15.7　防馈电

【检验要求】

当电梯的电动机有可能起到发电机作用时，应防止该电动机向操纵制动器的电气装置馈电。

【检验方法】

审查电气图纸，核查现场实物。

2.5.15.8　手动紧急操作装置

【检验要求】

如果向上移动装有额定载重量的轿厢所需的操作力不大于 400 N，杂物电梯驱动主机应装设手动紧急操作装置，以便借用平滑且无辐条的盘车手轮将轿厢移动到一个层站。

【检验方法】

审查设计计算资料，现场目测检查，必要时现场测试手动盘车力。

2.5.15.9　盘车手轮的标记

【检验要求】

对于可拆卸的盘车手轮，应放置在机房内容易接近的地方。对于同一机房内有多台电梯的情况，如果盘车手轮不通用，则应在手轮上做适当标记。

【检验方法】

现场目测检查。

2.5.15.10　电气安全装置

【检验要求】

对于可拆卸的盘车手轮，最迟应在盘车手轮装上电梯驱动主机时，有一个电气安全装置被动作，使电梯不能电动启动。

【检验方法】

进行手动安装盘车轮试验。

2.5.15.11　运行速度

【检验要求】

当电源为额定频率，电动机施以额定电压时，杂物电梯轿厢载有半载，向下运行至行程中段（除去加速和减速段）时的速度不得大于额定速度的 110%，并且不得小于额定速度的 92%。

【检验方法】

轿厢载有 50%的额定载重量下行至行程中段时，使用转速表在机房测量曳引绳的速度。当不采用 1∶1 的曳引比时，还需要根据曳引比计算出轿厢的速度。

2.5.15.12　停止电梯驱动主机以及检查其停止状态

【检验要求】

使用电气安全装置使驱动主机停止，应按下述各项进行控制：

(1) 必须用两个独立的接触器切断电源，接触器的触点应串联于电源电路中。

(2) 电梯停止时，如果其中一个接触器的主触点未打开，最迟到下一次运行方向改变时，必须防止轿厢再运行。

【检验方法】

(1) 对照现场实物分析并审查电气原理图及接线图。

(2) 在正常运行和检修运行状态下，现场分别模拟接触器的主触点不释放故障，观察电梯正常停车后的再启动情况；分析、检查监控装置的有效性。

2.5.15.13　松绳检查

【检验要求】

强制驱动的杂物电梯应有一个松绳（或链条）的电气安全装置。

【检验方法】

对于强制动的电梯，短接下极限开关（如果采用液压缓冲器，还需要短接缓冲器开关），轿厢下行并完全压缩缓冲器，检查电梯能否停止运行。

2.5.15.14　运转时间限制器的设置和时间设定

【检验要求】

(1) 曳引驱动杂物电梯应设有电动机运转时间限制器，在下述情况下使杂物电梯驱动主机停止转动并保持在停止状态：

① 当启动杂物电梯时，曳引机不转。

② 轿厢或对重向下运动时由于障碍物而停住，导致曳引绳在曳引轮上打滑。

(2) 电动机运转时间限制器应在不大于下列两个时间值的较小值时起作用：

① 45 s。

② 电梯运行全程的时间再加上 10 s；若运行全程的时间小于 10 s，则最小值为 20 s。

【检验方法】

(1) 审查设计资料，检查现场接线。切断主开关，拆除控制柜输出到驱动主机的动力电源接线端子以及制动器控制线路的接线端子或插头。

(2) 合上主开关，给电梯输入 1 个运行指令，并用秒表计时，检查电梯是否在规定的时间内停止动力电源输出。

2.5.15.15　运转时间限制器复位

【检验要求】

电动机运转时间限制器动作后，恢复电梯正常运行只能通过手动复位。恢复断开的电源后，曳引机无须保持在停止位置。

【检验方法】

审查设计资料，现场模拟试验。

2.5.15.16　机械部件的防护

【检验要求】

对可能产生危险并可能接近的旋转部件，特别是下列部件，必须提供有效的防护：

(1) 传动轴上的键和螺钉。

(2) 钢带、链条、皮带、齿轮、链轮。

(3) 电动机的外伸轴、甩球式限速器。

(4) 除带有防护装置的曳引轮、盘车手轮、制动轮及任何类似光滑的圆形部件外，其余这些部件应涂成黄色，至少部分应涂成黄色。

【检验方法】

检查实物和设计文件。

2.5.16 液压驱动部分

2.5.16.1 液压缸

【检验要求】

(1) 缸筒和柱塞的设计：在2.3倍的满载压力作用下应保证对于材料屈服强度为$R_{p0.2}$的安全系数不低于1.7；当液压缸全部伸出且在1.4倍的满载压力作用下，其稳定性安全系数不低于2；在1.4倍的满载压力作用下应保证对于材料屈服强度为$R_{p0.2}$的安全系数不低于2。

(2) 与轿厢的连接：对于直接作用式杂物电梯，轿厢与柱塞（缸筒）之间应为挠性连接。轿厢与柱塞（缸筒）之间的连接件应能承受柱塞（缸筒）的重量和附加的动力载荷，连接方式应牢固。

(3) 导向装置：对于间接作用式杂物电梯，其柱塞（缸筒）端部应有导向装置，该导向装置的任何部件不应在轿厢顶部垂直投影内。对于拉伸作用的液压缸不要求端部导向，只要拉伸装置可防止柱塞承受弯曲力的作用。

(4) 缓冲停止装置：柱塞应有缓冲停止装置，使其在行程的极限位置制停，缓冲停止应符合下述要求之一：

① 是液压缸的一部分。

② 由位于轿厢投影部分以外的液压缸的一个或多个外部设备组成，其合力应施加在液压缸的中心线上。

(5) 保护：若液压缸延伸到地下，则应安装在套管中。如果延伸到其他空间，则应给予适当保护。以下部件也应给予同样的保护：

① 破裂阀或节流阀。

② 连接破裂阀或节流阀与缸筒的硬管。

③ 破裂阀或节流阀之间连接的硬管。

(6) 液压缸应有放气装置。

(7) 多级液压缸：若采用多级液压缸，在多级液压缸柱塞之间应有限位停止装置；不具备外部导向的多级液压缸的每一节的支撑长度至少应为相应的柱塞直径的2倍；这些液压缸应有机械或液压的同步机构（同步机构要求见GB 25194—2010《杂物电梯制造与安装安全规范》中具体要求）。

【检验方法】

审查设计计算资料，观察检查。对于缓冲停止装置，应查看油缸技术资料，必要时现场试验其减速效果。

2.5.16.2 管路

【检验要求】

(1) 管路和附件应固定良好同时便于检查。管路穿过墙或是地面时应使用套管保护，套管的尺寸大小应能满足在必要时拆卸管路，以便进行检修。套管内不应有管路接头。

(2) 在选用液压缸与单向阀或下行单向阀之间的软管时，其相对于满载压力和破裂压力的安全系数应至少为 8。

(3) 液压缸和单向阀或下行阀之间的硬管和附件在设计上应满足的条件是：在 2.3 倍满载压力的作用下应保证对于材料屈服强度为 $R_{p0.2}$ 时的安全系数不低于 1.7。

(4) 液压缸与单向阀或下行单向阀之间的软管及接头应能承受 5 倍于满载压力的压力而不被破坏。

(5) 软管上应永久性标注的事项：制造厂名称或商标、试验压力、试验日期、允许的弯曲半径。

【检验方法】

审查设计计算资料，观察检查，测量现场安装尺寸并与管路产品技术资料相比较。

2.5.16.3　停止驱动主机及检查其停止状态

【检验要求】

驱动主机由一个符合标准规定的电气安全装置的动作制停：

(1) 对于向上运行的杂物电梯，电动机的电源应至少由两个独立的接触器切断，这两个接触器的主触点应串联于电动机供电回路中；或电动机的电源由一个接触器切断，且分流阀的供电回路应至少由两个串联于该阀供电回路的独立电气装置来切断。

(2) 对于向下运行的杂物电梯，下行方向阀的供电回路应至少由两个串联的独立电气装置切断；或直接由一个电气安全装置切断，只要该电气装置的电气容量正确。

(3) 当杂物电梯停止时，若其中一个接触器的主触点没有打开或某一个电气装置没有断开，则最迟到下一次运行方向改变时，必须防止轿厢再运行。

【检验方法】

审查电气原理图，并现场手动模拟试验。

2.5.16.4　液压控制及安全装置

(1) 截止阀。

【检验要求】

① 液压系统应设置截止阀。

② 截止阀应安装在将液压缸连接到单向阀和下行方向阀的油路上。

③ 截止阀应位于机房内。

【检验方法】

观察检查。

(2) 单向阀。

【检验要求】

① 液压系统应设置单向阀。

② 单向阀应安装在液压泵与截止阀之间的油路上。

③ 当供油系统的压力降低至最低工作压力以下时，单向阀应能将载有额定载重量的轿厢保持在井道内的任一位置上。

【检验方法】

审查液压原理图。

(3) 溢流阀。

【检验要求】

① 液压系统应设置溢流阀。

② 溢流阀应连接到液压泵和单向阀之间的油路上，溢流阀溢出的油液应回到油箱。

【检验方法】

查看液压原理图并手动试验溢流效果。

（4）溢流阀的调节。

【检验要求】

溢流阀应调节到系统压力不超过满载压力的 140%。由于管路较高的内部损耗，必要时溢流阀可调节到较高的压力值，但不应大于满载压力的 170%。

【检验方法】

关闭截止阀，操作手动泵或使轿厢慢车上行，使系统压力缓慢升高直至溢流阀动作，记录动作压力并与满载压力比较。

（5）破裂阀。

【检验要求】

破裂阀应能将下行的轿厢制停并保持其停止状态，破裂阀最迟当轿厢下行速度达到下行额定速度 $v_d+0.3$ m/s 时动作。

【检验方法】

查看破裂阀调试证书，并慢车手动试验其动作效果。

（6）节流阀。

【检验要求】

如杂物电梯装有节流阀或单向节流阀，则在液压系统严重泄漏的情况下，节流阀应防止载有额定载重量的轿厢下行时的速度超过其下行额定速度 $v_d+0.3$ m/s。

【检验方法】

查看液压原理图，并手动模拟试验其动作效果。

（7）破裂阀的安装位置。

【检验要求】

破裂阀的安装位置应便于调整与检查，并满足以下要求之一：

① 与液压缸成为一个整体。

② 直接与液压缸法兰连接。

③ 放置在液压缸附近，用一根硬管与液压缸连接，用焊接、法兰连接或螺纹连接。

④ 用螺纹直接连接到液压缸上。

⑤ 液压缸与破裂阀之间不允许采用其他的连接型式，如压入连接或锥形连接。

【检验方法】

观察检查。

（8）节流阀的安装位置。

【检验要求】

节流阀的安装位置应易于接近，以便于检修。节流阀应为以下型式之一：

① 与液压缸成为一个整体。

② 直接与液压缸法兰连接。

③ 放置在液压缸附近，用一根硬管与液压缸连接，用焊接、法兰连接或螺纹连接。

④ 用螺纹直接连接到液压缸上。

⑤ 液压缸与节流阀之间不允许采用其他的连接型式，如压入连接或锥形连接。

【检验方法】

观察检查。

2.5.16.5　极限开关

【检验要求】

(1) 与轿厢行程上端对应的柱塞的位置应设置一个极限开关，该极限开关应是电气安全装置。该开关在柱塞接触到其行程限位挡块之前动作，并在接触期间保持其动作状态。

(2) 对于直接作用式杂物电梯，极限开关的动作应由下述方式实现：直接利用轿厢或柱塞的作用；或间接利用一个与轿厢连接的装置，如绳、带或链条。

(3) 对于间接作用式杂物电梯，极限开关的动作应由下述方式实现：直接利用柱塞的作用；或间接利用一个与轿厢连接的装置，如绳、带或链条。

(4) 当轿厢离开极限开关作用区域时，极限开关应自动闭合。

【检验方法】

目测检查，手动试验。短接检修限位装置，轿厢上行，使极限开关动作，并检查其动作效果。

2.5.16.6　滤油器

【检验要求】

油箱和液压泵之间的回路中以及截止阀与下行方向阀之间的回路中应安装滤油器。截止阀与下行方向阀之间的滤油器应是可接近的，以便进行检修和保养。

【检验方法】

审查液压原理图，并现场检查实物。

2.5.16.7　压力表

【检验要求】

在单向阀或下行方向阀与截止阀之间的油路上应安装压力表，在主回路和压力表接头之间应安装压力表关闭阀。

【检验方法】

观察检查。

2.5.16.8　速度

【检验要求】

空载轿厢上行速度不应大于额定速度 v_m 的 10%，载有额定载荷的轿厢下行速度不应超过额定下行速度 v_d 的 10%。

【检验方法】

用转速表测量轿厢速度。

2.5.16.9　紧急操作

【检验要求】

(1) 杂物电梯机房内应具有手动操作紧急下降阀。即使在失电的情况下，使用该阀也能使轿厢向下运行至平层位置，此时轿厢的下行速度不应大于0.3 m/s。

（2）该阀的操作要求以持续的手动揿压保持其动作。

（3）该阀的操作应防止产生误动作的可能性。

（4）对于有可能发生松绳或松链的间接作用式杂物电梯，手动操作该阀应不能使柱塞产生的下降引起松绳或松链。

【检验方法】

手动试验。

2.5.16.10　轿厢位置检查

【检验要求】

杂物电梯具有二层站以上，应有可能从机房内检查或从不可以进入的机房附近确定轿厢是否在开锁区内，其方法应与正常供电电源无关。

【检验方法】

观察检查。

2.5.16.11　电动机运转时间限制器

【检验要求】

（1）应设电动机运转时间限制器。当电动机的运行时间超过额定载重量的轿厢向上全程运行所需的时间加上最多60 s时，该装置应使电动机停止并使其保持停止状态。

（2）恢复正常运行应只能通过手动复位。在供电中断以后恢复供电时，驱动主机无须保持在停止位置。

（3）电动机运转时间限制器不应妨碍电气防沉降系统工作。

【检验方法】

审查设计资料，检查现场接线和设定情况，分析设定方法。

2.5.16.12　松绳装置

【检验要求】

间接作用式杂物电梯如果存在松绳或松链危险，应设置一个电气安全装置，当松绳或松链发生时，该装置应能使驱动主机停止运行并保持其停止状态。

【检验方法】

观察检查并手动试验。

2.5.16.13　油温过热保护

【检验要求】

杂物电梯应设有液压油温度监测装置，当液压油的温度超过其预先设置值时，该装置应将驱动主机停止并使其保持在停止状态，杂物电梯应在充分冷却后才能自动恢复上行运行。

【检验方法】

查看电气原理图，模拟给出动作信号，试验其动作效果。

2.5.17　注意、标记及操作说明

【检验要求】

（1）所有标牌、须知、标记及操作说明应用中文（必要时可同时使用几种文字）书

写，清晰易懂（必要时借助符号），并采用不能撕毁的耐用材料制成，设置在明显位置。

(2) 在每一个层门上或其附近位置，应标示杂物电梯的额定载重量，单位为 kg。所用字样应为“……kg，禁止进入轿厢”或相应的符号。所用字体（指文字、大写字母和数字）高度不得小于 10 mm，所用小写字母字体高度不得小于 7 mm。在轿厢内还应标出电梯制造厂名称或商标。

(3) 停止开关的操作装置（如有）应是红色，并标以“停止”字样加以识别，以不会出现误操作危险的方式设置。控制装置应有明显的、易于识别其功能的标记，推荐使用的标记为－2，－1，0，1，2，3 等。

(4) 在层门附近应设置保证安全使用杂物电梯的须知，这些须知至少应指出：

① 对于无轿门的杂物电梯：货物不应伸出轿厢外；可移动的货物应予以固定，确保其不触及井道壁。

② 如果手动门和动力驱动门的关门动作需要在使用人员持续控制下实现，则使用人员在使用杂物电梯之后，必须将门关闭。

③ 装载和卸载时，仅允许手和手臂进入轿厢内。

(5) 若杂物电梯采用电气防沉降系统和手动门或动力驱动门，并且门的关门动作在使用人员持续控制下实现，则应在轿厢内设置须知，即“务必关门”，字符的高度不应小于 50 mm。

(6) 在轿顶上应具有下列标记：

① 停止装置（如有）上或其近旁应标明“停止”字样，并应以不会出现误操作危险的方式设置。

② 对于人员不可进入的杂物电梯井道，若通向井道的门的尺寸超过 0.30 m×0.40 m，则应设置警示标记，即“禁止进入”或“符号”。

③ 对人员可进入的杂物电梯井道，应设置须知，即“进入轿顶之前务必启动机械和电气停止装置”。

(7) 接触器、继电器、熔断器及控制屏中电路的连接端子板均应依据线路图做出标记。熔断器的必要数据（如型号、参数）应标示在熔断器上、底座上或其近旁。当使用多线连接器时，只需在连接器上而不必在各导线上做出标记。

(8) 在通往机房和滑轮的门或活板门的外侧应设置至少包括简短字句，即“杂物电梯驱动主机——危险，未经许可禁止入内”的须知。

① 对于活板门，应设置须知，即“谨防坠落——重新关好活板门”，以提醒活板门的使用人员。

② 各主开关及照明开关均应设置标记以便于区分。在主开关断开后，如果某些部分仍然保持带电（如杂物电梯之间互联及照明部分等），则应设置须知说明此情况。

③ 在杂物电梯机房内应设置详细的说明，指出杂物电梯万一发生故障时应遵循的规程，尤其应包括手动紧急操作装置和层门开锁钥匙的使用说明。

④ 在驱动主机上靠近盘车手轮处，应明显地标出轿厢运行方向。如果手轮是不能拆卸的，则可在手轮上标出。

⑤ 液压杂物电梯应在靠近手动的紧急下降阀的位置标示须知，即“注意——紧急下降”。

⑥ 在承重梁或吊钩上应标明最大允许载荷。

⑦ 液压杂物电梯应在主开关上或附近区域标示字样，即“仅当轿厢位于最低层站时断开”。

（9）对于人员可进入的杂物电梯井道，则应在井道外部靠近检修门或活板门的区域设置须知，即“杂物电梯井道——危险，闲人莫入”。对于人员不可进入的杂物电梯井道，如果通往井道的门的尺寸超过 0.30 m，则应设置须知，即“禁止进入杂物电梯井道”。在井道内停止装置（如有）上或其附近，应标明“停止”字样，并应以不会出现误操作危险的方式设置。

（10）限速器应设有铭牌，标明限速器制造商名称、型式试验标记及其试验单位、已整定的动作速度。

（11）在底坑中的停止装置（如有）上或其附近，应标明“停止”字样，并应以不会出现误操作危险的方式设置。对于人员不可进入的杂物电梯井道，若通往井道的门的尺寸超过 0.30 m，则应设置须知，即“禁止进入杂物电梯底坑”。

（12）开锁钥匙上应附带一个小标牌，用来提醒人员注意使用此钥匙可能引起的危险，以及注意在层门关闭后应确认层门已经锁住。

（13）层门门锁应设有铭牌，标明门锁装置制造商名称、型式试验标记及其试验单位。

（14）如果不同电梯的部件共用一个机房，则每台电梯的所有部件（动主机、控制柜、限速器、开关等）都应用统一的数字或字母加以区分。为便于维护，在轿顶、底坑或其他需要的地方也应标示同样的符号。

（15）在油箱上应设置标示液压油的特性参数和类别的铭牌。

（16）缓冲器应设有铭牌，标明缓冲器制造商名称、型式试验标记及其试验单位。

（17）安全钳应设有铭牌，标明安全钳制造商名称、型式试验标记及其试验单位。

（18）破裂阀（或单向节流阀）应设有铭牌，标明破裂阀（或单向节流阀）制造商名称、型式试验标记及其试验单位、已调节好的触发流量。

【检验方法】

目测检验。

2.5.18 性能试验

2.5.18.1 错、断相保护

【检验要求】

供电系统的错、断相保护功能应该可靠。如果错相不影响运行，则可以不用考虑错相保护功能。

【检验方法】

断开主开关，在其负荷侧分别断开各相电源或交换两相电源，再闭合主开关，检查电梯能否启动。

2.5.18.2 防坠落装置机构联动试验

【检验要求】

（1）若采用限速器-安全钳装置，轿厢装有额定载荷，在限速器-安全钳的联动试验中，轿厢能够被可靠制停，同时限速器以及安全钳上的电气安全装置均能可靠工作。

（2）若采用悬吊机构失效或者用安全绳触发安全钳的装置，在联动试验中，人为触发悬吊机构或者安全绳使安全钳动作，轿厢应该可靠制停。

【检验方法】

（1）轿厢按要求加装试验载荷，将轿厢移动至下端站的上一层，电梯向下运行，人为使限速器动作，如果装有限速器电气开关，限速器电气开关应该能够动作，使电梯停止。短接限速器开关，轿厢继续向下运行，在安全钳动作之前或者同时，如果安全钳装有电气开关，安全钳开关应该能够动作，使电梯停止运行，然后短接安全钳开关，轿厢继续向下运行，钢丝绳与曳引轮打滑。

（2）轿厢按安全钳试验的要求加装试验载荷，将轿厢移动至下端站的上一层，短接安全钳电气开关，人为使触发装置动作，在机房操纵轿厢向下运行，安全钳应该将轿厢可靠制停，钢丝绳与曳引轮打滑。

2.5.18.3　对重安全钳联动试验

【检验要求】

对重如有安全钳，则轿厢在空载情况下进行试验，对重应该被可靠制停。

【检验方法】

对重安全钳联动试验与 2.5.18.2 条的方法类似，不同之处是先使轿厢停在上端站的下一层，试验时轿厢向上运行。

2.5.18.4　破裂阀动作试验

【检验要求】

如果设有破裂阀，装有额定载重量的轿厢超速下行，当达到破裂阀的动作速度时，应该能够将轿厢可靠制停。

【检验方法】

装有均匀分布额定载荷的轿厢停在适当的楼层（足以使破裂阀动作，但尽量低的楼层），在机房操作破裂阀的手动试验装置，检查破裂阀能否动作，从而将轿厢可靠制停，然后将破裂阀的调整位置与制造厂的调整图进行比较，以检查破裂阀动作速度的调整是否正确。

电梯安全小知识

原来如此

本章练习

一、单选题

1. 以下对制动器的描述错误的是（　　）。

(A) 正常运行时，制动器在持续通电下保持松开状态

(B) 切断制动器电流，至少用一个电气装置来实现

(C) 断开制动器的释放电路后，电梯应无附加延迟地被有效制动

(D) 电气安全装置动作时，制动器供电应被切断

2. 某台曳引驱动电梯全程运行时间为15 s，其可设定的电动机运转时间限制器上限值应为（　　）。

(A) 45 s　　(B) 25 s　　(C) 20 s　　(D) 15 s

二、多选题

1. 每台电梯都应在机房单独装设一只能切断该电梯所有正常供电电路的主开关，该开关应具有切断电梯正常使用情况下最大电流的能力，但不应切断（　　）。

(A) 机房、轿厢和井道照明　　(B) 轿顶电源插座

(C) 制动器供电电源　　(D) 报警装置

2. 电梯急停装置应设置在（　　）。

(A) 底坑，且该装置应设置在打开门去底坑时和在底坑地面上容易接近的地方

(B) 轿顶，距检修或维护人员入口不大于1 m的易接近的位置，如果检修运行控制装置距入口不大于1 m，该装置可以是设在检修运行控制装置上的停止装置

(C) 电梯驱动主机附近和紧急操作与动态测试屏上（当驱动主机不在机房内且主机附近1 m范围内无主开关或另一个停止装置时）

(D) 控制柜上

3. 电梯的运行控制功能有（　　）

(A) 正常运行控制　　(B) 检修运行控制

(C) 紧急电动运行控制　　(D) 旁路运行

(E) 门打开情况下的平层和再平层运行控制

4. 用于救援被困轿厢内消防员的措施有（　　）。

(A) 轿顶设置安全窗　　(B) 轿壁上设置踏棍

(C) 轿厢内放置梯子　　(D) 轿厢外部放置梯子

5. 自动扶梯和倾斜式自动人行道应设置的附加制动器是（　　）。

(A) 工作制动器与梯级、踏板或胶带驱动装置之间用三角皮带连接

(B) 工作制动器与梯级、踏板或胶带驱动装置之间用单根链条连接

(C) 工作制动器与梯级、踏板或胶带驱动装置之间用双排链条连接

(D) 工作制动器与梯级、踏板或胶带驱动装置之间用齿轮连接

三、判断题

1. 额定运行速度为0.65 m/s的电梯可以使用瞬时式安全钳。（　　）

2. 所有电梯都应设置断相保护装置。（　　）

3. 所有电梯都应设置轿厢坠落超速和上行超速保护装置。（　）

4. 非线性蓄能型缓冲器可以用于额定速度小于或等于 1 m/s 的电梯，线性蓄能型缓冲器可以用于额定速度小于或等于 0.65 m/s 的电梯；耗能型缓冲器可用于任何额定速度的电梯。（　）

5. 某台电梯层门高度为 2.1 m，发生轿厢意外移动时，意外移动保护装置可以在与检测到意外移动的层站距离 1.2 m 的范围内将轿厢制停。（　）

6. 消防员电梯必须设置轿厢安全窗。（　）

7. 消防员电梯和照明的供电系统应由第一和第二电源组成。（　）

8. 公共交通型自动扶梯的倾斜角不应大于 30°。（　）

第3章 电梯部件检验检测技术

学习目标

本章所列的部件均是电梯、自动扶梯和自动人行道的安全保护装置主要部件，每个部件的每一项检测内容对应该部件的一个性能指标或功能要求。通过掌握每个部件的检测内容和要求，理解电梯安全保护装置和主要部件的保护功能与性能要求。

学习重点

掌握限速器机械动作速度的速度值要求及检验方法、瞬时式安全钳和渐进式安全钳的允许质量的计算方法、耗能型缓冲器及非线性缓冲器平均减速度的计算方法、上行超速保护装置和轿厢意外移动保护装置的结构类型、轿厢意外移动保护装置的性能要求及保护原理等。

3.1 限速器检测项目与技术要求

3.1.1 机械动作速度

【检验要求】

(1) 操纵轿厢安全钳的限速器的动作速度应不小于轿厢运行额定速度的115%，但应该小于下列各值：

① 对于除了不可脱落滚柱以外的瞬时式安全钳装置为0.8 m/s。

② 对于不可脱落滚柱式瞬时安全钳装置为1.0 m/s。

③ 对于带缓冲作用的瞬时式安全钳或额定速度不大于1.0 m/s的渐进式安全钳装置为1.5 m/s。

④ 对于额定速度大于1.0 m/s的渐进式安全钳装置为 $(1.25v+0.25/v)$ m/s。

注：v 为额定速度，单位为m/s。

(2) 操纵对重或平衡重安全钳的限速器（如果有）的动作速度应大于轿厢限速器的动作速度，但不得大于轿厢限速器的动作速度值的10%。

【检验方法】

在测试限速器机械动作速度时，用限速器速度测试仪对其进行机械动作速度测试，且应该至少进行 20 次机械动作速度试验，并且测量的 20 次机械动作速度值应该在规定的极限范围内。

3.1.2　超速检查电气装置

【检验要求】

安装在限速器上的检查超速的电气安全装置的动作速度应小于限速器动作速度。对于额定速度不大于 1.0 m/s 的电梯，电气安全装置的动作速度应不大于限速器动作速度。电气安全装置应该符合 GB 7588—2003《电梯制造与安装安全规范》（含第 1 号修改单）中 14.1.2 条的要求，其功能不应由于运转和动作而发生改变。

【检验方法】

在用限速器动作速度测试仪测试机械动作速度的同时测试 20 次电气动作速度，且必须满足至少进行 5 次反向电气动作速度测试，每一次测得的电气动作速度均应该符合要求。

3.1.3　提拉力及自由落体测试

3.1.3.1　提拉力测试

【检验要求】

（1）限速器动作时，限速器绳的张紧力（限速器的提拉力）不得小于以下两个值中的较大值：

① 申请人的提拉力预期值。

② 300 N。

（2）对于夹持式限速器，动作试验后钢丝绳不得产生永久变形。

【检验方法】

使用限速器钢丝绳张紧力测试装置至少进行 3 次提拉力试验，且必须满足每一次得到的试验值均应不小于要求值。对于夹持式限速器，试验后目测钢丝绳是否产生永久变形。

3.1.3.2　自由落体试验

【检验要求】

进行加速度为 $0.9g_n \sim g_n$ 的模拟自由落体试验，限速器应当无损坏，夹持式限速器的钢丝绳应当无永久变形。

【检验方法】

在自由落体试验装置上，按照限速器正常工作状态安装好限速器，让模拟轿厢自由下落并触发限速器动作，查看限速器是否完好无损。对夹持式限速器，测量限速器绳直径，以检查其是否有永久变形。

3.1.4　限速器绳检验

【检验要求】

限速器应该由与之相配的钢丝绳驱动，钢丝绳的公称直径不应小于 6 mm，限速器绳承载的安全系数不应小于 8。

【检验方法】

在检验过程中，可使用游标卡尺测量钢丝绳直径，然后由提拉力试验测得的最大提拉力验证钢丝绳的安全系数是否符合要求。

3.1.5 轮槽检验

【检验要求】

（1）对于只靠限速器绳和绳轮的摩擦力来产生张紧力（提拉力）的曳引式限速器，限速器的设计制造要求：

① 轮槽应该经过附加的表面硬化处理。

② 轮槽底部应该有一个符合 GB 7588—2003《电梯制造与安装安全规范》（含第 1 号修改单）附录 M 中 M2.2.1 条要求的切口槽。

（2）曳引式限速器应该规定限速器张紧装置的最小质量（最小张紧力），限速器绳轮的节圆直径与绳的公称直径之比不应小于 30。

【检验方法】

审查资料，用刻度尺测量其直径。

3.1.6 复位检查装置

【检验要求】

如果安全钳装置释放后限速器未能自动复位，则应该设置一个电气安全装置来阻止在限速器处于动作状态期间电梯的启动。该电气安全装置应该符合 GB 7588—2003《电梯制造与安装安全规范》（含第 1 号修改单）中 14.1.2 条的要求，其功能不应由于运转和动作而发生改变。

【检验方法】

检查实物，手动检查装置是否能够复位。

3.2 安全钳检测项目与技术要求

申请单位应当为试验或检验检测机构提供安装调试完毕、能够正常使用的安全钳作为试验或检验检测样品，具体要求如下：

（1）对于瞬时式安全钳：

① 需提供两个安全钳，包括楔块或者夹紧件。

② 需提供试验或检验检测机构指定长度的两段导轨。

③ 如果安全钳可以用于不同型号的导轨，那么在导轨厚度、安全钳所需要夹紧宽度以及导轨表面情况（拉制、铣削、磨削等）相同的条件下，就无须进行新的试验。

（2）对于渐进式安全钳：

① 需提供一套完整的安全钳装置，包括试验所需要的所有制动元件。

② 需提供试验所需要的导轨。

3.2.1 瞬时式安全钳检验

3.2.1.1　静压试验

【检验要求】

(1) 使导轨从夹紧的瞬时式安全钳制动元件上滑动通过，并且记录：

① 与力成函数关系的运行距离。

② 与力成函数关系或者与运行距离成函数关系的安全钳钳体的变形。

(2) 试验后钳体和导轨变形检查。

【检验方法】

检验时采用一台速度无突变的压力机或者类似设备，使导轨从夹紧的瞬时式安全钳制动元件上滑动通过，参考标记应该画在钳体上，以便能够测量钳体的变形，测试内容为：

① 与力成函数关系的运行距离。

② 与力成函数关系或者与运行距离成函数关系的安全钳钳体的变形。

在测试过程中，应记录运行距离与力成函数关系的曲线，试验后：

① 应将钳体及夹紧件的硬度与申请者提供的原始数据相比较，特殊情况下可以进行其他分析。

② 若无断裂情况发生，则检查变形和其他情况（如裂纹、磨损和摩擦表面的外观等）。

③ 如果有必要，应当拍摄照片作为变形和裂纹的证据，并且将记录试验数据绘制成两张图表：

a. 第一张图表绘出与力成函数关系的运行距离（“距离-力”图表）；

b. 第二张图表绘出钳体的变形（“变形-力”图表），它必须与第一张图表相对应。

3.2.1.2　允许质量的确定

【检验要求】

(1) 瞬时式安全钳吸收能量的能力由“距离-力”图表上的面积积分值确定：

① 瞬时式安全钳无永久变形，d 为总面积，吸收能量为 K。

② 瞬时式安全钳发生永久变形或者断裂，取达到弹性极限值时的面积，吸收能量为 K_1。

③ 瞬时式安全钳发生永久变形或者断裂，取与最大力相对应的面积，吸收能量为 K_2。

注：K、K_1、K_2 为一只瞬时式安全钳在试验中吸收的能量。

(2) 瞬时式安全钳能够承受的质量确定：

① 自由降落距离：$h=\frac{{v_1}^2}{2g_n}+0.10+0.03$。

② 一套瞬时式安全钳能够承受的质量：$\frac{2K}{g_n\times h}$。

注：h 为自由落体距离，单位为 m；v_1 为限速器最大动作速度，单位为 m/s；g_n 取 9.81 m/s²；K 为一只瞬时式安全钳的吸收的能量，单位为 J。

(3) 试验后（图 3-1），根据试验后瞬时式安全钳变形状况，计算瞬时式安全钳的允许质量：

① 试验后，如果瞬时式安全钳无永久变形，安全系数取 2，一套瞬时式安全钳的允

许质量：

$$(P+Q)_1=\frac{K}{g_n \times h} \tag{3-1}$$

② 试验后，如果瞬时式安全钳发生永久变形或者断裂，取达到弹性极限时，安全系数取 2，一套瞬时式安全钳的允许质量：

$$(P+Q)_1=\frac{K_1}{g_n \times h} \tag{3-2}$$

③ 试验后，如果瞬时式安全钳发生永久变形或者断裂，取与最大力相对应的面积时，安全系数取 3.5，一套瞬时式安全钳的允许质量：

图 3-1　瞬时式安全钳试验

$$(P+Q)_1=\frac{2K_2}{3.5 \times g_n \times h} \tag{3-3}$$

注：$(P+Q)_1$ 为允许质量，K、K_1、K_2 为一只瞬时式安全钳在试验中吸收的能量。

【检验方法】

（1）根据“距离-力”图表和变形状况计算瞬时式安全钳能够吸收的能量，根据申请单位提供的额定速度计算自由降落距离。

（2）根据试验后瞬时式安全钳变形状况，计算瞬时式安全钳允许质量。

（3）对于试验后安全钳发生永久变形或者断裂的情况，应该按照公式（3-2）和(3-3)分别计算允许质量，并且选择两者中对申请单位有利的一个计算结果。

（4）允许质量减少的情况由型式试验机构和申请单位协商确定，如果有必要可以重新进行试验。

3.2.2　渐进式安全钳检验

3.2.2.1　安全钳的制动力测试

【检验要求】

（1）适用单一质量的渐进式安全钳：

① 对申请单位申请的总质量（$P+Q$）进行 4 次最大动作速度和 1 次最小动作速度的自由落体试验，试验共需进行 5 次，每次试验前应当使制动元件达到正常温度。

注：最大动作速度指对应于最大额定速度时的最大动作速度值，最小动作速度指对应于最小额定速度时的最小动作速度值；如果是单一额定速度，则分别指该额定速度对应的最大动作速度值和最小动作速度值。（$P+Q$）是指申请单位预期的允许质量。

② 在试验期间可以使用数套摩擦元件，但每套摩擦元件应当能够承受：

a. 三次试验，当额定速度不大于 4 m/s 时；

b. 二次试验，当额定速度大于 4 m/s 时。

③ 应该对自由降落的高度进行计算，使其和申请单位指明的渐进式安全钳装置相应的限速器的最大动作速度相适应。

④ 每一次试验测定的平均减速度应当在［$0.2g_n$，g_n］范围内。

⑤ 每一次试验测定的平均制动力，不超出 4 次最大动作速度试验平均制动力的平均

值的±25%。

(2) 适用不同质量的渐进式安全钳：

① 不同质量的渐进式安全钳指通过分级调整或者连续调整可以改变渐进式安全钳允许质量。

② 申请人应该提供一个公式或者图表，以显示与某一参数成函数关系的制动力的变化。

③ 试验机构必须至少对申请的最大允许质量、中间质量和最小允许质量分别按照上述第①条的规定进行一系列的 4 次最大动作速度和 1 次最小动作速度试验，共需至少进行 15 次试验，以核实所给出公式或者图表的有效性。

(3) 钳体变形检查

每次动作试验后钳体和制动元件应当无裂纹和影响功能的变形。

【检验方法】

(1) 在试验塔架上，用加、减速度测试仪和辅助件进行渐进式安全钳的自由下落试验。

(2) 申请单位应该将渐进式安全钳的预期制动力 (N) 除以 16 来确定试验的总质量 $(P+Q)$。

(3) 每一次的试验应当在一段未使用过的导轨上进行，试验中应该模拟渐进式安全钳实际工作的导轨表面状态：干燥或者润滑。

(4) 每一次试验期间应该直接或者间接记录下列数值：

① 自由下落的高度。

② 制动元件在导轨上的制动距离。

③ 触发机构钢丝绳的滑动距离。

④ 弹性元件的总行程。

还需要测量或者根据减速度计算下列值：

① 平均制动力。

② 最大瞬时制动力。

③ 最小瞬时制动力。

(5) 对于不同质量的渐进式安全钳装置，应该通过试验方式核实申请单位给出的公式或者图表的有效性，以进行最大允许质量、最小允许质量和允许质量范围的中间值三个系列的试验，每一个系列的试验应该符合 3.2.1.1 条中的要求。

(6) 适用不同限速器动作速度的渐进式安全钳，对于每一个通过 3.2.1.1 条试验确定的允许质量，应该通过自由降落试验核实渐进式安全钳相应的限速器最小动作速度时的平均制动力，如有必要应该拍摄照片作为变形和裂纹的证据。

(7) 试验后目测钳体变形情况，如有必要应该拍摄照片作为变形和裂纹的证据。

3.2.2.2　允许质量的确定

【检验要求】

(1) 渐进式安全钳的允许质量通过四次最大速度试验的试验数据按公式 (3-4) 计算确定：

$$(P+Q)_1=\frac{\text{制动力}}{16} \tag{3-4}$$

注：制动力为四次试验的平均制动力的平均值，每一次试验的平均制动力由平均减速度计算得到，$(P+Q)_1$ 为允许质量。

（2）实际应用的总质量不超过允许质量的±7.5%。

（3）如果试验得到的允许质量 $(P+Q)_1$ 与申请单位预期的允许质量 $(P+Q)_1$ 相差超过 20%，则可以认为试验失败，由申请单位调整后重新进行试验。

（4）下列情况的每一个系列的每一次的试验应该符合上述（1）、（2）和（3）的要求：

① 单一质量的渐进式安全钳。

② 不同质量的渐进式安全钳。

【检验方法】

通过核查计算检验。

3.3 缓冲器检测项目与技术要求

申请单位在进行缓冲器检验之前，需要说明使用范围（最大撞击速度、最大和最小质量）。液压缓冲器需要单独提供缓冲器所用的液体，将液体通道的开口度表示成缓冲器行程的函数。下面分别就线性蓄能型缓冲器、非线性蓄能型缓冲器和耗能型缓冲器等的检验要求和检验方法分别进行介绍。

3.3.1 线性蓄能型缓冲器检验

【检验要求】

（1）线性蓄能型缓冲器可能的总行程：

① 对于使用破裂阀或单向节流阀作为防坠落保护的液压电梯缓冲器，应至少等于相应于表达式 $(v_d+0.3)$ m/s 给出速度的重力制停距离的两倍，即 $0.102\ (v_d+0.3)^2$ m。

② 对于其他的所有电梯，应至少等于相应于 115% 的额定速度的重力制停距离的两倍，即 $0.135v^2$ m。

③ 无论如何，此行程不得小于 65 mm。

注：v_d 为液压电梯轿厢下行额定速度，单位为 m/s；v 为电梯额定速度，单位为 m/s。

（2）对线性蓄能型缓冲器进行完全压缩试验，在进行两次完全压缩试验后，缓冲器部件不得有损坏，试验期间应当记录缓冲器的"力—压缩行程"载荷图。

（3）缓冲器的允许质量由下列公式计算得出：

① 缓冲器只能用于：

a. 对于使用破裂阀或单向节流阀作为防坠落保护的液压电梯：

$$v_d \leqslant \left(\sqrt{\frac{F_L}{0.102}}-0.3\right) \text{ m/s，且 } v_d \leqslant 1.0 \text{ m/s} \tag{3-5}$$

b. 对于其他的所有电梯：

$$v \leqslant \sqrt{\frac{F_L}{0.135}} \text{ m/s，且 } v \leqslant 1.0 \text{ m/s} \tag{3-6}$$

② 缓冲器允许质量范围：

a. 最大$\dfrac{C_r}{2.5}$；

b. 最小$\dfrac{C_r}{4}$。

注：F_L为总压缩量，单位为 m；C_r为完全压缩缓冲器所需质量，单位为 kg。

【检验方法】

在实验前，首先确定完全压缩缓冲器所需要的质量，然后用万能试验机对被检缓冲器进行两次完全压缩试验，两次完全压缩试验间隔为 5～30 min，记录两次试验数据并取平均值作为 C_r，且缓冲器部件不得有损坏现象。试验期间应记录缓冲器"力—压缩行程"载荷图，检查线性蓄能型缓冲器压缩的总行程，使其满足上述要求。

3.3.2　非线性蓄能型缓冲器检验

3.3.2.1　温湿老化试验

【检验要求】

非线性蓄能型缓冲器应当进行温湿老化试验，以检测非线性蓄能型缓冲器的防水解性能。试验条件应当符合以下要求：

(1) 温度，(85±1)℃。

(2) 相对湿度，(85±5)%。

(3) 试验时间，96 小时。

【检验方法】

用温湿度试验箱进行测试。在试验前后测量样品的外观尺寸和硬度，并在试验过程中的 24 小时、48 小时、72 小时、96 小时观察样品外观是否有明显水解现象，试验前后样品的尺寸公差和硬度应当符合图纸要求，试验过程中外观应当无明显水解现象。

3.3.2.2　撞击试验

【检验要求】

在温湿老化试验合格后进行撞击试验，缓冲器应当按照正常工作的同样方式安放和固定，先后进行最大允许质量 10 次和最小允许质量 10 次的撞击试验。试验条件应当符合以下要求：

(1) 在撞击瞬间达到 115%额定速度的最大撞击速度，且不低于 0.8 m/s。

(2) 在摩擦力尽可能小的情况下，垂直地引导重物，保证撞击瞬间的加速度至少达到 $0.9g_n$。

(3) 每次试验间隔为 5～30 min。

(4) 试验环境温度在 15～25 ℃。

撞击试验的试验结果均应当符合以下要求：

(1) 从达到 115%额定速度起的平均减速度不大于 g_n。

(2) 减速度峰值超过 $2.5g_n$的时间不大于 0.04 s。

(3) 重物反弹的速度不超过 1.0 m/s。

(4) 进行最大允许质量试验时，当缓冲行程等于缓冲器实际高度的 50%时，对应 10 次试验测得的缓冲力坐标值之间的变化不大于 5%；在进行最小允许质量试验时也能符合这一要求；若实际缓冲行程小于缓冲器实际高度的 50%时，该试验要求不适用。

(5) 撞击试验后，缓冲器无永久变形。

【检验方法】

(1) 试验前，首先确定完全压缩缓冲器所需要的质量；先进行 10 次最大允许质量撞击试验，再进行10次最小允许质量撞击试验。

（2）在试验塔架、摩擦力足够小的情况下，垂直地引导重物，借助重物自由降落对缓冲器进行冲击试验，在撞击到缓冲器瞬间的速度达到0.8 m/s以上。

（3）使用加、减速度仪对下落的加速度进行测量，且保证此时碰撞瞬间的加速度至少为$0.9g_n$。

（4）计算平均减速度，时间为首次出现两个绝对值最小减速度的时间差。

（5）当试验结果与申请书中的最大或最小允许质量不相符合时，在征得申请单位同意后，试验或检验检测机构可以确定能够接受的允许质量范围。

3.3.3 耗能型缓冲器检验

【检验要求】

（1）在试验前检查缓冲器可能的总行程，对于：

① 使用破裂阀或单向节流阀作为防坠落保护的液压电梯缓冲器，应至少等于相应于表达式（v_d+0.3）m/s给出速度的重力制停距离，即0.051（v_d+0.3）^{2} m。

② 其他的所有电梯，应至少等于相应于115%额定速度的重力制停距离，即0.067 4v^2 m。

注：v_d为液压电梯轿厢下行额定速度，单位为m/s；v为电梯额定速度，单位为m/s。

（2）液压耗能型缓冲器的结构应当便于检查其液位。

（3）借助重物自由降落对缓冲器进行冲击试验，使用最大质量和最小质量先后分别各进行一次试验。

（4）冲击试验中应符合下列要求：

① 在撞击瞬间达到要求的最大速度。

② 每次试验后，缓冲器应保持完全压缩状态5 min。

③ 每次试验间隔至少为30 min。

④ 试验环境温度为15～25 ℃。

（5）试验结果应当符合下列要求：

① 缓冲器平均减速度不应大于g_n。

② 减速度峰值超过$2.5g_n$的时间不应大于0.04 s。

③ 每次试验后释放缓冲器时，对于弹簧复位或者重力复位式，缓冲器完全复位时间不应大于120 s。

④ 两次试验结束30 min后，液面应再次达到能够确保缓冲器性能的位置。

⑤ 冲击试验后，缓冲器应无损坏。

【检验方法】

试验前检查缓冲器可能的总行程，在缓冲器中加注符合要求的液体并检查液位，将缓冲器以正常工作的同样方式安装、固定在试验塔架上，按照非线性蓄能型缓冲器对所需的最大质量和最小质量先后分别进行一次冲击试验，在冲击试验中应符合上述要求。在试验期间，应用刻度尺记录轿厢下落距离，用加、减速度测试仪记录下落至停止过程中的加速度、减速度，且需要分别记录试验前后环境和液体温度，根据试验记录，试验结果应符合上述（5）的要求。当试验结果与申请书中的最大和最小允许质量不相符合时，在征得申请单位同意后，试验与检验检测机构可以确定能够接受的允许质量范围。

3.4　门锁装置检测项目与技术要求

在对所有参与层门、轿门锁紧和检查锁闭情况的门锁装置检验前，申请单位应当向检验机构提供一个安装调试完毕、能够正常使用的门锁装置作为试验或检验检测样品，具体要求如下：

（1）提供一件门锁装置的试验样品及其试验所需要的附件（所有参与层门、轿门锁紧和检查锁闭情况的部件均为门锁装置的组成部分）。例如，门锁装置的试验只能在将该装置安装在相应的门（如有数扇门的滑动门或者数扇门的铰链门）上的条件下进行，应当按照工作状况把门锁装置安装在一个完整的门上。

（2）如果有必要，门锁装置电气安全装置的绝缘件应当单独提供，绝缘件面积不小于 15 mm×15 mm，厚度不小于 3 mm。

（3）如果进行交流和直流两种类型的试验，需要提供两件门锁装置试验样品。

3.4.1　门锁操作检验

【检验要求】

（1）将门锁安装在门锁试验台上，手动检验待检样品是否由重力、永久磁铁或弹簧来产生和保持闭锁装置的锁紧动作，并且需要满足：

① 弹簧应在压缩状态下作用，弹簧应有导向装置并满足在开锁时弹簧将不会被压变形。

② 通过一种简单的方法，如加热或冲击，不应采用永久磁铁来保持锁紧元件作用的功能失效。

③ 即使永久磁铁或弹簧功能失效，重力也不能导致开锁。

（2）锁紧元件和其附件应能耐冲击，并且采用金属材料制造或加固。

（3）手动检查被测样品是否设置一个电气安全装置来检查锁紧元件的啮合情况，并满足：

① 切断电路的触点元件与机械锁紧装置之间的连接应是直接的和防止误动作的，并且必要时可以调节。

② 在电气安全装置动作之前，锁紧元件的最小啮合长度为 7 mm。

③ 电气安全装置应符合 GB 7588—2003《电梯制造与安装安全规范》（含第 1 号修改单）中 14.1.2 条的要求。

④ 电气安全装置连接导线的截面积不应小于 0.75 mm^2。

（4）检查该锁紧装置是否具有保护装置，以避免可能妨碍正常功能的积尘危险的发生，并满足：

① 应易于检查工作部件，如可使用透明板以便于观察。

② 当电气安全装置的触点放在盒中时，盒盖的螺钉应为不脱落式的，在打开盒盖时螺钉应保留在盒或盖的孔中。

（5）直接机械连接的多扇门组成的水平或垂直滑动门，应满足：

① 所有门扇之间为直接机械连接的，允许锁紧装置只设置在其中一扇能够防止其他门扇开启的门扇上。

② 允许将验证门闭合位置的电气装置安装在一个门扇上。

（6）间接机械连接的多扇门组成的水平或垂直滑动门，应满足：当门扇间为间接机械连接（如钢丝绳、链条或皮带）且门扇上均未装有手柄和该连接机构能够承受任何正常能预计的力时可以使用间接连接，且允许锁紧装置只设置在其中一扇能够防止其他门扇开启的门扇上，但其他未直接锁紧的门扇均应设置验证该门扇关闭位置的电气装置。

【检验方法】

审查技术资料和图纸，手动操作检查装置是否符合要求，用刻度尺测量啮合长度。

3.4.2 门锁机械检验

3.4.2.1 机械静态检验

【检验要求】

（1）门锁装置需进行以下试验：沿门的开启方向，在尽可能接近使用人员试图开启门扇时施加力的位置上施加一个静态力。对于铰链门，此静态力在 300 s 的时间内应逐渐增加到 3 000 N；对于滑动门，此静态力为 1 000 N，作用时间为 300 s。

（2）对用于铰链门的舌块式门锁装置，如果该装置有一个用来检查门锁舌块可能变形的电气安全装置，并且在经过机械静态试验后，如对该门锁装置的强度存在任何怀疑，则需逐步增加载荷，直至舌块发生永久变形，安全装置开始打开。门锁装置或层门的其他部件不得破坏或产生变形。在静态试验后，如果尺寸和结构都不会引起对门锁装置强度的怀疑，就没有必要对舌块进行机械耐久试验。

（3）试验后被测门锁装置不应产生可能影响安全的磨损、变形或断裂等现象。

【检验方法】

使用门锁静态试验机按照上述检验要求方法进行试验。

3.4.2.2 机械动态试验

【检验要求】

（1）处于锁住状态的门锁装置应该沿门开启方向进行一次冲击试验，其冲击相当于一个 4 kg 的刚性体从 0.5 m 高度自由下落所产生的效果。

（2）试验后不应该产生可能影响安全的磨损、变形或者断裂。

【检验方法】

将门锁固定在动态试验机上，让门锁处于锁住状态，检验时将被测门锁装置沿门开启方向进行一次冲击试验，试验后检查该门锁是否产生可能影响安全的磨损、变形或断裂现象。

3.4.2.3 机械耐久检验

【检验要求】

（1）门锁装置应当能够承受 1×10^{6} 次完全循环操作（±1%）。一次循环包括在两个方向上具有全部可能行程的一次往复运动。

（2）对于有数扇门扇的水平或者垂直滑动门的门锁装置，门扇间采用的直接或者间接机械连接装置均看作门锁装置的组成部分。耐久试验应该按照工作状况把门锁装置安装在一个完整的门上进行。在其耐久试验中，每分钟的循环次数应该与结构的尺寸相适应。

【检验方法】

将门锁安装在门锁耐久试验装置上，在试验时，处于正常操作状态的门锁装置试样由它通常的操作装置控制，试样应按照门锁装置制造商的要求进行润滑。当存在数种可能的控制方式和操纵位置时，应在元件处于最不利的受力状态下进行频率为每分钟 60 次的循环试验（一次循环包括在两个方向上具有全部可能行程的一次往复运动），总共进行 1×10^6 次完全循环操作（±1%），操作循环次数和锁紧元件的行程应由机械或电气的计数器记录。在检验过程中，门锁的驱动应平滑、无冲击。试验后检测门锁装置是否产生可能影响安全的磨损、变形或断裂现象。

3.4.3　电气试验

3.4.3.1　电气耐久试验

【检验要求】

(1) 在进行机械耐久试验的同时进行门锁装置的电气触点的电气耐久试验。

(2) 电气触点在额定电压和两倍额定电流的条件下接通一个电阻电路。

(3) 电气耐久试验后，电气触点不应该产生影响安全的电蚀和痕迹。

【检验方法】

在进行机械耐久试验的同时进行门锁装置的电气触点的电气耐久试验，试验时，应在门锁装置处于工作位置的情况下进行。如果有数个可能的位置，则应在被试验单位判定为最不利的位置上进行。电气触点在额定电压和两倍额定电流的条件下接通一个电阻电路，电气耐久试验后，检查电气触点是否产生影响安全的电蚀和痕迹。

3.4.3.2　电气触点的接通和分断能力试验

(1) 电气触点的接通和分断能力试验。

【检验要求】

① 在电气耐久试验后应进行门锁装置电气触点的接通分断能力试验，试验应按照 GB/T 14048.5—2017《低压开关设备和控制设备　第 5-1 部分：控制电路电器和开关元件　机电式控制电路电器》规定的程序进行。

② 作为试验基准的电流值和额定电压值应由试验申请单位指明，如果没有具体规定，额定值应为下列值：

a. 对于交流电为：230 V，2 A；

b. 对于直流电为：200 V，2 A。

③ 在未说明电路类型的情况下，则应检验交流电和直流电两种条件下的接通和分断能力。

【检验方法】

① 试验应当在门锁装置处于锁紧状态时进行，如果存在数种可能的位置，则试验应当在最不利的位置上进行。

② 试验样品应当与正常使用时一样装有罩壳和电气布线。

注：试验期间层门锁应无电气和机构的故障，不应发生触头的熔焊或持续燃弧。试验后层门锁电气装置应能承受两倍额定电压，但不低于 1 000 V 的工频试验电压（使用耐压测试仪进行试验）。

(2) 交流电路的接通和分断能力试验。

【检验要求】

① 在正常速度和时间间隔为 5～10 s 的条件下，门锁装置的电气触点应该能够接通和

断开一个电压等于 110%额定电压的电路 50 次，触点应该保持闭合至少 0.5 s。

② 试验电路应该符合电路功率因数等于 0.7±0.05，试验电流值等于申请单位指明的额定电流值的 11 倍。

【检验方法】

将交流电路接通和分断能力试验装置与门锁相连接，在试验电路中应串联一个空芯电感和一个电阻作为负载，使电路功率因数满足 0.7±0.05 的试验要求，并且试验电流值应等于申请单位指明的额定电流值的 11 倍。在正常速度和时间间隔为 5～10 s 的条件下，应能使门锁装置接通和断开一个电压等于 110%额定电压的电路 50 次，在试验中触点应保持至少 0.5 s 的闭合。

（3）直流电路的接通和分断能力试验。

【检验要求】

① 在正常速度和时间间隔为 5～10 s 的条件下，门锁装置的电气触点应当能够接通和断开一个电压为 110%额定电压的电路 20 次，触点应该保持闭合至少 0.5 s。

② 电路的电流应当在 300 ms 内达到试验电流稳定值的 95%，试验电流值为生产单位指明的额定电流的 1.1 倍。

【检验方法】

在试验电路中应串联一个铁芯电感和一个电阻作为负载，使电路时间常数满足 $T_{0.95}=6P\leqslant 300$ ms 的要求（P 为门锁装置电气触点控制的直流电磁铁负载的最大稳态消耗功率）。在正常速度和时间间隔为 5～10 s 的条件下，门锁装置应能接通和断开一个电压为 110%额定电压的电路 20 次。在试验过程中，电路的电流应在 300 ms 内达到试验电流稳定值的 95%，试验电流值应为生产单位指明的额定电流值的 1.1 倍，且触点应该保持闭合至少 0.5 s。

3.4.3.3　漏电流电阻试验

【检验要求】

（1）门锁装置的电气安全装置的绝缘材料应该进行耐漏电起痕试验，试验应该按照 GB 4207 规定的程序进行。

（2）绝缘材料应该通过 PTI175 试验，即试验各个电极应该连接在一个 175 V、50 Hz 的交流电源上。

【检验方法】

使用漏电起痕测试仪对门锁装置的电气安全装置的绝缘材料进行耐漏电起痕试验，试验应按照 GB/T 4207—2012《固体绝缘材料耐电痕化指数和相比电痕化指数的测定方法》规定的程序进行。在试验时，各电极应连接在一个175 V、50 Hz 的交流电源上，检测门锁装置的绝缘材料应通过 PTI175 试验。

3.4.3.4　门锁装置的电气间隙和爬电距离

【检验要求】

（1）对于外壳防护等级等于或者低于 IP4X 的触点，电气间隙至少为 3 mm，爬电距离至少为 4 mm。

（2）对于外壳防护等级高于 IP4X 的触点，电气间隙至少为 3 mm，爬电距离至少为 3 mm。

【检验方法】

用刻度尺和IP试具检查门锁装置的电气间隙和爬电距离。

3.5 轿厢上行超速保护装置检测项目与技术要求

轿厢上行超速保护装置包括速度监控装置和制动减速装置，速度监控装置应能在检测出上行轿厢的速度失控时操纵制动减速装置动作。通常制动减速装置按照其作用方式可分为安装在轿厢或对重上直接作用于电梯导轨的制动减速装置、直接作用于钢丝绳系统的钢丝绳制动器以及直接作用于曳引轮或曳引轮轴上的制动器等型式的轿厢上行超速保护装置。

（1）对于作用于电梯导轨的同一型号系列的制动减速装置（如安全钳），如果在其结构不变、施力弹性元件和制动力不变的情况下，只是其他元件厚度尺寸的调整就可适用于不同导向面宽度的导轨（导轨的材质和表面状态完全相同），则只需进行一种导向面宽度导轨的试验即可覆盖其他导向面宽度的导轨。

（2）对于曳引机制动器式制动减速装置，同一型号系列的制动器，按照所适用的系统质量范围、电梯额定载重量范围和速度范围进行试验。同一型号系列是指制动器的结构型式、与制动力大小有关的零部件的尺寸、作用方式、允许安装部位以及适用工作环境完全相同。动作触发方式不同的制动器，只需补充进行4次其触发机构的动作试验，不再重复进行相同的制动试验。

在该种上行超速保护装置的制动减速装置试验报告和合格证书上，应说明试验时的曳引悬挂比和轿厢额定速度（范围）。用于其他曳引悬挂比时，系统质量、额定载重量和额定速度的适用范围为：

系统质量适用范围＝型式试验系统质量范围×实际悬挂比/型式试验悬挂比；

额定载重量适用范围＝型式试验额定载重量范围×实际悬挂比/型式试验悬挂比；

额定速度适用范围＝型式试验额定速度范围/实际悬挂比×型式试验悬挂比。

（3）对于钢丝绳制动器式制动减速装置，同一系列的钢丝绳制动器，只需按照所适用的系统质量范围、电梯额定载重量范围和速度范围进行试验。同一系列是指除制动部分与绳接触的绳槽尺寸和数量外，其结构型式和尺寸以及适用工作环境完全相同的钢丝绳制动器。对于制动部分相同，而触发方式或复位方式不同的钢丝绳制动器，无论型号是否相同，只需补充进行4次其触发机构或复位机构的动作试验，不再重复进行相同的制动试验。

在钢丝绳制动器的试验与检验检测报告和合格证书上，应说明试验时的曳引悬挂比和轿厢额定速度（范围）。用于其他曳引悬挂比时，系统质量、电梯额定载重量和额定速度的适用范围为：

系统质量适用范围＝型式试验系统质量范围×实际悬挂比/型式试验悬挂比；

额定载重量适用范围＝型式试验额定载重量范围×实际悬挂比/型式试验悬挂比；

额定速度适用范围＝型式试验额定速度范围/实际悬挂比×型式试验悬挂比。

当按大悬挂比试验，用于小悬挂比的电梯时，直接按上述方法折算即可；而按小悬挂比试验，用于大悬挂比的电梯时，仅当试验证明摩擦件的磨损寿命能满足《电梯轿厢上行超速保护装置试验与检验检测内容要求与方法》中制停试验要求的试验次数时，才可按上述方法折算，这一点在试验与检验检测报告和合格证书上都应说明。

由于轿厢上行超速保护装置的种类很多，根据具体的结构型式，在满足 GB 7588—2003《电梯制造与安装安全规范》（含第 1 号修改单）中 9.10 条和附录 F 中 F7 条规定的前提下，委托单位可与检验机构协商具体的检验方案。

3.5.1 结构检验

【检验要求】

(1) 轿厢上行超速保护装置包括速度监控装置和制动减速装置，速度监控装置应能在检测出上行轿厢的速度失控时操纵制动减速装置动作。

(2) 制动减速装置应作用于：

① 轿厢。

② 对重。

③ 钢丝绳系统（悬挂绳或补偿绳）。

④ 曳引轮（如直接作用在曳引轮或作用于最靠近曳引轮的曳引轮轴上）。

(3) 瞬时式安全钳不能用作轿厢上行超速保护装置的制动减速装置。

【检验方法】

审查设计或安装使用文件，检查试样，分析具体结构。常见的制动减速装置如图 3-2 至图 3-5 所示。

图 3-2 作用于曳引轮

图 3-3 作用于钢丝绳系统

图 3-4 作用于轿厢（或对重）

图 3-5 作用于曳引轮轴

3.5.2　速度监控装置检验

【检验要求】

轿厢上行超速保护装置中的速度监控装置，应是符合 GB 7588—2003《电梯制造与安装安全规范》（含第 1 号修改单）中 9.9.4～9.9.12 条要求的限速器或类似的装置，其动作速度的下限为电梯额定速度的 115%，上限分为以下几种情况：

① 当轿厢下行采用除不可脱落滚柱式以外的瞬时式安全钳时，为 0.88 m/s。

② 当轿厢下行采用不可脱落滚柱式瞬时式安全钳时，为 1.1 m/s。

③ 当电梯速度≤1 m/s，轿厢下行采用渐进式安全钳时，为 1.65 m/s。

④ 当电梯额定速度>1 m/s 时，为 $1.1\times\left(1.25v+\frac{0.25}{v}\right)$ m/s。

对于额定载重量大、额定速度低的电梯，速度监控装置的动作速度应接近下限值；当电梯的额定速度>1 m/s 时，速度监控装置的动作速度应接近上限值。

【检验方法】

(1) 如果速度监控装置是操作轿厢上、下行双向安全钳系统的双向限速器，或者是操作作用在对重上的安全钳的限速器，其试验按电梯限速器试验方法进行。

(2) 对于类似限速器的速度监控装置，根据具体结构，参照电梯限速器型式试验方法进行。

3.5.3　制动减速装置检验

3.5.3.1　独立性或冗余度

【检验要求】

(1) 该装置应能在没有那些在电梯正常运行时控制速度、减速或停车的部件参与下，达到 3.5.3.2 条中①的要求，除非这些部件存在内部的冗余度。

(2) 该装置在动作时，可以由与轿厢连接的机械装置协助完成，无论此机械装置是否有其他用途。

【检验方法】

对照设计或安装使用文件检查试样，分析具体结构。

3.5.3.2　制停试验

【检验要求】

(1) 当速度监控装置动作时，制动减速装置应能使轿厢制停，或至少使其速度降低至对重缓冲器的设计范围内。

(2) 该装置在使空轿厢制停期间，其最大减速度值不得大于 g_n。

(3) 释放后，该装置应处于正常工作状态。

(4) 试验后检查是否有断裂损坏、变形和其他变化情况（如夹紧件的裂纹、变形或磨损、摩擦表面的情况）。

(5) 对适用于不同质量（系统质量或者额定载重量）的上行超速保护装置制动减速装置，应当对最大质量和最小质量分别进行 4 次试验；如果需要调整，应当采用合适的方法（如果没有更好的方法，可以使用中间质量进行试验）验证所给出公式或者图表的有效性，验证试验可以只进行 1 次；如果不需要调整，则不用进行验证试验。

（6）对适用于不同动作速度的上行超速保护装置制动减速装置，应当对最大动作速度和最小动作速度分别进行 4 次试验；如果需要调整，应当采用合适的方法（如果没有更好的方法，可以使用中间动作速度进行试验）验证所给出公式或者图表的有效性，验证试验可以只进行 1 次；如果不需要调整，则不用进行验证试验。

（7）对适用于不同质量（系统质量或者额定载重量）、不同动作速度的上行超速保护装置制动减速装置，应当对最大质量、最大动作速度和最小质量、最小动作速度分别进行 4 次试验；如果需要调整，应当采用合适的方法（如果没有更好的方法，可以使用中间质量进行试验）验证所给出公式或者图表的有效性，验证试验应当在最大动作速度和最小动作速度下各进行 1 次；如果不需要调整，则不用进行验证试验。

【检验方法】

（1）作用于电梯导轨的制动减速装置（如上行安全钳和对重安全钳）：

可以采用下列两种方法之一进行试验：

① 将制动减速装置安装于专用试验塔架的模拟轿架上，调整该轿架的质量为申请单位给出的空载轿厢的质量；通过悬挂绳、导向轮把该轿架与另一模拟对重架连接，整个系统的质量等于申请单位给定的系统质量；把模拟轿架放到最低处后释放，在模拟对重的拉动下该轿架会向上加速滑行，当滑行速度达到速度监控装置的最大设定速度时，触发制动减速装置动作；利用加速度测试仪记录下整个过程的加速度和减速度，同时可以通过对加速度或者减速度相对时间的积分得出速度和制动距离曲线。加速度、速度和制停距离曲线如图 3-6、图 3-7 和图 3-8 所示。

② 将制动减速装置安装于专用试验塔架的模拟轿架上，调整该轿架质量为根据申请单位给出的额定载重量、轿厢质量、对重质量以及系统质量换算得到的试验质量；将轿架提升到一定高度，释放轿架使其在重力作用下加速下行，当滑行速度达到速度监控装置的最大设定速度时，触发制动减速装置动作；利用加速度测试仪记录下整个过程的减速度；通过制动力的等效计算，得到该样品在申请工况下的制动减速度。

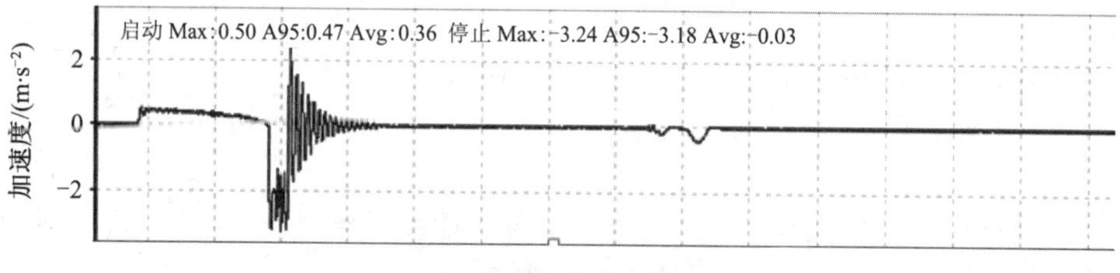

图 3-6　加速度曲线

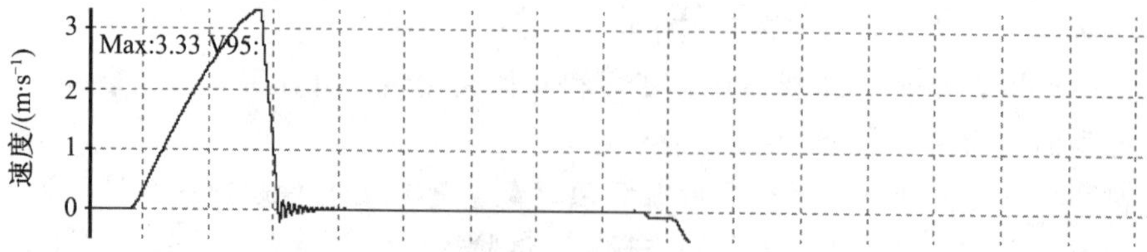

图 3-7　速度曲线

图 3-8　制停距离曲线

（2）作用于钢丝绳系统的钢丝绳制动器：

试验时应当根据钢丝绳制动器的具体结构，把其和速度监控装置一起安装到专用试验塔架上，用钢丝绳制动器适用的钢丝绳把上述的模拟轿架和模拟对重架连接起来，然后按照上述（1）的方法进行试验。

（3）直接作用于曳引轮或者最靠近曳引轮的曳引轮轴上的曳引机制动器：

可以采用下述两种方法之一进行试验：

① 在电梯整机上试验，空载轿厢位于最低层站，加速度测试仪置于轿厢内；测试人员通过溜车或者其他方法使轿厢速度达到申请单位要求的监控元件最大设定速度时，触发制动器制动，用加速度测试仪记录下整个过程的加速度和减速度，同时可以通过对加速度或者减速度相对时间的积分得出速度和制动距离曲线。

② 在试验台上试验时，将被测曳引机及制动器安装于配置有模拟系统惯量和质量差的试验台上，利用驱动装置驱动曳引轮旋转；当曳引轮线速度（或者转速）达到申请单位要求的监控元件最大设定速度时，触发制动器动作，记录整个过程力矩曲线并计算最大减速度曲线。

3.5.4　其他方面检验

3.5.4.1　外部驱动能量

【检验要求】

如果该装置需要外部的能量来驱动，当能量没有时，该装置应能使电梯制动并使其保持停止状态（带导向的压缩弹簧除外）。

【检验方法】

审查设计文件。在检验过程中，通过手动模拟能量缺失状态，检查上行超速保护装置的输出情况。

3.5.4.2　电气安全装置

【检验要求】

上行超速保护装置动作时，应使一个电气安全装置动作。当采用对重限速器-安全钳系统时，该电气安全装置可以装在对重限速器上；当采用曳引机制动器作为上行超速保护装置的制动减速装置时，该电气安全装置可以装在其速度监控装置上。

【检验方法】

查阅资料，目测观察检查。

3.5.4.3　释放装置

【检验要求】

上行超速保护装置释放时，应不需要接近轿厢或对重。

【检验方法】

现场检查。

3.5.4.4　触发、复位方式

【检验要求】

（1）制动减速装置适用于不同触发方式时，除 3.5.3.2 条制停试验已经试验过的方式外，对其他触发方式应分别进行 4 次触发机构的触发动作试验，每次试验都应动作正常而可靠。

（2）制动减速装置适用于不同复位方式时，除 3.5.3.2 条制停试验已经试验过的方式外，对其他复位方式应补充进行 4 次复位机构的复位动作试验，每次试验都应动作正常而可靠。

【检验方法】

在试验现场（不需在 3.5.3.2 条所述的试验架上），只需用触发机构去触发制动减速装置产生制动动作，然后用复位机构对制动减速装置进行复位。

3.5.4.5　触发力和触发行程

【检验要求】

（1）所需的触发力不能大于试验申请单位给定的指标。

（2）所需的触发行程不能大于试验申请单位给定的指标。

【检验方法】

手动拉动制动减速装置，用测力计和游标卡尺测出动作所需的力和位移，试验进行 3 次，每次都应符合要求。

3.5.5　使用环境要求检验

【检验要求】

（1）应用于室外型电梯时，采取的措施应适合于使用的环境并符合申请单位给定的要求。

（2）应用于防爆电梯时，应采取相应的保护措施并对产品在防爆环境下的安全使用进行风险评价，从而能够确定产品在应用中可能出现的危险，并在设计与制造中充分考虑这一风险评价的结果。

【检验方法】

审查设计文件，现场检查对照实物是否符合企业规定的要求，进行风险评价。

3.6　轿厢意外移动保护装置检测项目与技术要求

GB 7588—2003《电梯制造与安装安全规范》（含第 1 号修改单）要求：在层门未被锁住且轿门未关闭的情况下，由于轿厢安全运行所依赖的驱动主机或驱动控制系统的任何单一元件失效引起轿厢离开层站的意外移动，电梯应具有防止该移动或使移动停止的装置。悬挂绳、链条和曳引轮、滚筒、链轮的失效除外，曳引轮的失效包含曳引能力的突然丧失。

轿厢意外移动保护装置应能够检测到轿厢的意外移动，并应制停轿厢且使其保持停止状态。

轿厢意外移动保护装置根据不同的结构型式，检测子系统、制停子系统和自监测子系统有不同的搭配。TSG T7007—2016《电梯型式试验规则》规定：可以对检测子系统、制停子系统和自监测子系统组成的轿厢意外移动保护装置完整系统进行型式试验，可以对检测子系统、制停子系统和自监测子系统单独进行型式试验。已单独进行了型式试验的检测子系统、制停子系统和自监测子系统的相互适配性及完整系统的适用范围需经型式试验机构审查确认，并出具完整系统的型式试验报告。

3.6.1 结构检验

【检验要求】

轿厢意外移动保护装置的制停部件应作用在：

① 轿厢。

② 对重。

③ 钢丝绳系统（悬挂绳或补偿绳）。

④ 曳引轮。

⑤ 只有两个支撑的曳引轮轴上。

轿厢意外移动保护装置的制停部件，或保持轿厢停止的装置可与用于下列功能的装置共用：下行超速保护和上行超速保护。

轿厢意外移动保护装置用于上行和下行方向的制停部件可以不同。

【检验方法】

审查设计和安装使用文件，检查试样，分析具体结构。根据不同的结构型式分类，轿厢意外移动保护装置常见的制停子系统有：主机冗余制动器装置、钢丝绳制动装置、安全钳制动装置、夹绳器-安全钳联合制动装置和曳引轮附加制动装置等（图 3-9）。

(a) 曳引机制动器　(b) 钢丝绳制动器　(c) 双向安全钳制动器

(d) 夹绳器-安全钳联合制动装置　(e) 轮式附加制动器

图 3-9　制停子系统的分类

3.6.2 制停子系统检验

【检验要求】

按照申请的系统质量、额定载重量、轿厢自重、平衡系数等参数配置试验工况。每次试验，允许制停部件的摩擦件恢复到其正常温度，一套摩擦件至少可以进行 5 次试验。试验流程如下：

（1）使轿厢位于平层位置，调整系统质量、轿厢质量、对重质量等相当于空载轿厢位于顶层端站平层情况下的设计值（即考虑最不利工况），进行 5 次上行制动试验。

（2）使轿厢位于平层位置，调整系统质量、额定载重量、轿厢质量、对重质量等相当于满载轿厢位于底层端站平层情况下的设计值（即考虑最不利工况），进行 5 次下行制动试验。

（3）试验时，应当达到所预期的轿厢减速前最高速度。如提供的预期最高速度值小于 0.5 m/s，满载轿厢下行制停试验时的速度应当至少达到电梯额定速度值与 0.5 m/s 的较小值。

（4）测量和记录平均减速度、最大减速度、最高速度、制停距离、运行总距离（加速和制停距离之和）。

（5）检查制停部件断裂、变形或者其他变化（如夹紧元件的裂纹、变形或者磨损，摩擦表面的状况）。

（6）在进行制停试验时利用记录仪器记录制停子系统的响应时间，即轿厢在制停部件作用下开始减速的时间与制停子系统得到制动信号的时间差。

（7）检查轿厢意外移动保护装置的复位操作以及复位后的工作状态。

制停部件在试验后应当没有任何影响功能的断裂和变形情况；对于相同工况的试验，每次试验的运行总距离或者制停距离（对于仅是制停子系统的试验）数据均应当在试验数据算术平均值的±20%以内。

（8）各次试验所测得数据，应该满足如下规定：

① 轿厢意外移动保护装置应在下列距离内制停轿厢（图 3-10）：

a. 与检测到轿厢意外移动的层站的距离不大于 1.20 m；

b. 层门地坎与轿厢护脚板最低部分之间的垂直距离不大于 0.20 m；

c. 按要求设置井道围壁时，轿厢地坎与面对轿厢入口的井道壁最低部件之间的距离不大于 0.20 m；

d. 轿厢地坎与层门门楣之间或层门地坎与轿厢门楣之间的垂直距离不小于 1.00 m。

轿厢载有不超过 100%额定载重量的任何载荷，在平层位置从静止开始移动的情况下，均应满足上述值。

② 在制停过程中，该装置的制停部件不应使轿厢减速度超过：空轿厢向上意外移动时为 1 g_n 和向下意外移动时为自由坠落保护装置动作时允许的减速度。

（9）对于适用于不同质量的制停子系统，除了一般要求，还规定了其他技术要求：在最大质量工况与最小质量工况下各进行 10 次试验（空载轿厢上行和满载轿厢下行各 5 次），试验方法和要求同一般要求。如提供的预期最高速度值小于 0.5 m/s，最大质量工况满载轿厢下行制停试验时的速度至少达到电梯额定速度值与 0.5 m/s 的较小值。

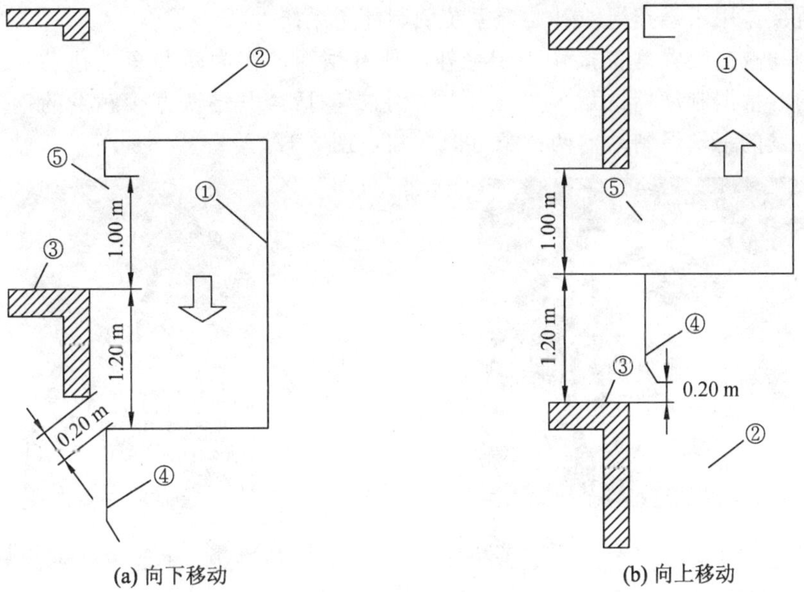

①—轿厢；②—井道；③—层站；④—轿厢护脚板；⑤—轿厢入口

图 3-10　轿厢意外移动（向下和向上移动）

（10）对于制停部件需根据不同质量工况进行调整的，试验机构应当选取调整图表或者公式的中间点（至少 1 点）在上行、下行方向上各进行 2 次试验，以验证公式或者图表的有效性。若制停部件不需要调整的，则不需要进行中间点的验证试验。

【检验方法】

检验前，应对照设计或安装使用文件检查试样，分析具体结构；应按照申请的系统质量范围、轿厢自重范围和额定载重范围准备试验；应按照申请单位提供的制停子系统参数和检测子系统等参数确定好轿厢减速前的最大速度。

（1）直接作用于曳引轮或者只有两个支撑的曳引轮轴的制停子系统。

对于直接作用于曳引轮或者只有两个支撑的曳引轮轴的制停子系统，由于这种制动减速装置是与曳引机一体的，一般在电梯整机上进行试验（或安装于专用试验塔架的模拟桥架上）。在最大（或最小）系统质量工况下，分别进行上行制动和下行制动试验。在进行上行制动试验时，将轿厢意外移动保护装置检测设备按要求与电梯接好线，让轿厢停在底层，如果条件允许，可以调节控制系统中电梯运行速度，使电梯运行速度大于或等于轿厢减速器的最高速度值，让电梯开始上行，当达到或超过轿厢减速前最大速度时，触发紧急按钮，曳引机制动器制动停止，检测设备记录轿厢由加速到减速过程的数据。如果条件不允许，可采用电动松开曳引机制动器的方法，使电梯加速，当电梯运行速度达到或超过轿厢减速前的最大速度时，切断曳引机制动器供电，曳引机失电触发制停，检测设备记录轿厢由加速到减速过程的数据。按照同样的方法，采集 5 次试验数据。在进行下行制动试验时，将轿厢达到满载，并停在高层，按照上行制动试验方法，进行轿厢下行制动试验，采集 5 次试验数据。然后在最小（或最大）系统质量工况下分别进行 5 次上行制动试验和 5 次满载下行制动试验。计算和分析所测得数据能否满足要求。

（2）直接作用于悬挂绳或补偿绳系统的制停子系统。

这种制动减速装置是直接作用于悬挂绳或补偿绳，作为轿厢意外移动保护装置的制停子系统的。根据制动器的触发方式不同，主要包括：电磁铁直接触发的钢丝绳制动器和限速器触发的钢丝绳制动器两大类（图 3-11、图 3-12）。

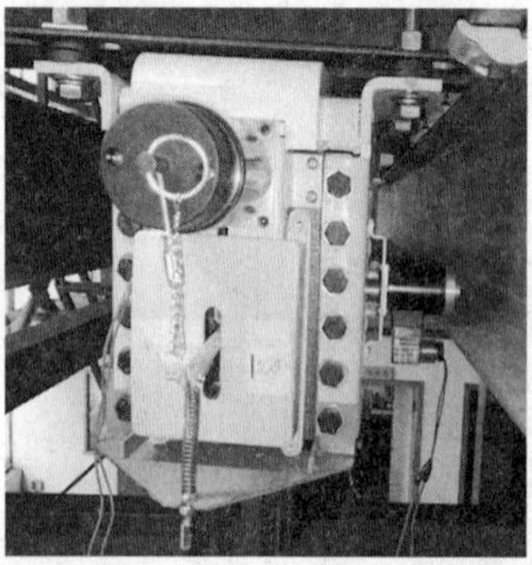

图 3-11　电磁铁直接触发的钢丝绳制动器

图 3-12　限速器触发的钢丝绳制动器

直接作用于悬挂绳或补偿绳系统的制停子系统，一般也是在电梯整机上进行试验（或安装于专用试验塔架的模拟桥架上），在最大（或最小）系统质量工况下，进行上行制动试验时，将轿厢意外移动保护装置检测设备按要求与电梯接好线，让轿厢停在底层，手动松开（或电动松开）曳引机制动器，让轿厢上行加速，当速度达到轿厢减速前的最大速度值时，触发钢丝绳制动器的触发装置（保持制动器松开），钢丝绳制动器夹紧钢丝绳，使轿厢制停，检测设备记录数据，重复采集 5 次数据。进行满载下行制动试验时，将轿厢停在顶层，按照上行制动方法，进行轿厢满载下行制动试验，采集 5 次试验数据。在最小（或最大）系统质量工况下分别进行 5 次上行制动试验和 5 次满载下行制动试验。计算和分析所测得数据能否满足要求。

（3）直接作用于轿厢或者对重的制停子系统。

该制动减速装置是直接作用于轿厢或对重，一般也是在电梯整机上进行试验（或安装于专用试验塔架的模拟桥架上），常用的制停子系统有双向安全钳。

直接作用于轿厢或者对重的制停子系统，一般也是在电梯整机上进行试验（或安装于专用试验塔架的模拟桥架上），按照（2）的方法进行试验，分别测得最大系统质量工况下和最小系统质量工况下的空载上行和满载下行制停数据。计算和分析所测得数据能否满足要求。

3.6.2.1　制动器动作试验

【检验要求】

使用电梯驱动主机制动器作为轿厢意外移动保护装置制停部件的，应当依据驱动主机制动器动作试验要求进行试验，或者提供证明其符合该要求的试验报告。

使用除驱动主机制动器之外结构型式制动器作为轿厢意外移动保护装置制停部件的，应当模拟轿厢意外移动，通过手动（或自动）动作触发机构，检查制动器是否可以触发并制停轿厢。

【检验方法】

使用电梯驱动主机制动器作为轿厢意外移动保护装置的制停部件的，按照驱动主机制动器动作试验方法进行检验。

对于非曳引机制动器作为轿厢意外移动保护装置制停部件的，检查制动器结构型式和触发方式，让轿厢停在底层，手动（或自动）松开制动器，让空载轿厢加速上行，当速度达到企业申请的试验速度时，手动（或自动）动作触发机构，检查制动器触发机构的动作和制动器制停轿厢动作。

3.6.2.2　对应试验速度的移动距离

【检验要求】

在最大质量工况试验完毕后，保持空载试验工况不变，使轿厢上行移动，在轿厢达到申请单位提供的用于最终检验的试验速度时，按照申请单位提供的方式触发制停子系统动作，测量和记录轿厢总的移动距离。试验进行 3 次，移动距离应当均不超过申请单位提供且经过型式试验机构确认的允许移动距离。

对于上行方向和下行方向采用不同制停部件的轿厢意外移动保护装置，还应当进行最大质量工况下的满载下行制停试验。

【检验方法】

（1）对于永磁同步曳引机制动器作为轿厢意外移动保护装置。

① 采用专用仪器法。空载轿厢在井道上部以试验速度上行，断开安全回路，触发制停部件，制停轿厢，仪器通过采集安全回路断开信号和电梯轿厢运行速度，分析计算得到移动距离。

② 标记法。空载轿厢停在井道上部，在电梯相关运行部件上制作标记并确定参考位置，将轿厢向下移动使标记离开参考位置一定距离，然后使轿厢以试验速度上行，当标记和参考位置平齐时断开安全回路，触发制停部件，制停轿厢，测量标记与参考位置间的距离从而得到移动距离。

（2）对于采用检测电路＋电磁铁＋双向夹绳器、电磁铁＋限速器＋钢索＋双向夹绳器、电磁铁＋限速器＋双向安全钳、门锁安全触点＋电磁铁＋双向夹绳器作为轿厢意外移动保护装置。

① 采用专用仪器法。空载轿厢在井道上部以试验速度上行，使电磁铁失电触发制停部件，制停轿厢，仪器通过采集电磁铁断电信号和电梯轿厢运行速度，分析计算得到移动距离。

② 标记法。空载轿厢停在井道上部，在电梯相关运行部件上制作标记并确定参考位置，将轿厢向下移动使标记离开参考位置一定距离，然后使轿厢以试验速度上行，当标记和参考位置平齐时使电磁铁失电触发制停部件，制停轿厢，测量标记与参考位置间的距离得到移动距离。

（3）对于上行采用电磁铁＋限速器＋钢索触发的单向夹绳器、下行采用电磁铁＋限速器＋安全钳装置作为轿厢意外移动保护装置。

① 采用专用仪器法：步骤 1，空载轿厢在井道上部以试验速度上行，使用电磁铁触发制停部件，制停轿厢，仪器通过采集电磁铁失电信号和电梯轿厢运行速度，分析计算得到移动距离；步骤 2，满载轿厢在井道下部以试验速度下行，使电磁铁失电触发制停部件，制停轿厢，仪器通过采集电磁铁断电信号和电梯轿厢运行速度，分析计算得到移动距离。

② 标记法：步骤 1，空载轿厢停在井道上部，在电梯相关运行部件上制作标记并确定参考位置，将轿厢向下移动使标记离开参考位置一定距离，然后使轿厢以试验速度上行，当标记和参考位置平齐时使电磁铁失电触发制停部件，制停轿厢，测量标记与参考位置间的距离得到移动距离；步骤 2，满载轿厢停在井道下部，在电梯相关运行部件上制作标记并确定参考位置，将轿厢向上移动使标记离开参考位置一定距离，然后使轿厢以试验速度下行，当标记和参考位置平齐时使电磁铁失电触发制停部件，制停轿厢，测量标记与参考位置间的距离从而得到移动距离。

对于采用电磁铁＋限速器＋钢索＋双向夹绳器、电磁铁＋限速器＋双向安全钳或(3)作为轿厢意外移动保护装置，其对应试验速度的允许移动距离应包含检测轿厢意外移动的距离（或制停部件预触发行程）。

3.6.3 检测子系统检验

检测子系统是指用于检测轿厢意外移动并向制停子系统发出动作信号的装置，其硬件一般由检测元件和其他接触器或者是安全继电器等输出部分组成。检测元件一般是位置传感器和安全电路或者是可编程电子安全系统等电气安全装置组成。目前常见的检测子系统有三种型式：

① 通过安装在轿厢上的位置传感器检测轿厢是否位于平层区域内。搭配安全电路板完成检测轿厢意外移动和轿厢平层、再平层控制，目前常见的位置感应开关有：磁感应式接近开关、光电式平层开关和多路光电开关。

② 通过限速器检测轿厢意外移动的位置。目前采用这种型式的限速器有：电子限速器、谐振式限速器和离心式限速器。

③ 通过绝对值编码器或者井道位置感应器检测轿厢在提前开门或开门再平层时的相对位置和运行速度。这种位置传感器主要就是井道位置的磁栅格传感器，可以检测轿厢在井道中的绝对位置及运行速度，并将数据发给控制系统，配合控制系统进行平层和再平层动作时的意外移动保护。

【检验要求】

检测子系统最迟应当在轿厢离开开锁区域时检测到轿厢的意外移动。

模拟进行轿厢意外移动，使检测传感器发出检测信号，观察电路的动作顺序及动作输出情况是否正确，进行 10 次试验；利用时间记录仪器记录检测子系统的响应时间，即检测子系统向制停子系统发出制动信号的时间与检测传感器发出检测信号的时间差。

【检验方法】

针对位置传感器＋安全电路板型式的检测子系统，为准确测量检测子系统的响应时间，清晰地观察信号变化，应该搭建一个检测子系统测试系统。该系统应该能够为安全电路板提供适当的电压，模拟轿厢进入或离开平层时的位置信号，并及时输入安全电路板的相应端口，能够提供控制系统发出的封门信号给安全电路板，能够模拟负载并及时响应检测子系统的输出信号。通过示波器等专用仪器检测轿厢离开位置时到负载触发的响应时间曲线。具体的检测步骤有：

① 按照安全电路板的电路图，分别与搭建好的检测子系统测试系统接线、示波器等专用检测设备按照要求接好线。

② 通电，模拟轿厢到达平层位置。

③ 模拟轿厢发生意外移动，其中一个平层检测开关失电，负载接收到失电信号。

④ 分析示波器曲线，读出检测子系统响应时间。

检验示例：为了测试某公司生产的 UCMP 板响应时间，搭建了检测子系统测试系统，该测试系统选择数字储存示波器来捕获和分析系统的触发信号，在检测子系统电路基础上外加一个电源开关控制检测子系统电路板中线圈 KM1 的接通，并且为了方便实现再平层触发信号的响应，实际检测中使用单刀双掷开关代替上、下门区感应器，并通过手动开关达到封门输出的目的。为尽可能真实地模拟实际情况下的制动响应，在检测过程中使用直流接触器，并通过变压器和整流器为其供电，由于接触器两端电压较高，在测量其反应时间时选择差分探头，并采用输出有效值整流电压的 RMS 模式，整体检测子系统响应时间测量系统如图 3-13 所示。

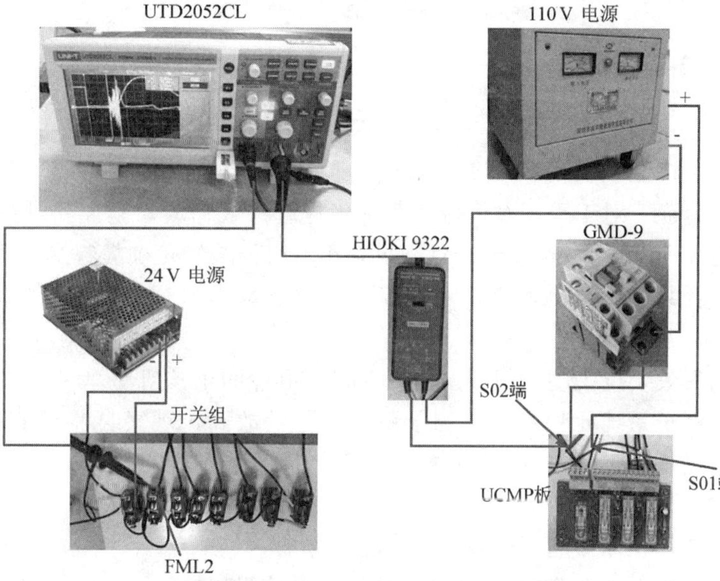

图 3-13　检测子系统响应时间测量系统

检测步骤：首先，给系统分别接入 24 V、110 V 的电源，并按照方案图和电路图对 UCMP 板进行线路连接；其次，将模拟的轿厢在上、下门区的开关 FML1、FML2 及封门开关掷于接通状态，以模拟轿厢位于层站的正常状态，并将示波器的通道 1 接入 FML2 开关，以记录意外移动发生后检测子系统响应时间的起始阶段；最后，将示波器的通道 2 接入接触器 GMD-9 线圈两端，并断开 FML2 开关，以表明检测到轿厢的意外下行，记录下通道 2 的信号波形（图 3-14），取接触器线圈两端电压上升 5%的点作为系统响应的结束。读出检测子系统响应时间。

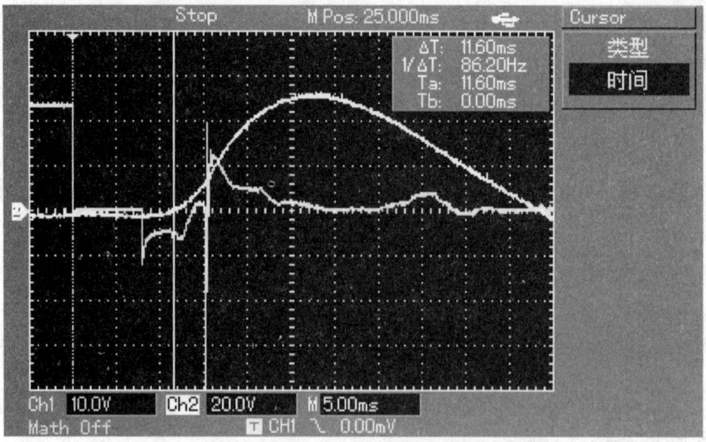

图 3-14　检测子系统响应时间检测曲线

3.6.4　自监测子系统检验

【检验要求】

在使用驱动主机制动器的情况下，自监测包括对机械装置正确提起（或释放）的验证和对制动力的验证。对于采用对机械装置正确提起（或释放）验证和对制动力验证的，制动力自监测的周期不应大于 15 天；对于仅采用对机械装置正确提起（或释放）验证的，则在定期维护保养时应检测制动力；对于仅采用对制动力验证的，则制动力自监测周期不应大于 24 小时。

如果检测到失效，应关闭轿门和层门，并防止电梯的正常启动。

逐一模拟制停子系统元件和自监测子系统元件的故障，观察自监测子系统的动作顺序及动作输出情况是否正确，进行 10 次验证试验。

【检验方法】

（1）对机械装置正确提起（或释放）的验证方法。

在曳引机制动器上，在其中一个制动器上，通过调整检测开关的安装位置模拟机械装置提起失效，在曳引机制动器提起后，检查系统是否报故障、是否有层门和轿门关闭信号、电梯是否正常启动。通过人工触动检测开关模拟机械装置释放失效，检查系统是否报故障、是否有层门和轿门关闭信号、电梯是否正常启动。

（2）制动力的验证方法。

在特定情况下（如轿厢空载，停止运行 3 min 以上，无呼梯信号），通过控制系统打开一组制动器，此时控制系统给驱动主机提供电流，在控制系统的设定方向上（一般来说，会配合电梯的称量装置提供的轿厢空载信号，在轿厢上行方向）输出一定的扭矩，判断此时轿厢是否移动，如果移动，说明另外一组制动器的制动力不足，如果轿厢没有移动，说明制动器的制动力符合要求。使用相同的方法测量所有的制动器是否满足要求。

3.6.5　轿厢意外移动保护装置匹配性验证

（1）意外移动的过程。

如图 3-15 所示是轿厢发生意外移动的过程曲线。从图中可以看出，轿厢发生意外移动时，先加速，当检测子系统检测到轿厢发生意外移动时，轿厢继续加速，直到制停子系统收到触发信号并开始制停时，轿厢速度达到最高，制停子系统开始动作直至轿厢停止。

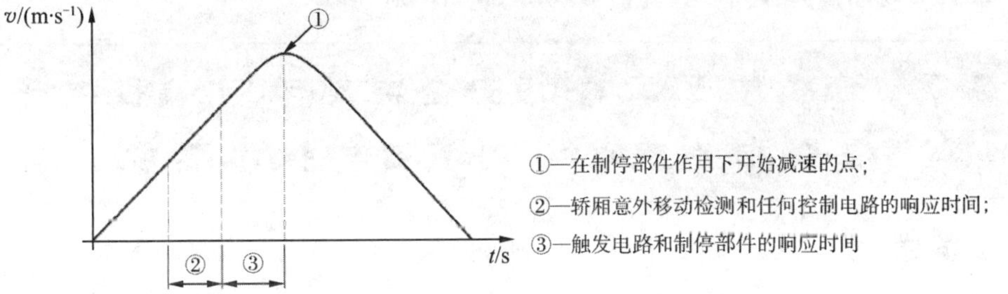

图 3-15　轿厢发生意外移动的过程曲线

（2）匹配性计算。

$$v=\sqrt{2a_1s_1}+a_1t_1+a_2t_2 \tag{3-7}$$

$$s=s_1+(t_1+t_2)\sqrt{2a_1s_1}+\frac{1}{2}(a_1t_1^2+a_2t_2^2)+a_1t_1t_2+v^2/2a_3 \tag{3-8}$$

式中：

a_1——曳引式电梯因内部控制装置引起的电气故障的情况下假定可达到的加速度，取 2.5 m/s^2；

s_0——标准要求的轿厢意外移动总距离最大值 1.2 m；

s_1——检测子系统报告中给出的意外移动时轿厢离开层站的距离；

t_1——检测子系统报告中给出的子系统最大响应时间（包含了平层感应器、安全电路和制动器接触器响应时间之和，考虑制动器接触器响应时间与主接触器响应时间近似相等）；

t_2——制停子系统报告中给出的制停子系统最大响应时间；

a_2——制停子系统报告给出的曳引式电梯的自然加速度，取各工况的测试或计算值；取制造单位确定的轿厢意外移动时可能的最大平均加速度；

a_3——根据预期的轿厢减速前最高速度和预期轿厢最大制停距离计算得 a_3 或制停子系统报告中给出的最小平均减速度；

v_0——制停子系统报告给出的所预期的轿厢减速前最高速度；

v——计算得出的轿厢减速前的最高速度；

S——计算得出的轿厢意外移动的总距离（加速距离和制停距离之和）；

H——电梯层门高度计算值。

（3）匹配性判定。

① 判定合格的依据是：$v\leqslant v_0$，$s\leqslant s_0$。

② 按 GB 7588—2003《电梯制造与安装安全规范》（含第 1 号修改单）第 9.11.5 条 d 的要求：层门高度减去 1 m 之后仍不小于轿厢意外移动总距离，即 $H\geqslant S+1$。若电梯层门高度计算值 $H\leqslant 2$ m，则适用电梯层门高度 h，按 $h\geqslant 2$ m；若电梯层门高度计算值 $H>2$ m，则 $h\geqslant H$。

③ 按 GB 7588—2003《电梯制造与安装安全规范》（含第 1 号修改单）第 9.11.5 条 b 的要求：层门地坎与轿厢护脚板最低部分之间的垂直距离不大于 0.20 m，即 $L \geqslant S-0.20$。若轿厢护脚板高度计算值 $L \leqslant 0.785$ m，则适用轿厢护脚板在垂直面上的投影深度 $l \geqslant 0.785$，若轿厢护脚板高度计算值 $L \geqslant 0.785$ m，则 $l \geqslant L$。

3.7 含有电子元件的安全电路和可编程电子安全相关系统检测项目与技术要求

3.7.1 概述

电气安全装置是电梯中重要的电气安全保护，主要由一系列的安全开关和安全电路组成，当电气安全装置动作时，电梯驱动主机将不能启动，运行中的电梯也将立即停止。电气安全装置包含安全开关和安全电路两类，安全电路可以分为含有电子元件的安全电路和可编程电子安全相关系统（以下简称“可编程相关系统”）。

可编程相关系统定义：用于安全应用的，基于可编程电子装置的用于控制、防护、监测的系统，包括系统中所有元素（如电源、传感器和其他输入装置，数据高速公路和其他通信途径，以及执行器和其他输出装置）。

用于曳引与强制驱动电梯、液压驱动电梯、其他类型电梯的可编程相关系统（Programmble electronic systems in Safety Racated Applications for lifts，简称 PESSRAL）。用于自动扶梯和自动人行道的可编程相关系统（Programmable Electronic System in Safety Related Applications for Escalators and moving walks，简称 PESSRAE）。

含电子元件的安全电路与可编程相关系统的主要区别在于：含有电子元件的安全电路全部由 A 类器件组成，可编程相关系统由 A 类和 B 类器件组成。A 类器件的所有故障状态确定，B 类器件的故障状态不完全确定。所以含有电子元件的安全电路可以通过电路分析确定所有器件的所可能发生故障后电路的输出状态。而可编程相关系统则不能通过分析得出每种故障发生后系统的输出状态。进而只能通过失效概率来评估可编程相关系统的安全可靠性，即安全完整性等级（Safety Integrity Level，简称 SIL），安全功能的安全完整性等级的目标失效量用随机硬件失效引起的安全功能失效的概率——每小时危险失效概率（PFH）来表征。PESSRAL 和 PESSRAE 的 SIL 等级通常分为 3 级，每一等级的目标失效量见表 3-1。

表 3-1　编程系统安全功能的安全完整性等级的目标失效量

安全完整性等级（SIL）	每小时危险失效概率（PFH）
3	$10^{-8} \leqslant PFH < 10^{-7}$
2	$10^{-7} \leqslant PFH < 10^{-6}$
1	$10^{-6} \leqslant PFH < 10^{-5}$

要确定每个安全功能的安全完整性等级，除了计算随机硬件失效引起的安全功能失效概率外，还要分析可编程系统硬件安全完整性的结构约束，包括：硬件故障裕度

(HFT) 和执行该安全功能的子系统的安全失效分数 (SFF)。执行安全功能的硬件子系统的 HFT 和 SFF 决定了硬件子系统的最高安全完整性等级，PESSRAL 或者 PESSRAE 硬件子系统安全完整性的结构约束与子系统的最高安全完整性等级对应关系见表 3-2。

故障裕度指在出现故障或错误的情况下，功能单元继续执行一个要求功能的能力，可以通俗地理解为执行安全功能的硬件的冗余度，如双通道结构，故障裕度为 1。

表 3-2　硬件子系统安全完整性的结构约束

安全失效分数 (SFF)	硬件故障裕度 (HFT)		
	0	1	2
＜60%	不允许	SIL1	SIL2
60%～90%	SIL1	SIL2	SIL3
90%～99%	SIL2	SIL3	未定义
≥99%	SIL3	未定义	未定义

可编程相关系统的设计和等级审核认定是较为复杂的过程，进一步的了解可参考 GB/T 20438“电气/电子/可编程电子安全相关系统的功能安全”系列标准 (GB/T 20438.1—2017 至GB/T 20438.7—2017)。含有电子元件的安全电路和可编程安全相关系统的检验包括设计文件审查、功能试验和环境试验。环境试验包括振动、冲击、温度和电磁兼容—抗扰度测试。

3.7.2　振动试验

【检验要求】

(1) 振动试验期间，电路板应该处于工作状态；振动试验期间和试验之后，安全回路不应该有不安全的动作和状态显示。

(2) 试验后，电气间隙和爬电距离不应小于最小允许值。

(3) 振动试验应该符合下列要求：在每个坐标轴方向上进行 20 次扫频循环振动试验，振动幅值为 0.35 mm 或 $5g_n$，频率为 10～55 Hz。

【检验方法】

将试验样品固定在振动试验台上，电路板处于通电工作状态，在每个坐标轴方向上进行 20 次扫频循环振动试验，振动幅值为 0.35 mm 或 $5g_n$，频率为 10～55 Hz。在振动试验期间和试验之后，应注意观察安全回路是否有不安全的动作和状态显示，在试验后测试电气间隙和爬电距离是否小于最小允许值。

3.7.3　冲击试验

【检验要求】

(1) 冲击试验期间，电路板应该处于工作状态。冲击试验期间和试验之后，安全回路不应有不安全的动作和状态显示。

(2) 试验后，电气间隙和爬电距离不应小于最小允许值。

（3）冲击试验加速度和脉冲作用时间应该符合下列要求：

① 最大加速度为 294 m/s^2 或 $30g_n$。

② 脉冲作用时间为 11 ms。

③ 速度变化为 2.1 m/s，波形为半正弦波。

④ 若传递元件装有冲击减振器，冲击减振器应该被看作传递元件的一部分。

【检验方法】

将待测电路板固定在碰撞试验机或振动试验台上，使用碰撞试验机或振动试验台装置进行试验。

3.7.4 碰撞试验

【检验要求】

（1）碰撞试验模拟印制电路板坠落状态，会发生元件破损和不安全的动作。

（2）碰撞试验期间，电路板应该处于工作状态。碰撞试验期间和试验之后，安全回路不应有不安全的动作和状态显示。

（3）碰撞试验应该符合下列要求：

① 单独碰撞试验：

a. 试验波形为半正弦波；

b. 加速度幅值为 $15g_n$；

c. 碰撞作用时间为 11 ms。

② 持续碰撞试验：

a. 试验波形为半正弦波；

b. 加速度幅值为 $10g_n$；

c. 碰撞持续时间为 16 ms；

d. 碰撞次数为（1 000±10）次；

e. 碰撞频率为 2 次/秒。

【检验方法】

使用碰撞试验机或振动试验台进行试验。

3.7.5 温度试验

【检验要求】

（1）试验期间，电路板必须是正常的额定电压且处于工作状态。

（2）安全装置在试验中和试验后必须动作正常，如果印制电路板除了安全电路外还包含其他元件，则它们也必须在试验中动作，但它们的故障可不考虑。

（3）电路板工作环境温度为 0～65 ℃，试验按照最低温度 0 ℃和最高温度 65 ℃进行，至少各持续进行 4 h 试验。

（4）如印制电路板设计在更宽的温度范围内工作，则必须在该温度范围内进行试验。

【检验方法】

使用温度试验箱进行试验。

3.7.6　电磁兼容性测试

【检验要求】

可编程系统应当进行符合 GB/T 24808—2009《电磁兼容　电梯、自动扶梯和自动人行道的产品系列标准　抗扰度》中规定的安全电路的电磁兼容（性）抗扰度测试，且均应当达到性能标准 D，即 PESSRAL 或者 PESSRAE 按照设计连续运行，除非因故障进入安全模式，不允许有任何性能降低和功能损失。测试包括：

（1）外壳端口。

可编程系统存在外壳端口，应当按照 GB/T 24808—2009《电磁兼容　电梯、自动扶梯和自动人行道的产品系列标准　抗扰度》表 1 中“安全电路”的相关要求进行测试。

（2）信号和控制线端口。

可编程系统存在信号和控制线端口，应当按照 GB/T 24808—2009《电磁兼容　电梯、自动扶梯和自动人行道的产品系列标准　抗扰度》表 2 中“安全电路”的相关要求进行测试。

（3）直流电源输入/输出端口。

可编程系统存在额定电流小于或者等于 100 A 的直流电源输入/输出端口（不适用于连接到专用的非充电电源输入口），应当按照 GB/T 24808—2009《电磁兼容　电梯、自动扶梯和自动人行道的产品系列标准　抗扰度》表 4 中“安全电路”的相关要求进行测试。

（4）交流电源输入/输出端口。

可编程系统存在每相额定电流≤100 A 的交流电源输入/输出端口（不适用于连接到专用的非充电电源输入口），应当按照 GB/T 24808—2009《电磁兼容　电梯、自动扶梯和自动人行道的产品系列标准　抗扰度》表 6 中“安全电路”的相关要求进行测试。

【检验方法】

见 GB/T 24808—2009《电磁兼容　电梯、自动扶梯和自动人行道的产品系列标准　抗扰度》及第 4 章。

3.8　限速切断阀检测项目与技术要求

限速切断阀包括破裂阀、具有机械移动部件的单向节流阀，是当在预定的液压油流动方向上流量增加而引起阀进出口的压差超过设定值时，能自动关闭的阀。限速切断阀是液压电梯防止轿厢超速坠落最主要、最常用的安全保护装置。限速切断阀与液压缸成一整体或用短硬管直接连接，当液压系统由于软管爆裂等原因造成系统压力突然下降时，轿厢将在重力作用下加速下坠，最迟在轿厢下坠速度超过 0.3 m/s 的额定速度前，限速切断阀动作，将液压缸与外围液压油路断开，将下坠中的轿厢制停。

限速切断阀主要参数包括压力、流量、温度、黏度、动作流量等。影响限速切断阀功能性能的主要结构有结构型式（直线式、直角式）、入口内腔尺寸、出口内腔尺寸、安装方式（整体式、法兰式、管螺纹式）。

3.8.1 动作速度检验

【检验要求】

限速切断阀应该在轿厢下行速度达到额定下行速度加上 0.3 m/s 之前动作。

【检验方法】

审查制造单位提供的限速切断阀动作流量调试报告，在试验系统上测量出限速切断阀动作时的流量值，计算与之对应的电梯速度值。验证限速切断阀在轿厢下行速度达到额定下行速度加上 0.3 m/s 之前是否动作。

3.8.2 关断试验

【检验要求】

模拟全部管路失效时，在以下两种条件下，限速切断阀应当可以承受各 10 次的关断试验：

（1）在最大额定压力、最小额定流量和最小介质黏度条件下。

（2）在最小额定压力、最大额定流量和最大介质黏度条件下。

每一次试验，限速切断阀都应当可靠关断，试验完成后限速切断阀不应当发生损坏。

【检验方法】

（1）将按照预期的方法安装调试好的限速切断阀连接在液压系统中进行试验，其中：

① 所要求的试验压力取决于轿厢内负载质量。

② 应该能够记录限速切断阀之前和之后的压力。

（2）该液压系统应能够记录限速切断阀之后一段时间内的流量，允许通过其他测量值来确定流量值，如通过柱塞的速度可以导出流量值。

【检验示例】

限速切断阀液压系统试验台是由液压动力系统、控制系统、执行系统、负载系统和限速切断阀安装平台等组成，如图 3-16 所示。

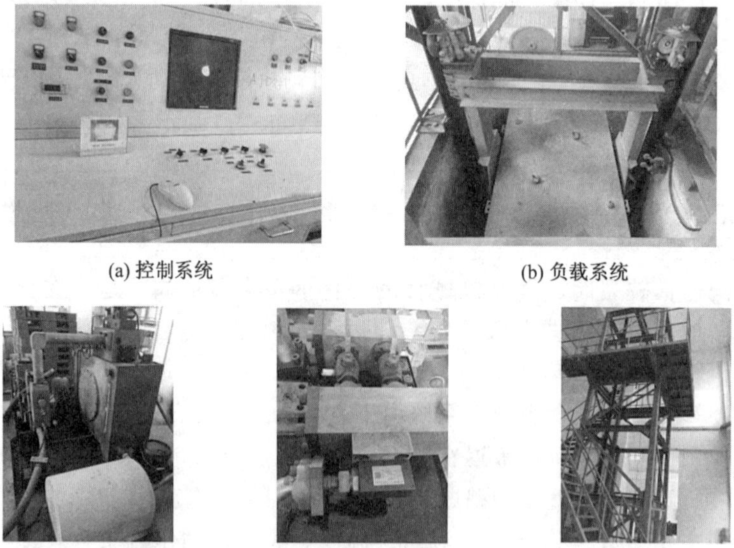

(a) 控制系统　(b) 负载系统

(c) 液压动力系统　(d) 限速切断阀安装平台　(e) 执行系统

图 3-16　限速切断阀液压系统试验台

将一款限速切断阀安装到限速切断阀试验液压系统平台上，该款限速切断阀的主要参数有：压力范围为 1.5～5 MPa、流量范围为 450～1 200 L/min、黏度范围为 16～240 mm^2/s，模拟全部管路失效，按要求的两种条件下，分别进行各 10 次的关断试验。在最大系统压力为 5 MPa、最小系统流量为 450 L/min、最小介质黏度为 16 mm^2/s 条件下，获取其中一次限速切断阀的阀前、阀后压力和流量变化曲线，如图 3-17 所示。

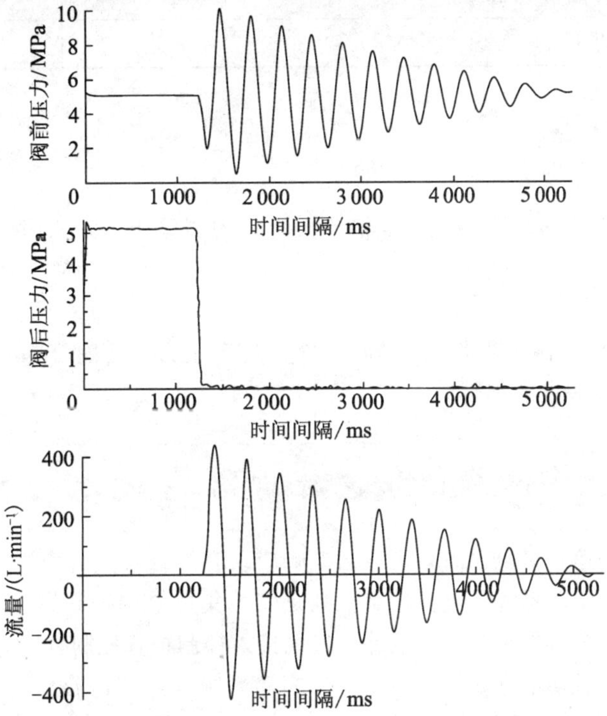

图 3-17　限速切断阀的阀前、阀后压力和流量变化曲线

破裂阀进行切断试验所记录的曲线能够表明以下结果，则可以认为被试验的破裂阀满足标准要求：

① 额定流量（100%流量）和最大流量 Q_{max} 之间的间隔时间 t_0 不大于 0.16 s。

② 流量减少所需要的时间 t_d 为：

$$\frac{Q_{max}}{6A\times 9.81}\leqslant t_d\leqslant\frac{Q_{max}}{6A\times 1.96} \tag{3-9}$$

式中：

Q_{max}——液压油的最大流量，单位为升每分（$L\cdot min^{-1}$）；

t_d——制定时间，单位为秒（s）；

A——液压缸中液体压力作用的面积，单位为平方厘米（cm^2）。

③ 压力大于 $3.5p_s$（额定静态压力）的时间不大于 0.04 s。

④ 破裂阀应在轿厢下降速度达到额定速度加上 0.3 m/s 之前动作。

根据标准要求，从限速切断阀切断试验压力和流量曲线中得到结果，如表 3-3 所示。并对本次切断试验结果进行判定为符合要求。

表 3-3 限速切断阀切断

检验内容	结果	参考范围
额定流量 Q_n 与最大流量 Q_{max} 时间间隔 t_0/s	0.028	$0 \leqslant t_0 \leqslant 0.16$
流量减少所需的时间 t_d/s	0.090	$0.056 \leqslant t_d \leqslant 0.280$
压力大于 3.5 倍额定静态压力的时间 t/s	0.000	$t \leqslant 0.04$
限速切断阀动作时轿厢下行速度 v/（$m \cdot s^{-1}$）	0.549	$v \leqslant 0.700$

3.8.3 抗压强度试验

【检验要求】

限速切断阀应当能够承受相当于 5 倍最大压力的试验压力，历时 2 min，试验后不应当发生永久性的损坏。

【检验方法】

在试验的液压系统中对限速切断阀施加 5 倍最大压力，历时 2 min，试验后检查限速切断阀有没有发生永久性的损坏。

3.9 控制柜检测项目与技术要求

电梯是能够自动运行机电设备，可以自动响应乘客外召乘梯信号及内选楼层信号，这完全依赖于电梯控制和驱动系统，电梯控制柜则是安装集成电梯控制和驱动系统主要的部件，外召、内选及电气安全保护等信号通过外围接线接入控制柜，控制装置对这些信号进行处理并决定电梯是否需要启动运行或停止，然后向驱动系统（如变频器）发出运行或停止指令，驱动系统驱动主机运行，从而实现电梯自动运行。控制柜的主要技术参数有：

（1）拖动方式（交流变极调速、交流调压调速、交流变频、直流调速等）。

（2）控制装置（继电器、可编程控制器、微机等）。

（3）控制方式（信号、集选等）。

（4）液压驱动式电梯调速方式（电液比例、多极开关、容积调速、变频调速等）。

3.9.1 一般要求

3.9.1.1 电气设备及安装

3.9.1.1.1 主接触器的选择

【检验要求】

使电梯驱动主机停止运转的主接触器应当为 GB/T 14048.1—2012《低压开关设备和设备　第 1 部分：总则》中规定的下列类型：

（1）AC-3，用于交流电动机的接触器。

（2）DC-3，用于直流电源的接触器。

此外，接触器应当允许启动次数的 10%为点动运行。

【检验方法】

试验人员应先确认驱动主机的供电电源类型是交流还是直流，然后在电气原理图中找出驱动主机的供电回路，在该回路中找到控制驱动主机的启动、运转中分断的所有接触器及其代号。根据图中的接触器的代号，找到样品中对应的所有接触器实物，检查接触器的类型是否符合试验要求。接触器的信息可在其铭牌，或其外壳处查看。例如，图 3-18 为某品牌接触器铭牌，其类型 AC-3 标于铭牌中间左侧位置。

图 3-18　某品牌接触器铭牌

3.9.1.1.2　接触器式继电器的选择

【检验要求】

由于承受功率的原因，必须使用接触器式继电器去操作主接触器时，这些接触器式继电器应当为 GB/T 14048.5—2017《低压开关设备和控制设备　第 5-1 部分：控制电路电器和开关元件　机电式控制电路电器》中规定的以下类型：

（1）AC-15，用于控制交流电磁铁。

（2）DC-13，用于控制直流电磁铁。

【检验方法】

试验人员在电气原理图中，找到控制驱动主机的启动、运转中分断的所有接触器及其代号，然后找到并确认这些接触器各自的线圈的供电回路的供电类型。这些线圈回路的控制如受继电器的控制，则这些继电器的类型应符合试验要求。

3.9.1.1.3　接触器和接触器式继电器的要求

【检验要求】

3.9.1.1.1 和 3.9.1.1.2 所述的主接触器和接触器式继电器的辅助触点，如果设计成确保动合触点和动断触点不能同时处于闭合位置，就可以认为是防止 3.9.1.3.1 所述的相关电气故障的措施。

【检验方法】

动合触点，即常开触点，是指接触器线圈从通电前到通电后这个过程，从断开状态转变成闭合状态的这类触点；动断触点，即常闭触点，其状态转变则是从闭合状态转变成断开状态。试验要求中的动合触点和动断触点不能同时处于闭合状态，指的是触点闭合与断开的状态是相互排斥的，即闭合与断开这两种状态从结构原理上是无法同时出现的。该类型接触器触点结构示意图如图 3-19 所示，触点 13－14 与 43－44 是动合触点固定触头，触点 21－22 与 31－32 是动断触点的固定触头。这 4 组辅助触点的活动触头均固定在一根绝缘连杆上，这种结构可以明显地看到，辅助触点的闭合断开状态是由绝缘连杆的位置决定的，当接触器线圈通电时绝缘连杆向下运动，固定触头 21－22 与 31－32 与两组活动触头变为断开状态，同时带动另外两组活动触头，使固定触头 13－14 与 43－44 变为闭合状态，并且所有活动触头均为刚性连接，即不可能同时出现 13－14 与 21－22 同时闭合的情况发生，同理 31－32 与 43－44。

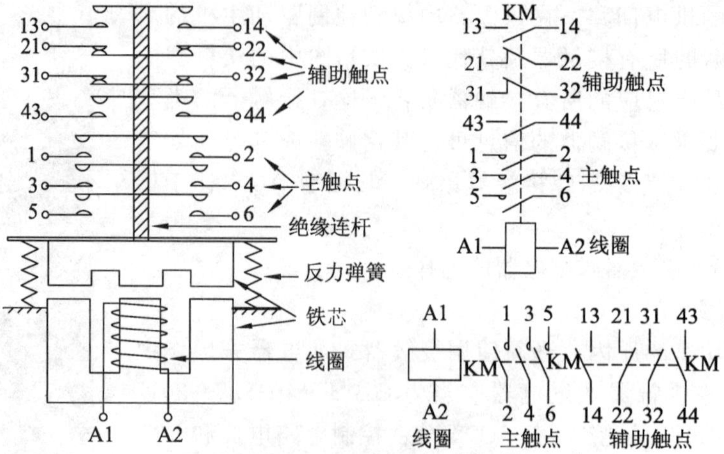

图 3-19　接触器触点结构示意图

3.9.1.1.4　电压

【检验要求】

对于控制回路和安全回路，导体之间或者导体对地之间的直流电压平均值和交流电压有效值均应当不大于 250 V。

【检验方法】

控制回路指的是用作控制执行元件（如驱动主机、制动器、上行超速保护装置等）的供电回路的控制电路的统称，如控制驱动主机和制动器供电的接触器线圈的供电回路。安全回路的概念在 GB 7588—2003《电梯制造与安装安全规范》中的 3.14 有解释，即串联所有电气安全装置的回路。试验分为两步：

（1）审核电梯制造单位提供的电气原理图，找到各控制回路和安全回路，确认其回路的供电电压等级是否均符合要求。一般地，控制回路和安全回路的供电都是由设置在电梯主开关下端的变压器或开关电源提供。

（2）确认电气原理图符合要求后，对照样品，找出各控制回路以及安全回路的供电段，使用万用表测量其电压，判断是否与电气原理图相一致。

3.9.1.1.5　中性导体和保护导体的布置

【检验要求】

中性导体和保护导体应当始终分开。

【检验方法】

中性导体和保护导体，即通常所说的零线（N）与接地线（PE）。两者应始终分开，指的是 N 线不能与 PE 线共用一根导线。采用这种供电的一般指的是三相五线制供电。虽然理论上 N 线与 PE 线都是零电位点，但如果偶尔有一个电涌脉冲（如相线漏电引起）冲击到 N 线，而 N 线和 PE 线没有分开，这样可能会导致电器外壳带电，容易损坏电气元件，以及造成人身触电等危险。

审核电气原理图，找到电梯主开关处，确认 N 线与 PE 线是否为两条独立的线路。确认原理图符合要求后，进行实物检查。首先，断开电梯主开关，以及可断开 N 线的开关，使用万用表测量主开关下端相线是否带电。确认无电后，再使用万用表的“蜂鸣挡”，测量 N 线开关下端与 PE 线之间是否导通。如导通，则说明 N 线与 PE 线共用了一条导线；不导通，则符合要求。

3.9.1.1.6　带电端子的处理

【检验要求】

如果电梯的主开关或者其他开关断开后，一些连接端子仍然带电，则他们应当与不带电的端子明显地隔开，如带电端子电压超过 50 V，应当注上适当标志。偶然互接将导致电梯危险故障的连接端子，应被明显地隔开，除非其结构型式能避免这种危险。

【检验方法】

电梯主开关或者其他开关断开后仍然带电的情况，多数指的是该电梯与建筑物内其他电梯组成群控模式的情况。试验时，审查其电气原理图，找到并确认样机中与其他电梯的相互连接的端子及其电压等级，然后使用万用表测量样机中的端子，观察是否带电。

3.9.1.1.7　连接器件和插接式装置

【检验要求】

设置在安全电路中的连接器件和插接式装置，如果不需使用工具就能将其拔出，或者错误的连接能导致电梯的危险故障时，应当保证重新插入时绝对不会插错。

【检验方法】

目测检查。

3.9.1.1.8　插座

【检验要求】

控制柜内若有插座，应当是下列型式之一：

(1) 2P+PE 型（2 极+地线），250 V，由主电源直接供电。

(2) 由符合 GB 16895.21—2016《低压电气装置　第 4-41 部分：安全防护　电击防护》规定的安全特低电压供电的类型。

【检验方法】

审查电气原理图，判断其型式。要求中的安全特低电压（SELV）这一保护措施的要求有：

(1) 限制 SELV 系统的电压，使其不超过电压区段 I 的上限值，即交流 50 V 或直流 120 V。

(2) 在 SELV 系统与非 SELV 回路的所有其他回路之间作保护分隔，在 SELV 系统与其他 SELV 系统之间设置基本绝缘。

(3) 在特低电压系统和地之间设置基本绝缘。

3.9.1.1.9　器件标志

【检验要求】

接触器、继电器、熔断器及控制柜中电路的连接端子板均应当依据线路图做出标志，熔断器的必要数据（如型号、参数）应当标注在熔断器，或者其底座上或者其近旁。

使用多路连接器时，只需要在连接器而不必在各导线上做出标志。

【检验方法】

目测标识是否齐全且与线路图一致。

3.9.1.2　绝缘电阻、耐压及防护等级

3.9.1.2.1　绝缘

【检验要求】

(1) 对于液压电梯、曳引或者强制驱动电梯和杂物电梯，应当符合下述要求：

① 绝缘电阻应测量每个通电导体与地之间的电阻。

② 绝缘电阻的最小值应按照表 2-2 通电导体与地之间的绝缘电阻值来取。

③ 当电路中含有电子装置时，测量时应将相线和零线连接起来。

(2) 对于自动扶梯和自动人行道，导体之间以及导体与地之间的绝缘电阻应符合下述要求：

当执行绝缘电阻试验时，在动力电路线路和保护联结电路间施加 500 V（DC）时测得的绝缘电阻不应小于 1 MΩ，绝缘电阻试验可在整台电气设备的单独部件上进行。

例外，对于电气设备的某些部件，如母线、汇流线、汇流排系统或汇流环装置，允许绝缘电阻最小值低一些，但不能小于 50 kΩ。

如果电气设备包含浪涌保护器件，在试验期间，该器件可能工作，则允许采用下列任何一种措施：

① 拆开这些器件。

② 降低试验电压值，使其低于浪涌保护器件的电压保护水平，但不低于电源电压（相对中线）的上限峰值。

【检验方法】

绝缘电阻的测试是考量导体与地的绝缘能力，因此测量时应具体到测量各线路中的每段导体对地的绝缘电阻。在测量含有接触器或继电器常开触点的线路时，建议的测量方法是先人为地使接触器或继电器的常开触点闭合，测量其绝缘电阻。此时如果结果符合要求，则代表了该线路中与测量点连通的所有导体的绝缘电阻也符合要求；如果结果不符合要求，则需要分别断开接触器的常开触点，逐一测量排查各导体的绝缘电阻。

测量含有电子装置的线路时，将相线和零线相连接是为了保护电子装置在测量时被击穿导致损坏。

测量前应注意以下几点：

① 断开主开关及其他开关。

② 若电路中含有电子装置时，还应先将相线和零线连接起来。

③ 核查被测线路的公称电压，按照上述要求中①或②选择对应的测试电压。

3.9.1.2.2　耐压

【检验要求】

对控制柜主回路（动力）部分对地之间施以电路最高电压的 2 倍，再加 1 000 V，历时 1 分钟，不能有击穿或者闪络现象。

【检验方法】

分别测出主回路（动力）部分的每段导体对地的绝缘电阻。根据每段导体所处于线路的公称电压等级，调节试验电压。试验电压类型为交流电。

3.9.1.2.3　防护等级

【检验要求】

垂直电梯控制柜外壳的防护等级不低于 IP2X。

【检验方法】

防护等级是指按 GB/T 4208—2017《外壳防护等级 IP 代码》规定的方法，确定外壳对人接近危险部件、防止固体异物进入或水进入所提供的保护程度。IP 代码表明外壳对人接近危险部件、防止固体异物或水进入的防护等级。

IP2X 代表的含义为：

① 防止直径≥12.5 mm 的固体异物进入。

② 防止手指接近危险部件。

详细的含义可参考 GB/T 4208—2017《外壳防护等级 IP 代码》。

3.9.1.3　电气故障的防护

3.9.1.3.1　电气故障的防护

【检验要求】

电梯电气设备中可能出现的下列任何一种故障，其本身应当不成为导致电梯危险故障的原因：

① 无电压。

② 电压降低。

③ 导线（体）中断。

④ 对地或者对金属构件的绝缘损坏。

⑤ 电气元件的短路或者断路以及参数或者功能的改变，如电阻器、电容器、晶体管、灯等。

⑥ 接触器或者继电器的可动衔铁不吸合或者不完全吸合。

⑦ 接触器或者继电器的可动衔铁不释放。

⑧ 触点不断开。

⑨ 触点不闭合。

⑩ 断、错相。

【检验方法】

审查设计说明资料，确认其是否包含了对上述 10 项故障情况的分析结果。

在设计说明资料中，设计者应具体地列出可预见的故障情况，如涉及元器件的还应列举出具体的元器件，例如，无电压包含的情况可能有主电源、驱动元件、安全回路、控制回路等；接触器包含了控制驱动主机供电的接触器，控制制动器供电的接触器，反馈层门、轿门闭合状态的接触器，反馈安全回路通断情况的接触器等。列出所有可预见的故障情况后，然后分别对各种情况逐一进行分析。

对于符合 GB 7588—2003《电梯制造与安装安全规范》（含第 1 号修改单）中 14.1.2.2 条的安全触点，可不必考虑其触点不断开的情况。

对于电气元件的故障情况，还应参考 GB 7588—2003《电梯制造与安装安全规范》（含第 1 号修改单）附录 H 进行分析。

3.9.1.3.2　接地故障的防护

【检验要求】

（1）对于曳引与强制驱动电梯、液压电梯以及杂物电梯，如果含有电气安全装置的电路接地或接触金属构件而造成接地，应：

① 使电梯驱动主机立即停止运转。

② 在第一次正常停止运转后，防止电梯驱动主机再启动。恢复运行只能通过手动复位。

（2）对于自动扶梯与自动人行道，如果含有电气安全装置的电路发生接地故障，应使驱动主机立即停机。

【检验方法】

电气安全装置的电路的电源，一般由变压器的次级线圈或者开关电源输出端提供。由变压器供电的话一般采用中性线（N）与保护线（PE）相接的方式，相线端串接过流保护器（如保险丝，空气开关等）。使用开关电源的则由开关电源提供保护。

试验步骤如下：

（1）断开电梯主开关，并确认电源已被隔断。

（2）用万用表的蜂鸣挡，测试其接地端是否与地线（保护线）联结良好（确认联结良好后，再进行下一步）。

（3）使用合适长度的短接线，将一端与接地端连接。

（4）接通电梯主开关，使短接线另一端以点触的方式，接触过流保护器下端的 X 点模拟电路发生接地故障。在点触过程中，观察过流保护器是否生效（如保险丝熔断，空气开关跳闸）。

注意：在测试过程中应注意避免触电！

3.9.1.3.3　断相、错相保护

【检验要求】

（1）控制柜应当具备供电系统断相和错相保护功能；当供电电路出现断相或者错相时，驱动主机应当停止运行并保持停止状态。

（2）驱动主机运行方向与供电系统相序无关的，可以不设错相保护功能。

【检验方法】

试验前，将电梯主开关断开，在主开关下端任意互换两相线的接线，然后接通主开关，尝试正常地使用电梯，观察电梯是否出现故障提示并停止运行。

3.9.1.4　电气安全装置

3.9.1.4.1　类型

【检验要求】

电气安全装置应当是以下类型：

① 一个或者几个安全触点。

② 安全电路。

③ 可编程电子安全相关系统。

垂直电梯控制柜若使用可编程电子安全相关系统，最低安全完整性等级（SIL）电气安全装置及其最低安全完整性等级。自动扶梯和自动人行道控制柜若使用可编程电子安全相关系统，最低安全完整性等级（SIL）如表 2-29 所示。

【检验方法】

检查每个电气安全装置，确认其型式是否符合本条的要求。若电气安全装置为可编程电子安全相关系统类型的，则还应审核其是否通过了型式试验。

3.9.1.4.2 并联

【检验要求】

除 GB 7588—2003《电梯制造与安装安全规范》（含第 1 号修改单）允许的特殊情况（见 14.2.1.2、14.2.1.4 和 14.2.1.5）外，电气装置不应与电气安全装置并联。

与电气安全回路上不同点的连接只允许用来采集信息。这些连接装置应该满足 GB 7588—2003《电梯制造与安装安全规范》（含第 1 号修改单）中 14.1.2.3 对安全电路的要求。

【检验方法】

特殊情况指下列 3 种情况：

① 门开着情况下的平层和再平层控制。

② 紧急电动运行控制。

③ 对接操作运行控制。

上述 3 种控制中，均允许使在某些电气安全装置失效的情况下，仍然可以使电梯轿厢运行。在这 3 种情况下，这些允许失效的电气安全装置分别为：

① 门开着情况下的平层和再平层控制：

a. 层门（轿门）门锁的电气安全装置；

b. 验证层门（轿门）关闭状态的电气安全装置。

② 紧急电动运行控制：

a. 安全钳上的电气安全装置；

b. 限速器上的电气安全装置；

c. 轿厢上行超速保护装置上的电气安全装置；

d. 极限开关；

e. 缓冲器上的电气安全装置。

使上述电气安全装置失效的方式一般是使用另一个或多个电气装置并联于上述电气安全装置。

试验时，先审核电气原理图，如存在并联结构的，判断其并联的目的及方式是否符合要求。确认电气原理图符合要求后，再确认被试验样品的接线是否与电气原理图一致。

3.9.1.4.3 电气安全装置的动作

【检验要求】

对于曳引驱动电梯、液压电梯以及杂物电梯，应当符合下述要求：

(1) 当电气安全装置为保证安全而动作时，应防止电梯驱动主机启动或立即使其停止运转。制动器的电源也应被切断（不适用于液压驱动电梯）。

按照 GB 7588—2003《电梯制造与安装安全规范》（含第 1 号修改单）中 12.7 的要求，电气安全装置应直接作用在控制电梯驱动主机供电的设备上。

(2) 若由于输电功率的原因，使用了继电接触器控制电梯驱动主机，则它们应视为直接控制电梯驱动主机启动和停止的供电设备。

（3）对于自动扶梯和自动人行道，当电气安全装置动作时，应能防止驱动主机启动或立即使其停机。工作制动器应起作用。

【检验方法】

电梯安全回路，应是直接控制向电梯驱动主机以及制动器的供电设备，而电梯安全回路是把所有的电气安全装置串联起来的回路。因此电气安全保护装置动作时，则会直接切断电梯驱动主机及制动器的供电设备。根据 GB 7588—2003《电梯制造与安装安全规范》（含第 1 号修改单）中的 12.7 的要求，概括来说常见的驱动主机供电设备是由至少两个独立的接触器组成来供电与控制，或者由接触器、具有阻断电流功能且监控电流阻断情况的控制监控装置的静态元件（如变频器）组成来供电与控制。

试验时，审核电气原理图，判断电气安全装置所在的安全回路，是否可以直接切断电梯驱动主机以及制动器的供电设备。确认符合要求后，检查被试验的样品的接线与电气原理图一致。

3.9.1.4.4　安全电路的要求

【检验要求】

对于液压电梯、曳引或者强制驱动电梯以及杂物电梯，应当符合下述要求：

（1）安全电路应满足相应 GB 7588—2003《电梯制造与安装安全规范》（含第 1 号修改单）或 GB 25194—2010《杂物电梯制造与安装安全规范》中故障分析有关出现故障时的要求。

（2）进一步，下列要求也应满足。

① 如果某个故障（第一故障）与随后的另一个故障（第二故障）组合导致危险情况，那么最迟应在第一故障元件参与的下一个操作程序中使电梯停止。

只要第一故障仍存在，电梯的所有进一步操作都应是不可能的。

在第一故障发生后而在电梯按上述操作程序停止前，发生第二故障的可能性不予考虑。

② 如果两个故障组合不会导致危险情况，而它们与第三故障组合就会导致危险情况时，那么最迟应在前两个故障元件中任何一个参与的下一个操作程序中使电梯停止。

在电梯按上述操作程序停止前发生第三故障从而导致危险情况的可能性不予考虑。

③ 如果存在三个以上故障同时发生的可能性，则安全电路应设计成有多个通道和一个用来检查各通道的相同状态的监控电路。

如果检测到状态不同，则电梯应被停止。

对于两通道的情况，最迟应在重新启动电梯之前检查监控电路的功能。如果功能发生故障，电梯重新启动应是不可能的。

④ 在恢复已被切断的动力电源时，如果电梯在①、②和③的情况下能被强制再停梯，则电梯无须保持在已停止的位置上。

⑤ 在冗余型安全电路中，应采取措施，尽可能限制由于某一原因而在一个以上电路中同时出现故障的危险。

（3）含有电子元件的安全电路是安全部件，应按照 GB 7588—2003《电梯制造与安装安全规范》（含第 1 号修改单）中 F6 的要求来验证。（不适用于杂物电梯）

对于自动扶梯与自动人行道，应当符合下述要求：

(1) 下列任一故障均不应导致危险状态的产生。

① 无电压。

② 电压降低。

③ 导线中断。

④ 电路的接地故障。

⑤ 电气元件（如电阻器、电容器、晶体管、灯等）的短路或断路，参数值或功能改变。

⑥ 接触器或继电器的可动衔铁不吸合或不完全吸合。

⑦ 接触器或继电器的可动衔铁不断开。

⑧ 触点不断开。

⑨ 触点不闭合。

⑩ 错相。

(2) 下列条件适用于（1）所述的故障：

如果两个故障与第三个故障组合可能导致危险状态，那么最迟应在有这两个故障元件中任何一个参与的下一个操作程序时使自动扶梯或自动人行道停止运行。

在自动扶梯或自动人行道按照上述程序停止运行之前，第三故障导致危险状态的可能性不予考虑。

如果在状态变化下不能检测出导致前两个故障的元件失效，则应有适当的措施确保这些故障被检测出，并最迟在重新启动时防止自动扶梯或自动人行道运行。

安全电路的 MTBF（平均失效间隔工作时间）不应小于 2.5 年。确定这个时间的依据是，假设每台自动扶梯或自动人行道在三个月内，根据 GB 16899—2011《自动扶梯和自动人行道的制造与安装安全规范》中 5.12.2.4 至少重新启动一次，即经历一次状态的变化。

(3) 如果满足下列①或②的要求，多于三个故障的组合可以不予考虑，否则不允许中断失效分析，而应继续类似于上述第（2）项的分析处理：

① 安全电路至少由两个通道组成，并且它们的相同状态由一个控制电路监控。在自动扶梯或自动人行道重新启动前，检查控制电路。

② 安全电路至少由三个通道组成，并且它们的相同状态由一个控制电路监控。

(4) 应按照 GB 7588—2003《电梯制造与安装安全规范》（含第 1 号修改单）设计和评价安全电路。

【检验方法】

审查电气原理图，判断样品的所有电气安全装置中是否有安全电路型式。如有则按照本条的要求对安全电路的设计进行评价分析。

3.9.1.4.5　可编程电子安全相关系统的要求

【检验要求】

可编程电子安全相关系统应当符合 TSG T7007—2016《电梯型式试验规则》附件 R 的规定。

如果可编程电子安全相关系统和一个与安全无关的系统共用同一硬件，则该硬件应当符合 PESSRAL 或者 PESSRAE 的规定。

【检验方法】

审查电气原理图，判断样品的所有电气安全装置中是否有可编程电子安全相关系统型式。如有则审查该系统是否有相应的型式试验证书。

3.9.1.5　电动机的保护

【检验要求】

对于液压电梯、曳引或者强制驱动电梯以及杂物电梯，应当符合下述要求：

（1）直接与主电源连接的电动机应进行短路保护。

（2）直接与主电源连接的电动机应采用自动断路器［（3）所述情况例外）］进行过载保护，该断路器应切断电动机的所有供电。

（3）当对电梯电动机过载的检测是基于电动机绕组的温升时，对于液压电梯与曳引或者强制驱动电梯，只有在符合（6）时才能切断电动机的供电；对于杂物电梯，则只有在电动机充分冷却后，断路器才能自动闭合。

（4）如果电动机具有多个不同电路供电的绕组，则（2）和（3）的规定适用于每一绕组。

（5）当电梯电动机是由电动机驱动的直流发电机供电时，则该电梯电动机也应该设过载保护。（本条不适用于液压电梯、杂物电梯）

（6）如果一个装有温度监控装置的电气设备的温度超过了其设计温度，电梯不应再继续运行，此时轿厢应停在层站，以便乘客能离开轿厢。电梯应在充分冷却后才能自动恢复正常运行。

上述（4）～（6）不适用于杂物电梯。

对于自动扶梯和自动人行道，应当符合下述要求：

（1）直接与电源连接的电动机应进行短路保护。

（2）直接与电源连接的电动机应采用手动复位的自动断路器进行过载保护［满足（3）要求的除外］，该断路器应切断电动机的所有供电。

（3）当过载检测取决于电动机绕组温升时，则保护装置可在绕组充分冷却后自动地闭合，但只是在 GB 16899—2011《自动扶梯和自动人行道的制造与安装安全规范》中 5.12.2.1 自动扶梯或自动人行道的启动和投入使用规定的条件下才可能再启动自动扶梯或自动人行道。

（4）如果电动机具有多个不同电路的供电的绕组，则（2）和（3）适用于每一绕组。

（5）当自动扶梯或自动人行道的驱动电动机是由电动机驱动的直流发电机供电时，发电机的驱动电动机应设置过载保护。

【检验方法】

审查设计资料，判断电动机是否与电源直接相连，若是则再根据电动机的类型，判断其保护措施是否符合上述要求。

确认设计资料无误后，核对实物是否与设计资料一致。

3.9.2　垂直电梯的控制要求

3.9.2.1　对驱动电机及下降控制阀供电的控制

3.9.2.1.1　直接供电控制

【检验要求】

曳引与强制驱动电梯、其他类型电梯采用直接供电应当必须用两个独立的接触器切断电源，接触器的触点应串联于电源电路中。电梯停止时，如果其中一个接触器的主触点未打开，最迟到下一次运行方向改变时，必须防止轿厢再运行。

【检验方法】

审查设计资料，判断电动机是否采用直接供电。若是则分析电动机的供电回路中是否至少有两个独立的接触器。

确认设计资料符合要求后，检查实物是否与设计资料一致。确认一致后，在电梯运行过程中，人为按住一个接触器（或者电气装置），电梯停止时不让其释放（断开），然后给电梯一个相反方向的运行指令，检查电梯是否能启动。

各个接触器应该分别在正常运行和检修运行两种状态下进行试验。

3.9.2.1.2　静态元件供电和控制

【检验要求】

应采用下述方法中的一种：

（1）用两个独立的接触器来切断电动机电流。

电梯停止时，如果其中一个接触器的主触点未打开，最迟到下一次运行方向改变时，必须防止轿厢再运行。

（2）一个由以下元件组成的系统：

① 切断各相（极）电流的接触器。

至少在每次改变运行方向之前应释放接触器线圈。如果接触器未释放，应防止电梯再运行。

② 用来阻断静态元件中电流流动的控制装置。

③ 用来检验电梯每次停车时电流流动阻断情况的监控装置。

在正常停车期间，如果静态元件未能有效地阻断电流的流动，监控装置应使接触器释放并应防止电梯再运行。

【检验方法】

审查设计资料，判断电动机是否由静态元件供电或至少一个接触器供电。

确认设计资料符合要求后，检查实物是否与设计资料一致。确认一致后，在电梯运行过程中，人为按住一个接触器（或者电气装置），电梯停止时不让其释放（断开），然后给电梯一个相反方向的运行指令，检查电梯是否能启动。

各个接触器应该分别在正常运行和检修运行两种状态下进行试验。

3.9.2.1.3　直流发电机电动机组驱动

【检验要求】

曳引与强制驱动电梯、其他类型电梯采用直流发电机—电动机组驱动应当符合下述要求：

（1）发电机的励磁由传统元件供电，两个独立的接触器应切断：

① 电动机发电机回路。

② 发电机的励磁。

③ 电动机发电机回路和发电机励磁。

电梯停止时，如果其中一个接触器的主触点未打开，最迟到下一次运行方向改变时，必须防止轿厢再运行。

在②和③情况下，应采取有效措施防止发电机中产生的剩磁电压使电动机转动（例如：防爬行电路）。

（2）发电机的励磁由静态元件供电和控制，应采用下述方法中的一种：

① 与 12.7.2.1 规定的方法相同。

② 一个由以下元件组成的系统：

a. 用来切断发电机励磁或电动机发电机回路的接触器；

b. 至少在每次改变运行方向之前应释放接触器线圈，如果接触器未释放，应防止电梯再运行；

c. 用来阻断静态元件中电流流动的控制装置；

d. 用来检验电梯每次停车时电流流动阻断情况的监控装置。

在正常停车期间，如果静态元件未能有效阻断电流的流动，监控装置应使接触器释放并应防止电梯再运行。

应采取有效措施，防止发电机中产生的剩磁电压使电动机转动（例如：防爬行电路）。

【检验方法】

对照控制系统实物分析并审查电气原理图及接线图，检查切断电机电流的接触器的数量和独立性，分析其故障保护的可靠性；

对检验要求（2）中②的情况应分析、检查监控装置的有效性，检查防止发电机中产生剩磁电压的措施。

3.9.2.1.4　液压驱动电梯的上行控制

【检验要求】

对于上行运行的液压电梯：

① 电动机的电源应至少由两个独立的接触器切断，这两个接触器的主触点应串联于电动机供电回路中。

② 电动机的电源由一个接触器切断，且分流阀的供电回路应至少由两个串联于该阀供电回路中的独立的电气装置来切断。

【检验方法】

审查设计资料，判断电动机是否由至少两个相互独立的接触器供电。

确认设计资料符合要求后，检查实物是否与设计资料一致。确认一致后，在电梯运行过程中，人为按住一个接触器（或者电气装置），电梯停止时不让其释放（断开），然后给电梯一个相反方向的运行指令，检查电梯是否能启动。

各个接触器（或者电气装置）应该分别在正常运行和检修运行两种状态下进行试验。

3.9.2.1.5　液压驱动电梯的下行控制

【检验要求】

对于下行运行的液压电梯，下行方向阀的供电回路应：

① 至少由两个串联的独立的电气装置切断。

② 直接由一个电气安全装置切断，只要该电气安全装置的电气容量合适。

【检验方法】

审查设计资料，检查切断下降控制阀的电气装置的数量和独立性，分析其故障保护的可靠性，判断电动机是否由至少两个相互独立的接触器供电。

确认设计资料符合要求后，检查实物是否与设计资料一致。

3.9.2.1.6　液压电梯电气装置保护

【检验要求】

当液压电梯停止时，若其中某一个接触器的主触点没有打开或者某一个电气装置没有断开，最迟到下一次运行方向改变时，必须防止轿厢再运行。

【检验方法】

在电梯运行过程中，人为按住一个接触器（或者电气装置），电梯停止时不让其释放（断开），然后给电梯一个相反方向的运行指令，检查电梯是否能启动。

各个接触器应该分别在正常运行和检修运行两种状态下进行试验。

3.9.2.2　制动器供电的控制

3.9.2.2.1　供电和控制

【检验要求】

（1）切断制动器电流，至少用两个独立的电气装置来实现，不论这些装置与用来切断电梯驱动主机电流的电气装置是否为一体。

（2）当电梯停止时，如果其中一个接触器的主触点未打开，最迟到下一次运行方向改变时，应当防止电梯再运行。

【检验方法】

审查设计资料，分析制动器的供电回路中是否至少有两个独立的接触器。

确认设计资料符合要求后，检查实物是否与设计资料一致。确认一致后，在电梯运行过程中，人为按住一个接触器（或者电气装置），电梯停止时不让其释放（断开），然后给电梯一个相反方向的运行指令，检查电梯是否能启动。

各个接触器应该分别在正常运行和检修运行两种状态下进行试验。

3.9.2.2.2　释放电路

【检验要求】

使制动器制动的释放电路的断开应当无任何延迟。使用二极管或者电容器与制动器线圈两端直接连接不被看作延时装置。

【检验方法】

审查设计资料，分析制动器的供电电路是否符合要求。

3.9.2.3　电动机运转时间限制器

3.9.2.3.1　设置

【检验要求】

电梯应当设有电动机运转时间限制器。当启动电梯时，驱动主机不转的情况下应当使电梯驱动主机停止转动并保持在停止状态。曳引驱动的电梯，轿厢或者对重向下运动时由于障碍物而停住，导致曳引绳在曳引轮上打滑的情况下也应当使电梯驱动主机停止转动并保持在停止状态。

【检验方法】

查看相关设计资料，分析其工作原理，然后根据其工作原理进行场景模拟，观察限制器是否起作用。

3.9.2.3.2　动作时间

【检验要求】

电动机运转时间限制器起作用的时间（T）应当符合以下要求：

① 电梯全程运行时间不小于 35 s 时，$T \leqslant 45$ s。

② 电梯全程运行时间小于 35 s，且大于 10 s 时，$T \leqslant$ 全程运行时间加 10 s。

③ 电梯全程运行时间不大于 10 s 时，$T \leqslant 20$ s。

④ 液压驱动的杂物电梯，T 小于或者等于载有额定载重量的轿厢向上全程运行所需要的时间加 60 s。

【检验方法】

时间限制器起作用的时间最迟允许在钢丝绳与曳引轮开始打滑的时候开始，因此在进行场景模拟试验时，应根据其工作原理选择合适的模拟方法。

3.9.2.3.3　复位

【检验要求】

电机运转时间限制器动作后，只能用手动复位恢复正常运行。恢复断开的电源后，曳引机无须保持在停止位置。

【检验方法】

进行场景模拟试验，观察其复位方式是否符合要求。

3.9.2.3.4　与其他运行的关系

【检验要求】

电动机运转时间限制器不应当影响到轿厢检修运行、紧急电动运行和电气防沉降系统的工作。

【检验方法】

进行场景模拟试验，应根据其工作原理选择合适的模拟方法。

3.9.2.4　门开着情况下的平层和再平层运行控制

【检验要求】

在开锁区域内以及在相应的楼层高度处，具备下列条件，允许层门和轿门打开时进行轿厢的平层和再平层运行。

① 运行只限于开锁区域：

a. 应至少由一个开关防止轿厢在开锁区域外的所有运行。该开关装于门及锁紧电气安全装置的桥接或旁接式电路中；

b. 该开关应是一个安全触点，或者其连接方式满足安全电路的要求；

c. 如果开关的动作是依靠一个不与轿厢直接机械连接的装置，如绳、带或链，则连接件的断开或松弛，应借助一个电气安全装置的作用，使电梯驱动主机停止运转；

d. 平层运行期间，只有在已给出停站信号之后才能使门电气安全装置不起作用。

② 曳引与强制驱动电梯、杂物电梯的平层速度不大于 0.8 m/s。对于手控层门的曳引与强制驱动电梯，应检查：

a. 对于由电源固有频率决定最高转速的电梯驱动主机，只用于低速运行的控制电路已经通电；

b. 对于其他电梯驱动主机，到达开锁区域的瞬时速度不大于 0.8 m/s。

③ 再平层速度和防沉降速度不大于 0.3 m/s。

对于曳引或强制驱动电梯，还应检查：

a. 对于由电源固有频率决定最高转速的电梯驱动主机，只用于低速运行的控制电路已经通电；

b. 对于由静态换流器供电的电梯驱动主机，再平层速度不大于 0.3 m/s。

【检验方法】

检查开门运行时电梯的控制原理，审查电气原理图及安装调试文件，审查平层和再平层速度的设定和限制方式。可以使用示波器等仪器对速度进行测量。

3.9.2.5　检修运行控制

【检验要求】

对于曳引与强制驱动电梯、液压电梯，应符合下述要求：

① 为便于检修和维护，应在轿顶装一个易于接近的控制装置。该装置应由一个电气安全装置要求的开关（检修运行开关）操作。

② 该开关应是双稳态的，并应设有误操作的防护。

同时应满足下列条件：

① 一经进入检修运行，应取消：

a. 正常运行控制，包括任何自动门的操作；

b. 紧急电动运行。

只有再一次操作检修开关，才能使电梯重新恢复正常运行。如果取消上述运行的开关装置不是与检修开关机械组成一体的安全触点，则应采取措施，防止 GB 7588—2003《电梯制造与安装安全规范》（含第 1 号修改单）列出的其中一种故障出现在电路中时轿厢的一切误运行。

② 轿厢运行应依靠持续揿压按钮，此按钮应有防止误操作的保护，并应清楚地标明运行方向。

③ 控制装置也应包括一个停止装置。

④ 轿厢速度不应大于 0.63 m/s。

⑤ 不应超过轿厢正常的行程范围。

⑥ 电梯运行应仍依靠安全装置。

控制装置可以与防止误操作的特殊开关结合，从轿顶上控制门机构。

【检验方法】

审查分析电气原理图和故障防护措施，审查检修运行速度的设定和限制方式。

3.9.2.6　对接操作运行控制

【检验要求】

对于曳引与强制驱动电梯、液压电梯，应符合下述要求：

（1）轿厢只能在相应平层位置以上不大于1.65 m的区域内运行。

（2）轿厢运行应受一个定方向的电气安全装置限制。

（3）运行速度不应大于0.3 m/s。

（4）层门和轿门只能从对接侧被打开。

（5）从对接操作的控制位置应能清楚地看到运行的区域。

（6）只有在用钥匙操作的安全触点动作后，方可进行对接操作。此钥匙只有处在切断对接操作的位置时才能拔出。钥匙应只配备给专门负责人员，同时应供给他使用钥匙防止危险的说明书。

（7）钥匙操作的安全触点动作后：

① 应使正常运行控制失效。

② 如果使其失效的开关装置不是与用钥匙操作的触点机构组成一体的安全触点，则应采取措施，防止GB 7588—2003《电梯制造与安装安全规范》（含第1号修改单）列出的其中一种故障出现在电路中时，轿厢的一切误运行。

③ 仅允许用持续揿压按钮使轿厢运行，运行方向应清楚地标明。

④ 钥匙开关本身或通过另一个符合14.1.2要求的电气开关可使下列装置失效：

a. 相应层门门锁的电气安全装置；

b. 验证相应层门关闭状况的电气安全装置；

c. 验证对接操作入口处轿门关闭状况的电气安全装置。

（8）检修运行一旦实施，则对接操作应失效。

（9）轿厢内应设有停止装置。

【检验方法】

审查分析电气原理图和故障防护措施，审查对接运行速度的设定和限制方式。

3.9.2.7　载重量控制

3.9.2.7.1　超载保护装置

【检验要求】

对于液压电梯，应设置一个当轿厢超载时防止电梯正常启动但不包括再平层动作的装置。

对于曳引与强制驱动电梯，在轿厢超载时，电梯上的一个装置应防止电梯正常启动及再平层。

【检验方法】

审查电气原理图，检查实物。

3.9.2.7.2　超载情况下电梯的状态

【检验要求】

对于液压电梯、曳引与强制驱动电梯，在超载情况下：

（1）轿内应有音响或发光信号通知使用人员。

（2）动力驱动自动门应保持在完全打开位置。

（3）手动门应保持在未锁状态。

（4）预备操作应全部取消。

【检验方法】

根据超载检测装置的动作原理，模拟超载情况，观察电梯的情况是否符合试验要求。

3.9.2.8　其他控制及优先权

3.9.2.8.1　极限开关的控制方式

【检验要求】

对极限开关应当采用下列方式控制：

（1）强制驱动的电梯，用强制的机械方法直接切断电动机和制动器的供电回路。

（2）曳引驱动的单速或者双速电梯，极限开关能够按照本条（1）切断电路，或者通过一个电气安全装置，切断向两个接触器线圈直接供电的电路。

（3）可变电压或者连续调速电梯，极限开关能够迅速地，即在与系统相适应的最短时间内使电梯主机停止运转。

（4）直接作用式液压电梯，极限开关的动作能够由直接利用轿厢或柱塞的作用，或者间接利用一个与轿厢连接的装置，如钢丝绳、皮带或者链条方式实现（当绳、皮带或者链断裂或者松弛，能够借助一个电气安全装置使液压电梯驱动主机停止运转）。

（5）间接作用式液压电梯，极限开关的动作能够由直接利用柱塞的作用，或者间接利用一个与轿厢连接的装置，如钢丝绳、皮带或者链条方式实现（当绳、皮带或者链断裂或者松弛，能够借助一个电气安全装置使液压电梯驱动主机停止运转）。

【检验方法】

（1）审查相关设计资料，分析其设计是否符合试验要求。

（2）人为动作断裂或松弛保护电气开关，检查电梯的停止情况。

3.9.2.8.2　减行程缓冲器控制系统

【检验要求】

适用于减行程缓冲器的曳引驱动电梯控制柜，检查曳引机减速的装置，其功能及控制方式应当与正常的速度调节系统结合起来获得一个符合电气安全装置要求的减速控制系统。

【检验方法】

（1）审查相关设计资料，分析减行程缓冲器控制系统的结构原理是否符合试验要求。

（2）根据该系统的工作原理，进行场景模拟试验，观察其工作情况是否与设计资料一致。

3.9.2.8.3　手动门控制

【检验要求】

适用于手动门电梯（杂物电梯除外）的控制系统，在电梯停止后不小于 2 s 的时间内，应当防止轿厢离开停靠站；手动门杂物电梯应当有一种装置，在电梯停止后不小于 3 s 内，防止轿厢离开停靠站。

【检验方法】

审查相关设计资料，进行场景模拟试验，观察其工作情况是否与设计资料一致。

3.9.2.8.4　非集选控制

【检验要求】

从门关闭后到外部呼梯按钮起作用之前，应当有不小于 2 s 的时间让进入轿厢的使用人员能揿压其选择的按钮（该要求不适用于杂物电梯）。

【检验方法】

审查相关设计资料，进行场景模拟试验，观察其工作情况是否与设计资料一致。

3.9.2.8.5　紧急电动运行控制

对于人力操作提升装有额定载重量的轿厢所需力大于 400 N 的电梯驱动主机，其机房内应设置一个符合电气安全装置要求的紧急电动运行开关。电梯驱动主机应由正常的电源供电或由备用电源供电（如有）。

同时下列条件也应满足：

(1) 应允许从机房内操作紧急电动运行开关，由持续揿压具有防止误操作保护的按钮控制轿厢运行。运行方向应清楚地标明。

(2) 紧急电动运行开关操作后，除由该开关控制的以外，应防止轿厢的一切运行。检修运行一旦实施，则紧急电动运行应失效。

(3) 紧急电动运行开关本身或通过另一个符合 14.1.2 的电气开关应使下列电气装置失效：

① 安全钳上的电气安全装置。

② 限速器上的电气安全装置。

③ 轿厢上行超速保护装置上的电气安全装置。

④ 极限开关。

⑤ 缓冲器上的电气安全装置。

(4) 紧急电动运行开关及其操纵按钮应设置在使用时易于直接观察电梯驱动主机的地方。

(5) 轿厢速度不应大于 0.63 m/s。

【检验方法】

审查相关设计资料，分析其设计是否符合试验要求。进行场景模拟试验，观察其工作情况是否与设计资料一致。

3.9.2.8.6　层门和轿门旁路

【检验要求】

为了维护层门触点、轿门触点和门锁触点，在控制屏（柜）或紧急和测试操作屏上应设置旁路装置。

该装置应为通过永久安装的可移动的机械装置（如盖、防护罩等）防止意外使用的开关，或者插头插座组合。上述开关和插头插座组合应满足电气安全装置要求。

在层门和轿门旁路装置上或其附近应标明“旁路”字样，以及清楚地标明旁路装置的动作状态。此外，被旁路的触点应根据原理图标明标识符。

旁路装置的功能应满足下列要求：

(1) 使正常运行控制无效，正常运行包括动力操作的自动门的任何运行。

(2) 能旁路层门关闭触点、层门门锁触点、轿门关闭触点和轿门门锁触点。

(3) 不能同时旁路层门触点和轿门触点。

(4) 为了允许旁路轿门关闭触点后轿厢运行，提供独立的监控信号来证实轿门处于关闭位置。该要求也适用于轿门关闭触点和轿门门锁触点共用的情况。

(5) 对于手动层门，不能同时旁路层门关闭触点和层门门锁触点。

(6) 只有在检修运行或紧急电动运行模式下，轿厢才能运行。

(7) 运行期间，轿厢上的听觉信号和轿底的闪烁灯应起作用。

【检验方法】

审查相关设计资料，分析其电路设计是否符合试验要求。详见 2.1.20。

3.9.2.8.7 门触点电路故障时防止电梯正常运行（门回路检测）

【检验要求】

当轿厢在开锁区域内，轿门开启且层门门锁释放时，应监测检查轿门关闭位置的电气安全装置、检查层门锁紧装置的锁紧位置的电气安全装置和监控信号 3.9.2.8.6（4）的正确动作。

如果监测到上述装置的故障，应防止电梯的正常运行。

【检验方法】

审查相关设计资料，分析其电路设计是否符合试验要求。详见 2.1.40.16。

3.9.2.8.8 液压电梯电气防沉降

【检验要求】

电气放沉降系统应满足以下条件：

(1) 当轿厢位于平层位置以下最大 0.12 m 至开锁区域下端部位置这一区间时，无论层门和轿门处于任何位置，液压电梯的驱动主机都应驱动轿厢上行。

(2) 液压电梯在前次正常运行后停止使用 5 min 内，轿厢应自动运行到最低层站停靠。

(3) 轿厢内装有停止装置的液压电梯应在轿厢内提供声音信号装置。当停止装置处于停止位置时，该声讯装置应工作。该声讯装置的供电可来自紧急照明电源或其他等效电源。

(4) 应设置识别标志。

对于设有手动去开门或关门过程在使用人员持续操作下完成的动力驱动门的液压电梯，轿厢内应有“请关门”的须知，字体的最小高度应为 50 mm。

应在主开关或近旁标注“当轿厢停靠在最底层站时才允许次开关断开”字样。

【检验方法】

审查相关设计资料，并根据其工作原理选择合适的场景模拟试验方法，观察其工作情况是否符合试验要求。

3.9.2.8.9 紧急操作和动态测试操作装置

【检验要求】

(1) 在机器设备设置在井道内，工作区域需要设置在轿顶上（或轿厢内）底坑内或平台上的情况下，应在一个或两个屏（紧急和试验操作屏）上装有必要的紧急和试验操作装置，以便在井道外进行所有的紧急操作和所有必要的动态测试工作。只有称职人员才能接近该屏。

如果紧急和施压操作装置未保护在机器设备室内，则应用适当的罩子罩住。此罩应满足下列要求：

① 不应向井道内开启。

② 应设有一个用钥匙开启的锁，不用钥匙也能将罩关闭并锁住。

（2）该紧急和试验操作屏应设置：

① 紧急操作装置和对讲系统。

② 能进行动态测试的控制装置。

③ 电梯驱动主机的直接观察或显示装置，它应能给出下列指示：

a. 轿厢运动的方向；

b. 到达开锁区域；

c. 电梯轿厢的速度（能有效控制轿厢移动速度者除外）。

（3）紧急和试验操作屏上的装置应用一个永久性安装的电气照明装置照亮，在这些装置上的照度不小于 50 lx。

应在屏上或靠近屏的地方设置一个开关用于控制该屏的照明。照明电源应与电梯驱动主机电源分开，且可通过另外的电路或通过主开关供电侧连接而获得照明电源。

紧急和测试操作屏只能安装在符合以下要求的工作区域内：

① 屏前应有一块净空面积，该面积的深度：从屏的外表面测量时不小于 0.7 m，宽度为 0.5 m 或屏的全宽（取两者中的较大者）。

② 为对运动部件进行维修和检查，在必要的地点以及需要手动紧急操作的地方，应有一块不小于 0.5 m×0.6 m 的水平净空面积。

③ 工作区域，其净高不应小于 2.0 m。

要求说明和试验方法：

审查相关设计资料，并根据其工作原理选择合适的场景模拟试验方法，观察其工作情况是否符合试验要求。使用合适的测量仪器对其所作的工作区域的尺寸进行测量，如钢卷尺、激光测距仪等。

3.9.2.8.10 消防返回功能

【检验要求】

如果电梯设有消防返回功能，应当符合以下要求：

（1）消防开关应当设在基站或者撤离站，防护玻璃应当完好，并且标有“消防”字样。

（2）消防功能启动后，电梯不响应外呼和内选信号，轿厢直接返回指定撤离层，开门待命。

【检验方法】

审查电气原理图，手动操作消防开关进行测试。

3.9.2.8.11 自动救援操作装置（如有）

3.9.2.8.11.1 投入运行

【检验要求】

当电网电源断电或者电网电源缺相时，该装置在判断电梯状态稳定后，至少等待 3 s 才能自动投入救援运行。以下情况，该装置不得投入运行：

（1）电梯处在检修运行、紧急电动运行、对接操作状态时。

(2) 人为切断电梯的主开关时。

(3) 电梯的电气安全装置动作时。

完成自动救援运行后，应当维持动力驱动的自动门开门状态不小于 10 s，此后应当退出自动救援工作状态，关闭电梯层轿门，恢复主电源回路。

【检验方法】

审查相关设计资料，分析其工作原理是否符合试验要求。根据其工作原理选择合适的场景模拟试验方法，观察其工作情况是否符合试验要求。

3.9.2.8.11.2　切换开关

应当设置一个非自复位控制开关。开关处于关闭状态时，该装置不能启动应急运行，只能对电池充电。

【检验方法】

(1) 审查相关设计资料，并核对实物是否与设计资料一致。

(2) 操作实物的开关，观察其工作情况是否符合试验要求。

3.9.2.8.11.3　电源隔离

【检验要求】

该装置投入使用后，必须自动隔断外电网对电梯系统的供电，防止外电源与应急电源造成冲突。如果使用符合接触器触点隔断电网电源，那么该接触器发生故障时，应当防止电梯的再启动。

【检验方法】

审查相关设计资料，并核对实物是否与设计资料一致。

若实物采用接触器的，则模拟接触器故障（可动衔铁不释放、可动衔铁不吸合），观察电梯工作情况是否符合试验要求。

3.9.2.8.11.4　对电梯的控制

【检验要求】

该装置工作时，对电动机和制动器的控制应当符合 3.9.2.1、3.9.2.2 的要求，电动机运行时间限制器也应当起作用，且应当在轿厢以自动救援运行速度运行最大楼层间距行程的时间加 10 s 前起作用。

【检验方法】

审查相关设计资料，试验方法同 3.9.2.3。

3.9.2.8.11.5　绝缘电阻

【检验要求】

该装置的输入电路对地、输出电路对地以及输入电路与输出电路间的绝缘电阻应当不小于 0.5 MΩ。

【检验方法】

使用绝缘电阻测试仪，按照 3.9.1.2.1 选择对应的测试电压挡位，对相应电路的每段导体进行测量。

3.9.2.8.11.6　耐压

【检验要求】

该装置的输入电路对地、输出电路对地以及输入电路对输出电路应当承受 50 Hz 的正弦交流电 1 min，试验电压为 1 500 V，不能有击穿或者闪络现象，漏电流小于 30 mA。

【检验方法】

操作方法同 3.9.1.2.2。

3.9.2.8.11.7　外壳防护等级

【检验要求】

IP 等级应当不低于 IP20。

【检验方法】

操作方法同 3.9.1.2.3。

3.9.2.8.11.8　噪声

【检验要求】

该装置工作时噪声应当不大于 80 dB（A）。

【检验方法】

使用 A 类声级计，对工作中的实物进行测量。

取 5 个测点，即距装置前、后、左、右最外侧各 1 m 处的 1.5 m 高度上 4 个点及正上方 1 m 处 1 个点，受建筑物结构或者设备布置的限制可以减少测点。取每个测点测得的声压修正值的平均值。

如果所测声源噪声与背景噪声相差不大于 10 dB（A），按表 2-8 噪声修正值进行修正。

3.9.2.8.11.9　运行速度

【检验要求】

该装置在轿厢半载时的自动救援运行速度应当不大于 0.3 m/s。

【检验方法】

（1）审查相关设计资料，分析其速度设置的合理性。

（2）使实物进入自动救援操作工作模式，然后使用速度测量仪器，测量轿厢的运行速度。

3.9.2.8.12　分体式能量回馈装置

该装置应在如图 3-20 所示的能量回馈装置性能指标试验平台上进行试验。

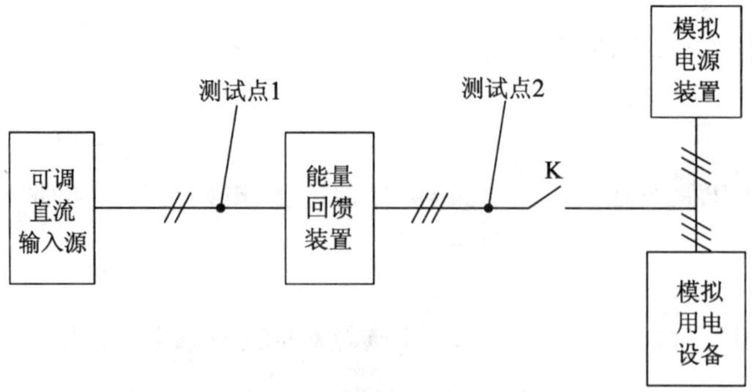

图 3-20　能量回馈装置性能指标试验平台

3.9.2.8.12.1　接入原则

【检验要求】

接入该装置时，不能破坏或者改变电梯原有的设计和配置。

【检验方法】

审查相关设计资料，分析其使用或接入方法是否符合要求。

3.9.2.8.12.2　分离

【检验要求】

该装置与电梯供电低压配电网在任何时候都可以可靠分离，分离装置可以安全、方便地手动操作。

【检验方法】

审查相关设计资料，检查是否有分离装置。一般地，分离装置多采用断路器。

3.9.2.8.12.3　防反放电保护

【检验要求】

当该装置输入端直流电压低于允许工作范围或者回馈装置处于关机状态时，应当不向电梯反向供电。

【检验方法】

降低回馈装置直流输入电压，使回馈装置处于非回馈状态，在测试点 1 处用电流表测量回馈装置直流侧电流，记录并判断该电流值是否不大于 100 mA。

3.9.2.8.12.4　极性反接保护

【检验要求】

当该装置输入侧极性接反时，装置应当不被损坏。

【检验方法】

将回馈装置输入端直流电源的极性反接，记录并判断回馈装置是否被损坏。

3.9.2.8.12.5　直流电压过压保护

【检验要求】

当直流母线电压超过回馈装置的工作电压上限时，回馈装置应当能停止工作，并向电梯提供相应的故障信号。

【检验方法】

调节直流输入源，使其输出直流电压超过回馈装置工作电压的上限时，记录并判断其是否符合要求。

3.9.2.8.12.6　短路保护

【检验要求】

该装置应当设置内部短路保护，当内部发生短路时，不会影响电梯其他设备的安全，并向电梯提供相应的报警信号。

【检验方法】

通过模拟工作状态时回馈装置内部发生短路故障，使其处于短路状态时，记录并判断其是否符合要求。

3.9.2.8.12.7　断路保护

【检验要求】

该装置应当设置内部断路保护，当内部发生断路时，不会影响电梯其他设备的安全，并向电梯提供相应的报警信号。

【检验方法】

通过模拟工作状态时回馈装置内部发生断路故障，使其处于断路状态时，记录并判断其是否符合要求。

3.9.2.8.12.8　绝缘电阻

【检验要求】

该装置的输入电路对地、输出电路对地以及输入电路与输出电路间的绝缘电阻应当不小于 0.5 MΩ。

【检验方法】

（1）进行绝缘电阻测试前，应断开所有含有电子元器件的电路。

（2）用兆欧表或绝缘电阻测试仪以 1 000 V 试验电压分别测量输入电路对地、输出电路对地以及输入电路与输出电路间的绝缘电阻，记录并判断其是否符合要求。

3.9.2.8.12.9　耐压

【检验要求】

该装置的输入电路应当承受 50 Hz 的正弦交流电 1 min，试验电压为 1 500 V，不能有击穿或者闪络现象，漏电流小于 30 mA。

【检验方法】

绝缘电阻测试合格后，才能进行耐压试验。

用耐压测试仪对输入电路进行试验。试验电压应从零开始，以每级规定电压的 5%的有级调整方式升压至规定电压后，持续 1 min，记录并判断其是否符合要求。

3.9.2.8.12.10　外壳防护等级

【检验要求】

IP 等级应当不低于 IP2X。

【检验方法】

按照 GB/T 4208—2017《外壳防护等级（IP 代码）》的方法进行试验。

3.9.2.8.12.11　噪声

【检验要求】

该装置工作时噪声应当不大于 70 dB（A）。

【检验方法】

操作方法同 3.9.2.8.11.8。

3.9.2.9　消防员电梯的附加要求

3.9.2.9.1　控制柜的防水保护

【检验要求】

（1）设置在距设有层门的任一井道壁 1 m 的范围内的控制柜应当设计成能防滴水和防淋水，或者装备有防护等级至少为 GB/T 4208—2017《外壳防护等级（IP 代码）》规定的 IPX3 的外壳。

(2) 设置在消防员电梯底坑地面以上 1 m 以内的控制柜防护等级应当为 IP3X。

【检验方法】

审查相关设计资料。

3.9.2.9.2　安全保护装置的有效性

【检验要求】

在消防员电梯开关处于有效状态期间，除反开门装置外，消防员电梯的所有安全装置都应当保持有效状态。

【检验方法】

手动模拟试验。

3.9.2.9.3　消防员电梯开关控制权限

【检验要求】

消防电梯开关不应取消检修运行控制、停止装置或紧急电动运行控制。

【检验方法】

手动模拟试验，观察其工作情况是否符合要求。

3.9.2.9.4　井道外电气系统对消防运行的影响

【检验要求】

当处于消防员服务状态时，层站召唤控制或者设置在消防员电梯井道外的消防员电梯控制系统其他部分的电气故障应当不影响消防员电梯的功能。

【检验方法】

手动模拟试验，观察其工作情况是否符合要求。

3.9.2.9.5　群控电梯电气故障的影响

【检验要求】

与消防员电梯在同一群组中的其他任一台电梯的电气故障，都应当不影响消防员电梯的运行。

【检验方法】

手动模拟试验，观察其工作情况是否符合要求。

3.9.2.9.6　井门超时报警

【检验要求】

消防员电梯应当设置一个音响信号，当门开着的实际停顿时间超过 2 min 时在轿厢内鸣响。在超过 2 min 后，此门将试图以递减的动力关闭，在门完全关闭后音响信号解除。

【检验方法】

手动模拟试验，观察其工作情况是否符合要求。

3.9.2.9.7　消防员电梯的优先召回（阶段 1）

【检验要求】

消防员电梯应当设置一个音响信号，当门开着的实际停顿时间超过 2 min 时在轿厢内鸣响。在超过 2 min 后，此门将试图以递减的动力关闭，在门完全关闭后音响信号解除。

阶段 1 可手动或自动进入。

一旦进入阶段 1，应确保：

① 所有的层站控制和消防电梯的轿厢内控制均应失效，所有已登记的呼梯均应被取消。

② 开门和紧急报警的按钮应保持有效。

③ 可能受到烟和热影响的轿门反开门装置应失效，以允许门关闭。

④ 消防电梯应脱离同一群组中的所有其他电梯独立运行。

⑤ 到达消防员入口层后，消防电梯应停留在该层，且轿门和层门保持在完全打开位置。

⑥ 消防服务通信系统应有效。

⑦ 如果进入阶段 1 时消防电梯正处于检修运行/紧急电动运行控制状态下，听觉信号应鸣响；内部对讲系统（如果有）应被启动。当消防电梯脱离上述状态时，该信号应被取消。

⑧ 正在离开消防员入口的消防电梯，应先在可以正常停层的最近楼层做一次正常的停止，不开门，然后返回到消防员入口层。

⑨ 在消防电梯开关启动后，井道和机房照明应自动点亮。

【检验方法】

手动模拟试验，观察其工作情况是否符合要求。

3.9.2.9.8　外部召回信号的控制

【检验要求】

附加的外部控制或者输入仅能用于使消防员电梯自动返回到消防员服务通道层并保持开门状态停在该层。消防员电梯开关仍必须被操作到位置“1”，才能完成阶段 1 的运行。

【检验方法】

手动模拟试验，观察其工作情况是否符合要求。

3.9.2.9.9　在消防员控制下消防员电梯的使用（阶段 2）

【检验要求】

(1) 如果消防电梯是由一个外部信号触发进入阶段 1 的，在消防电梯开关被操作到位置“1”前，消防电梯应不能运行。

(2) 消防电梯应不能同时登记一个以上的轿厢内选层指令。

(3) 当轿厢正在运行时，应能登记一个新的轿厢内选层指令，原来的指令应被取消，轿厢应在最短的时间内运行到新登记的层站。

(4) 一个登记的指令将使消防电梯轿厢运行到所选择的层站后停止，并保持门关闭。

(5) 如果轿厢停止在一个层站，通过持续按压轿厢内“开门”按钮应能控制门打开。如果在门完全打开之前释放轿厢内“开门”按钮，门应自动再关闭。当门完全打开后，应保持在打开状态知道轿厢内控制装置上有一个新的指令被登记。

(6) 除阶段 1 中③规定的情况外，轿门反开门装置和开门按钮应与阶段 1 一样保持有效状态。

(7) 通过操作消防电梯开关从位置“1”和“0”，保持时间至少 5 s，再回到“1”，则重新进入阶段 1，消防电梯应返回到消防员入口层。本要求不适用于 (8) 所述轿厢内设有消防开挂情况。

(8) 如果设置有一个附加的轿厢内消防员钥匙开关，它应用图 X 的标志标示，并应清楚地标明位置“0”和“1”，该钥匙仅能在处于位置“0”时才能拔出。

钥匙开关应按照下列方法操作：

① 当消防电梯由消防员入口层的消防电梯开关控制而处于消防员服务状态时，为了使轿厢进入运行状态，该钥匙开关应被转换到位置“1”。

② 当消防电梯在其他层而不再消防员入口层，且轿厢内钥匙开关被转换到位置“0”时，应防止轿厢进一步运行，并保持门在打开状态。

(9) 已登记的轿厢内指令应清晰地显示在轿内的控制装置上。

(10) 在正常或应急电源有效时，应在轿厢内和消防员入口层显示出轿厢的位置。

(11) 直到已登记下一个轿厢内指令为止，消防电梯应停留在它的目的层站。

(12) 在阶段 2 期间，消防服务通信系统应保持有效。

(13) 当消防员开关被转换到位置“0”时，仅当消防电梯已回到消防员入口层时，消防电梯控制系统才应回到正常服务状态。

【检验方法】

手动模拟试验，观察其工作情况是否符合要求。

3.9.3　自动扶梯和自动人行道的要求

3.9.3.1　对驱动电机供电的控制

3.9.3.1.1　直接供电控制

【检验要求】

对于符合下述规定的安全开关，可不必考虑其触点不断开问题。

(1) 安全开关的动作应使其触点强制地机械断开，甚至两触点熔接在一起也应强制地机械断开。

当所有触点断开元件处于断开位置时，且在有效行程内，动触点和驱动机构之间无弹性元件（如弹簧）施加作用力，即为触点获得强制地机械断开。

在设计上应尽可能地减少由于部件故障而引起的短路危险。

(2) 如果安全开关保护外壳的防护等级不低于 IP4X 应按照 GB/T 4208—2017《外壳防护等级（IP 代码）的要求》，则安全开关应能承受 250 V 的额定绝缘电压。如果其外壳防护等级低于 IP4X，则应能承受 500 V 的额定绝缘电压。

安全开关应属于 GB 14048.5—2017《低压开关设备和控制设备》中规定的下列类别：

① AC-15，用于交流电路。

② DC-13，用于直流电路。

(3) 外壳防护等级低于 IP4X 时，其电气间隙不应小于 3 mm，爬电距离不应小于 4 mm。断开后触点之间的距离不应小于 4 mm。

(4) 对于多个分断点的情况，断开后触点之间的距离不应小于 2 mm。

(5) 导电材料的磨屑，不应导致触点短路。

【检验方法】

审查相关设计资料。

3.9.3.1.2　静态元件供电和控制

【检验要求】

交流或直流电动机由静态元件供电和控制，应采用下述 (1) 或 (2) 方法：

（1）由两个独立的接触器切断电动机电流。

自动扶梯或自动人行道停止时，如果其中任一接触器的主触点未打开，则自动扶梯或自动人行道应不能重新启动。

（2）一个由以下元件组成的系统：

① 切断各相（极）电流的接触器。当自动扶梯或自动人行道停止时，如果接触器未释放，则自动扶梯或自动人行道应不能重新启动。

② 用来阻断静态元件中电流流动的控制装置。

③ 用来检验自动扶梯或自动人行道每次停止时电流流动阻断情况的监控装置。在正常停止期间，如果静态元件未能有效阻断电流的流动，监控装置应使接触器释放并应防止自动扶梯或自动人行道重新启动。

【检验方法】

（1）审查设计资料，判断电动机是否由静态元件以及至少一个接触器供电。

（2）确认设计资料符合要求后，检查实物是否与设计资料一致。确认一致后，在电梯运行过程中，人为按住一个接触器（或者电气装置），电梯停止时不让其释放（断开），然后给电梯一个相反方向的运行指令，检查电梯是否能启动。

各个接触器应该分别在正常运行和检修运行两种状态下进行试验。

3.9.3.2　启动和投入使用

3.9.3.2.1　启动条件

【检验要求】

任何一个电气设备故障，如果在 GB 16899—2011《自动扶梯和自动人行道的制造与安装安全规范》中 5.12.1.1.3（符合规定的安全开关可不必考虑其触点不断开问题）和附录 B 所述的条件下不能排除，应当不导致自动扶梯与自动人行道的启动。

【检验方法】

审查相关设计资料，手动模拟试验。

3.9.3.2.2　自动启动或者加速

【检验要求】

（1）由使用者的进入而自动启动或者加速的自动扶梯或者自动人行道（待机运行），其运行方向应当预先设定，其标志明显、清晰可见。

（2）在由使用者进入而自动启动的自动扶梯或者自动人行道上，如果使用者能从与预定运行方向相反的方向进入时，自动扶梯或者自动人行道仍应当按照预先设定的方向启动并符合（1）的规定，运行时间应当不少于 10 s。

【检验方法】

检查实物，用秒表测量运行时间。

3.9.3.3　停止运行

3.9.3.3.1　自动操作停止运行

【检验要求】

控制系统应当能使自动扶梯或者自动人行道在使用者启动了控制元件之后，经过一段足够的时间（至少为预期输送使用者的时间再加上 10 s）才能自动停止。

【检验方法】

手动模拟试验，用秒表测量时间。

3.9.3.3.2　手动操作紧急停止开关

【检验要求】

控制屏内若设置了紧急停止开关，开关应当为电气安全装置。

【检验方法】

审查相关设计资料。

3.9.3.3.3　由监测装置或者电气安全装置触发的停止运行

【检验要求】

(1) 当发生由 GB 16899—2011《自动扶梯和自动人行道的制造与安装安全规范》中表 6 所列监测装置或者电气安全装置（或者功能）检测到的事件时，在重新启动之前，驱动主机应当不能启动或者立即停止。

(2) 断开安全回路中的监测装置和电气安全装置的执行装置（如检修控制装置）应当符合 GB 16899—2011《自动扶梯和自动人行道的制造与安装安全规范》附录 B 的规定。

【检验方法】

审查相关设计资料。

3.9.3.4　运行方向的转换

【检验要求】

只有当自动扶梯或者自动人行道处于停机状态，并符合 GB 16899—2011《自动扶梯和自动人行道的制造与安装安全规范》中 5.12.2.1.1、5.12.2.1.2、5.12.2.1.3 和 5.12.2.2.2 的规定时，才能转换运行方向。

(1) 自动扶梯或自动人行道的启动或投入自动运行状态（即由使用者经过某一点的自动启动），应只能由被授权人员通过操作一个或数个开关（例如：钥匙操作式开关、拆卸式手柄开关、护盖可锁式开关、远程启动装置）来实现，这些开关应能从梳齿和踏面相交线外部区域操作。这种开关不应同时用作主开关，操纵开关的人员在操作之前应能看到整个自动扶梯或自动人行道，或者应有措施确保在操作之前没有人员正在使用自动扶梯或自动人行道。在开关的指示上应能明显识别运行方向。

GB 16899—2011《自动扶梯和自动人行道的制造与安装安全规范》中 5.12.1.1.2 所列的任何一个自动扶梯或自动人行道的电气设备故障，如果在 GB 16899—2011《自动扶梯和自动人行道的制造与安装安全规范》中 5.12.1.1.3 和附录 B 所述的条件下不能排除，不应导致自动扶梯和自动人行道的启动。

启动开关应位于可触及停止开关的范围内。

对于远程启动也应符合上述规定。

注：维修人员有责任在对自动扶梯或自动人行道维修之后，观察梯级或踏板运行一个完整的循环，才能将自动扶梯或自动人行道投入使用，如 7.4.1e 所述。

(2) 由使用者的进入而自动启动或加速的自动扶梯或自动人行道（待机运行），在该使用者到达梳齿与踏面相交线时应以不小于 0.2 倍的名义速度运行，然后以小于 0.5 m/s^2 的加速度加速。

注：考虑行人平均行走速度为 1 m/s。

应满足 GB 16899—2011《自动扶梯和自动人行道的制造与安装安全规范》中 5.12.1.1 的要求。

为了防止使用者避开控制元件，可能需要在建筑物上采取措施。

（3）由使用者进入而自动启动的自动扶梯或自动人行道的运行方向，应预先设定，并明显标识、清晰可见。

在由使用者进入而自动启动的自动扶梯或自动人行道上，如果使用者能从与预定运行方向相反的方向进入时，自动扶梯或自动人行道仍应按照预先设定的方向启动并符合（2）的规定。运行时间应不少于 10 s。

对于自动操作停止运行，控制系统应能使自动扶梯或自动人行道在使用者启动了（2）所述的控制元件之后，经过一段足够的时间（至少为预期输送使用者的时间再加上 10 s）才能自动停止。

【检验方法】

审查相关设计资料，并进行模拟试验。时间使用秒表测量，加速度使用加速度测试仪测量。

3.9.3.5　再启动

3.9.3.5.1　使用开关进行再启动

【检验要求】

每次停止运行之后，除自动操作停止运行外，只有通过启动开关或者检修控制装置才可能重新启动。如在 GB 16899—2011《自动扶梯和自动人行道的制造与安装安全规范》中表 6 的 a）、c）、e）、j）、k）、l）、o）、p）和 q）情况下停止运行，则只有在故障锁定被手动复位之后，才能重新启动。即使电源失电或者电源恢复，故障锁定应当始终保持有效。

【检验方法】

手动模拟故障停止运行后，观察其复位方式是否符合要求。

3.9.3.5.2　自动再启动的重复使用

【检验要求】

如果由紧急停止开关实现停止，自动扶梯或者自动人行道在以下情况下，可以不使用启动开关而重复使用自动再启动：

（1）在两端梳齿与踏面相交线，包括其外侧 0.30 m 的附加距离之间，应当对梯级、踏板或者胶带进行监测，且只有当这个区域内没有人和物时，自动再启动的重复使用才是有效的；该装置应当能探测到在该区域内任何位置，直径为 0.30 m、高度为 0.30 m 的不透明直立圆柱。

（2）使用者进入时使自动扶梯或者自动人行道启动；至少在 10 s 时间段内，监测装置在规定的区段内没有检测到人或者物时，启动才是有效的。

（3）控制自动再启动的重复使用的应当是电气安全装置，自检测传感元件允许单通道设计。

【检验方法】

手动模拟试验。

3.9.3.6　检修控制

【检验要求】

当使用便携式控制装置时，其他所有启动装置都应当不起作用，并且符合电气安全装置的规定。

所有检修插座应当设置为，当连接一个以上的便携式控制装置时，所有便携式控制装置都不起作用；除了 GB 16899—2011《自动扶梯和自动人行道的制造与安装安全规范》中表 6 的 h)、j)、k)、l)、m) 和 n) 提及的以外，电气安全装置仍应当有效。

【检验方法】

手动模拟试验。

3.9.3.7　超速保护和非操纵逆转保护

3.9.3.7.1　超速保护

【检验要求】

自动扶梯和自动人行道应当在速度超过名义速度的 1.2 倍之前自动停止运行。如果采用速度限制装置，该装置应当能在速度超过名义速度的 1.2 倍之前切断自动扶梯或者自动人行道的电源。

如果自动扶梯或者自动人行道的设计能防止超速，则可以不考虑上述的要求。

【检验方法】

如果交流电动机与梯级、踏板或胶带间的驱动是非摩擦性的连接，并且转差率不超过 10%，允许不装设超速保护装置。如果使用了同步电机，则必须装设超速保护装置。

超速保护和非操纵逆转保护可装设在梯级、踏板或胶带驱动装置上。若驱动主机的交流电动机与梯级、踏板或胶带驱动装置之间是用轴、齿轮、多排链条或多根单排链条连接的，且装设了防止链条松弛和断裂电气安全保护装置，则超速保护和非操纵逆转保护装置也可装设在驱动主机轴或与其刚性连接的附件上。

手动模拟试验。

3.9.3.7.2　非操纵逆转保护

【检验要求】

自动扶梯倾斜角度 $\alpha \geqslant 6^\circ$ 的倾斜式自动人行道应当设置一个装置，使其在梯级、踏板或者胶带改变规定运行方向时自动停止运行。

超速或者运行方向的非操纵逆转应当通过电气安全装置实现。

【检验方法】

操作方法同 3.9.3.7.1。

3.9.4　铭牌

3.9.4.1　停止开关标志

【检验要求】

在停止开关上或者其附近应当标出“停止”字样，设置在不会出现误操作危险的地方。

【检验方法】

检查实物。

3.9.4.2　操作标志

【检验要求】

在紧（应）急电动运行的上、下行按钮上或者其近旁应当标出运行方向。

【检验方法】

检查实物。

3.9.4.3　铭牌

3.9.4.3.1　垂直电梯控制柜

【检验要求】

应当设有铭牌，标明以下内容：

① 名称。

② 制造单位名称及其制造地址。

③ 电梯层站数（必要时）。

④ 控制方式。

⑤ 调速方式。

⑥ 产品编号。

⑦ 制造日期。

⑧ 型式试验机构名称或者标志。

【检验方法】

检查实物。

3.9.4.3.2　自动扶梯与自动人行道控制柜

【检验要求】

应当设有铭牌，标明以下内容：

① 名称。

② 制造单位名称及其制造地址。

③ 启动方式。

④ 调速方式。

⑤ 产品编号。

⑥ 制造日期。

⑦ 型式试验机构名称或者标志。

【检验方法】

检查实物。

3.10　驱动主机检测项目与技术要求

电梯驱动主机是电梯的动力设备，主要是输送与传递动力，通常由电动机、制动器、减速箱、机架和曳引轮等组成。以下先对常见电梯驱动主机类型及制动器类型做简要介绍。

3.10.1　电梯驱动主机分类

（1）按传动方式分类。

驱动主机的驱动动力如果是通过中间减速箱传递到曳引轮上的曳引机，称为有齿轮曳引机，传动方式通常有蜗轮蜗杆传动、螺旋伞齿轮传动、行星齿轮传动和斜齿轮传动等，一般用于载货电梯、杂物电梯和自动扶梯及自动人行道；驱动动力不通过减速箱而直接传动到曳引轮上则称为无齿轮曳引机，适用于各种梯速类型的乘客电梯（图 3-21 至图 3-26）。

图 3-21　蜗轮蜗杆驱动主机

图 3-22　齿轮驱动主机

图 3-23　行星传动驱动主机

图 3-24　螺旋伞齿轮＋斜齿轮传动驱动主机

图 3-25　无齿轮驱动主机 1

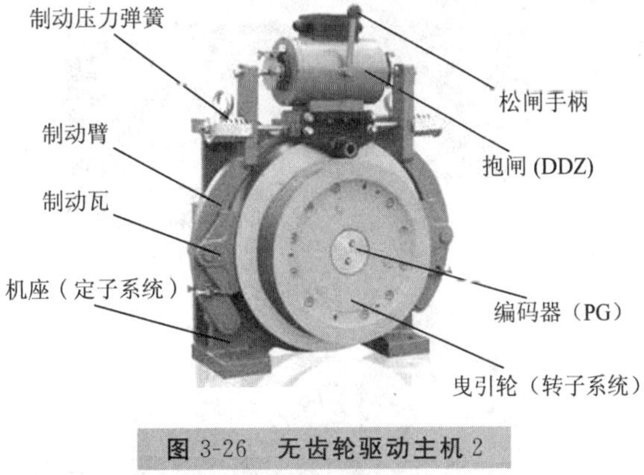

图 3-26　无齿轮驱动主机 2

（2）按速度高低分类。

电梯驱动主机按其运行速度大小可分为低速驱动主机（$v<1$ m/s）、中速驱动主机（快速曳引机）（v 在 1～2 m/s 之间）、高速驱动主机（v 在 2～5 m/s 之间）和超高速驱动主机（$v>5$ m/s）（图 3-27 至图 3-30）。

图 3-27　低速驱动主机

图 3-28　中速驱动主机

图 3-29　高速驱动主机

图 3-30　超高速驱动主机

3.10.2　电梯驱动主机制动器

电梯驱动主机制动器均为常闭式电磁制动器，在驱动主机运转时通过电磁铁通电，利用电磁力打开制动器，在驱动主机处于静止时利用压缩弹簧施加制动力，使驱动主机处于静止状态。根据制动器的作用方式通常分为鼓式制动器和盘式制动器。

（1）电梯鼓式制动器。

电梯鼓式制动器是作用在圆鼓柱面，制动压力方向垂直于曳引轮轴（径向压力）常用的可分为臂式制动器（图 3-31）和直接作用式制动器（图 3-32）。

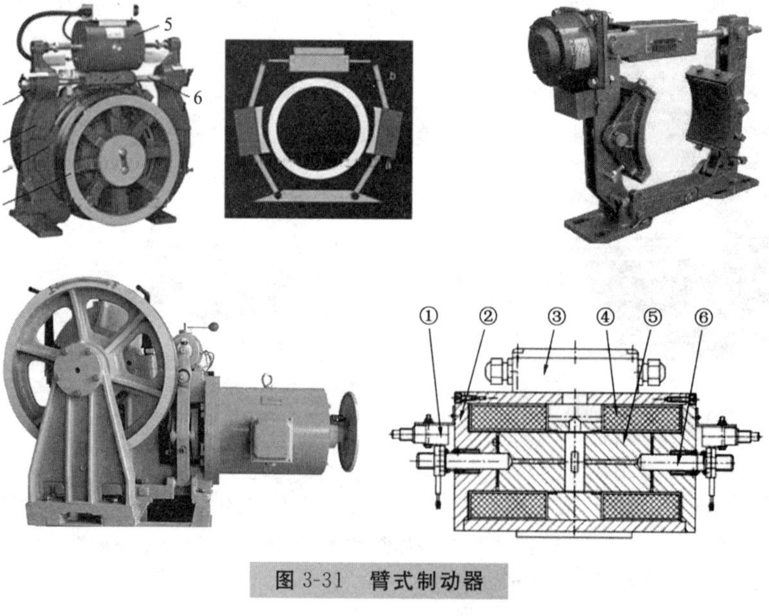

图 3-31　臂式制动器

图 3-32　直接作用式制动器

（2）电梯盘式制动器。

电梯盘式制动器是作用在与曳引轮同轴的制动盘上，制动压力平行于曳引轮轴（轴向压力），常用的可分为钳盘式制动器（图 3-33）和全盘式制动器（图 3-34）。

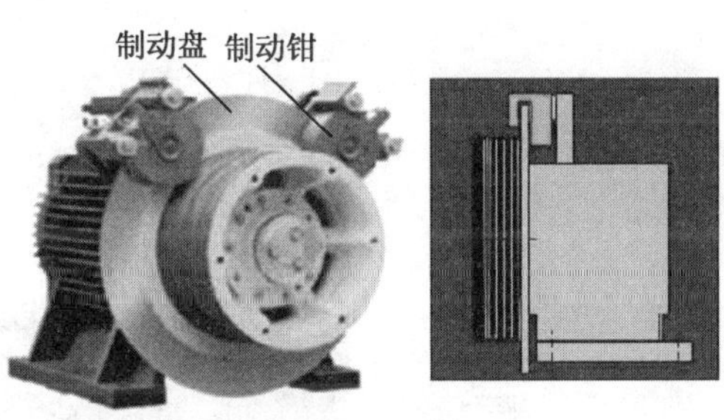

(a) 安装应用图 1

(b) 安装应用图 2

(c) 安装应用图 3

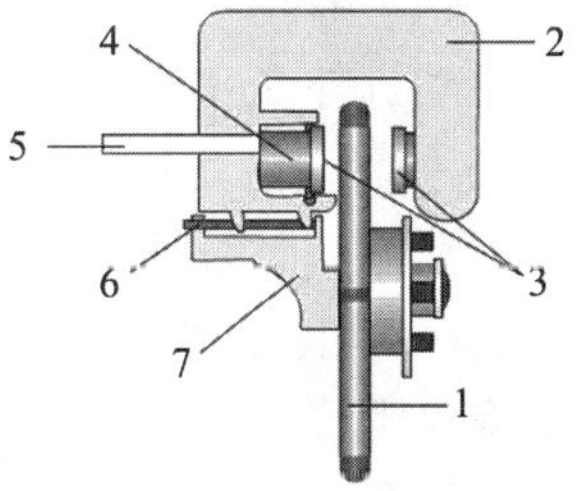

(d) 钳盘式制动器结构示意图

图 3-33　钳盘式制动器

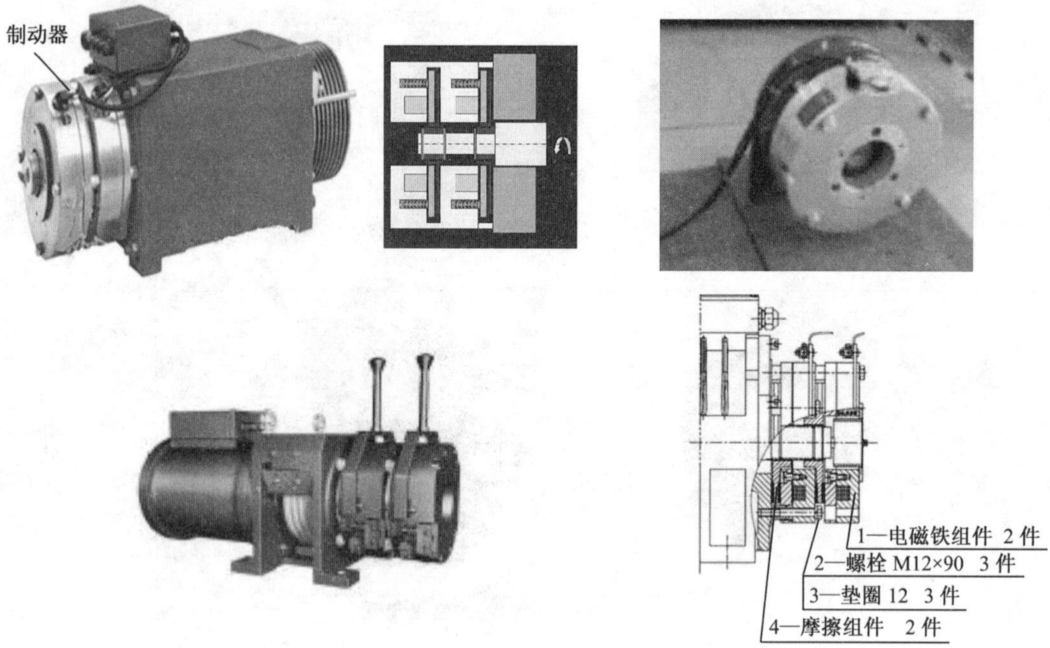

图 3-34 全盘式制动器结构图

3.10.3 电动机

3.10.3.1 定子绕组的绝缘电阻

【检验要求】

电机定子的绝缘电阻在热状态时或温升试验结束时，应不低于 0.5 MΩ，冷态绝缘电阻不低于 5 MΩ。

【检验方法】

（1）兆欧表法。

测量前将兆欧表进行开路试验和短路试验，验证表完全合格，将兆欧表调到 1 000 V 挡位，在冷态时，断开电机与电源连接线，将电机外壳接地，用兆欧表的“E”端测试线接到电动机外壳，将兆欧表的“L”端测试线接到电动机绕组任一端，摇动兆欧表摇把达到 120 转/分，到一分钟时读取读数（必要时应记录绝缘电阻值及电动机温度），测量完成后撤除“L”端接线后停止摇表，并放电。

（2）绝缘电阻仪法。

被测电机试验平台上，将电机外壳接地，将绝缘电阻仪调到 500 V 挡位，将红、黑表笔分别夹紧电机出现端和电机外壳，然后按动红色表笔上的测试按钮，读出此时表内指针偏转的最小绝缘电阻值。（图 3-35）

图 3-35 绝缘电阻检验

3.10.3.2　耐压试验

【检验要求】

电机耐压试验应按表 3-4 进行。

表 3-4　电机耐压试验

项　　目	试验电压/V	试验持续时间/s	泄漏电流/mA
三相出线端与机壳接地	2 倍电源电压＋1 000	60	≤100
温度传感器与机壳接地	500	60	≤100
温度传感器与曳引机三相出线端	500	60	≤100

【检验方法】

将耐压仪分别与电机三相出线端中一相和机壳接地相连，接通电源待耐压仪电源指示灯亮后，通过调压器慢慢地调升到所要求的试验电压，试验电压由半值升高到全值的时间应不小于 10 s，然后保持全值试验电压 1 min，如果不击穿（一般为红色指示灯）则为合格。试验完成后降压到全值的一半以下时再切断电源，并将试验绕组对地（机壳）进行放电（测量温度传感器分别与机壳接地和曳引机三相出线端间耐电压方法与前述相同）。

注：交流耐压试验前，先用兆欧表检查绝缘电阻，如有严重受潮和严重缺陷，消除后才能进行交流耐压试验。

3.10.4　制动系统

3.10.4.1　型式

【检验要求】

制动系统应当具有一个机电式制动器（摩擦型），制动器应当在持续通电下保持松开状态，驱动主机被制动部件应当以机械方式与曳引轮、卷筒或者链轮直接刚性连接。电梯和杂物电梯驱动主机不得采用带式制动器。

【检验方法】

审查制动器结构简图，然后对制动器持续施加额定工作电压，目测制动器是否保持松开状态。

3.10.4.2　分组设置

【检验要求】

对于电梯和杂物电梯驱动主机，所有参与向制动轮（盘）施加制动力的制动器机械部件（电磁线圈的铁芯被视为机械部件，而线圈则不是）至少分两组装设。对于电梯驱动主机，应当有监测每组机械部件动作状态的装置。

【检验方法】

审查制动器结构简图。

3.10.4.3　制动压力

【检验要求】

制动闸瓦或者衬垫的压力应当用有导向的压缩弹簧或者重砣施加；能用手释放的制

动器，应当由手的持续力使制动器保持打开状态。

【检验方法】

审查制动器结构简图，用松闸扳手人为对制动器施加一个持续的作用力，观察制动器能否保持打开状态。

3.10.4.4　电梯驱动主机制动力矩

【检验要求】

电梯驱动主机的额定制动力矩按下述（1）（2）的要求与电梯驱动主机用户商定，或按额定转矩折算到制动轮（盘）上的力矩的2.5倍。

（1）当轿厢载有125％额定载荷并以额定速度向下运行时，操作制动器应能使曳引机停止运转。且轿厢的减速度不应超过安全钳动作或轿厢撞击缓冲器所产生的减速度。

（2）所有参与向制动轮或盘施加制动力的制动器机械部件应分两组装设。如果一组部件不起作用，应仍有足够的制动力使载有额定载荷以额定速度下行的轿厢减速下行。

【检验方法】

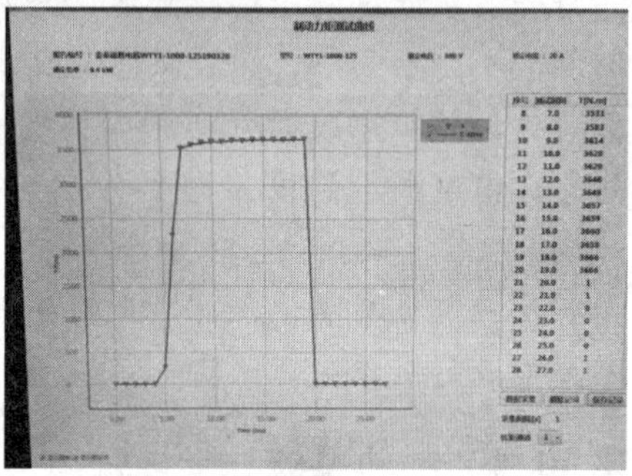

图 3-36　电梯驱动主机制动力矩检验

（1）电机驱动法。

将被测电梯驱动主机固定在试验台上，使制动器处于制动状态，用电机驱动被测电梯驱动主机至匀速转动，用力矩传感器测量出匀速转动时的力矩，其平均值为制动力矩。（图3-36）

（2）杠杆法。

将一根匀质长铁杆的一端固定通过被测无减速装置驱动主机曳引轮轴心（有减速装置驱动主机直接固定电机输出轴上），让铁杆保持水平状态，在杆的另一端用推拉力计缓慢施加一个竖直向下的作用力直至铁杆开始转动，记录下铁杆开始转动时的推力大小，则可算出制动力矩。

3.10.4.5　电磁铁式制动器的启动和释放电压

【检验要求】

在符合3.10.4.4的情况下，制动器电磁铁的最低启动电压和最高释放电压，应当分别低于额定电压的80％和55％，最低释放电压应当不低于额定电压的10％。

【检验方法】

（1）启动电压检验。

温升试验结束后，制动器处于释放状态，用调压器给制动器施加一个缓慢逐渐增大的电压，制动轮与闸瓦间有间隙时（或检测开关动作），记录下此时电压大小，试验3次，取3次测试结果的平均值即为最低启动电压。

（2）最高释放电压检验。

温升试验结束后，制动器处于正常工作状态，转动调压器旋钮，对制动器施加一个缓慢逐渐减小的电压，观察制动轮与闸瓦间无间隙时（或检测开关动作），记录下此时电压大小，试验3次，取3次测试结果的平均值即为最高释放电压。

（3）最低释放电压检验。

在冷态工况下，制动器处于正常工作状态，转动调压器旋钮，对制动器施加一个缓慢逐渐减小的电压，观察制动轮与闸瓦间无间隙时（或检测开关动作），记录下此时电压大小，试验 3 次，取 3 次测试结果的平均值即为最低释放电压。

3.10.4.6 电梯驱动主机制动响应时间

【检验要求】

制动器制动响应时间（制动器电源断电时间与制动器达到额定制动力矩或者制动器到达完全制动位置时间的差值）应当不大于 0.5 s，对于兼作轿厢上行超速保护装置和轿厢意外移动保护装置制动减速元件的电梯驱动主机制动器，其响应时间应当同时符合制造单位的设计值。（图 3-37）

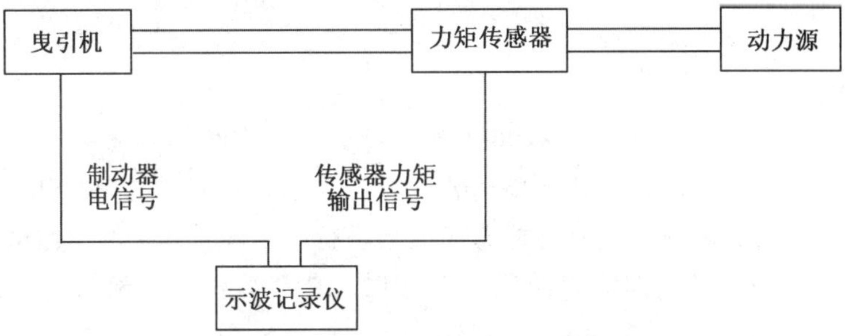

图 3-37 制动器制动响应时间检验

【检验方法】

当曳引机以额定速度空载运行时，切断制动器电源，用示波记录仪记录制动器断电信号到力矩传感器达到额定制动力矩信号的时间差距，即为曳引机制动器制动响应时间。也可用电秒表或电子计时器测量制动器制动滞后时间。（图 3-38）

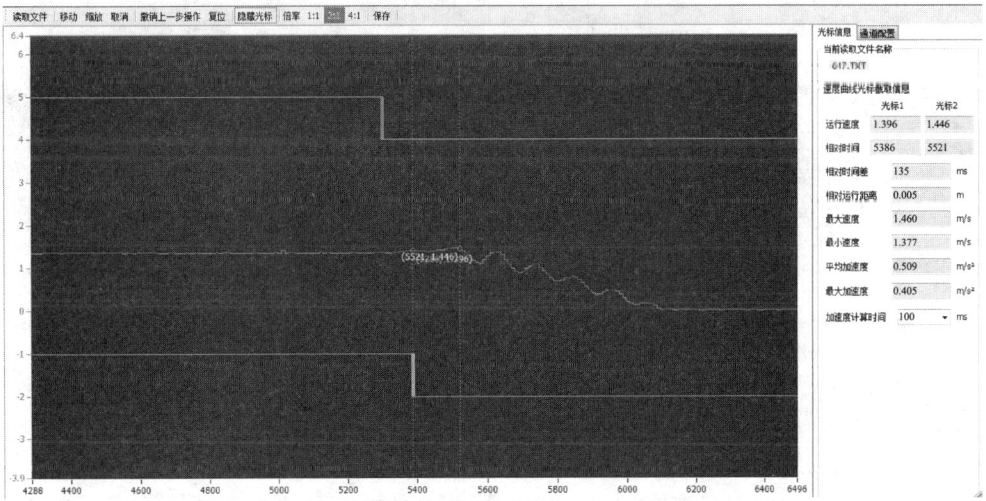

图 3-38 曳引机制动器制动响应时间检验

3.10.4.7 制动器线圈耐压试验

【检验要求】

对制动器线圈导电部分与地之间施加 AC 1 000 V 的电压，历时 1 min，不得有击穿现象。

【检验方法】

检验方法见 3.10.3.2。

3.10.4.8　使用皮带

【检验要求】

如果使用皮带将单台或者多台电动机连接到机电式制动器所作用的部件上，皮带不得少于两条。

【检验方法】

目测。

3.10.4.9　制动器动作试验

【检验要求】

电梯驱动主机制动器总成（包括电磁铁、制动弹性元件、机械制动部件、被制动部件、基体部件、电源及控制板、状态检测装置等）应当进行不少于 200 万次的动作试验，自动扶梯和自动人行道驱动主机制动器总成应当进行不少于 6 万次的动作试验。试验过程中不得进行任何维护，试验期间制动器不允许出现任何故障，试验结束后，仍应当符合本附件 3.10.4.4～3.10.4.6 的要求。

【检验方法】

将制动器安装在电梯驱动主机或者能完全模拟实际工作状态的试验工装上，用制动器可靠性测试仪（图 3-39）对制动器进行周期为（5±1）s 的连续不间断的动作试验，试验时通电持续率取 40％和电梯驱动主机通电持续率的较大值，试验参数通过制动器可靠性动作试验操作面板触摸屏进行控制（图 3-40），测试结果自动储存。

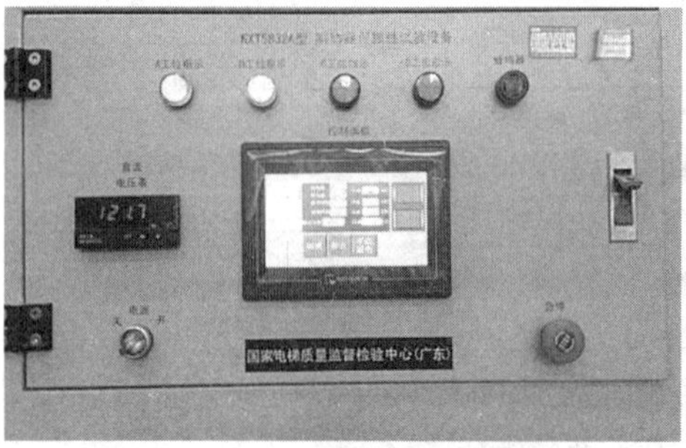

图 3-39　制动器动作测试仪

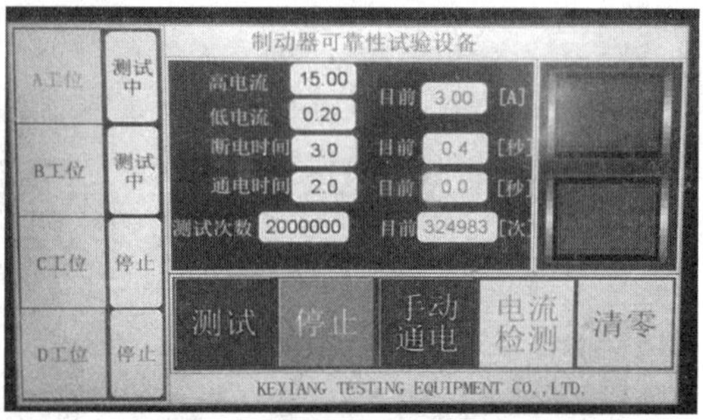

图 3-40　制动器动作测试仪操作面板

3.10.4.10　制动器噪声

【检验要求】

电梯驱动主机制动器噪声应当符合表 3-5 的规定，对于额定转矩大于 3 000 N·m 的电梯驱动主机，制动器噪声应当不大于电梯驱动主机制造单位给出的指标值，制造单位没有给出指标值时，按照 80 dB（A）进行判定。

表 3-5 曳引机制动器噪声要求

项目	曳引机额定转矩/（N·m）		
	≤700	>700，≤1 500	>1 500
制动器噪声 L_{PA}/dB（A）	70	75	80

【检验方法】

将被测驱动主机平放在检验平台上，以额定速度空载（或在使用现场，轿厢内载有 50% 的额定载荷）运行，采用矩形六面体法，距驱动主机前、后、左、右最外侧各 1 m 处的（H+1）/2 高度上 4 个点（H 为曳引机的顶面高度，单位为 m）及正上方（H+1）处 1 个点，用声级计测量每个点的噪声（见注 2），取 5 个测量点表面平均 A 计权声压级的平均值 L_{PA}。（图 3-41）

图 3-41 制动器噪声检验

$$L_{PA}=L'_{PA}-K_{1A}-K_{2A} \quad (3\text{-}10)$$

式中：L_{PA}——被测声源工作期间测量表面平均 A 计权声压级，单位为 dB；

L'_{PA}——各测点位置上测量的 A 计权声压级的平均值，单位为 dB；

K_{1A}——背景噪声修正，单位为 dB；

K_{2A}——测试环境修正，单位为 dB。

注 2：当所测驱动主机声源噪声与背景噪声之差大于 10 dB（A）时，不需要修正；若所测驱动主机声源噪声与背景噪声之差介于 3 dB（A）与 10 dB（A）之间时，应按 GB/T 3768—2017《声学 声压法测定噪声源声功率级和声能量级 采用反射面上方包络测量面的简易法》的规定进行修正。

3.10.5 曳引轮

3.10.5.1 曳引轮绳槽槽面法向跳动

【检验要求】

对于曳引驱动电梯主机，曳引轮绳槽槽面法向跳动允差为曳引轮节圆直径的 1/2 000。

【检验方法】

将被测电梯驱动主机制动器处于打开状态，缓慢转动曳引轮，用百分表测量曳引轮各绳槽槽面的法向跳动，取各槽面测量值的最大值。（图 3-42）

图 3-42 绳槽槽面法向跳动检验

3.10.5.2 曳引轮各绳槽节圆直径之差

【检验要求】

对于曳引驱动电梯主机，曳引轮绳槽各槽节圆直径之间的差值不得大于 0.10 mm。

【检验方法】

用与钢丝绳相同直径，且相对误差不超过 5 μm 的标准滚柱，放入绳槽，用宽座角尺紧靠曳引轮基准面与滚柱，再用塞尺测量，最大间隙即为半径相对误差，同时测量出圆周对称处半径相对误差，两者之和即为各槽节圆直径之间的差值。在整个圆周上任取 3 处测量，取最大误差值即为曳引轮绳槽各槽节圆直径之间的差值。

3.10.5.3　曳引轮绳槽硬度

【检验要求】

曳引轮绳槽面材质应当均匀，其硬度差不大于 15 HBW。

【检验方法】

在驱动主机曳引轮的端面任取均布的四点，用抛光机将所选四处打磨光滑，然后用里氏硬度计在测量点分别测量 5 次得到该测点位置的硬度平均值，算出各测量点硬度值的最大差值。（图 3-43）

图 3-43　曳引轮绳槽硬度检验

3.10.6　减速箱

【检验要求】

驱动主机的箱体分割面、观察窗（孔）盖等处应当紧密连接，不允许渗漏油。温升试验时，减速箱轴伸出端每小时渗漏油面积应当不超过 25 cm^2。

【检验方法】

目测检查减速箱伸出轴是否漏油，必要时可用刻度尺进行测量。

3.10.7　驱动主机整机

3.10.7.1　温升试验

【检验要求】

在设计规定的工作制、负载持续率、启（制）动次数的运行条件下，无减速装置主机的电动机线圈或者有减速装置主机减速箱油到达热稳定状态时，应当符合下列要求：

（1）电动机定子绕组和制动器线圈在采用 B 级或者 F 级绝缘时，温升分别不超过 80 K 或者 105 K。

（2）电梯和杂物电梯驱动主机减速箱的油温不超过 85 ℃，自动扶梯和自动人行道驱动主机减速箱的油温不超过提供的油温指标值。

（3）驱动主机仍能正常运行。

【检验方法】

在检验平台上，将驱动主机与负载同轴连接，试验前后用微电阻计分别测出定子绕组和制动器线圈的冷态电阻，然后在驱动主机设计规定的工作制、负载持续率和启（制）动次数的运行条件下，当无减速装置主机的电动机线圈或者有减速装置主机减速箱油到达热稳定状态时，微电阻计分别测出定子绕组和制动器线圈的热态电阻，并用温度仪测出试验前后驱动主机所处环境空气的温度（图 3-44），温升计算采用电阻法，具体公式为

图 3-44　驱动主机温升检验

$$\tau_{pj}=\theta_2-\theta_{02}=\frac{R_2-R_1}{R_1}\left(\frac{1}{\alpha}+\theta_{01}\right)+(\theta_{01}-\theta_{02}) \tag{3-11}$$

式中：τ_{pj}——被测线圈的平均温升，单位为℃；

θ_2——被测线圈在发热情况下的温度，单位为℃；

θ_{01}——测量被测线圈冷态电阻时周围空气温度，单位为℃；

θ_{02}——测量被测线圈热态电阻时周围空气温度，单位为℃；

R_2——温度为 θ_2 时，被测线圈的电阻值，单位为 Ω；

R_1——温度为 θ_{01} 时，被测线圈的电阻值，单位为 Ω；

α——在 0 ℃时被测线圈导体材料的电阻温度系数（对紫铜为 1/234.5，对铝为 1/245）。

注：(1) 当驱动主机在检验平台上进行检验时，对驱动主机施加额定载荷（指要对曳引机施加其最大额定输出扭矩，或是加载至电机额定电流值）。(2) 当在使用现场进行检验时，电梯轿厢载以额定载荷，进行上、下全程不间断运行。

3.10.7.2　驱动主机噪声

【检验要求】

电梯驱动主机在检验平台上，以额定频率供电空载运行时，A 计权声压级噪声的测量表面平均值 L_{PA} 应不超过表 3-6 的规定。

对于额定速度大于 8 m/s 的电梯驱动主机，噪声应当不大于电梯驱动主机制造单位给出的指标值，制造单位没有给出指标值时，按照 8 m/s 电梯驱动主机的指标值进行判定。杂物电梯驱动主机带风机时应当不超过 70 dB（A），不带风机时应当不超过 68 dB（A）。自动扶梯和自动人行道驱动主机应当不超过制造单位提供的噪声指标值。

表 3-6　电梯曳引机噪音限值

项目		曳引机额定速度 $v/(\mathrm{m\cdot s^{-1}})$		
		$v\leqslant2.5$	$2.5<v\leqslant4$	$4<v\leqslant8$
空载噪声 L_{PA}/dB（A）	无齿轮曳引机	62	65	68
	有齿轮曳引机	70	80	—

3.10.7.3　曳引驱动电梯驱动主机空载振动速度

【检验要求】

无齿轮电梯驱动主机以额定频率供电空载运行时，其检测部位的振动速度有效值的最大值应不超过 0.5 mm/s；有齿轮电梯驱动主机在曳引轮处扭转振动速度有效值的最大值不应大于 4.5 mm/s。对于额定速度大于 8 m/s 的电梯驱动主机，振动速度应当不大于电梯驱动主机制造单位给出的指标值，制造单位没有给出指标值时，按照 8 m/s 电梯驱动主机的指标值进行判定。

【检验方法】

(1) 当被测曳引机为无齿轮曳引机时，在额定频率供电、空载运行情况下，将振动传感器沿垂直方向置于曳引机机座顶部、水平方向置于机座中部（图 3-45、图 3-46），对曳引机在正、反向运行时进行振动测试，取测试结果有效值的最大值。

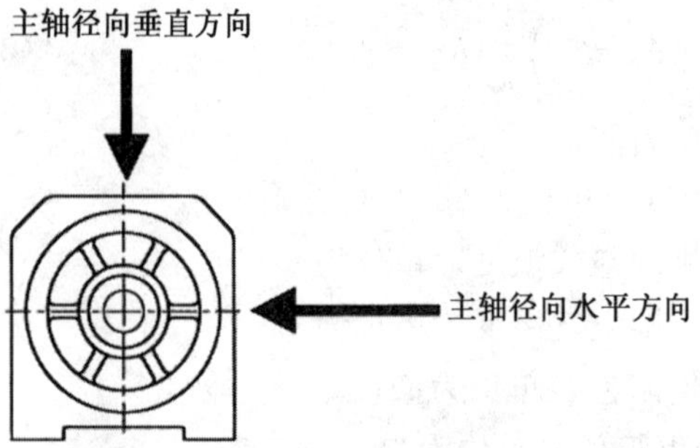

图 3-45　电梯驱动主机空载振动速度检验

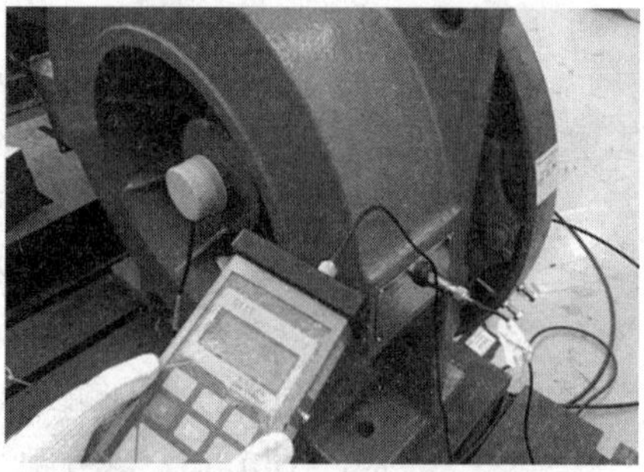

图 3-46　空载振动速度现场检验

（2）对有齿轮曳引机来说，在检测曳引机扭转振动时，将扭振测试装置（通常称为扭振仪）沿切线方向将传感器固定在曳引轮外侧节径处，该曳引机的振动速度为测试结果有效值的最大值。检测时，在平台上或现场轻载（相当于 20%～40%曳引机额定载重量）对待测曳引机正、反向运行时进行振动测试，其中轻载的确定可按扭矩或电流方式来计算，其中电流计算方法如下：

① 20%曳引机额定载重量的电流值＝曳引机空载电流＋（90%电动机额定电流－曳引机空载电流）×20%；

② 40%曳引机额定载重量的电流值＝曳引机空载电流＋（90%电动机额定电流－曳引机空载电流）×40%。

也可采用其他同等精度的方法进行扭转振动的测量。

3.10.7.4　速度

【检验要求】

对电梯和杂物电梯驱动主机，在额定电压和额定频率下，空载运行时驱动轮节径处的线速度应当不超过驱动主机额定速度的 105%，且不小于 92%。

对自动扶梯和自动人行道驱动主机，在额定电压和额定频率下，空载运行时所测得的输出转速与额定输出转速之间的最大允许偏差为±5%。

【检测方法】

在额定电压额定频率下，电梯和杂物电梯驱动主机空载运行时，用转速表测量出驱动轮节径处的线速度，按下列公式计算速度：

$$v_1=\frac{\pi\times D\times n}{1\,000\times 60\times i} \tag{3-12}$$

式中：v_1——实测速度，单位为 m/s；

D——驱动轮节径，单位为 mm；

n—实测电动机转速，单位为 r/min；

i——减速比。

速度差按下列公式计算：

$$\Delta v=\frac{v_1-v}{v}\times 100\% \tag{3-13}$$

式中：Δv——速度偏差，单位为 m/s；

v_1——实测速度，单位为 m/s；

v——额定速度，单位为 m/s。

3.10.7.5 外观

【检验要求】

减速装置油位应当易于观测。盘车手轮应当至少部分涂成黄色，制动器的手动松闸扳手应当至少部分涂成红色。

【检测方法】

目测检查。

3.10.7.6 驱动主机铭牌

【检验要求】

产品铭牌应当设置在明显位置，铭牌应当是永久性的并至少注明下列信息（含电动机铭牌）：

① 产品名称、型号。

② 额定速度（或者电梯额定速度，适用于电梯和杂物电梯驱动主机）。

③ 额定输出转速（适用于自动扶梯和自动人行道驱动主机）。

④ 额定功率。

⑤ 额定电压。

⑥ 额定电流。

⑦ 额定频率。

⑧ 额定输出转矩（或者额定载重量）。

⑨ 外壳防护等级。

⑩ 产品编号。

⑪ 制造日期。

⑫ 制造单位名称及其制造地址。

⑬ 型式试验机构名称或者标志。

【检验方法】

目测检查。

3.11 液压泵站检测项目与技术要求

液压泵站是液压电梯驱动系统，主要由液压泵及控制与保护阀组组成，液压泵站的试验主要有保压试验和调整特性试验。

3.11.1 保压试验

【检验要求】

将压力管路的压力调至液压泵站额定工作压力的 1.5 倍，运转 10 min，液压泵站各处应当无外泄漏现象。

【检验方法】

将液压泵站样机接入专用的液压泵站试验台并接上可变负载，调节可变负载，将压力管路的压力调至液压泵站额定工作压力的 1.5 倍，模拟电梯正常运行状态，运转 10 min，检查液压泵站各处有无外泄漏现象。

3.11.2 调速特性试验

【检验要求】

根据液压泵站额定输出压力、流量的要求，测定启动、加速、运行、减速、平层、停止的特性参数是否达到设计要求。

【检验方法】

将液压泵站样机接入专用试验台并接上可变负载及其压力计、流量计，调节可变负载使系统输出的工作压力为额定工作压力，模拟电梯正常运行状态给系统一个信号，启动系统，完成一个工作循环（启动、加速、运行、减速、平层、停止），根据系统的压力、流量的要求，测定启动、加速、运行、减速、平层、停止的特性参数是否达到设计要求。（图 3-47）

图 3-47 液压泵站试验

3.11.3 噪声试验

【检验要求】

在液压泵站正常运行状态时，在其上、前、后方和左、右两侧离地面和箱体 1 m 处所测得的噪声值应当不大于 85 dB（A）。

【检验方法】

将液压泵站样机接入可变负载，调节可变负载使液压泵站输出的工作压力为额定工作压力，模拟电梯正常运行状态运行系统，用声级计测量液压站上、前、后、左、右离地面和箱体 1 m 处的噪声值。判断所测得的噪声是否符合要求。

3.12 绳头组合检测项目与技术要求

【检验要求】

钢丝绳绳头组合至少应该能够承受钢丝绳最小破断负荷的 80%。

【检验方法】

（1）钢丝绳绳头组合，试验时，钢丝绳两端应当根据设计的固定方式进行连接，端接装置之间的钢丝绳长度应当符合表 3-7 钢丝绳公称直径与最小有效长度对照表的规定。确认钢丝绳规格符合要求后，使用万能试验机或者其他类似的试验装置进行拉伸破断试验。

（2）钢带、链条等绳头组合，试验按照制造单位提供的方法进行。

表 3-7 钢丝绳公称直径与最小有效长度对照表

钢丝绳公称直径 d/mm	钢丝绳最小有效长度 L/mm
$d \leqslant 6$	300
$6 < d \leqslant 20$	600
$d > 20$	$30d$（一般不超过 2 000）

3.13　滚轮检测项目与技术要求

滚轮指安装在自动扶梯梯级或自动人行道踏板上支撑梯级或踏板运行的转动部件。试验时至少准备两个样品，其中一个样品用于进行疲劳试验，另一个样品用于进行其他项目试验。

3.13.1　疲劳试验

【检验要求】

（1）疲劳试验应当符合制造单位规定的要求（试验线速度、加载压力、试验运行时间），试验后滚轮应当没有局部凹凸、脱胶、开裂等现象。试验线速度应当等于适用的自动扶梯和自动人行道最大名义速度。

（2）用作自动扶梯主轮的滚轮试验时的加载压力和试验运行时间至少为 1 300 N、250 h 或者 4 000 N、10 h，用作自动扶梯辅轮和自动人行道滚轮的试验加载压力和试验运行时间可以降低至 1 000 N、250 h 或者 2000 N、10 h，由制造单位任选。若滚轮既用作主轮，也可以用作辅轮，则按照主轮的要求进行疲劳试验。

（3）应当在专门的滚轮疲劳试验机上进行试验，安装滚轮时，应当保证滚轮紧贴均匀，旋转平稳。

（4）室外型滚轮，应当先进行水解试验（温度为 75 ℃，试验时间为 250 h）。

3.13.2　外观检查

【检验要求】

滚轮表面不允许有气泡、砂眼、裂痕等缺陷；应当手感光滑，无粘手现象；应当色泽均匀。

【检验方法】

目测检查。

3.13.3　外径偏差

【检验要求】

滚轮外径偏差应当符合企业规定的要求。

【检验方法】

用尺测量轮子表面上均匀分布的 5 点，取平均值。

3.13.4　轮缘硬度

【检验要求】

滚轮聚氨酯/橡胶硬度应当符合企业规定的要求。

【检验方法】

用邵尔硬度计测量轮子表面上均匀分布的 3 点，取平均值。

3.14 层门、玻璃轿门和玻璃轿壁检测项目与技术要求

3.14.1 层门、玻璃轿门和玻璃轿壁类型简介

（1）层门和轿门。

电梯轿门和层门（图 3-48）是乘客或货物进出轿厢的通道。通常是由门扇、层门导轨、门滑轮、门地坎和门滑块等组成。

电梯轿门和层门有水平滑动门、垂直滑动门（图 3-51）、旋转门及折叠门等几种。乘客电梯、载货电梯通常采用水平滑动门；垂直滑动门在杂物电梯中有采用；旋转门在家用电梯中有采用；折叠门在老式手动门电梯中有采用，现在生产的电梯已很少见。

水平滑动自动门是现代电梯最常见的门系统，按照门扇打开方向的关系，还可以分为水平中分水平滑动门与水平旁开水平滑动门（图 3-49、图 3-50、图 3-52）。

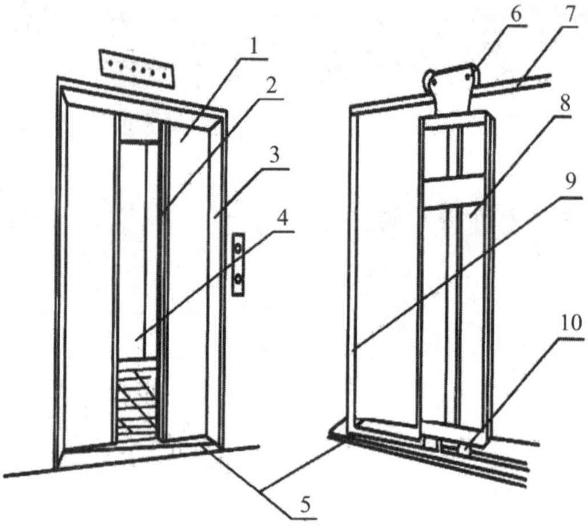

1—层门；2—轿门；3—门套；4—轿厢；5—门地坎；6—门滑轮；7—层门导轨；8—门扇；9—层门立柱；10—门滑块

图 3-48 电梯轿门和层门

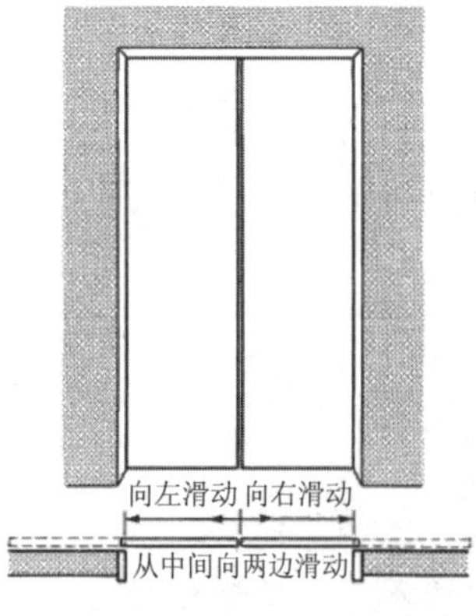

图 3-49 水平中分水平滑动门示意图

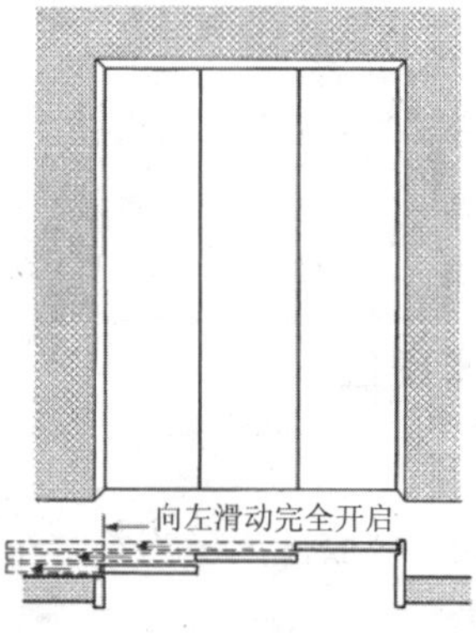

图 3-50 水平旁开水平滑动门示意图

图 3-51　垂直滑动门实物图

图 3-52　水平中分与水平旁开滑动门效果图

为了美观或观光需要，部分层门或轿门门扇嵌入了夹层玻璃，或以一定的结构将整块夹层玻璃固定为门扇，为区别于普通的金属门扇，此类门系统称为玻璃层门或玻璃轿门。

（2）玻璃轿壁。

类似于玻璃门，多数电梯轿厢由金属材质的板材制成，同样为了美观或观光需要，部分轿壁嵌入了夹层玻璃，或以一定的结构将整块夹层玻璃固定为轿壁，此类玻璃轿壁常见的有平面形及圆弧形（图 3-53、图 3-54）等。

图 3-53　装有平面形玻璃轿壁的轿厢

图 3-54　后壁为圆弧形玻璃轿壁的轿厢

3.14.2　试验样品要求

试验样品应当为一套完整且完成装配的电梯层门、玻璃轿门、层门侧门框或者玻璃轿壁，包括导向装置、保持装置和固定件。

3.14.3　静态强度试验

【检验要求】

层门在锁住位置时，所有层门及其门锁应有这样的机械强度：

（1）用 300 N 的静力垂直作用于门扇的任何一个面上的任何位置，且均匀地分布在 5 cm^2 的圆形或方形面积上时，应：

① 永久变形不大于 1 mm。

② 弹性变形不大于 15 mm。

试验后，门的安全功能不受影响。

（2）用 1 000 N 的静力从层站方向垂直作用于门扇上的任何位置，且均匀地分布在 100 cm^2 的圆形或方形面积上时，应没有影响功能和安全的明显的永久变形。

注：对于（1）和（2），为避免损坏层门的表面，用于提供测试力的测试装置的表面可使用软质材料。

【检验方法】

层门静力试验如图 3-55 所示，分析层门结构，找出最薄弱点（一般为门扇中心或加强筋与门框所围闭范围的中心），使用静力施力装置及相应表面积的施力头对最薄弱点施加 300 N 及 1 000 N 的力，用百分表测量门扇受力点的变形量。

注：（1）对于检验要求中第 2 条要求施加 1 000 N 的力，层门门锁装置锁紧元件的啮合应满足不小于 7 mm，故在门扇靠近门锁的位置处应附加进行一次施力 1 000 N 的试验。（2）检验时应对门扇有“预施力”以消除门扇或门头与固定结构间隙对变形量测试结果的影响。

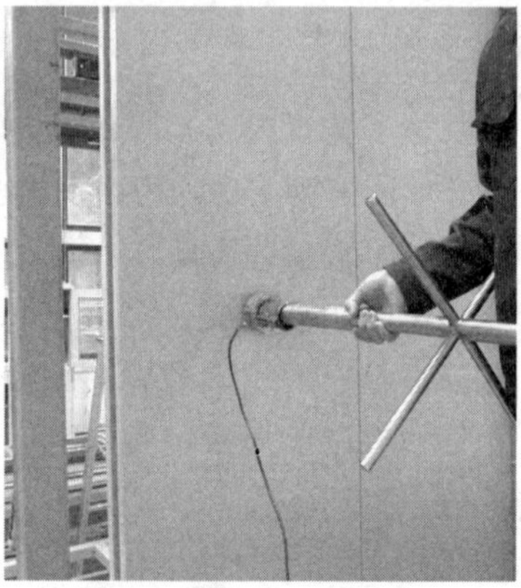

图 3-55　层门静力试验

3.14.4　摆锤冲击试验

【检验要求】

（1）层门的检验要求。

从层站侧，用软摆锤冲击装置按后述检验方法，从面板的宽度方向的中部以符合下表所规定的撞击点。玻璃层门撞击点如见表 3-8 所示，撞击面板时：

① 可以有永久变形。

② 层门装置不应丧失完整性，并保持在原有位置，且凸进井道后的间隙不应大于 0.12 m。

③ 在摆锤试验后，不要求层门能够运行。

④ 对于玻璃部分，应无裂纹。

对于带有玻璃的层门，在进行软摆锤冲击试验前，还应进行一次合格的硬摆锤试验：从层站侧，用硬摆锤冲击装置按后述检验方法，从面板或玻璃面板的宽度方向的中部以符合表 3-8 所规定的撞击点所述的玻璃面板时：

① 无裂纹。

② 除直径不大于 2 mm 的剥落外，面板表面无其他损坏。

注：在多个玻璃面板的情况下，考虑最薄弱的面板。

表 3-8　玻璃层门撞击点

摆锤冲击试验	软摆锤		硬摆锤	
跌落高度	800 mm	800 mm	500 mm	500 mm
撞击点高度	(1.0±0.1) m	玻璃中点	(1.0±0.1) m	玻璃中点
无玻璃面板的层门 [图 3-56 (a)]	×			
具有较小玻璃面板的层门 [图 3-56 (b)]	×	×		×
具有多个玻璃面板的层门 [图 3-56 (c)] (在最不利的玻璃面板上测试)	×	×		×
具有较大玻璃面板或全玻璃的层门 [图 3-56 (d)]	× (撞击在玻璃上)		× (撞击在玻璃上)	
具有位于 1 m 高度处开始或结束的玻璃面板的层门 [图 3-56 (e)]	×	×		×
具有位于 1 m 高度处开始或结束的玻璃面板的层门 [图 3-56 (f)]	× (撞击在玻璃上)		× (撞击在玻璃上)	
具有视窗的门	×	×		
注：×表示考虑该项试验				

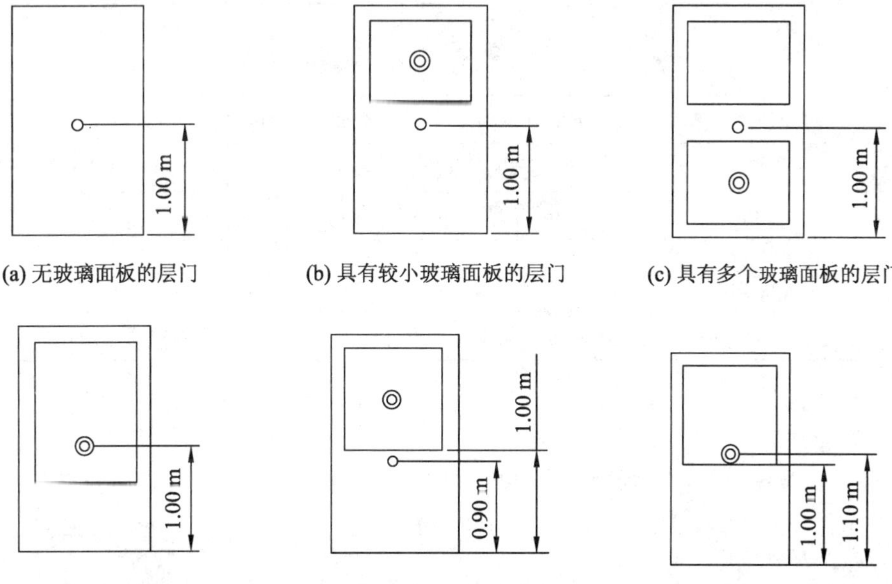

(a) 无玻璃面板的层门　(b) 具有较小玻璃面板的层门　(c) 具有多个玻璃面板的层门

(d) 具有较大玻璃面板或全玻璃的层门　(e) 在1 m以上高度处具有玻璃面板的层门　(f) 在1 m以上高度处具有玻璃面板的层门

图 3-56　门扇的摆锤冲击试验——撞击

注1：图3-57（e）和（f）两者选一；

注2：选择最薄弱的玻璃面板进行试验。如果无法确定最薄弱的面板，均进行试验；

注3：对于定义为1 m的撞击点，误差为±0.10 m。

图中：

◎ 为软摆锤冲击试验的撞击点；

○ 为硬摆锤冲击试验的撞击点。

（2）玻璃轿门及玻璃轿壁的检验要求。

从面板或玻璃面板的宽度方向的中部，高度方向为面板设计地平面上方（1.0±0.1）m处撞击玻璃面板时：

① 无裂纹。

② 除直径不大于2 mm的剥落外，面板表面无其他损坏。

（3）例外情况。

如果使用了表3-9轿壁使用的平板玻璃面板和表3-10水平滑动轿门使用的平板玻璃面板，由于它们能满足试验要求，所以无须进行摆锤冲击试验。

表3-9　轿壁使用的平板玻璃面板

玻璃类型	内切圆的直径	
	最大1 m	最大2 m
	最小厚度/mm	
夹层钢化	8（4+0.76+4）	10（5+0.76+5）
夹层	10（5+0.76+5）	12（6+0.76+6）

表3-10　水平滑动轿门使用的平板玻璃面板

玻璃类型	最小厚度/mm	宽度/mm	自由门的高度/m	玻璃面板的固定
夹层钢化	16（8+0.76+8）	360～720	最大2.1	上部及下部固定
夹层	16（8+0.76+8）	300～720	最大2.1	上部、下部及一边固定
	10（6+0.76+4） （5+0.76+5）	300～870	最大2.1	所有边固定
注：对于玻璃的三边或四边固定的侧面与其他部件刚性连接的情况，表中所列数值也适用				

【检验方法】

（1）摆锤装置。

① 硬摆锤装置要求：硬摆锤冲击装置（图3-57）应包含一个由钢材Q235A制成的冲击环，一个由钢材Q275制成的壳体。内装填直径为（3.5±0.25）mm的铅球，其总质量为（10±0.01）kg。

② 软摆锤装置要求：软摆锤冲击装置（图3-58）为一个皮革制成的冲击小袋，内装填直径为（3.5±1）mm的铅球，其总质量为（45±0.5）kg。

(2) 跌落高度。

① 硬摆锤冲击试验的跌落高度为 500 mm。

② 对于层门面板或门框，软摆锤冲击试验的跌落高度为 800 mm。

③ 对于玻璃轿门、玻璃轿壁，软摆锤冲击试验的跌落高度为 700 mm。

(3) 摆锤冲击装置的悬挂。

摆锤冲击装置（图 3-59）应用直径为 3 mm 的钢丝绳悬挂，并使自由悬挂的冲击装置的最外侧与被试面板之间的水平距离不超过 15 mm。摆的长度（钩的底端至冲击装置参考点的长度）应至少为 1.5 m。

(4) 提拉和触发装置。

悬挂的摆锤冲击装置通过提拉和触发装置的牵引从被试面板上摆，上摆的高度按 J4.2 和 J4.3 的要求。在释放的瞬间触发装置不应对摆锤冲击装置产生附加的冲击。

图 3-60、图 3-61 分别是软摆锤和硬摆锤冲击试验安装示意图，摆锤应撞击在宽度方向为面板的中点，高度方向为面板设计地平面上方（1.0±0.1）m 处。对于层门，该高度值见检验要求中的撞击点列表。如果硬摆锤和软摆锤冲击试验都需要做，两种试验应在同一面板上进行，且先做硬摆锤冲击试验。

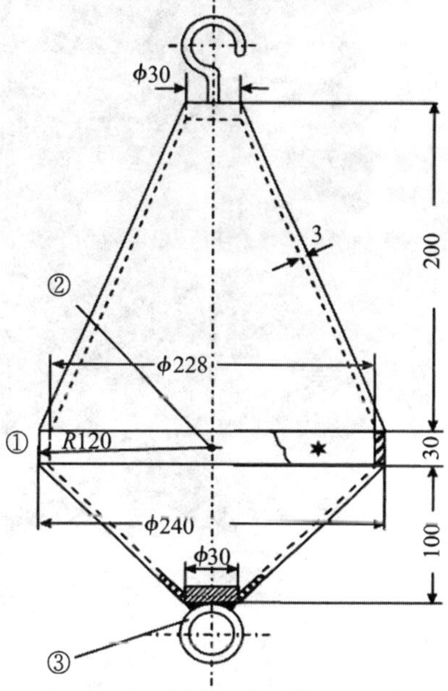

①一冲击环；
②一测量跌落高度参考点；
③一触发装置附件

图 3-57　硬摆锤冲击装置

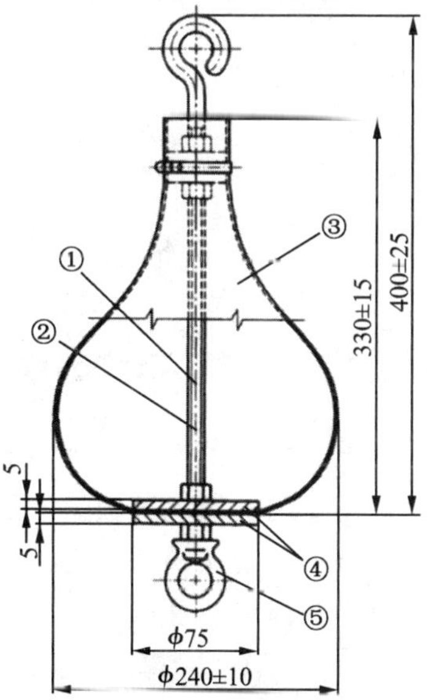

①一螺杆；②一在最大直径的平面内测量跌落高度的参考点；③一皮袋；④一钢制圆盘；⑤一触发装置附件

图 3-58　软摆锤冲击装置

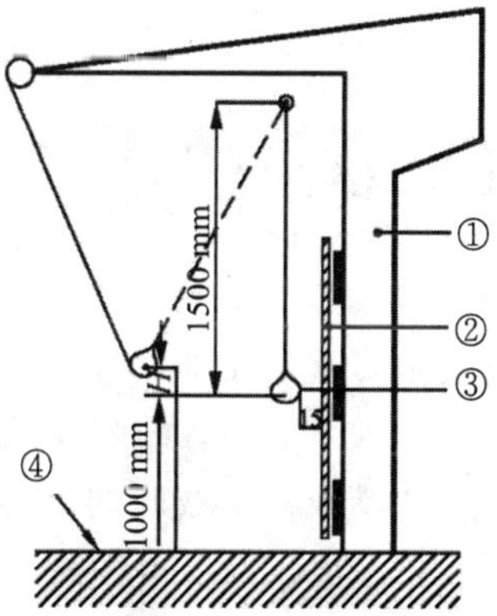

①一框架；②一被测试的玻璃面板；③一冲击装置；④一测试玻璃面板的参考平面；H一跌落高度

图 3-59　摆锤冲击装置

图 3-60　软摆锤冲击试验（安装示意图）

图 3-61　硬摆锤冲击试验（安装示意图）

（5）测试结果判定。

玻璃轿门和玻璃轿壁的试验结果能满足标准要求的条件为

① 面板未整体损坏。

② 面板上没有裂纹。

③ 面板上无孔。

④ 面板未脱离导向部件。

⑤ 导向部件无永久变形。

⑥ 面板表面无其他损坏，对面板表面有直径不大于 2 mm，但无裂纹痕迹的情况还应再做一次成功的软摆锤冲击试验。

层门试验完成后，应按检验要求检查以下内容：

① 失去完整性。

② 永久变形。

③ 裂纹或破碎。

3.15　梯级、踏板等承载面板检测项目与技术要求

梯级、踏板等承载面是自动扶梯和自动人行道支撑乘客站立的运动部件，其在运行过程中受到乘客重量在垂直方向产生的作用力的同时，还受到梯级或踏板链在运行方向上的牵引力。梯级、踏板的强度及疲劳寿命决定了乘客搭乘自动扶梯的安全及扶梯的耐用性。梯级、踏板等承载面的检测主要包括尺寸检查、外观检验、静载强度测试、运载强度测试、扭转测试及防滑性能测试。

3.15.1　功能及结构组成

梯级和踏板作为扶梯和人行道的承载面，起着作为乘客立足面的作用。梯级似一种特殊形式的四轮小车（图 3-62）有两只主轮和两只辅轮。牵引链条与主轮的轮轴铰接而

带动梯级沿预设的轨道运行，而辅轮支承梯级上的乘客，也沿着设置的轨道运行，通过轨道的设计，自动扶梯上分支的梯级保持水平，而在下分支中将梯级倒挂。

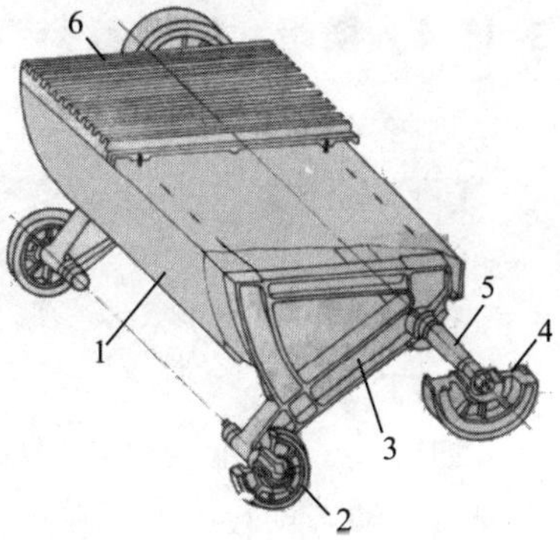

1—踢板；2—辅轮；3—支架；4—主轮；5—轴；6—踏板

图 3-62 自动扶梯梯级

一台自动扶梯中，梯级是数量最多的部件。一台小提升高度自动扶梯的梯级约需 50～100 只；大提升高度自动扶梯的梯级多达 600～700 只。梯级数量众多，又是经常运动部件，因此一台自动扶梯的质量在很大程度上取决于梯级的结构和质量。对梯级的要求是自重轻、工艺性能好、装拆维修方便。

梯级的几何尺寸包括：梯级宽度、梯级深度、梯级高度、主轮与辅轮基距、齿槽宽度、齿槽深度、齿宽等。对梯级结构型式影响较大的几何尺寸是主辅轮基距 L（图 3-63），短基距梯级制造方便，能减小驱动链轮直径，使扶梯结构紧凑，但梯级不够稳定。长基距梯级在载荷下比较稳定，运行平稳，但尺寸大、自重大，加大了驱动链轮直径，从而使整个扶梯结构加大。

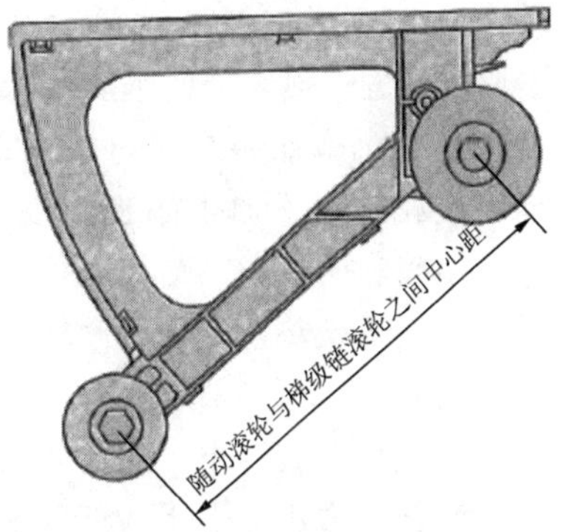

图 3-63 主辅轮基距

3.15.2 梯级和踏板几何尺寸

【检验要求】

（1）梯级深度应当不小于 0.38 m。

（2）梯级高度应当不大于 0.24 m。

（3）梯级或者踏板名义宽度应当不小于 0.58 m，且不大于 1.10 m，对于用于倾斜角不大于 6°的自动人行道踏板，则允许有较大的宽度，且不大于 1.65 m。

（4）梯级或者踏板齿槽的宽度应当不小于 5 mm，且不大于 7 mm。

（5）梯级或者踏板齿槽的深度应当不小于 10 mm。

（6）梯级或踏板齿槽的宽度应当不小于 2.5 mm，且不应大于 5 mm。

【检验方法】

用刻度尺分别检验梯级深度、梯级或踏板宽度、齿槽的深度和宽度、齿宽等是否满足要求。

3.15.3 外观检验

【检验要求】

（1）梯级踏面、梯级踢板或者踏板，其两侧边缘不应当是齿槽的槽底部。

（2）梯级踏面与踢板的交接处应当消除锐角。

【检验方法】

目测检验。

3.15.4 梯级和踏板载荷

3.15.4.1 静载试验

【检验要求】

梯级、梯级踢板和踏板静载试验后挠度不应大于 4 mm，且无永久变形。

【检验方法】

如图 3-64 所示，对梯级进行静载试验时，梯级固定安装在动态试验机上，在梯级踏面中央部位垫上一块钢制垫板，垫板的面积为 0.2 m×0.3 m，厚度至少为 25 mm，并使其 0.20 m 的一边与梯级前沿平行，0.30 m的一边与梯级前缘垂直，垂直施加 3 000 N 的力（包括垫板重量）。对梯级踢板进行静载试验时，梯级踢板固定在动态试验机平台上，通过一块厚度至少为 25 mm的方形或圆形的钢质垫板，其形状与踢板圆弧相贴合，法向施加一个 1 500 N 的力于 25 cm^2 的踢板表面，该载荷应施加于踢板宽度方向中心线上的三个位置：中间和两端。对踏板进行静载试验时，先将踏板固定在动态试验机平台上，在 1 m^2 踏面中央部位垫上一块钢制垫板，该垫板的面积为 0.30 m×0.45 m，厚度至少为 25 mm，并使其 0.45 m 的一边与踏板侧边平行，然后垂直施加 7 500 N 的力（包括垫板重量）。若踏板面积较大或较小，则负载力和垫板面积按比例变更，此时，垫板的边长应为 1∶1.5，但垂直施加力不应小于 3 000 N（包括垫板重量），垫板面积不应小于 0.20 m×0.30 m，厚度至少为 25 mm。对深度小于 0.30 m 的踏板，垫板的宽度应为 0.20 m，垫板的长度应等于踏板的深度。

图 3-64 梯级静载、动载试验

3.15.4.2 动载强度检验

【检验要求】

以 5～20 Hz 的任一频率的无干扰的谐振力波对梯级、踏板施加 500～3 000 N 的脉动载荷，进行至少 5×10^6 次循环试验后，梯级或踏板不出现断裂，且无大于 4 mm 的永久变形。

【检验方法】

将待检试验样品固定在专门的动态试验机的平台上，在梯级或踏板表面中央垫加一块尺寸为 0.20 m×0.30 m，厚度至少为 25 mm 的垫板，并使其 0.20 m 的一边与梯级或踏板前沿平行，0.30 m 的一边与梯级或踏板前缘垂直。其中，梯级应在其可适用的最大倾斜角度（倾斜支承）情况下与滚轮（不转动）、通轴或短轴（如有）一起进行试验，踏板均应与滚轮（不转动）、通轴或短轴（如有）一起在水平位置进行试验。在进行动载试验时，在垫板中央垂直以 5～20 Hz 任一频率的无干扰谐振力波对被梯级、踏板施加 500～3 000 N 的脉动载荷（包括垫板重量），并进行至少 5×10^6 次循环试验。试验结束后，梯级或踏板应不出现断裂，且无大于 4 mm 的永久变形。在试验过程中，如果滚轮损坏可允许更换。对深度小于 0.30 m 的踏板，垫板的宽度应为 0.20 m，垫板的长度应等于踏板的深度。

3.15.5　扭转试验

【检验要求】

试验应以 5～20 Hz 任一频率的无干扰的谐振力波施加脉动载荷，并进行至少 5×10^6 次循环，应保证试验过程中有规定的扭转载荷。试验后，梯级踏板不应出现裂纹。在踏面表面不应产生大于 4 mm 的永久变形。梯级踏板或其零部件（如嵌入件或固定件）应可靠连接且不发生松动。

【检验方法】

（1）梯级扭转试验。

梯级的设计应使其结构能承受相当于引起梯级随动滚轮中心有±2 mm 圆弧位移的等效扭转载荷，该圆弧以梯级链滚轮中心为中心。如图 3-65 所示，相比静载和动载试验，梯级其中一个滚轮失去支撑。上述±2 mm 的位移是基于梯级随动滚轮与梯级链滚轮之间 400 mm 的中心距，当400 mm中心距改变时，该位移与中心距的比例应保持不变。为在整个试验过程中保证上述规定的位移，试验应及时调整。试验时以 5～20 Hz 任一频率的无干扰的谐振力波施加脉动载荷，并进行至少 5×10^6 次循环。

图 3-65　梯级扭转试验

（2）踏板扭转试验。

仅当踏板装有随动滚轮时需要进行扭转试验。踏板的设计应使其结构能承受相当于引起踏板随动滚轮中心有±2 mm 圆弧位移的等效扭转载荷，该圆弧以踏板链滚轮中心为中心。上述±2 mm 的位移是基于踏板随动滚轮与踏板链滚轮之间 400 mm 的中心距，当 400 mm 中心距改变时，该位移与中心距的比例应保持不变。在试验过程中，应调整动态载荷，以获得偏差小于－5%的上述位移。试验应以5～20 Hz任一频率的无干扰的谐振力波施加脉动载荷，并进行至少 5×10^6 次循环。对深度小于 0.30 m 的踏板，垫板的宽度应为 0.20 m，垫板的长度应等于踏板的深度。

3.15.6　防滑性能试验

【检验要求】

倾斜角度平均值与防滑等级对应关系如表 3-11 所示，用于室内的承载面板表面覆盖材料防滑等级至少为 R9，用于室外的至少为 R10。

表 3-11　倾斜角度平均值与防滑等级对应关系表

平　均　值	防滑等级
6°～10°	R9
10°～19°	R10

续表

平　均　值	防滑等级
19°～27°	R11
27°～35°	R12
＞35°	R13

【检验方法】

（1）校准。

将 3 块标准地板面层 E、P 和 R，其可接受角 α 通过大量的试验确定为标准可接受角 α_{SE}、α_{SP}和 α_{SR}，CrD95 是 3 个标准面层在 95％的显著性水平下依据 DIN ISO 5725-2《测量方法与结果的准确度（正确度与精确度）第 2 部分：标准测量方法的重复性和可再现性测定的基本方法》或者依据 DIN ISO 5725-5《测量方法与结果的准确度（正确度与精确度）第 5 部分：标准测量方法的精确度测定和替代方法》确定的比较和重复性极限（表 3-12）。

表 3-12　标准可接受角及显著差异

标准地板面层	α_{Si}	CrD95
E	10.7°	3.7°
P	18.2°	2.7°
R	26.8°	2.3°

2 个实验员在每个标准面板上行走试验 3 次，取每个标准面板上试验 3 次的平均值作为校准可接受角，分别为 α_{KE}、α_{KP}和 α_{KR}。由校准可接受角与标准可接受角的差值得出每块标准板的修正值 $\Delta\alpha_E$、$\Delta\alpha_P$和 $\Delta\alpha_R$。$\Delta\alpha_E$、$\Delta\alpha_P$和 $\Delta\alpha_R$的值总是超过显著差异，则必须隔天由不同的实验员重做实验。

表 3-13　依赖于大量可接受角试验平均的修正值

情　　况	修　正　值
$\alpha < \alpha_{KE}$	$D_1 = \Delta\alpha_E g \frac{1}{\sqrt{2}}$
$\alpha_{KE} \leqslant \alpha < \alpha_{KP}$	$D_1 = \left[\Delta\alpha_E + (\Delta\alpha_P - \Delta\alpha_E) g \frac{\alpha - \alpha_{KE}}{\alpha_{KP} - \alpha_{KE}}\right] g \frac{1}{\sqrt{2}}$
$\alpha_{KP} \leqslant \alpha < \alpha_{KR}$	$D_1 = \left[\Delta\alpha_P + (\Delta\alpha_R - \Delta\alpha_P) g \frac{\alpha - \alpha_{KP}}{\alpha_{KR} - \alpha_{KP}}\right] g \frac{1}{\sqrt{2}}$
$\alpha_{KR} \leqslant \alpha$	$D_1 = \Delta\alpha_R g \frac{1}{\sqrt{2}}$

（2）试验。

如图 3-66 所示，将承载面板放置于防滑性能测试仪的测试表面，在承载面上均匀地刷上润滑剂。试验员穿上特制的防滑试验鞋保持直立的姿态站在承载面板上，顺着观察方向以每次半只鞋长的步子在试验面板上前后走动。试验承载面板的倾角从水平位置开始以每秒大约 1°的速度提升。试验员戴着安全保护装置在极限范围内行走，当试验员行走过程中出现打滑时，停止提升承载面板倾角，并且记录此时承载面板的倾角值。2 个实验员重复以上试验 3 次，并且在第 2 和第 3 次测量前在承载面板表面重新刷润滑剂，取 3 次测量结果的平均值 α。依据 2 个实验员在每个标准面板上行走试验 3 次，取每个标准面板上试验 3 次的平均值作为校准可接受角，分别为 α_{KE}、α_{KP} 和 α_{KR}。由校准可接受角与标准可接受角的差值得出每块标准板的修正值 $\Delta\alpha_E$、$\Delta\alpha_P$ 和 $\Delta\alpha_R$。$\Delta\alpha_E$、$\Delta\alpha_P$ 和 $\Delta\alpha_R$ 的值总是超过显著差异，则必须隔天由不同的实验员重做实验。

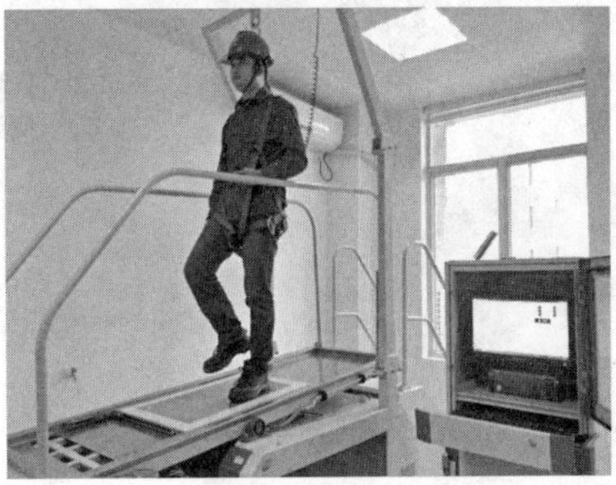

图 3-66　防滑性能试验

由表 3-13 可得到修正值 D_1，将平均值 α 和修正值 D_1 相加得到最终结果。参照表 3-11确定承载面板的防滑等级。

3.16　梯级或踏板链检测项目与技术要求

梯级或踏板链是自动扶梯和自动人行道中牵引梯级或踏板的链条，其提供 2 个经过预拉的同规格试验样品，样品两端的型式应当和型式试验机构的试验设备相适应。梯级（踏板）链样品应当经配对，且至少包含有 3 个梯级（踏板）距长度，且两端应当为内链节。

3.16.1　最小破断负荷

【检验要求】

梯级（踏板）链最小破断负荷须符合 JB/T 8545—2010《自动扶梯梯级链、附件及链轮》的规定或者企业制定的技术要求。

【检验方法】

将待检样品固定在拉伸试验机上，试验链段长度应至少保持 3 个自由链节且两端为内链节，链段两端用销轴穿过链板孔或套筒与试验机的夹头相连接，然后采用电拉方式对链条加载。试验结束后，试样如与夹头相连处破坏，则该试验无效。试验时拉伸速度应尽量低。

3.16.2　梯级（踏板）链几何精度

【检验要求】

（1）梯级（踏板）距精度，长度公差为公称长度值的 0.1%，或者符合企业制定的技术要求。

（2）链长同步精度，应当不超过 0.3 mm，或者符合企业制定的技术要求。

（3）梯级（踏板）距同步精度，应当不超过 0.3 mm，或者符合企业制定的技术要求。

【检验方法】

试验时链条应当在未润滑的状态下，沿全长支撑平直。试验时施加载荷应当符合 JB/T 8545—2010《自动扶梯梯级链、附件及链轮》的要求，或者符合企业制定的技术要求。

电梯安全小知识

电梯安全卫士（上）

本章练习

一、单选题

1．某台额定速度为 2.5 m/s 的电梯，其限速器的最大机械动作速度值应为（　　）。

（A）2.88 m/s　　（B）3.0 m/s　　（C）3.23 m/s　　（D）3.3 m/s

2．某对瞬时式安全钳试验得到安全钳体吸收的能量为 65 143.45 J，假设触发该安全钳的限速器动作速度为 0.8 m/s，则该瞬时式安全钳的允许质量为（　　）。

（A）11 639.8 kg　　（B）5 819.9 kg　　（C）23 279.6 kg

二、多选题

1．耗能型缓冲器撞击试验的合格判定指标有（　　）。

（A）缓冲器平均减速度不应大于 g_n

（B）减速度峰值超过 $2.5g_n$ 的时间不应大于 0.04 s

（C）两次试验结束 30 min 后，液面应再次达到能够确保缓冲器性能的位置

（D）冲击试验后，缓冲器应无损坏

2．门锁装置的型式试验有（　　）。

（A）操作试验　　（B）机械静态、动态和耐久试验

（C）电气耐久试验　　（D）触点接通和分断能力试验

（E）漏电流电阻试验

3．以下可以作为上行超速保护装置制停部件的是（　　）。

（A）作用在曳引轮轴上的制动器　　（B）作用在电机轴上的制动器

（C）夹绳器　　（D）对重安全钳

4．可编程电子安全相关系统的环境测试包括（　　）。

（A）机械振动测试　　（B）机械冲击测试

（C）机械碰撞测试　　（D）温度试验

（E）电磁兼容抗扰度测试

5．自动扶梯因出现以下哪种故障停梯后需要故障锁定？（　　）

（A）超速和运行方向非操纵逆转　　（B）梯级或踏板下陷

（C）梯级或踏板缺失　　（D）启动后制动系统未释放

6．驱动主机制动器可分为（　　）。

（A）杠杆鼓式制动器（臂鼓式制动器）　　（B）直压鼓式制动器

(C) 全盘式制动器　　　　(D) 钳盘式制动器

7. 无玻璃面板的层门需要进行的试验有（　　）。

(A) 静态强度试验　　　　(B) 软摆锤冲击试验

(C) 硬摆锤冲击试验

8. 自动扶梯梯级载荷试验包括（　　）。

(A) 静载试验　　(B) 动载强度试验　(C) 扭转试验

三、判断题

1. 瞬时式安全钳可以作为上行超速保护装置的制停部件。（　　）

2. 可编程电子安全相关系统的安全完整性等级（SIL）越高，每小时的危险失效率越高。（　　）

3. 用于室内的承载面板表面覆盖材料防滑等级至少为R9，用于室外的至少为R10。（　　）

4. 承载面板表面覆盖材料防滑等级表征试验测得的特定条件下人无法稳步行走时被测面板与水平面的倾斜角度，防滑等级R11表示倾斜角在19°到27°之间。（　　）

5. 自动扶梯梯级的高度应不大于0.24 m。（　　）

第 4 章 电梯电磁兼容检验技术

学习目标

掌握电磁兼容的概念，理解电磁兼容的目的和意义，掌握电磁干扰度和抗扰度所包含的测试项目。

学习重点

理解电磁环境、电磁噪声、（电磁）发射、电磁干扰、发射电平、抗扰度限值、抗扰度裕量等术语的含义；掌握电磁兼容测试的设备类型和各项电磁兼容测试限值要求。

改革开放以来，随着我国经济的快速发展，电梯产业也高速发展。电梯的大量使用给我们的生活带来了巨大的便利，但同时也增添了不少安全隐患，因此电梯的安全性能受到了全社会的广泛关注。电梯除了应具备安全、节能、环保等特点外，更要符合电磁兼容性的要求。下面我们通过介绍电磁兼容的定义、相关基本概念以及试验项目来为大家介绍电梯电磁兼容检验的相关知识。

4.1 电磁兼容的主要概念

4.1.1 电磁兼容的定义

电磁兼容（Electromagnetic Compatibility，简称 EMC），最早研究电磁兼容的地区是欧洲。通常情况下，对于一门学科、一个领域、一个工业或技术范围而言，EMC 应译为“电磁兼容”，以便反映一个领域，而不仅仅是一项技术指标；对于设备、分系统、系统的性能参数而言，则应译为“电磁兼容性”。

电磁兼容性是一个新概念，它是抗干扰概念的扩展和延伸，从最初的设法防止射频频段内的电磁噪声、电磁干扰，发展到防止和对抗各种电磁干扰，进一步在认识上产生了质的飞跃，把主动采取措施抑制电磁干扰贯穿于设备和系统的设计、生产和使用的整个过程中，这样才能保证电子、电气设备和系统实现电磁兼容性。

电磁兼容的定义现在有许多版本，各有各的特点，但是所阐述的中心意思是一样的。例如：

（1）在国家标准 GB/T 4365—2016《电工术语　电磁兼容》中，电磁兼容的定义为：设备或系统在电磁环境中能正常工作且不对该环境中任何事物构成不能承受的电磁骚扰的能力。

（2）在国家军用标准 GJB 72—1985《电磁干扰与电磁兼容性名词术语》中，电磁兼容的定义为：设备（如系统、分系统）在共同的电磁环境中能一起执行各自的功能的共存状态，即该设备不会由于受到处于同一电磁环境中其他设备的电磁发射导致或遭受不允许的降级，它也不会使同一电磁环境中设备（如系统、分系统等）因受到其电磁发射而导致或遭受不允许的降级。

（3）还有一个比较有特色的电磁兼容定义：电磁兼容是研究在有限的空间、有限的时间、有限的频谱资源条件下，各种用电设备（如分系统、系统，广义的还包括生物体）可以共存并不致引起降级的一门科学。

从以上三个不同描述的电磁兼容定义可以看出，无论文字如何描述，均反映出了一个客观事实：在共同的电磁环境中，任何设备、分系统、系统等都应该不受干扰并且不干扰其他设备。因此，我们可以认为，电梯电磁兼容可以简单地描述为：在共同的电磁环境中，电梯与其他任何设备、系统（包括人类）等都相互不受干扰，并且具有一起正常工作的能力。

电磁兼容包括电磁干扰度和电磁抗扰度两个方面：

（1）电磁干扰度（Electromagnetic Interference，简称 EMI），描述的是电子、电气产品正常工作时，设备或系统是否产生超过规定限度的电磁干扰。

EMI 测试主要包括连续传导骚扰电压测试、骚扰功率测试、断续干扰测试、射频空间辐射干扰测试、谐波电流测试和电压波动与闪烁测试等项目。

（2）电磁抗扰度（Electromagnetic Susceptibility，简称 EMS），主要描述一电子或电气产品是否会受其周围环境或同一电气环境内其他电子或电气产品的干扰而影响其自身的正常工作。通常来说，设备或系统应具有抵抗给定电磁干扰的能力，并且有一定的安全余量。

EMS 测试主要包括静电放电抗扰度测试、射频电磁场辐射抗扰度测试、电快速瞬变脉冲群抗扰度测试、浪涌抗扰度测试、射频场感应的传导骚扰抗扰度测试、工频磁场抗扰度测试、电压暂降、短时中断和电压变化的抗扰度测试等项目。

4.1.2　主要术语

4.1.2.1　电磁环境（Electromagnetic Environment）

电磁环境是指存在于给定场所的所有电磁现象的总和。

注：给定场所是指“空间”，所有电磁现象包括全部“时间”与全部“频谱”。

4.1.2.2　电磁噪声（Electromagnetic Noise）

电磁噪声是指一种明显不传送信息的时变电磁现象，它可能与有用的信号叠加或组合。一般认为无线电频率从 10 kHz 开始向上，而“电磁”现象则包括所有的频率，其不仅包含无线电频率，还包括所有的低频（包括直流）电磁现象。

4.1.2.3　（电磁）发射［（Electromagnetic）Emission］

（电磁）发射表示从源向外发出电磁能的现象。电磁兼容中的发射既包括传导发射，又包括辐射发射。

4.1.2.4 辐射发射（Radiated Emission）

辐射发射是指一种通过空间传播的、有用的或不希望有的电磁能量。

4.1.2.5 传导发射（Conducted Emission）

传导发射是沿电源或信号线传导的电磁发射。

4.1.2.6 电磁骚扰（Electromagnetic Disturbance）

电磁骚扰是指任何可能引起装置、设备或系统性能降低或对有生命或无生命物质产生损害作用的电磁现象。电磁骚扰有可能是电磁噪声，也有可能是无用信号或传播媒介自身的变化。

4.1.2.7 电磁干扰（Electromagnetic Interference）

电磁干扰是指由电磁骚扰引起的设备、传输通道或系统性能的下降。可见，电磁骚扰仅仅是电磁现象，是客观存在的一种物理现象，它可能引起降级或损害，但不一定已经形成后果，而电磁干扰则是由电磁骚扰引起的后果。

4.1.2.8 （对骚扰的）抗扰度［Immunity（to a Disturbance）］

（对骚扰的）抗扰度是指装置、设备或系统面临电磁骚扰条件下降低运行性能的能力。

4.1.2.9 电磁敏感性（Electromagnetic Susceptibility，简称 EMS）

电磁敏感性表示在存在电磁骚扰的情况下，装置、设备或系统不能避免性能降低的能力。

电磁抗扰度与电磁敏感性反映的是装置、设备或系统的抗干扰能力，它们仅仅是从不同的角度来进行阐述。通常情况下，国际上、国内和军用标准体系常用“敏感性”这一术语，而民用标准体系却习惯用“抗扰度”一词。

注：敏感性高，则抗扰度低。

4.1.2.10 （时变量的）电平［Level（of Time Varying Quantity）］

通常情况下，用规定的方式、在规定的时间间隔内求得的（如功率或场参数等）时变量的平均值或加权值称为电平。

4.1.2.11 （骚扰源的）发射电平［Emission Level（of a Disturbance Source）］

（骚扰源的）发射电平表示用规定的方法测得的由特定装置、设备或系统发射的某给定电磁骚扰电平值的大小。

4.1.2.12 （来自骚扰源的）发射限值［Emission Limit（from a Disturbance Source）］

发射限值是指规定电磁骚扰源的最大发射电平（此术语是人为规定的，不是骚扰源本身的特性）。

4.1.2.13 发射裕量（Emission Margin）

发射裕量是表示装置、设备或系统的电磁兼容电平与发射限值之间的差值。

4.1.2.14 抗扰度电平（Immunity Level）

抗扰度电平是指将一给定的电磁骚扰施加于某一装置、设备或系统，该装置、设备或系统仍能正常工作并保持所需性能等级时的最大骚扰电平；如果超过此时的电平，该装置、设备或系统就会出现性能降低。而敏感性电平是指刚刚开始出现性能降低的电平。

因此对某一装置、设备或系统而言，抗扰度电平与敏感性电平是同一个数值。

4.1.2.15　抗扰度限值（Immunity Limit）

抗扰度限值是指规定的最小抗扰度电平。限值是人为规定的参数。

4.1.2.16　抗扰度裕量（Immunity Margin）

抗扰度裕量是指装置、设备或系统的抗扰度限值与电磁兼容电平之间的差值。

4.1.2.17　（电磁）兼容裕量［（Electromagnetic）Compatibility Margin］

（电磁）兼容裕量是指装置、设备或系统的抗扰度限值与骚扰源的发射限值之间的差值。图 4-1 表示了几个术语之间的相互关系。

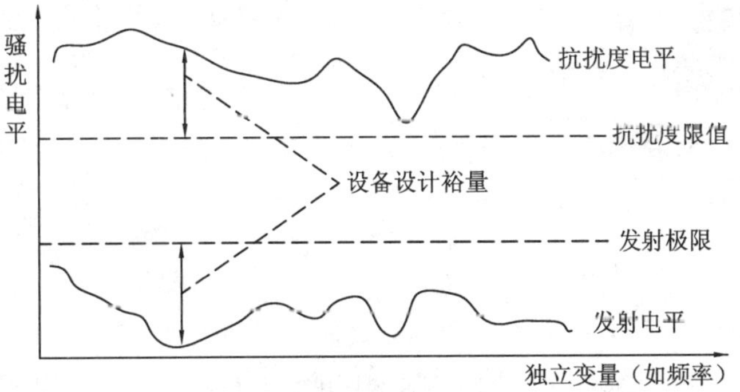

图 4-1　发射设备和敏感设备限值与电平和独立变量（如频率）的关系

4.1.2.18　电磁屏蔽

电磁屏蔽是指用金属屏蔽材料将电磁干扰源封闭起来，使其外部电磁场强度低于允许值的一种措施；或是指用金属屏蔽材料将电磁敏感电路封闭起来，使其内部电磁场强度低于允许值的一种措施。电磁屏蔽是电磁兼容技术的主要措施之一。

4.1.3　电磁兼容中常用的物理量

在电磁兼容测量过程中，由于测量仪器精度的差异，对测量结果通常用不同的量纲来表示，单位也不尽相同。在测量过程中常用的有功率、电压、电流、功率密度、电场强度、磁场强度等物理量。

4.1.3.1　功率

功率的基本单位为瓦（W），即焦/秒（J/s）。为了增加量程范围的宽度，通常引入两个相同量比值的常用对数来表示［公式（4-1）］，并且以贝尔（B）为单位。

$$P_{B}=\lg \frac{P_2}{P_1} \tag{4-1}$$

贝尔是个较大的量纲，为了使用方便，常采用贝尔的 1/10，即分贝（dB）来表示：

$$P_{dB}=10\lg \frac{P_2}{P_1} \tag{4-2}$$

注：P_2 与 P_1 应采用相同的单位。在测试过程中应明确 P_{dB} 为两个量的比值，是无量纲的。如 P_1 为 1 W，P_2/P_1 是相对于 1 W 的比值，即以 1 W 为 0 dB。

此时，是以带有功率量纲的 dB 表示 P_2，则

$$P_{dBW}=10\lg\frac{P_W}{1\ W} \tag{4-3}$$

若以 1 mW 为 0 dB，则此时的 P_2 亦应以 mW 为单位，则

$$P_{dBmW}=10\lg\frac{P_{mW}}{1\ mW}=10\lg P_{mW} \tag{4-4}$$

4.1.3.2　电压

$$P=\frac{U^2}{R} \tag{4-5}$$

注：P 表示功率，单位为 W；U 表示纯电阻 R 上的电压，单位为 V；R 表示纯电阻，单位为 Ω。若以分贝（dB）表示，则公式（4-5）可写为

$$P_{dB}=10\lg\frac{P_2}{P_1}=10\lg\frac{U_2{}^2/R_2}{U_1{}^2/R_1}=20\lg\frac{U_2}{U_1}-10\lg\frac{R_2}{R_1} \tag{4-6}$$

注：式（4-6）中右端的第一项即电压的分贝值。在电磁兼容领域，电压分贝常以 dBμV 为单位，此时若 $U_1=1\ \mu V$，即 dBμV 以 1 μV 为 0 dB。

$$U_{dB\mu V}=20\lg\frac{U_2}{U_1}=20\lg\frac{U_{\mu V}}{1\ \mu V}=20\lg U_{\mu V} \tag{4-7}$$

0 dBμV 即－120 dBV，dBμV 与 dBmV 之间的关系为

$$P_{dBW}=P_{dBmW}-30\ dB=U_{dBV}-10\lg R_\Omega=U_{dB\mu V}-120-10\lg R_\Omega \tag{4-8}$$

由 $P=\frac{U^2}{R}$ 推导，若令 $R=50\ \Omega$，将此式取分贝：

$$P_{dBmV}=U_{dB\mu V}-120-16.99+30\approx U_{dB\mu V}-107\ dB \tag{4-9}$$

4.1.3.3　电流

与 4.1.3.2 中的推导类似，可以推导出下式：

$$I_{dB\mu A}=20\lg\frac{l_2}{l_1}=20\lg\frac{I_{\mu A}}{1\ \mu A}=20\lg I_{\mu A} \tag{4-10}$$

注：$I_{\mu A}$ 表示以 μA 为单位的电流。

4.1.3.4　磁场强度

由 $H_{A/m}=\frac{E_{V/m}}{Z_\Omega}$ 以及 $H_{dB(\mu A/m)}=20\lg H_{(\mu A/m)}$ 得出：

$$H_{dB(\mu A/m)}=E_{dB(\mu V/m)}-20\lg Z_\Omega\ (120\pi\Omega) \tag{4-11}$$

$$H_{dB(\mu A/m)}=E_{dB(\mu V/m)}-51.5\ dB \tag{4-12}$$

4.1.3.5　磁感应强度

磁感应强度简称磁通密度，通常用 B 来表示。磁通密度的基本单位为特斯拉（T），其定义为 $1\ T=1\ Wb/m^2$；磁通密度的单位有时也使用高斯（Gs）来表示，其中 $1\ Gs=10^{-4}\ T$，$1\ mGs=10^{-7}\ T$。

磁通密度与磁场强度的关系：

$$B_T=\mu H_{A/m} \tag{4-13}$$

注：B_T 是以特斯拉为单位的磁通密度；μ 为介质的绝对磁导率，单位用亨/米(H/m)来表示，在真空中 $\mu_0=4\pi\times10^{-7}$ H/m；$H_{A/m}$ 表示磁场强度，单位为 A/m。注意区分电磁单位亨（H）与磁场强度的符号 H。

4.2　电磁兼容的基础知识

4.2.1　电磁兼容研究的领域

电磁兼容是研究在有限的空间、有限的时间、有限的频谱资源条件下，各种用电设备或系统在公共电磁环境中共存，而不至于引起性能降级的一门学科。电磁兼容研究的内容十分广泛，实用性很强。几乎所有的现代工业，包括电力、通信、交通、航天、军工、计算机、医疗等，都必须解决电磁兼容问题。电磁兼容是以电磁场理论为依据，以近代统计学和计算机为手段，以试验为基础，涉及电波传播、电磁耦合、信号分析、频谱利用、电磁测量、材料学等许多技术领域。通常将电磁兼容研究的问题归结为以下五大方面：

4.2.1.1　电磁骚扰源的特性

骚扰源特性研究的是电磁骚扰产生的机理、频域与时域的特性、表征骚扰源特性的主要参数和抑制骚扰源发射强度的方法等。其中，电磁骚扰源包括自然骚扰源和人为骚扰源。

（1）自然骚扰源包括：

① 来自银河系的电磁噪声。

② 来自太阳系的电磁骚扰。

③ 来自大气层的电磁骚扰。

④ 热噪声等。

（2）人为骚扰源包括：

① 工科医（射频）设备。

② 高压电力系统与电力电子系统。

③ 电牵引系统。

④ 内燃机点火系统。

⑤ 声音和广播电视接收机。

⑥ 家用电器、电动工具与电气照明。

⑦ 信息技术设备。

⑧ 静电放电。

⑨ 核电磁脉冲。

⑩ 通信、广播、定位等大功率设备等。

4.2.1.2　敏感设备的抗干扰性能

敏感设备是指在电磁兼容领域中被干扰或可能受电磁骚扰影响的设备，或者也可将敏感设备在系统分析中视为骚扰接收器。因此，如何提高敏感设备的抗干扰性能，是电磁兼容领域中的研究问题之一。

4.2.1.3　电磁骚扰的传播特性

电磁骚扰的传播特性是研究电磁骚扰如何从骚扰源传播到敏感设备上，包括辐射与传导。电磁兼容领域中传播特性研究的特点：

（1）源的非理想化（源的频域、时域特性的复杂性以及源的几何参数的复杂性）。

（2）宽广的频率范围。

4.2.1.4　电磁兼容测量

目前，对于电磁兼容相关问题的研究存在复杂性，理论上的结果往往与实际值相距甚远，从而使得电磁兼容测量显得极为重要。通常电磁兼容的测量包括测量设备、测量方法、数据处理方法以及测量结果的评价等。

不同国家、地区在对电磁骚扰源研究过程中，其频域与时域特性显著不同。为了使各个国家、各个实验室测量结果之间具有可比性，必须详细规定测量仪器的各方面指标，并且各个国家的仪器指标应该严格相同。

4.2.1.5　系统内与系统间的电磁兼容性

当前要解决电磁兼容问题，如果分别从研究源、传播以及被干扰对象等方面来研究是不够的，因为在一个系统之内或系统之间，电磁检验问题往往要复杂得多。例如：

（1）干扰源可能同时也是敏感设备。

（2）传播的途径往往是多通道的。

（3）干扰源与敏感设备可以同时存在很多。

因此，这就需要我们对系统内或系统间的电磁兼容问题进行分析与预测，其研究的关键在于预测的精度性。但现实中电磁兼容产生的原因常常十分复杂，这就使得我们在研究中很难达到非常高的精度，预测误差可能很大，从而导致失去实用意义。因此，近年来对系统内与系统间的电磁兼容问题的研究，除了“分析”以外，已开始研究“综合”，这方面的进展将对电磁兼容学科起到十分重要的促进作用。

4.2.2　电磁兼容研究的目的

4.2.2.1　电磁干扰的产生及其危害

在电磁环境中，电磁干扰造成的危害是各种各样的，可能从最简单的令人烦恼的现象直到严重的灾难。但是，不管产生何种危害，形成电磁干扰的三要素（图 4-2）：

（1）电磁骚扰源（图 4-3）。

（2）耦合途径或传播通道。

（3）敏感设备。

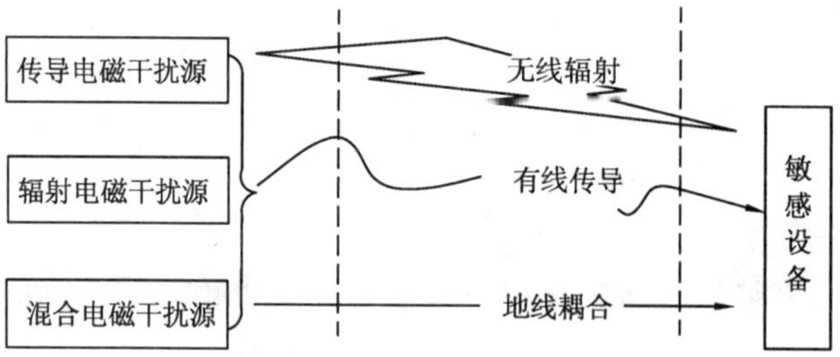

图 4-2　电磁干扰的三要素

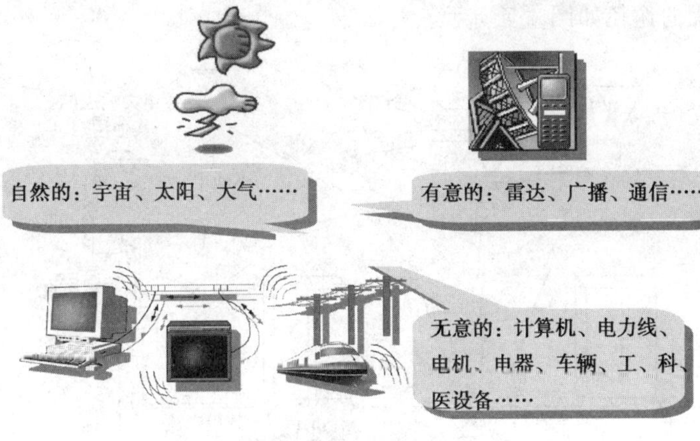

图 4-3　电磁骚扰源

电磁干扰造成的危害有大有小，具体表现在以下几个方面：

(1) 干扰电视的收看、广播收音机的收听。

(2) 在数字系统与数据传输过程中造成数据丢失。

(3) 破坏设备、分系统或系统级的正常工作。

(4) 导致医疗电子设备（如医疗监护仪、心电起搏器等）的工作失常。

(5) 导致自动化微处理器控制系统（如汽车的刹车系统、防撞气囊保护系统）的工作失控。

(6) 导致导航系统的工作失常。

(7) 导致起爆装置的无意爆炸。

(8) 工业过程（如石油或化工生产过程）控制功能的失效。

除此之外，强电场还会对生物体造成影响。

4.2.2.2　电磁骚扰的传播途径

电磁骚扰的传播途径包括传导耦合和辐射耦合两类。

(1) 传导耦合表示在骚扰源和敏感设备之间有完整的电路连接，骚扰信号沿着这个连接电路传递到敏感设备，从而发生干扰现象。这个传输电路通常可包括导线、设备的导电部件、供电电源、公共阻抗、接地平面、电阻、电感、电容和互感元件等。传导耦合包括互传导耦合和导线间的感性与容性耦合等。

(2) 辐射耦合是通过介质以辐射电磁波形式传播，骚扰能量按电磁波的规律向周围空间发射。辐射耦合包括近场耦合和远场耦合，常见的辐射耦合方式（图 4-4）有如下三种：

① 天线对天线的耦合：骚扰源天线发射的电磁波被敏感设备天线意外接收。

② 场对线的耦合：空间电磁场经导线感应而耦合。

③ 线对线的感应耦合：两根平行导线之间的高频信号感应。

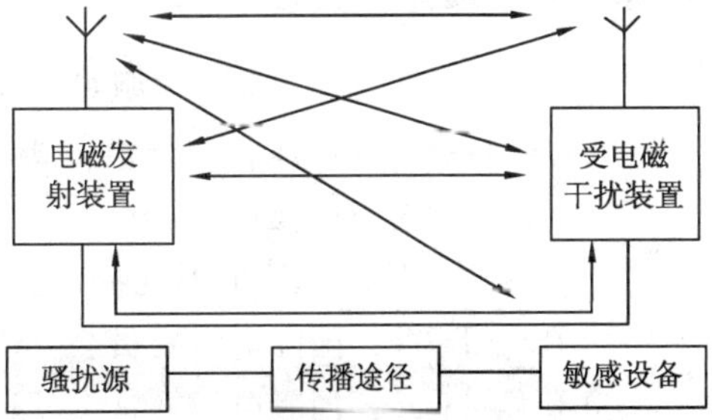

图 4-4　常见的辐射耦合方式

实际电磁干扰的途径如图 4-5 所示。

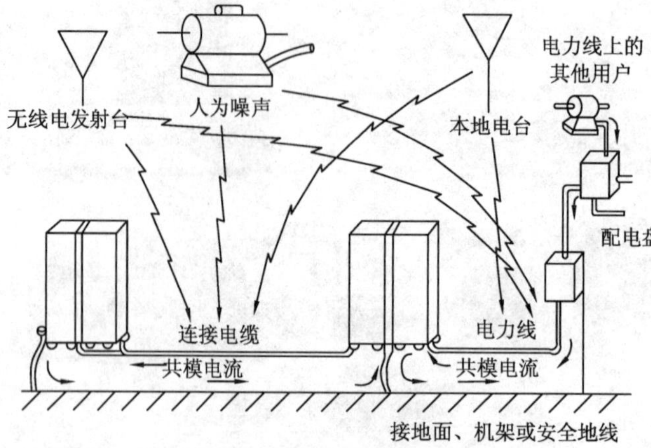

图 4-5　实际电磁干扰的途径

4.2.2.3　电磁骚扰敏感设备

（1）所有的低压小信号的设备都是电磁骚扰的敏感设备。

（2）电磁骚扰以辐射和传导方式侵害敏感设备。

（3）骚扰现象的性质和骚扰程度与端口的类型有关。

（4）端口就如传输的“界面”，通过这些端口，电磁骚扰进入（或出自）被考虑的设备。

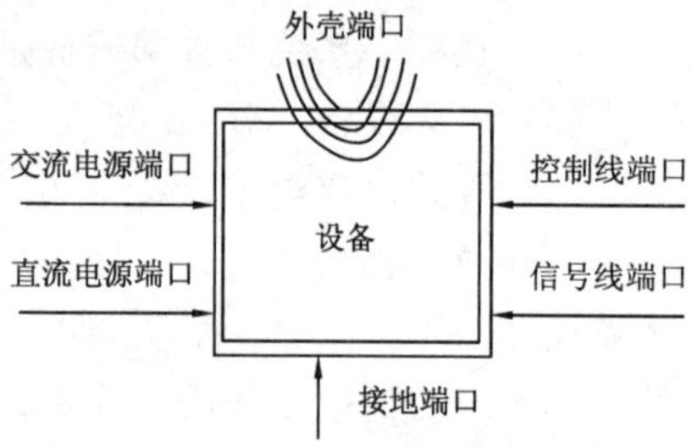

图 4-6　端口示意图

注：利用端口的概念可以对各种设备加以区分，一般将端口分为以下五类（图 4-6）：

外壳端口；

交流电源端口；

直流电源端口；

控制线或信号线端口；

接地端口，即系统和地或参考地之间的连接。

4.2.3　电磁兼容标准

4.2.3.1　电磁兼容标准化组织

电磁兼容标准化组织按照分类方式的不同可分为下面两大类：

（1）电磁兼容——国际标准化组织。

① CISPR：国际无线电干扰特别委员会（1934）。

② IEC/TC77：国际电工委员会 TC77（电磁兼容性技术委员会，1981）。

③ IEC/TC65：国际电工委员会 TC65（工业过程测量和控制技术委员会，1979）。

④ ITU：国际电信联盟。

（2）电磁兼容——国家和地区标准化组织。

① CEN：欧洲标准化委员会（欧洲）。

② CENELEC：欧洲电工标准化委员会（欧洲）。

③ ETSI：欧洲电信标准化委员会（欧洲）。

④ FCC：美国联邦通信委员会（美国）。

⑤ CTCSRI：全国无线电干扰标准化技术委员会（1986）（中国）。

4.2.3.2　电磁兼容（EMC）标准简介

电磁兼容标准主要可以分为下列几种类别：

（1）基础 EMC 标准（Basic EMC Standards）。

基础 EMC 标准是制定 EMC 通用标准、产品类标准和产品标准的基础，它给出了关于实现 EMC 测量的基本条件和规则，但不包括规定的限值和有关具体产品的性能。具体标准部分如下：

① CISPR 16－1/－2/－3/－4 系列（设备、试验设置、不确定度、报告出具）。

② IEC 61000－4 系列抗扰度测试标准（实验方法）。

（2）产品类 EMC 标准（Product Family EMC Standards）。

产品类是指可以采用相同标准的一组类似产品，如信息技术设备（ITE）、家用和商用设备（ITE 除外）、工业设备（ITE 除外）、通信设备、无线电、电视接收机和相关设备、牵引运输设备、公用事业设备（如电、煤气、水等）、医疗设备、测试与试验设备、接到中压和高压供电系统的设备等。

（3）产品 EMC 标准（Product EMC Standards）。

产品 EMC 标准是与特定类型产品有关的 EMC 标准，主要考虑与该产品有关的特殊条件（如负载条件等）。这类标准一般由产品标准化技术委员会（或与全国无线电干扰标准化技术委员会或全国电磁兼容标准化技术委员会）制定。具体的电梯产品标准如下：

① EN 12015 "Electromagnetic Compatibility—Product Family Standard for Lifts, Escalators and Moving Walks—Emission"。

② GB/T 24807—2009《电磁兼容　电梯、自动扶梯和自动人行道的产品系列标准　发射》。

③ EN 12016 "Electromagnetic Compatibility—Product Family Standard for Lifts, Escalators and Moving Walks—Immunity"。

④ GB/T 24808—2009《电磁兼容　电梯、自动扶梯和自动人行道的产品系列标准　抗扰度》。

（4）通用 EMC 标准（Generic EMC Standards）。

没有可适用的产品 EMC 标准和产品类 EMC 标准的产品，则可采用通用 EMC 标准。通用 EMC 标准由全国无线电干扰标准化技术委员会和全国电磁兼容标准化技术委员会负责制定。这些标准规定了适用于特定环境条件下工作的产品或系统的一组基本要求、试验程序和性能判据。

如图 4-7 所示为电磁兼容标准关系图。

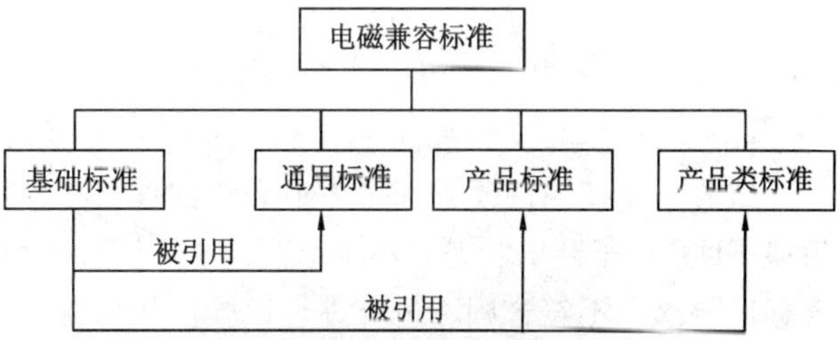

图 4-7　电磁兼容标准关系图

现在各国以及世界组织均成立了相应的管理组织或部门，出台了许多有关标准、规定和措施。例如，欧洲的CE指令、美国的FCC联邦法规都有相应的电磁兼容要求。国内对产品的电磁兼容性能也制定了一系列强制性或推荐性标准，并通过市场监督抽查和国家强制性产品认证（3C认证）等措施来保证市场销售产品的电磁兼容符合性。

4.3　电梯电磁兼容测试简介

通过上述电磁兼容的定义可知，电磁兼容测试主要分为发射测试和抗扰度测试两大类。在电梯上进行的电磁兼容测试也可相应分成电梯电磁兼容发射测试和电梯电磁兼容抗扰度测试两大类。

4.3.1　电梯电磁兼容发射测试

电梯电磁兼容发射测试是根据GB/T 24807—2009《电磁兼容　电梯、自动扶梯和自动人行道的产品系列标准　发射》来进行的。根据该标准规定，电梯电磁兼容发射测试包括连续传导骚扰电压测试、脉冲噪声（断续干扰喀呖声）测试、空间辐射骚扰场强测试、主电源谐波电流测试以及电压波动与闪烁测试等五个方面。

4.3.1.1　连续传导骚扰电压测试

（1）测试目的。

连续传导骚扰电压测试的目的是测量被测设备（下文用EUT代替）通过电源线传导回公共电网的干扰，以电压参量来表示。在较低的频段内，干扰主要是通过传导的方式影响环境。

（2）测试仪器。

连续传导骚扰电压测试中所采用的主要仪器有EMI接收机（图4-8）、人工电源网络（三相）（图4-9）等。

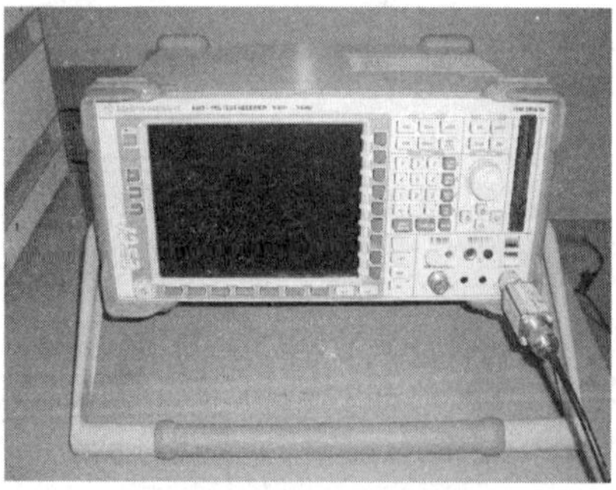

图4-8　EMI接收机

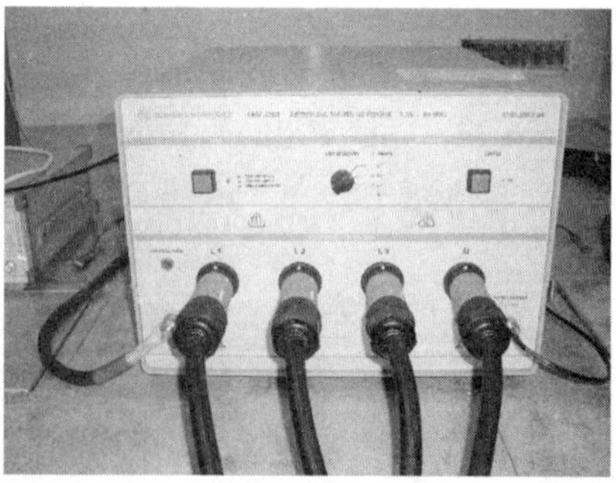

图4-9　人工电源网络（三相）

（3）测试步骤及方法。

试验前先按照图4-10将EUT和测试仪器连接好，确认EUT可以正常通电工作，然后使EUT处于断电状态，在EMI接收机上选择相应的测试标准，测量背景噪声是否符合标准要求，不符合则不适合进行试验，如果背景噪声符合标准要求，则可以将EUT通电进行测试。为了尽可能提高测试精度，在接线过程中应注意：

① 人工电源网络（Line Impedance Stabilization Network，简称 LISN）与参考接地平板应有良好的射频连接，如可使用长宽比不超过 3∶1、厚度为 0.5 mm 的薄铜条接地。接地平板用厚度为 0.5 mm 以上、面积为 2 000 mm×2 000 mm 的金属板。

② 接地线应尽量用长宽比小于 5∶1、厚度为 0.5 mm 的薄铜条。

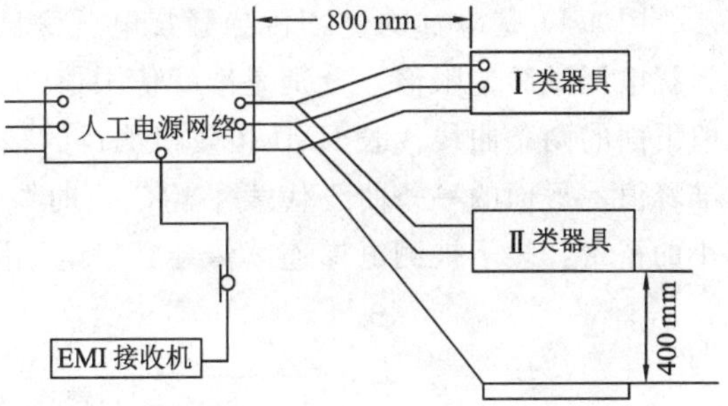

图 4-10　连续传导骚扰电压测试布置简图

③ 被测器具与屏蔽室至少相距 400 mm。

④ 被测器具与人工电源网络之间的距离为 800 mm。

⑤ 被测器具与测量仪器的距离不应小于 800 mm。

⑥ 桌面设备放置在 80 cm 高的绝缘台上，落地设备放置在 10 cm 高的绝缘支撑上。

（4）测试结果判定及分析。

测量时的频率范围为 150 kHz～30 MHz，而各频率点的测量值均不应大于相应的限值（表 4-1、表 4-2）。如果用准峰值检波器测得的数值不大于相应频率点的平均值限值，则认为该器具已符合平均值限值的要求，不必再用平均值检波器进行测量。

表 4-1　交流主电源端口（传导）发射限值

频率范围/MHz	限值/dB（μV）		
	在额定输出电流下测量①		
	<25 A	25～100 A	>100 A③
0.15≤f<0.5	79（准峰值） 66（平均值）	100（准峰值） 90（平均值）	130（准峰值） 120（平均值）
0.5≤f<5.0	73（准峰值） 60（平均值）	86（准峰值） 76（平均值）	125（准峰值） 115（平均值）
5.0≤f<30	73（准峰值） 60（平均值）	90～70②（准峰值） 80～60②（平均值）	115（准峰值） 105（平均值）

注：① 装置的设计电流。② 随频率的对数而减小。③ 假定来自特定变压器的专用电源。

表 4-2　输出端口（传导）发射限值

频率范围/MHz	限值/dB（μV）
	在额定输出电流下测量
0.15≤f<0.5	80（准峰值） 70（平均值）
0.5≤f<5.0	74（准峰值） 64（平均值）
5.0≤f<30	74（准峰值） 64（平均值）

图 4-11 是电梯的连续传导骚扰电压测试数据曲线图。图中上面的两条线是传导连续骚扰电压试验的限值，分别是准峰值限值（12015QM）以及平均值限值（12015AM）；限值下面的两条曲线代表 EMI 接收机测得的被测电梯传导骚扰情况，上面的一条曲线代表准峰值，下面的一条曲线代表平均值，曲线上的各频率点距离各自相应的限值都有着不小的裕量，表示被测电梯连续传导骚扰电压测试结果合格。

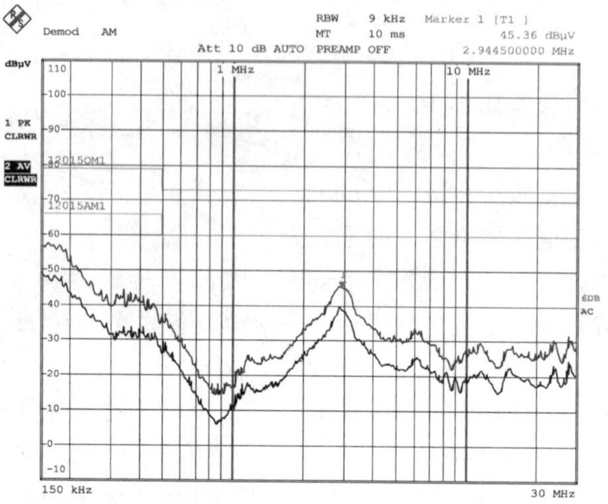

图 4-11　电梯的连续传导骚扰电压测试数据曲线图

4.3.1.2　脉冲噪声（断续干扰喀呖声）测试

脉冲噪声或者喀呖声（Click）是指超过连续骚扰的限值，持续时间不大于 200 ms，而且后一个骚扰离前一个骚扰至少为 200 ms 的一种骚扰，通常是测量 EUT 通过电源线传回电网的干扰。与连续骚扰电压不同的是，这些干扰是由于程控开关、继电器、温控器等动作而产生的，是断续的。

在一般情况下，我们将 1 min 内的喀呖声或开关操作数称作喀呖声率，一般用 N 来表示：

$$N=n\times f/T \tag{4-14}$$

注：n 为总喀呖声或开关操作数；T 为总运行时间；f 为因数，因产品不同而异，电梯产品测试时 $f=1$。

（1）测试目的。

脉冲噪声（断续干扰喀呖声）测试的目的是测量被测设备通过电源线传回电网的断续干扰。

（2）测试仪器。

脉冲噪声测试中所采用的主要仪器有断续干扰分析仪（图 4-12）和人工电源网络等。

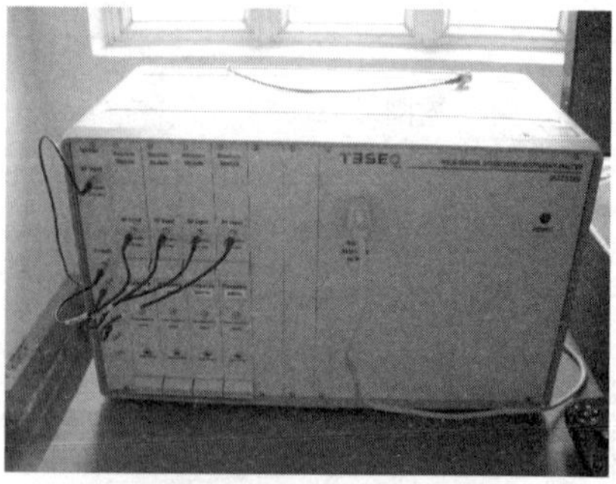

图 4-12　断续干扰分析仪

（3）测试步骤及方法。

在测试前按图 4-13 将测试仪器和被测器具连接好。在测试过程中，测试的频率范围为 148.5 kHz～30 MHz，30 MHz 以上用 30 MHz 表示。依据 GB 4343.1—2018《家用电器、电动工具和类似器具

的电磁兼容要求　第1部分：发射》规定的限值对可能引起断续骚扰（喀呖声）的开关操作进行测试，其中选取4个频率点来代表这个频率范围进行测量，测量的频率点分别为150 kHz、500 kHz、1.4 MHz、30 MHz。

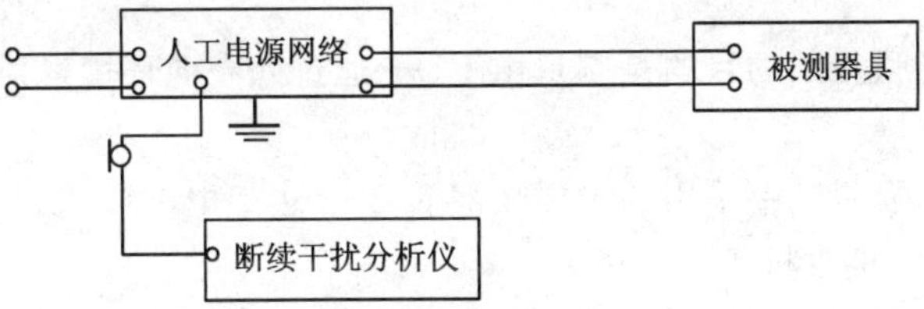

图 4-13　脉冲噪声（断续干扰喀呖声）测试布置简图

① 相关的喀呖声允许值取决于连续干扰允许值 L 和可计喀呖声率 N。如果脉冲噪声出现的频率大于每分钟30个，那么参照表4-1的内容进行测试判定；如果出现的频率介于每分钟0.2个到30个，那么就按照相应公式计算出的结果加上原限值 L 作为新的限值 L_q 进行测试判定：

$$L_q=\begin{cases} L+44 & (N<0.2) \\ L+20\lg(30/N) & (0.2\leqslant N<30) \\ L & (N\geqslant 30) \end{cases} \tag{4-15}$$

根据喀呖声率和相应频率的连续干扰允许值，计算出相应的喀呖声允许值，再测定超过喀呖声允许值的喀呖声数或开关操作数。

② 对于非自动停止的器具，最小观测时间是记录产生40个喀呖声或相关的40次开关操作的时间，或120 min（两者中取较小者）。

③ 对于自动停止的器具，最小观测时间是记录产生40个喀呖声或相关的40次开关操作所需的完整程序的最短时间；试验开始后120 min，不需产生40个喀呖声，程序结束则停止试验。前一程序结束到后一程序开始的间隔应从最小观测时间中扣除，能防止立即启动的器具再启动程序所需的最短时间应包括在最小观测时间内。

④ 试验布置注意事项：

a. 人工电源网络与参考接地平板应有良好的射频连接，如使用长宽比不超过3∶1、厚度为0.5 mm的薄铜条接地。接地平板用厚度为0.5 mm以上、面积为2 000 mm×2 000 mm的金属板。

b. 接地线应尽量用长宽比小于5∶1、厚度为0.5 mm的薄铜条。

c. 其他试验布置与连续传导骚扰电压测试类似。

（4）测试结果判定及分析。

① 上四分位法：被试器具在最小观测时间内记录到的超过喀呖声允许值 L_q 的喀呖声数或开关操作数不超过可计喀呖声数或可计开关操作数的四分之一，则认为被试器具合格。（详情请参见GB 4343.1—2009《家用电器、电动工具和类似器具的电磁兼容要求》附录C和附录B中的介绍，在此不再详述）

② 喀呖声率不大于5，且为瞬时开关（每个喀呖声的持续时间小于10 ms）的器具，无论喀呖声幅度的大小，都认为该器具符合要求。

③ 如出现下述情况的断续骚扰，则应采用连续骚扰限值，即直接判定试验为不合格：

a. 不满足喀呖声定义的骚扰；

b. 喀呖声率 $N \geqslant 30$ 的喀呖声。

4.3.1.3　空间辐射骚扰场强测试

（1）测试目的。

空间辐射骚扰场强测试的目的是测量由 EUT 通过外壳向环境发射的骚扰场强大小。

（2）测试仪器。

空间辐射骚扰场强测试中采用的主要仪器有 3 m 法半电波暗室（10 m 法电波暗室最好）、接收天线、EMI 接收机等。

（3）测试步骤及方法。

① 首先，将便携式或非落地式 EUT 放在 0.8 m 高的木桌上，木桌应放在转台中央，使 EUT 中心与转台垂直轴线尽可能重合（图 4-14）。对于落地式 EUT，则将其直接放在转台中央，保持接触点与地面绝缘，将天线垂直或水平安装在距离转台垂直轴线 3 m 远处（图 4-15）。

② EUT 电源线长度为 1 m，超出部分折成 0.4 m 长的线束，接地线也应接在 LISN 上。当 EUT 没有提供接地线时，应用 1 m 长导线与电源线平行铺设，其间距不大于 0.1 m。互连电缆的型号与长度应与 EUT 技术要求中的一致。如果电缆长度可以改变，则在测量中应选择产生最大骚扰的长度。

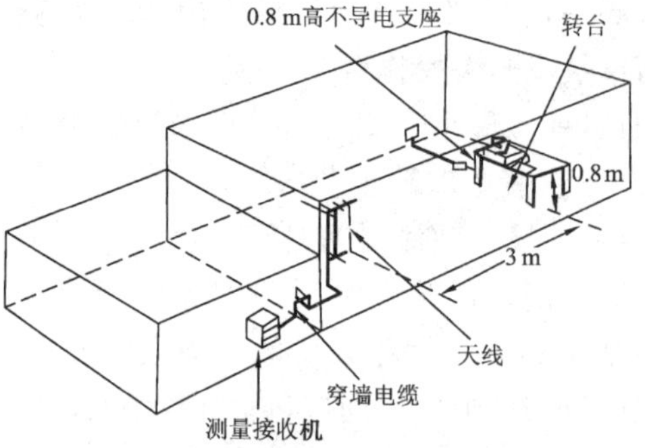

图 4-14　空间辐射骚扰场强测试布置简图（非落地式设备）

图 4-15　空间辐射骚扰场强测试实例图（落地式设备）

③ 测量步骤：

a. 固定天线高度，固定天线的极化方向，用峰值对整个测量频段内进行预扫描，同时使转台 360°不停旋转。

b. 在峰值距限值较近的频点用准峰值进行终测，此时应使转台旋转，以寻找最大值的相位，再使天线在 1 m 至 4 m 范围内上下移动，记录测得的最大值作为测量结果。在天线的另一个极化方向上按上述方法进行重复测量。

(4) 测试结果判定及分析。在整个试验频段，测试的频率范围应为 300～1 000 MHz，天线垂直和水平两个极化方向上的测量值须同时满足限值相应要求（表 4-3）。

表 4-3　外壳端口（辐射）发射限值

频率范围/MHz	在测试现场距离测量处 10 m 的限值*/dB（$\mu V \cdot m^{-1}$）
$30 \leqslant f < 230$	40（准峰值）
$230 \leqslant f < 1\,000$	47（准峰值）

注：*这些限值是基于 GB 17799.4—2001《电磁兼容　通用标准　工业环境中的发射标准》的规定值，如果在小于 10 m 距离处测量，则应按照 GB 4824—2004《工业、科学和医疗（ISM）射频设备电磁骚扰特性限值和测量方法》进行，测量距离不应小于 3 m。

4.3.1.4　主电源谐波电流测试

(1) 测试目的。

电网谐波主要来自三个方面：一是发电源质量不高产生的谐波，二是输配电系统产生的谐波，三是用电设备产生的谐波。其中，用电设备产生的谐波最多（由负载的非线性特性引起）。谐波电流发射的危害有：

① 对供配电线路的危害：影响线路的稳定运行、影响电网的质量等。

② 对电力设备（如电力电容器、电力变压器和电力电缆等）的危害。

③ 对用电设备（如电动机、低压开关设备、弱电系统设备等）的危害。

④ 影响电力测量的准确性。

⑤ 对人体有影响。

主电源谐波电流测试的目的就是用来防止设备对电网发出的谐波超过标准限制的要求。

(2) 测试仪器。

主电源谐波电流测试中采用的主要仪器有谐波分析仪、纯净电源。由于电梯工作电流大，很难找到合适的纯净电源与之匹配，所以实际操作时，电梯主电源谐波电流发射常采用电能分析仪加市网供电的组合。

(3) 测试步骤及方法。

按图 4-16 将 EUT 和测试仪器连接好。对电梯产品或部件来说，根据 GB/T 24807—2009《电磁兼容电梯、自动扶梯和自动人行道的产品系列标准发射》的规定，采用基础标准 IEC 61000-3-12 中的限值（表 4-4）进行主电源谐波电流发射测试。

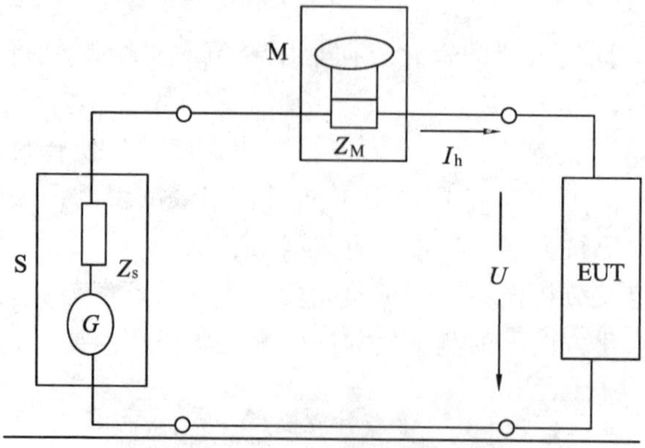

S—供电电源；M—测量设备；Z_s—供电电源内阻抗；Z_M—测量设备输入阻抗；
EUT—受试设备；I_h—线电流的第 h 次谐波分量；U—试验电压；G—供电电源的开路电压

图 4-16　主电源谐波电流测试布置简图

表 4-4　谐波畸变率限值

环境现象	试验方法	百　分　比	限　　值*
谐波畸变率	IEC 61000 - 3 - 12	I_5/I_1 [%] I_7/I_1 [%] I_{11}/I_1 [%] I_{13}/I_1 [%]	31 20 12 7
谐波畸变系数	IEC 61000 - 3 - 12	THD [%] PWHD [%]	37 38

注：本表列出的限值适用于连接到 230/400 V、50 Hz 的系统，偶次谐波（最高至 12 次）的相对值不应超过 16/n%，与奇次谐波一样，超过 12 次的偶次谐波计入 THD 和 PWHD，不设单独限值。* 规定的限值基于 IEC 61000 - 3 - 12 的 R_{SCe} = 250（平衡的三相设备）。

（4）测试结果判定及分析。测量结果必须满足表 4-4 中相应阶次谐波限值要求。

4.3.1.5　电压波动与闪烁测试

（1）测试目的。

用电设备在启动的瞬间会将电源端（或电网）的电压暂时拉低，这种电源端电压瞬间暂时的降低将可能影响到使用同一电源的其他用电设备的正常工作，甚至可能产生闪烁而影响到电源端供电的稳定。这种情况是电器设备在使用过程中产生的必然现象，导致这种情况的原因主要是负载的突然变化，因此，需要对这种情况进行一定程度的控制，以保证用电设备之间能共同正常工作。通常情况下，这种电压的变化需要满足 IEC 61000 - 3 - 11 中的限值要求。电压变化产生的干扰影响不仅仅取决于电压变化的幅度，还取决于它产生的频度。电压波动指标反映了突然的较大的电压变化程度，而闪烁指标则反映了一段时间内连续的电压变化情况。因此，电压波动与闪烁测试的目的是防止设备供电电网产生的电压波动和闪烁对该设备的影响超过标准限制要求。

（2）测试仪器。

电压波动与闪烁测试中所采用的主要仪器有电压波动和闪烁测量仪等。

（3）测试步骤及方法。

首先，按照图 4-17 将测试仪器和被测设备连接起来。在测试时，按照 IEC 61000－3－11 定义的若干个数学参数来描述这种电压波动的变化和测量这种变化。

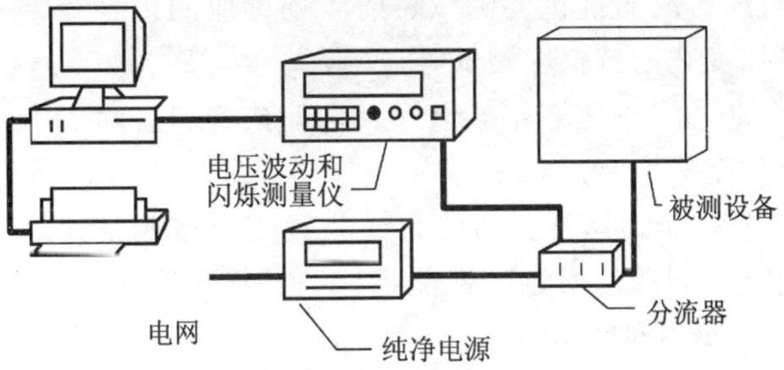

图 4-17　电压波动和闪烁测试布置简图

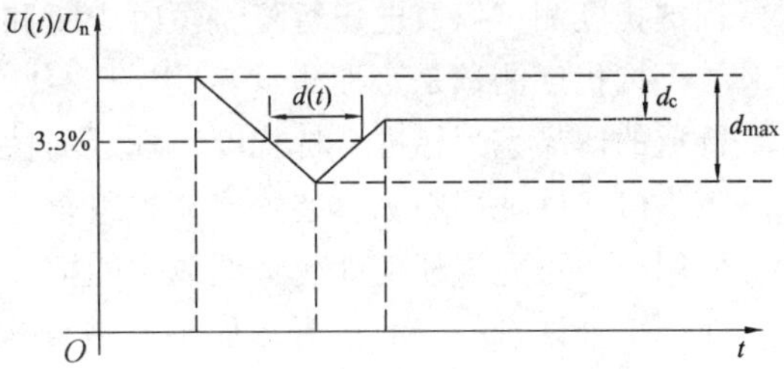

图 4-18　电压波动的三个指标

① 电压波动的三个指标（图 4-18）：

a. 最大相对电压变化特性 d_{max}；

b. 相对稳态电压变化特性 d_c；

c. 相对电压变化特性 $d(t)$。

② 闪烁的三个指标：

a. 短期闪烁 P_{st}；

b. 长期闪烁 P_{lt}。

③ 在测试过程中，不应超过下述限值：

a. P_{st}值不大于 1.0；

b. P_{lt}值不大于 0.65；

c. 相对稳态电压变化 d_c不超过 3.3%；

d. 最人相对电压变化 d_{max}不超过 4%、6%或 7%；

e. 在电压变化期间 $d(t)$ 值超过 3.3%的时间不大于 500 ms。

电压波动和闪烁测量仪把电源频率上调制的电压变化波形解调出来进行分析，得到电压波动的三个指标。测量闪烁时，该调制信号送入“白炽灯—人眼—人脑对电压变化的响应”模拟网络，然后再对模拟网络的输出进行概率统计处理，求得 P_{st}和 P_{lt}。

对于一次正常运行时间大于 30 min 的设备来说，一般需对 P_{lt}进行评定。如果电压变化是由手动开关造成或发生率低于每小时一次，则 P_{st}和 P_{lt}限值不适用。对阻抗需满足下述要求：

单相：$R_A + jX_A = 0.4\ \Omega + j0.25\ \Omega$。

三相：$R_A = 0.24\ \Omega$，$jX_A = 0.15\ \Omega$；$R_N = 0.16\ \Omega$，$jX_N = 0.10\ \Omega$。

（4）测试结果判定及分析。

① 各项指标不超过相应限值为合格。

② 若超过相应限值要求，依据 EN 61000－3－11 或 IEC 61000－3－11 标准计算阻抗。

4.3.2　电梯电磁兼容抗扰度测试

电梯电磁兼容抗扰度测试是根据 GB/T 24808—2009《电磁兼容　电梯、自动扶梯和自动人行道的产品系列标准　抗扰度》来进行的。

根据GB/T 24808—2009《电磁兼容　电梯、自动扶梯和自动人行道的产品系列标准　抗扰度》规定，电梯电磁兼容抗扰度测试包括静电放电抗扰度测试、射频空间辐射电磁场抗扰度测试、电快速瞬变脉冲群抗扰度测试、浪涌抗扰度测试、射频场感应的传导骚扰抗扰度测试以及电压暂降、短时中断和电压变化的抗扰度测试等。

抗扰度测试是定性测量，GB/T 24808—2009《电磁兼容　电梯、自动扶梯和自动人行道的产品系列标准　抗扰度》规定的性能判定标准有：

（1）性能准则A：装置或装置组合应按设计连续运行。当装置或装置组合按照设计使用时，不允许任何性能降低或功能损失到低于制造商给定的性能指标。在某些情况下，性能可允许有一定的损失。如果制造商未给定最低的性能指标或允许的性能损失，可根据产品描述、文件和使用者对装置或装置组合合理的期望来确定。

（2）性能准则B：在试验后装置或装置组合应按设计连续运行。当装置或装置组合按照设计使用时，不允许任何性能降低或功能损失到低于制造商给定的性能指标。在某些情况下，性能可允许有一定的损失。在试验过程中，允许性能降低，但是不允许改变实际运行状态和存储的数据。如果制造商未给定最低的性能指标或允许的性能损失，可根据产品描述、文件和使用者对装置或装置组合合理的期望来确定。

（3）性能准则C：（略）。

（4）性能准则D：装置或装置组合和有关安全部件应按设计连续运行。除非因故障进入安全模式，不允许任何性能降低或功能损失。

抗扰度试验结果的判定应该有客观的依据，试验人员可利用客观量化的手段来记录被测设备在试验中的表现，再根据此表现运用性能标准来判定试验的结果。（如用相应工具测量被测设备受到干扰信号干扰时电流的变化、速度的变化或者目测被测设备工作程序状态的改变，以此为依据判断被测设备的表现符合性能标准的哪一条）

GB/T 24808—2009《电磁兼容　电梯、自动扶梯和自动人行道的产品系列标准　抗扰度》中的表1至表7详细规定了装置或装置组合各个端口进行抗扰度测试的试验方法、试验值以及判定试验合格与否的性能标准，其中，外壳端口、每相额定电流≤100 A的交流电源输入和输出端口、每相额定电流>100 A的交流电源输入和输出端口的抗扰度测试如表4-5至表4-7所示。

表4-5　外壳端口的抗扰度测试

环境现象	试验方法	单　位	试验值		性能标准	
			所有电路①	安全电路②	所有电路①	安全电路②
静电放电③	GB/T 17626.2—2006	kV（充电电压）	4（接触放电） 8（空气放电）	6（接触放电） 15（空气放电）	B	D
射频电磁场④	GB/T 17626.3—2006	MHzV/m（有效值，未调制）%AM（1 kHz）	80～1 661 080	80～16 610⑤80	A	D
射频电磁场④	GB/T 17626.3—2006	MHzV/m（有效值，未调制）%AM（1 kHz）	166～1 0 001 080	166～100 030⑤80	A	D

续表

<table>
<tr><th rowspan="2">环境现象</th><th rowspan="2">试验方法</th><th rowspan="2">单　　位</th><th colspan="2">试　验　值</th><th colspan="2">性能标准</th></tr>
<tr><th>所有电路①</th><th>安全电路②</th><th>所有电路①</th><th>安全电路②</th></tr>
<tr><td>射频电磁场④</td><td>GB/T 17626.3—2006</td><td>MHzV/m（有效值，未调制）%AM（1 kHz）</td><td>1 710～
1 7 841 080</td><td>1 710～
178 430⑤ 80</td><td>A</td><td>D</td></tr>
<tr><td>射频电磁场④</td><td>GB/T 17626.3—2006</td><td>MHzV/m（有效值，未调制）%AM（1 kHz）</td><td>1 880～
1 960 380</td><td>1 880～
196 010⑤ 80</td><td>A</td><td>D</td></tr>
</table>

注：① 包含一般功能或安全电路的端口的试验值。② 包含安全电路的端口的试验值。③ 如果安全电路不在接地的金属盒中，为避免现场被损坏，应在盒与电路之间保持至少 8 mm 的距离，或采用其他类型的绝缘。④ 对于试验强度、防护距离与移动电话的辐射功率之间的关系，可以参考 GB/T 17626.3—2006《电磁兼容　试验和测量技术　射频　电磁场抗扰度试验》。⑤ 场强可通过现场的距离来限制，如对于移动电话为 200 mm。因此，如果未使用任何射频屏蔽阻隔，则物理阻隔应维持在安全电路与潜在的干扰源之间 200 mm 的距离。

表 4-6　每相额定电流≤100 A 的交流电源输入和输出端口的抗扰度测试①

<table>
<tr><th rowspan="2">环境现象</th><th rowspan="2">试验方法</th><th rowspan="2">单　　位</th><th colspan="3">试　验　值</th><th colspan="2">性能标准</th></tr>
<tr><th>所有电路②</th><th colspan="2">安全电路③</th><th>所有电路②</th><th>安全电路③</th></tr>
<tr><td>电快速瞬变脉冲群</td><td>GB/T 17626.4—2008</td><td>kV（峰值）T_r/T_h（ns）重复频率（kHz）</td><td>1.0
5/50
5</td><td colspan="2">4.05/502.5</td><td>B</td><td>D</td></tr>
<tr><td rowspan="2">电压暂降</td><td rowspan="2">GB/T 17626.11—2008</td><td rowspan="2">%降低 ms</td><td rowspan="2">30
10</td><td colspan="2">30 和 60④</td><td rowspan="2">A</td><td rowspan="2">D</td></tr>
<tr><td>10～100
步幅 10 ms</td><td>100～1 000
步幅 100 ms</td></tr>
<tr><td>电压中断</td><td>GB/T 17626.11—2008⑤</td><td>%降低 ms</td><td>不适用</td><td colspan="2">>95④
5 000</td><td>不适用</td><td>D</td></tr>
<tr><td>线对地浪涌、线对线</td><td>GB/T 17626.5—2008</td><td>T_r/T_h（μs）
kV（峰值）
kV（峰值）</td><td>1.2/50
+/−2.0
+/−1.0⑥</td><td colspan="2">1.2/50
+/−2.0
+/−1.0</td><td>B</td><td>D</td></tr>
<tr><td>射频场感应的传导骚扰</td><td>GB/T 17626.6—2008</td><td>MHzV（有效值，未调制）%AM（1 kHz）</td><td>0.15～
80 380⑦</td><td colspan="2">0.15～
801 080⑦</td><td>A</td><td>D</td></tr>
</table>

注：T_r是脉冲的上升时间，T_h是脉冲的持续时间，在相关试验方法的标准中定义了脉冲的波形。① 不适用于连接到专用的非充电电源的输入端口。② 包含一般功能或安全电路的端口的试验值。③ 包含安全电路的端口的试验值。④ 如果电压降到低于设计功能的限值，安全电路应进入安全状态。⑤ 见 GB 12668.3—2003《调速电气传动系统　第 3 部分：产品的电磁兼容性标准及其特定的试验方法》中的 5.2.2 条。⑥ 仅适用于输入端口。⑦ 试验强度也可被定义为相同的电流注入 150 Ω 负载。

表 4-7　每相额定电流>100 A 的交流电源输入和输出端口的抗扰度测试

环境现象	试验方法	单　位	试　验　值		性能标准	
			所有电路①	安全电路②	所有电路①	安全电路②
电快速瞬变脉冲群	GB/T 17626.4—2008	kV（峰值） T_r/T_h（ns） 重复频率（kHz）	+/−2.0 5/50 5	不适用	B	不适用
线对地浪涌、线对线	GB/T 17626.5—2008	T_r/T_h（μs） kV（峰值） kV（峰值）	1.2/50 +/−2.0 +/−1.0	不适用	B	不适用
射频场感应的传导骚扰	GB/T 17626.6—2008	MHzV（有效值，未调制） %AM（1 kHz）	0.15～80 380④	不适用	A	不适用

注：T_r是脉冲的上升时间，T_h是脉冲的持续时间，在相关试验方法的标准中定义了脉冲的波形。① 仅包含一般功能的端口的试验值。② 包含安全电路的端口的试验值。③ 仅适用于交流输入端口。④ 试验强度也可被定义为相同的电流注入 150 Ω 负载。

4.3.2.1　静电放电抗扰度测试

(1) 测试目的。静电产生的原因是摩擦生电。通常静电放电对电路产生的干扰，主要是由特大的瞬间放电电流对电路的感应所产生的噪声，以及放电电流使基准地（如机壳地、信号地等）的电位发生偏移波动，从而导致对电路正常工作的干扰。

因此，静电放电抗扰度测试的目的是模拟人体带有静电操作被测试设备发生放电时对被测试设备造成的影响。如图 4-19 所示为影响静电放电的因素。

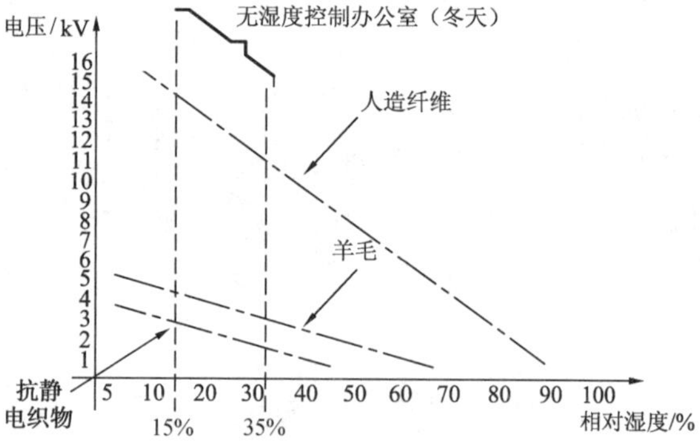

图 4-19　影响静电放电的因素

从图 4-19 可以看出，除了材质之外，影响静电放电的主要因素是湿度，所以测试时首先要注意测试环境的温湿度是否在标准要求范围之内。

(2) 测试仪器。静电放电抗扰度测试中使用的主要仪器有静电枪（图 4-20）等。

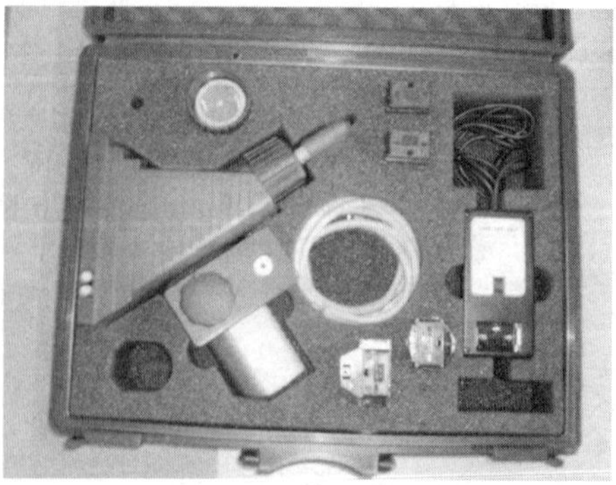

图 4-20　静电枪

(3) 测试步骤及方法。静电放电抗扰度测试是依据电磁兼容测试基础标准 GB/T 17626.2—2018《电磁兼容　试验和测量技术静电放电抗扰度试验》规定的方法进行的。首先，按照图 4-21 布置好被测设备，试验应在标准规定的温湿度范围内进行（温度为 15～35 ℃，湿度为 30%～60%），在布置测试装置时应注意：

① 试验应使用参考接地板，面积不小于

1 m²，每边至少超出器具或耦合板 0.5 m。

② 对于非导电外壳，放电要施加到水平或垂直耦合板上。对于接触放电不能施加的场合，使用空气放电。

a. 直接放电。直接放电是指对 EUT 直接施加的放电。

b. 间接放电。间接放电可分为对水平耦合板的间接放电和对垂直耦合板的间接放电。

(a) 对 EUT 每边的水平耦合板（1.6 m×0.8 m）都施加 20 次放电（10 次正极性，10 次负极性）。静电放电应垂直施加在距 EUT 0.1 m 的地方，放电极要接触到耦合板。

(b) 垂直耦合板（0.5 m×0.5 m）平行于 EUT，且距 EUT 0.1 m，垂直耦合板放置位置应充分考虑保证被试器具的四个侧面不同地方的抗干扰能力都得到证明。在耦合板垂直边的中点上放电 20 次（10 次正极性，10 次负极性）。

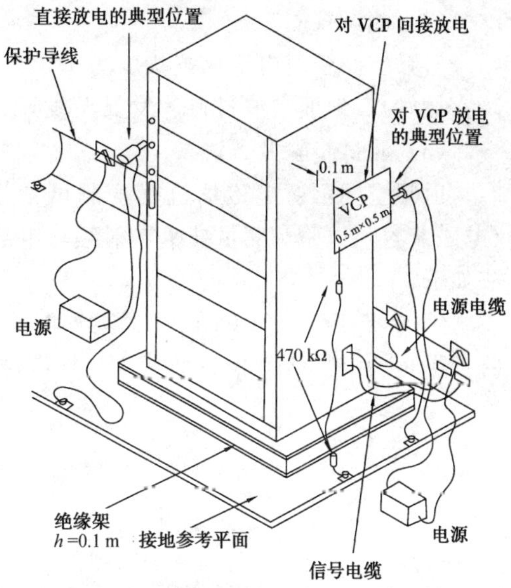

图 4-21 静电放电抗扰度测试布置简图

c. 接触放电。对 EUT 外壳每一个可能触及的金属部分施加 20 次放电（10 次正极性，10 次负极性）。施加放电时静电放电发生器的放电尖头应尽可能垂直于被施加的金属面，放电回路电缆应保持距被试设备 0.2 m 以上。在操作放电开关前要保证放电尖头已确实接触到被试设备。

d. 空气放电。放电极的圆形放电头尽可能快地接触到 EUT，但不应导致 EUT 机械损伤。每次放电后，静电放电发生器应从 EUT 处移开，以便发生器重新触发下一次放电。放电次数要求同样为 20 次（10 次正极性，10 次负极性）。

注：在空气放电测试时，用于接触放电的放电开关要闭合。

(4) 静电放电的危害。

① 引起电子设备的故障或误动作，造成电磁干扰。

② 击穿集成电路和精密的电子元件，或者促使元件老化，降低生产成品率。

③ 高压静电放电造成电击，危及人身安全。

④ 在多易燃易爆品或粉尘、油雾的生产场所极易引起爆炸和火灾。

(5) 抗静电措施。

① 线路接地：可靠、线路短。

② 结构注意事项：火花可能会通过外壳缝隙到达印制线路板，设备外壳缝隙需要处理好。

③ 生产过程中，操作人员应在手腕上戴防静电手带。

4.3.2.2 射频空间辐射电磁场抗扰度测试

(1) 测试目的。

射频空间辐射电磁场抗扰度测试的目的是模拟环境电磁场干扰对被测试设备造成的影响。

（2）测试仪器。

射频空间辐射电磁场抗扰度测试中所采用的主要仪器有 3 m 法半电波暗室（全电波暗室最好）、地面吸波材料、发射天线等。

（3）测试步骤及方法。

射频空间辐射电磁场抗扰度测试依据电磁兼容测试基础标准 GB/T 17626.3—2006《电磁兼容　试验和测量技术　射频　电磁场抗扰度试验》规定的方法进行试验。具体方法如下：

① 将 EUT 置于 0.1 m 高的不导电的支撑物上（台式设备置于 0.8 m 高的不导电的试验台上），并使 EUT 的一面与均匀场区域平面重合，如图 4-22 所示。

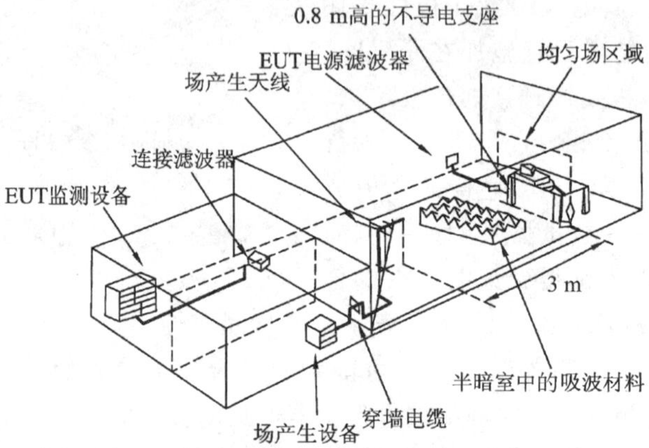

图 4-22　射频空间辐射电磁场抗扰度测试布置简图

② 试验前先进行均匀场校准，运用校准场时获得的数据产生试验场（防止场的畸变）。

③ 试验时 EUT 应在电波暗室内按其运行规程并在标准规定的气候条件下进行工作，用 1 kHz 的正弦波对信号进行 80%的幅度调制后通过发射天线对受试设备进行干扰。试验扫描频率范围：80～1 000 MHz，扫描速率$\leqslant 1.5\times 10^{-3}$十倍频程/s，频率步长$\leqslant$1%起始频率（前一个频率）；每个频点的停留时间不小于 EUT 操作和反应所需的时间，一般为 1 s。

④ 发射天线垂直和水平极化位置在 EUT 每个面上各试验一次。如图 4-23 所示为射频空间辐射电磁场抗扰度测试实物图。

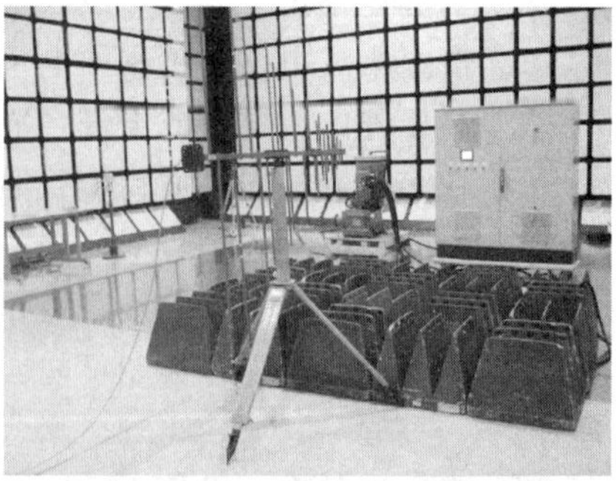

图 4-23　射频空间辐射电磁场抗扰度测试实物图

4.3.2.3　电快速瞬变脉冲群抗扰度测试

（1）测试目的。

瞬态脉冲产生于电源干扰引起的故障。例如，当电感性负载（如继电器、接触器等）在断开时，由于开关触点间隙的绝缘击穿或触点弹跳等，会在断开处产生暂态骚扰，这种暂态骚扰以脉冲群形式出现，如果电感性负载多次重复开关，则脉冲群又会以相应的时间间隔多次重复出现，如图 4-24、图 4-25 所示。

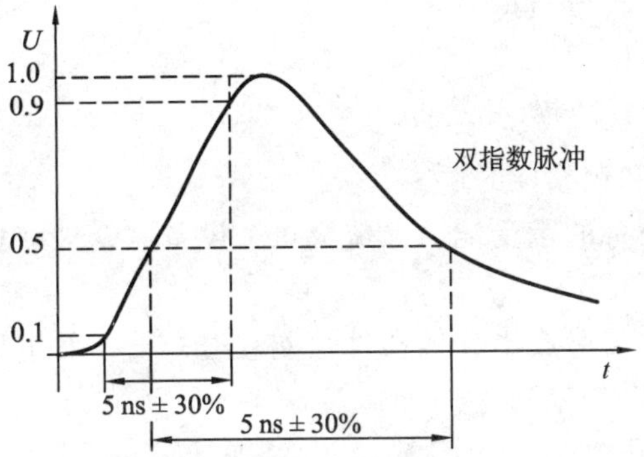

图 4-24 接 50 Ω 负载时单个脉冲的波形

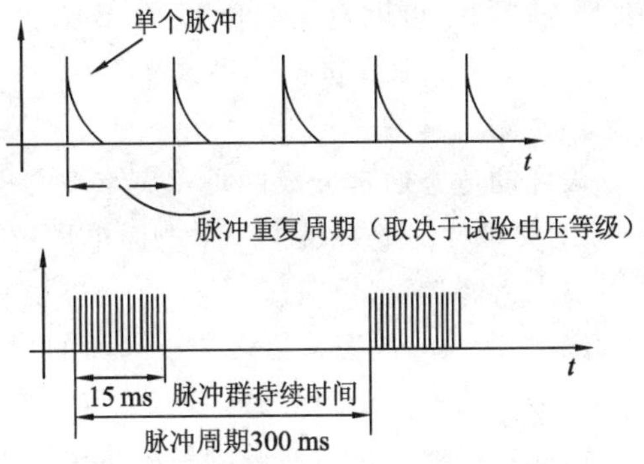

图 4-25 电快速瞬变脉冲群波形图

瞬态脉冲具有幅度高、脉宽窄、能量弱、发生频率高等特点，一般不会直接造成电子器件的损坏，但容易使电子器件被干扰而出现误动作。

因此，电快速瞬变脉冲群抗扰度测试的目的是模拟来自电源的瞬态脉冲群干扰引起的故障对 EUT 造成的影响。

（2）测试仪器。

电快速瞬变脉冲群抗扰度测试仪器（图 4-26）主要有 EFT/B 试验发生器、耦合/去耦网络、电源（直流/交流）端口、容性耦合夹、I/O 和通信端口等。

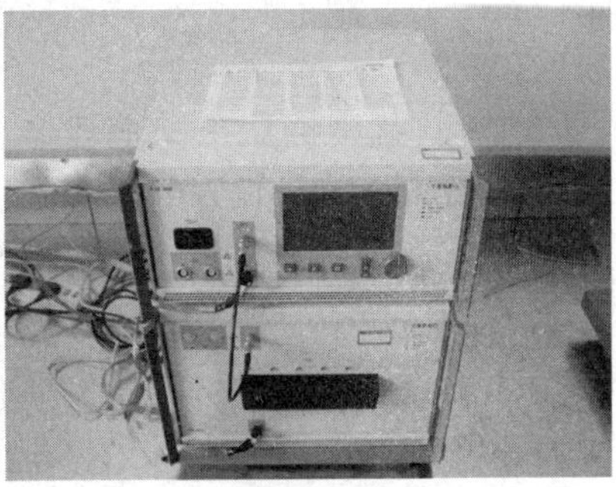

图 4-26 电快速瞬变脉冲群抗扰度测试仪器

（3）测试步骤及方法。

电快速瞬变脉冲群抗扰度测试依据电磁兼容测试基础标准 GB/T 17626.4—2006《电磁兼容 试验和测量技术 电快速瞬变脉冲群抗扰度试验》规定的方法进行试验，具体方法如下：

① 将 EUT 放在一张参考接地板上（参考接地板应连接到保护性接地系统，且每边伸出 EUT 的几何投影至少为 0.1 m；若使用耦合夹，参考接地板应每边伸出耦合夹至少 0.1 m），并用一块 0.1 m±0.01 m 厚的绝缘垫使其与参考接地板绝缘。

② EUT 按安装说明连接到接地系统上，不许进行额外的接地连接。试验设备的接地线应尽可能短，耦合装置和 EUT 之间的信号线和电源线的长度应为 1 m 或更短。

③ 在被试设备和所有其他导电物体（如屏蔽室的墙体）之间应留有至少 0.5 m 的距离（EUT 下面的地板除外）。

④ 试验时将脉冲串电压以正极性和负极性在各相应测试端口各施加 2 min。具体端口情况如下：

a. 耦合到交流电源的输入和输出端：EUT 经过耦合/去耦网络连接到交流电源上，耦合/去耦网络可以直接耦合 EFT/B 信号到 EUT 上。

b. 耦合到信号线和控制线：使用容性耦合夹把扰动试验电压施加到 I/O 和通信端口。

c. 耦合到直流电源的输入和输出端：EUT 经过耦合/去耦网络连接到直流电源上，

耦合/去耦网络可以直接耦合 EFT/B 脉冲串到 EUT 上。

4.3.2.4　浪涌抗扰度测试

（1）测试目的。

浪涌的危害通常分成两种：灾难性的危害和积累性的危害。

① 灾难性的危害是指一个电涌电压超过设备的承受能力，造成这个设备完全被破坏或寿命大大降低。

② 积累性的危害是指多个小电涌的累积效应造成半导体器件性能衰退、设备发生故障和其寿命缩短，最后导致停产或是生产力下降。

因此，浪涌抗扰度测试的目的是模拟由于开关操作（如电容器组的切换、晶闸管的通断、设备和系统对地短路和电弧故障等）或雷击（包括避雷器的动作）在电网或通信线上产生的暂态过电压或过电流引起的故障对 EUT 造成的影响。

图 4-27　浪涌抗扰度测试仪器

（2）测试仪器。

浪涌抗扰度测试仪器（图 4-27）主要有浪涌混合信号发生器、耦合/去耦网络等。

（3）测试步骤及方法。

浪涌抗扰度测试依据电磁兼容测试基础标准 GB/T 17626.5—2016《电磁兼容　试验和测量技术　浪涌（冲击）抗扰度试验》规定的方法进行试验，具体方法为：在测试过程中，浪涌经电容耦合网络施加到 EUT 供电电源端子上（EUT 和耦合/去耦网络之间的电源线长度不大于 2 m）。对线线之间（如 L_1-N、L_1-L_2）施加浪涌信号时，信号源阻抗为 2 Ω；对线地之间（L_1-PE、N-PE）施加浪涌信号时，信号源阻抗为 12 Ω（图 4-28）。分别在 0°、90°、180°、270°相位上对各线线之间或线地之间各施加 5 次正极性浪涌脉冲和 5 次负极性浪涌脉冲，试验时施加浪涌脉冲的重复频率为每分钟 1 次。

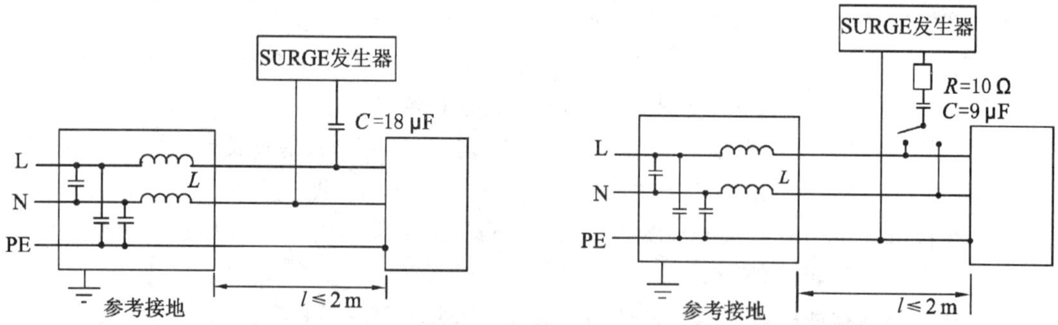

(a) 交/直流线路容性耦合的试验配置（线-线）　(b) 交/直流线路容性耦合的试验配置（线-地）

图 4-28　浪涌抗扰度信号施加示意图

4.3.2.5　射频场感应的传导骚扰抗扰度测试

（1）测试目的。

射频场感应的传导骚扰抗扰度测试的目的是模拟设备处于电磁场（故意的 RF 发射）

组成的骚扰源中，定性分析电磁辐射感应到有关设备上的传导骚扰信号的影响。

（2）测试仪器。

射频场感应的传导骚扰抗扰度测试中采用的仪器主要有射频信号发生器（图 4-29）、功率放大器、耦合/去耦网络、电磁钳或电流注入钳等。

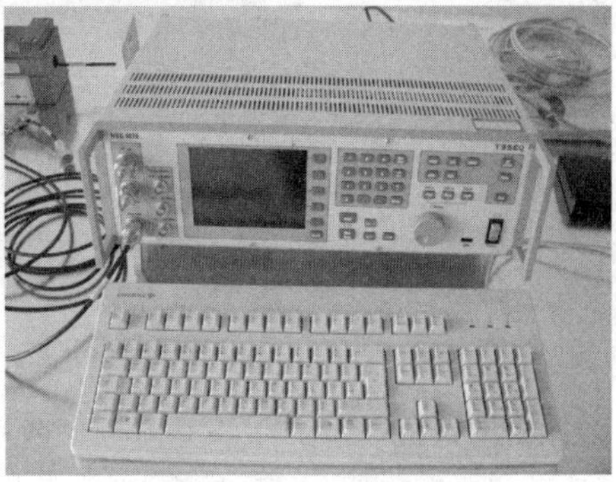

图 4-29　射频信号发生器

（3）测试步骤及方法。

射频场感应的传导骚扰抗扰度测试依据电磁兼容测试基础标准 GB/T 17626.6—2006《电磁兼容　试验和测量技术　射频场感应的传导骚扰抗扰度试验》规定的方法进行试验。具体方法为：试验前按照图 4-30 将仪器和 EUT 连接好，先利用射频信号发生器进行信号校准，然后对校准好的信号进行调制调幅（1 kHz±10%正弦波、80%±5%内/外部调幅），运用调制好的骚扰信号耦合到 EUT 产生骚扰。如图 4-31、图 4-32 所示分别为未调制的 RF 信号以及 80%（1 kHz）调制的 RF 信号。

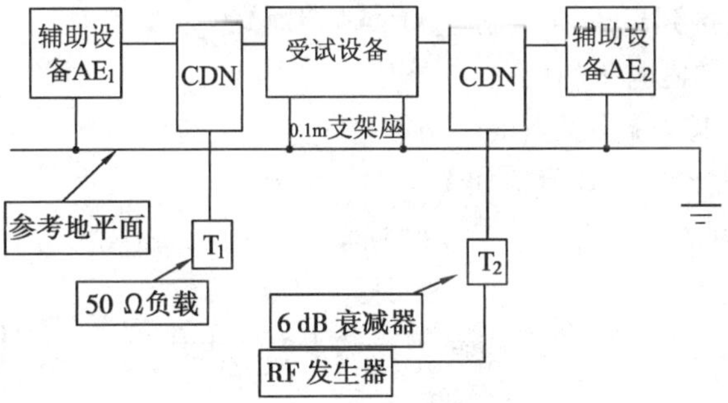

① 辅助设备 AE 是为保证 EUT 正常工作而提供所需信号、负载、控制等的设备。② CDN 是耦合/去耦网络，其中的耦合部分是把骚扰信号以共模方式耦合到 EUT 的被测端口上，去耦部分是抑制骚扰信号耦合到辅助设备上。③ CDN 还包括直接注入装置和夹钳注入装置（电流夹钳、电磁夹钳）。

图 4-30　射频场感应的传导骚扰抗扰度测试布置简图

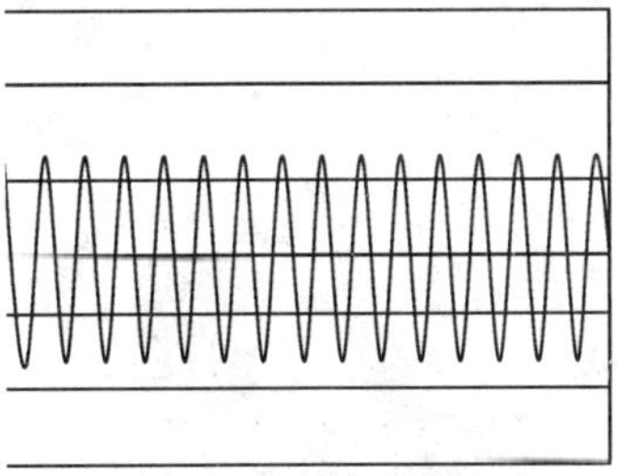

图 4-31　未调制的 RF 信号

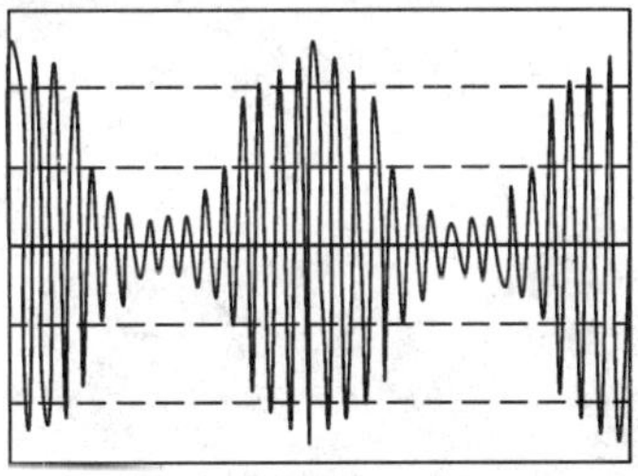

图 4-32　80%（1 kHz）调制的 RF 信号

试验时设备至少应有一条与骚扰射频场相耦合的传导电缆，试验建立的电压电流产生的电磁场近似于上述的骚扰电磁场（图 4-33）。如果是屏蔽电缆，则骚扰电流信号注入到电缆的屏蔽层上；如果是非屏蔽电缆，则骚扰信号直接注入到各条线上。具体耦合方式如下：

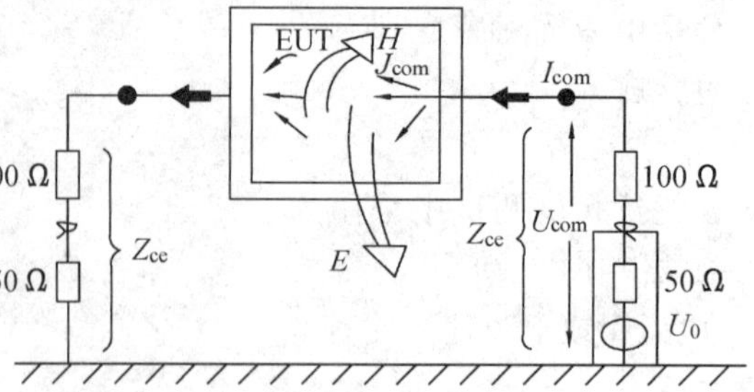

图 4-33　由 EUT 电缆的共模电流产生的在 EUT 附近的电磁场示意图

① 直接注入：100 Ω 的电阻，电缆的屏蔽层。

② 电源线耦合去耦网络。

③ 钳注入：电流钳——感性的耦合，电磁钳——容性的和感性的耦合，其特性类似于 150 Ω 的耦合网络。

4.3.2.6　电压暂降、短时中断和电压变化的抗扰度测试

(1) 测试目的。

电压变化是由连接到电网的负荷连续变化引起的。现通过下面三个概念来描述电压的变化：

① 电压暂降：供电系统中某点电压突然减小，并在随后的半个周期至几秒的短时间后恢复，如图 4-34(a) 所示。

② 短时中断：供电电压消失一段时间（可认为是 100%幅值的电压暂降），如图 4-34(b) 所示。

③ 电压变化：供电电压逐渐变得高于或低于额定电压，如图 4-34(c) 所示。

因此，电压暂降、短时中断和电压变化的抗扰度测试的目的是定性分析由电网、电力设施的故障或负载突然出现大的变化时的电压变化对 EUT 的影响。

(2) 测试仪器。

电压暂降、短时中断和电压变化的抗扰度测试中采用的设备主要有电压跌落测试系统（图 4-35、图 4-36）等。

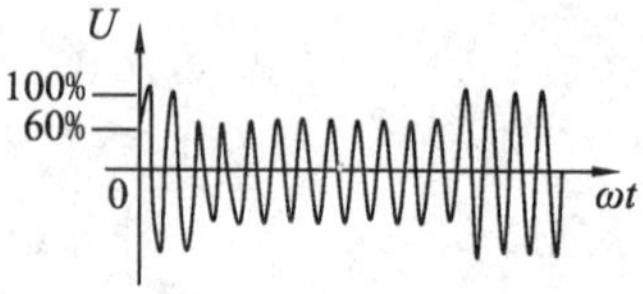

(a) 电压暂降波形示意图

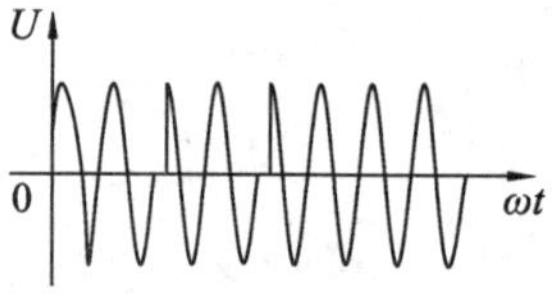

(b) 短时中断波形示意图

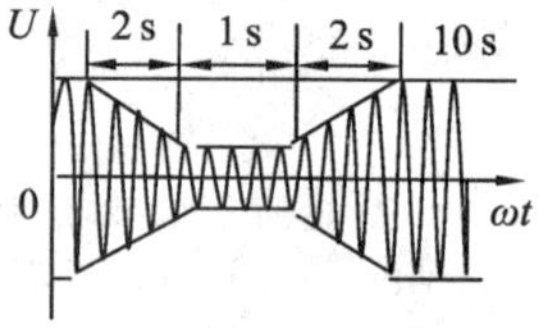

(c) 电压变化波形示意图

图 4-34　波形示意图

图 4-35　电压跌落测试系统 1

图 4-36　电压跌落测试系统 2（调压器）

(3) 测试步骤及方法。

电压暂降、短时中断和电压变化的抗扰度测试依据电磁兼容测试基础标准 GB/T 17626.11—2006《电磁兼容试验和测量技术　电压暂降、短时中断和电压变化的抗扰度试验》规定的方法进行试验。具体方法为：试验前，按照图 4-37 将测试仪器连接好，当 EUT 在额定电压下运行时，将其工作电源电压跌落到额定电压的 70%，或根据 GB/T 24808—2009 要求跌落到额定电压的百分比，并在此电压下维持相应的时间（如 10 ms），然后再恢复到额定电压，以观测 EUT 在电压跌落过程和电压恢复正常后的运行情况。

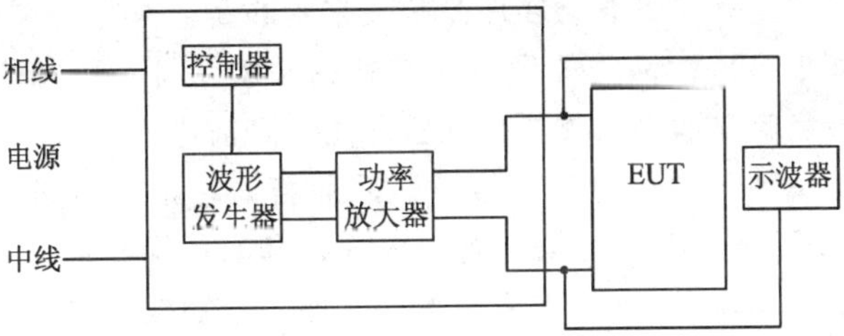

(a) 采用功率放大器的试验发生器框图

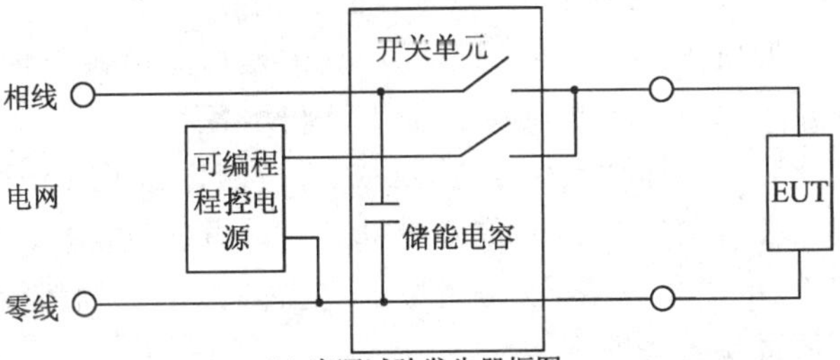

(b) 实际试验发生器框图

图 4-37　电压暂降、短时中断和电压变化的抗扰度测试布置简图

4.3.3　电梯电磁兼容测试顺序及建议

4.3.3.1　电梯电磁兼容试验的试验顺序

电磁兼容试验的顺序其实也是有讲究的，我们可以从两个方面谈起，一方面是把电磁兼容试验看成整个试验认证中的一个环节，看其在试验认证中排哪一个位置是最有利于试验通过的；另一方面就是在电磁兼容试验之间的试验顺序，这个试验顺序怎么去安排才是最有效率，怎样安排才能得到被测产品（EUT）在电磁兼容试验中最真实的表现。

(1) 一方面从试验认证环节这个方面谈起，GB/T 17215 系列标准中有推荐 EUT 的试验顺序，在该试验顺序中通常都将电磁兼容试验安排在气候环境影响试验与机械要求试验等之前进行。

电磁兼容（EMC）作为一门交叉学科，一般都认为它主要涵盖了电子电路、电磁场和微波理论以及天线理论等学科。EUT 的电磁兼容相关设计主要为电路和屏蔽体的设计。如果单独从这个层面去理解电磁兼容，电磁兼容试验与其他试验没有关联，EUT 的试验顺序对电磁兼容试验是没有影响的。

但是在实际工作中发现：气候环境影响试验极可能会破坏电源线或电器元件的绝缘层，也会让电气控制系统中的连接缝隙残留水迹或湿度大增，不彻底干燥的话可能会出现短路烧坏电器元件的情况。机械要求试验中经常会有碰撞或者极端条件情况的试验出现，这很可能会破坏电气控制系统中电器元件安装的稳定度，在后续试验的过程中经常会因此出现不同情况的故障。

EUT 的电磁兼容试验如果在气候环境影响试验与机械要求试验等之后进行，与将电磁兼容试验置于气候环境影响试验与机械要求试验等之前进行相比，不合格的几率会增加。这是因为产品内部电气控制系统电器元件安装的是否到位及相关绝缘材料的抗老化性能与该产品的电磁兼容性能密切相关；应当整体来看待电磁兼容试验与其他试验。所以电磁兼容试验在这一整体中的试验顺序是至关重要的。

同样的道理，如果电梯产品需要经过一系列的试验认证，电梯的电磁兼容性试验也应该安排在气候环境影响试验与机械要求试验等测试之前进行。

（2）另一方面，单独就电梯电磁兼容性试验而言，它本身也是有很多试验项目要进行的，根据 GB/T 24807—2009《电磁兼容　电梯、自动扶梯和自动人行道的产品系列标准　发射》和 GB/T 24808—2009《电磁兼容　电梯、自动扶梯和自动人行道的产品系列标准　抗扰度》规定，电梯电磁兼容性试验的试验项目最多可能有十一项。

① 电梯电磁兼容性试验分为发射试验和抗扰度试验两大类。发射试验主要是分两种方式测量被测样品对外界发射骚扰信号的情况，一种是通过电源线传播，一种是通过空气传播；对样品自身并无损害。抗扰度试验主要是利用各种电磁骚扰信号模拟电梯实际工作时的外界电磁环境对被测样品进行电磁骚扰，看被测样品的工作性能是否受到干扰，对样品自身可能产生损害，例如：8 kV 或者 15 kV 的静电放电干扰，4 kV 的电快速瞬变脉冲群干扰信号，30 V/m 的射频空间辐射干扰信号等，这些干扰都很可能损坏电梯的电气控制系统，使得其他试验无法进行。

欧洲电磁兼容指令 Electromagnetic compatibility Directive 2004/108/EC 规定，一个被测产品应当独立经受所有试验项目的检验，以保证电磁兼容试验结果的真实性和完整性。从这一点可以看出，试验工程师在进行试验之前应当做好妥当的试验计划，安排好试验项目的试验顺序。

因而一般在测试时应先进行发射试验，然后再进行抗扰度试验。从小到大，从简单到复杂，最后是破坏性试验。

② 试验顺序还应该根据试验的目的进行安排。在某些特定情况下，电梯电磁兼容性试验也不一定要遵循先发射试验后抗扰度试验的试验顺序。

当需要了解某电梯样品在哪些电磁兼容性试验中比较容易失败时，我们可以把破坏性试验和危险性比较大的试验安排在最开始进行，这样可以比较快速获得样品在试验中的表现。例如：控制系统的芯片主板之类的样品，在开发阶段，得考虑如何使样品正常工作，也就是说除了要考虑好功能性的问题，还得优先考虑抗干扰能力，即抗扰度的问题，所以在研发阶段进行的电磁兼容性试验，一般是优先进行抗扰度试验等破坏性试验。

还有一种情况就是，对于电梯产品的情况已经很了解了，需要进行正式检测前的预测试，我们可以选择自己认为通过率低的试验先做，而无须考虑试验顺序的问题。

总之，原则就是电梯电磁兼容性试验的试验顺序是由进行该试验时的试验目的所决定的。试验顺序并不是一成不变的。

4.3.3.2　关于电梯电磁兼容试验的若干建议

根据电梯电磁兼容型式试验问题分析、解决方案以及确定好的电磁兼容试验方法和顺序，结合试验人员多年的电梯电磁兼容试验实际经验，对电梯电磁兼容性试验做以下建议：

(1) 相应标准的进一步完善和配套检验规则制定。

虽然对电梯电磁兼容测试有相关的标准作为推荐性的要求。但是，这还不够，我国电磁兼容性测试时沿用欧洲标准，但只能作为参考和借鉴，需要结合我国电梯产品实际情况，制定更加完善的标准，甚至建议将电梯的电磁兼容测试列入强制检验行列。

当前，有关电梯电磁兼容测试配套的检验规则还不够完善，现有的试验规则均是参考推荐性标准制定而成，而且每个实验室的设备仪器和条件也不一样，因此，需要制定相应的同一规则，规范试验程序。

(2) 关于被测样品厂家试验前准备工作的建议。

试验的顺利开展离不开试验前期的准备工作，为保障试验的顺利开展，对被测样品厂家试验前的准备工作做以下建议：

①“齐”，即材料准备的齐全，包括样机相关文件、电磁兼容相关文件，以及提交给试验机构的申请材料等，都应该齐全并盖好相应的章（签名）。

②“备”，即技术工程师根据自己设计和对电磁兼容试验的了解，对于试验时可能产生的问题，提前预估，并做好及时整改的措施。还有，就是提前准备好相关的电子元器件，方便及时地更换。

③“安”，即设备在运输、安装、调试的安全和完好，备好在电梯运输、安装和调试需要的工具，以及可能出现的情况，做到心中有解决方案。

④“良”，即使用开展之前，确保周围的电磁环境良好，实验室条件适合样品的试验开展，确保样品的可靠接地、屏蔽设置良好等。

(3) 实验室进行试验工作的注意事项。

在实验室中进行试验是整个电梯电磁兼容测试的最重要一环，试验工作可以分为设备准备、试验条件、开展试验、试验后的整理等工作进行。具体的注意事项如下：

① 准备进行试验的相关设备，并确保设备的性能良好，测试环境符合测试的要求，测试设备经过计量机构的计量认证，且在认证规定的日期内。

② 试验条件的确定，包括试验温度、湿度等条件需要调节好。

③ 开展试验，检验员不应该携带手机等有电磁干扰的无关设备进入实验室进行试验，也不允许检验员离开试验岗位。

④ 每一项试验完成后，应该及时整理好相关试验仪器设备，并切断相关电源。

(4) 试验完成后的工作。

试验结束后，检验员应根据试验的数据图表进行核算及技术分析，结合检验规则的要求，对电梯样品的电磁兼容性试验的结果进行判定，此时，建议检验员结合做好相关的数据统计和体现分析数据的收集，必要时留存试验的技术图片或者技术视频。

出具报告的时候，应对照每一项进行判定，不合格项需要给出必要的备注和试验依据。

出具整改书时，应该详细地把被测样品的不合格项介绍给厂家，如有必要可以针对不合格项给出合理的整改措施和建议。

电梯安全小知识

电梯安全卫士（下）

本章练习

一、多选题

1. 电磁干扰度（Electromagnetic Interference，简称 EMI），描述的是电子、电气产品正常工作时，设备或系统是否产生超过规定限度的电磁干扰。EMI 测试包括的项目有（　　）。

(A) 连续传导骚扰电压测试　　(B) 骚扰功率测试
(C) 断续干扰测试　　(D) 射频空间辐射干扰测试
(E) 谐波电流测试　　(F) 电压波动与闪烁测试

2. 电磁抗扰度（Electromagnetic Susceptibility，简称 EMS），主要描述一电子或电气产品是否会受其周围环境或同一电气环境内其他电子或电气产品的干扰而影响其自身的正常工作。EMS 测试包括的项目有（　　）。

(A) 静电放电抗扰度测试
(B) 射频电磁场辐射抗扰度测试
(C) 电快速瞬变脉冲群抗扰度测试
(D) 浪涌抗扰度测试
(E) 射频场感应的传导骚扰抗扰度测试
(F) 工频磁场抗扰度测试
(G) 电压暂降、短时中断和电压变化的抗扰度测试

二、判断题

1. 浪涌的危害通常分为灾难性的危害和积累性的危害。（　　）

2. 浪涌抗扰度测试的目的是模拟由于开关操作（如电容器组的切换、晶闸管的通断、设备和系统对地短路与电弧故障等）或雷击（包括避雷器的动作）在电网或通信线上产生的暂态过电压或过电流引起的故障对 EUT 造成的影响。（　　）

3. 电压暂降、短时中断和电压变化的抗扰度测试的目的是定性分析由电网、电力设施的故障或负载突然出现大的变化引起的电压变化对 EUT 的影响。（　　）

第 5 章

电梯能效检测技术

学习目标

理解电梯能效的概念，了解推动电梯能效检测的意义，掌握电梯能效评价指标及测试方法，掌握电能质量分析仪的使用方法。

学习重点

理解电梯使用强度分类、平均运行距离、每米平均运行能量消耗、启动/停止能量消耗、空载轿厢时平均循环的运行能量消耗、每天运行能量消耗、平均轿厢负载等概念的含义；掌握电能质量分析仪测试操作及软件数据分析操作、电梯能效计算。

5.1　电梯能效的概念

能效和能耗是两个不同的概念。能耗是指随时间而消耗的能量，在电学中一般以千瓦时（kW·h）为单位，习惯上也称为“度”，它反映的是消耗能源的绝对值的大小。能效是指能源效率，按照物理学的观点，是指由系统输出的功或者能量与输入到系统中的能量之比，它反映的不是耗能值的绝对大小，而是能源的使用效率的高低。

在电梯中，同样有能效和能耗两个概念。能耗用来衡量电梯的耗电量的大小。GB/T 10058—2009《电梯技术条件》的附录 A 中提供了一个简略模型，用来预测电梯运行一年的总能耗，进而为整个建筑物的能量评估提供参考。值得注意的是，这里的计算模型只能预测电梯的年用电量，并不能反映电梯运行的能源利用效率的高低，即 GB/T 10058—2009《电梯技术条件》提供的预测模型主要是一个能耗计算模型。

然而，我们电梯产品的提供者和使用者除了关心电梯的能耗大小外，可能更关心它的电能利用率高低，即电梯的能效。尤其是对于不同的使用场所，不同的电梯规格，其能耗和能效值可能有显著差别。比如，通常情况下，载重量大、提升高度大、使用频率高的电梯消耗电能相对会多一些。但对于同样规格、同样使用要求的电梯，由于技术性能等的不同，同样运行时的能耗可能差别很大，这就体现了电梯能效的差别。因此，对不同规格、使用场所的电梯，能耗可能没有直接可比性，此时反映其能源利用水平的能效指标就显得更具有参考意义了。

5.2 我国推动电梯能效检测的重要意义

进入21世纪，我国电梯年产量增幅巨大，电梯年产量和在用电梯总量逐步增加。2023年我国电梯产量达到100万台，截至2023年年底，我国在用电梯数量超过1 000万台，我国电梯保有量和产量均居世界第一位。目前，在国际电梯市场上，发达国家和地区的电梯需求相对平稳，而发展中国家和地区需求增长较快。从我国电梯发展现状来看，我国已经成为全球最大的电梯制造国、销售国和使用国。

电梯日常运行所消耗的能量是建筑物总能耗的重要组成部分，根据建筑中运行的其他设备的能耗情况统计，电梯的能耗占整个建筑能耗的5%～15%，仅次于空调用电量，高于照明、供水等的用电量，电梯已成为高层建筑中的第二大耗能设备。

过去10年来，随着电力电子功率器件、稀土永磁材料和自动控制技术的不断进步，特别是采用永磁同步无齿轮曳引机等先进技术后，电梯的能耗水平显著下降。在我国，电梯界公认的每台电梯每天平均耗电是40 kW·h左右。虽然我国电梯的单台能耗已经有了较大进步，但是，与美国在用电梯平均日耗电11.1 kW·h相比，仍有较大差距。此外，长期以来，我国对电梯的检测都以其安全性能和运行质量为主，在响应电梯的节能降耗需求方面并没有引起行业足够的重视。

我国既是一个发展中国家，又是一个能源消耗大国。当前我国经济持续快速发展，能源紧缺已经成为制约我国经济发展的瓶颈。我国的能源消费总量现在位居全球第二，同时拥有人口位居世界第一。随着社会对节能需求的呼声日益增高，电梯的节能问题显得愈加重要。由于我国电梯保有量巨大，因此总的电能消耗仍然是一个巨大的数字，进一步降低电梯能耗，仍然是电梯产业长足发展的重要方向，尤其是推行普及高能效的绿色电梯对于我国当前推广节能降耗、缓解能源矛盾的战略意义重大。在我国全面建设小康社会的决胜时期，采取适应社会主义市场经济体制的节能措施，加强节能管理的社会引导，对缓解我国能源因素瓶颈制约、减轻环境污染压力，显得尤为重要和迫切。

（1）2007年颁布了《中华人民共和国节约能源法》，其中第十六条规定："对高耗能的特种设备，按照国务院的规定实行节能审查和监管"。

（2）2009年颁布的《特种设备安全监察条例（2009修正）》中多处提及特种设备的能耗问题，将特种设备的节能提到与安全同等重要的位置，也说明了特种设备节能仍有很大的提升空间。

（3）同期颁布的《高耗能特种设备节能监督管理办法》中第十一条规定："高耗能特种设备制造企业的新产品应当进行能效测试。未经能效测试或者测试结果未达到能效指标要求的，不得进行批量制造。锅炉、换热压力容器产品在试制时进行能效测试。电梯产品在安全性能型式试验时进行能效测试"。

（4）2014年，《中华人民共和国特种设备法》正式实施，其中第十九条规定："不得生产不符合安全性能要求和能效指标以及国家明令淘汰的特种设备"。

（5）2016年，《中国特种设备安全与节能促进会"十三五"发展规划》中指出，其八项主要任务之一就是包含"探索开展电梯、起重机械、厂（场）内机动车辆等领域节能技术研发与推广"在内的节能综合治理。

电梯作为特种设备之一，由于其具有载重多变、运行频繁的特点，其节能的提升空间很大。我们应通过大力开展电梯能效检测，充分调动市场竞争机制作用，形成多层次的电梯能效评价指标，并按照能效标识制度对其进行能效分级，促进企业节能技术进步，提高电梯能源利用效率，提高消费者的节能意识，实现节能减排、保护环境的目标，缓解全面建设小康社会面临的能源约束矛盾。

5.3　电梯能效标准发展历程

对于电梯能效评价方法的研究，可以追溯到 2005 年，当时基于瑞士能源效率署在欧洲针对世界八大电梯厂商的电梯进行测试评估报告和综合规划后，评定出了一套电梯能效测试标准 VDI 4707—Part 1 Lift Energy Efficiency，该标准于 2009 年 3 月正式颁布，是当时最早公开发布的电梯能效测试标准。其后，该组织针对电梯零部件的节能降耗方面继续颁布了第二套子标准 VDI 4707—Part 2 Lift Energy Efficiency-Components，以期通过加强对零部件的耗能情况进行测试、评估及改善方面的指导，进一步达到提升电梯整体性能的目的。

与此同时，欧盟的“欧洲智能能源计划（E4）”在 2007 年至 2010 年间对欧盟的电梯和自动扶梯与自动人行道组织开展了专案调研，该计划 E4 的全称是“Energy Efficiency-Elevators and Escalators”，由葡萄牙科英布拉大学（ISR-University of Coimbra）主持，欧洲电梯协会（ELA）、意大利国家新技术署（ENEA）、德国费劳恩霍夫系统及创新研究院（ISI）和波兰全国节能署通过执行，形成了评价电梯、自动扶梯与自动人行道的能耗评价体系的首个雏形报告，而后又被吸收整理成 ISO 25745-1—2012《电梯自动扶梯和移动人行道的能量性能　第 1 部分：能量测量和验证》、ISO 25745-2—2015《电梯自动扶梯和移动人行道的能量性能　第 2 部分：电梯的能量计算和分类（电梯）》和 ISO 25745-3—2015《电梯自动扶梯和移动人行道的能量性能　第 3 部分：能量计算和分类》的系列标准。

在我国，对于电梯能效的评价方法或测试标准，过去几年已经有一些研究机构陆续开展研究。在此基础上，部分省份相继颁布了地方标准，如已经出台并被广泛应用的有：浙江省地方标准 DB 33/T 771—2009《电梯能源效率评价技术规范》、广东省地方标准 DB 44/T 889—2011《电梯能效测定方法》、DB 44/T 890—2011《电梯能效等级》、陕西省地方标准 DB 61/T 977—2015《在用曳引驱动电梯安全评估规程》（附录 D）。而在国家层面由全国电梯标准化技术委员会（SAC TC/196）吸收转化了 ISO 25745 系列标准，在 2014 年至 2017 年期间，先后推出了我国电梯能效测试的推荐性国标 GB/T 30559.1/2/3。其中，GB/T 30559.2《电梯、自动扶梯与自动人行道的能量性能　第 2 部分：电梯的能量计算与分级》为针对垂直电梯的能效测试评价方法。下面就最新推出的国标 GB/T 30559.2—2017《电梯、自动扶梯与自动人行道的能量性能　第 2 部分：电梯的能量计算与分级》的电梯能效测试内容进行介绍。

5.4 电梯能效指标

5.4.1 关键术语

（1）参考循环。

电梯空载轿厢从底层端站运行到顶层端站，再回到底层端站的运行过程，包括两次完整的开关门操作。

单个参考循环包括以下阶段：

① 开启电梯门，参考循环开始。

② 关闭电梯门。

③ 完全提升高度的向上运行。

④ 开启、立即关闭电梯门。

⑤ 完全提升高度的向下运行。

⑥ 开启电梯门，参考循环结束。

这里需要注意的是，测试中使用的电梯状态为空载轿厢，运行的设定为电梯端站到端站，每个参考循环的过程中都需要包含两次完整的（电梯自动）开关门操作。

（2）短循环。

空载轿厢在提升高度的中点附近，运行距离不小于提升高度的四分之一，然后返回到起点的循环。该循环须有足够的距离以保证电梯在两个方向上均能达到额定速度，并且包括两次完整的开关门操作。对于只有两个停靠层站的电梯，因电梯总是全程运行，故而短循环运行评估是没有必要的。

单个短循环包括以下阶段：

① 在井道中点附近某个端站，开启电梯门，参考循环开始。

② 关闭电梯门。

③ 完全提升高度的向上或向下运行至超过井道行程的 1/4 的另一个端站。

④ 开启、立即关闭电梯门。

⑤ 完全提升高度的向下或向上运行到开始的端站。

⑥ 开启电梯门，短循环结束。

其中，短循环运行能耗测试的前提条件是，当电梯在短循环设定的两个端站循环运行过程中，电梯因达到额定的运行速度。因此，开展短循环测试前，应先用转速表或电梯乘运质量分析仪确认短循环的端站设定是否已达到应用条件。

（3）平均循环。

标电梯包含一次上行和一次下行的循环，每次运行分别行驶平均运行距离，该循环包括两次完整的开关门操作。这里提及的平均运行距离（S_{av}）是参考循环的单程运行距离乘以对应的平均运行百分比，该百分比的取值跟电梯实际层站数、使用强度/频率相关。因为即使同一台电梯，在不同的使用场景下其使用的强度/频率有很大区别，因此电梯的总运行距离往往是不同的。为了合理评价电梯的运载能效，需要引入一个综合考虑电梯在实际使用强度/频率下的折算系数，从而得出该电梯的平均运行距离。

（4）行程。

从出发（离开）层站到下一个停止（到达）层站的运行，不包括再平层。

（5）主电源连接点。

对电梯主电源进行测量的点，该点位于电梯的主开关或断路器的输出端，流经主开关的电能成为主要能量，它是主要用于驱动电梯运载的能量，电梯能效测试点示意图如图 5-1 所示。

（6）辅助设备。

辅助设备是指轿厢照明、风扇、加热设备、报警装置和应急电源（电池）装置等设备。

（7）辅助电源连接点。

对辅助电源进行测量的测试点，该点位于电梯辅助电源断路器的输出端，流经辅助开关的能量称为辅助能量，电梯能效测试点示意图如图 5-1 所示。

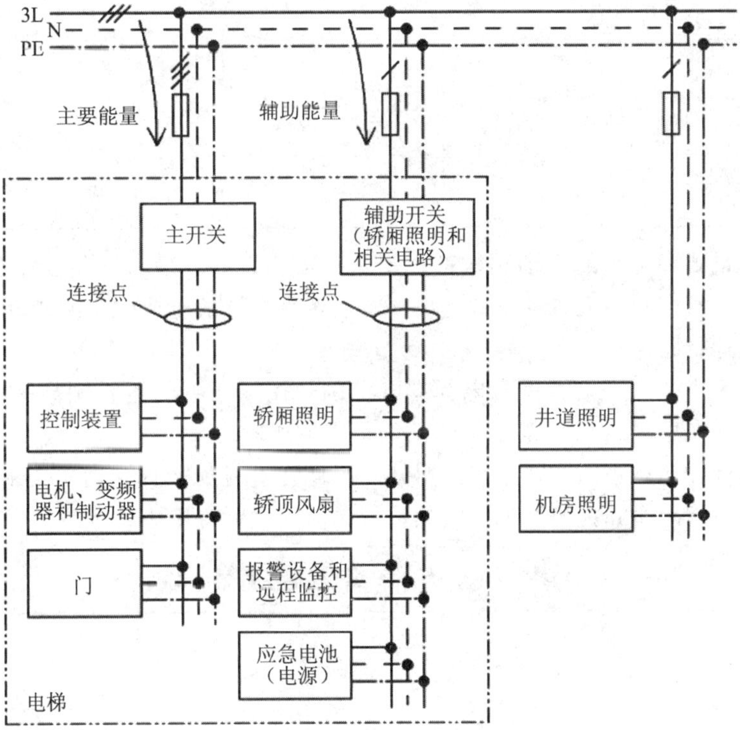

图 5-1　电梯能效测试点示意图

5.4.2　重要概念

（1）电梯的使用强度分类。

真实地评估一台已装电梯的最好方法是通过记录和观察电梯运行计数器可以得出每天打字的运行次数。但是在有些情况下不容易得到这个数值，为了在不同机构之间进行评估时获得可比较的结果，可以按照表 5-1 使用强度来获取每天运行次数 n_d 的典型值。

表 5-1　每天运行次数分类

使用类别	1	2	3	4	5	6
使用强度（频率）	非常低	低	中等	高	非常高	特别高
每天的运行次数 n_d（典型值范围）	50（n_d<75）	125（75≤n_d<200）	300（200≤n_d<500）	750（500≤n_d<1 000）	1 500（1 000≤n_d<2 000）	2 500（n_d≥2 000）
典型建筑物和使用（每年使用天数 d_{op}）	不多于 6 户的住宅（360） 护理养老院（360） 很少使用的小型办公楼或行政楼（260）	不多于 20 户的住宅（360） 2～5 层楼的小型办公楼或行政楼（260） 办公楼停车场（260） 公共停车场（360） 图书馆（312） 娱乐中心（360） 体育场（间歇）	不多于 50 户的住宅（360） 大学（260） 一级医院（360） 小型旅馆（360）	多于 50 户的住宅（360） 大型办公楼或行政楼（260） 大中型旅馆（360） 娱乐中心（360）	超过 100 m 的非常大的办公楼或行政楼（260） 大型机场（360）	超过 100 m 的非常大的办公楼或行政楼（260） 购物中心（360） 二级/三级医院（360）
典型的额定速度	≤1.00 m/s	1.00 m/s	1.60 m/s	2.50 m/s	5.00 m/s	5.00 m/s

对于运行模式和每天的启动次数都很清楚的电梯，如在现有建筑物中的电梯，相关方应对偏离上表规定的每天启动次数达成一致，然后再评估电梯的年度能量消耗和分类。

（2）平均运行距离。

平均运行距离是用于估算一台电梯在既定的使用场景下的运行距离平均值，由于电梯往往不是只在底层端站直驶至顶层端站的，现实中存在一个层站行驶至另一个层站的情况。因为具体的运行距离往往不容易得知，因此在进行能效评估时需要对此进行折算。该电梯的平均运行距离和提升高度、层站数量、使用类别直接相关，参见表 5-2。

表 5-2　电梯的平均运行距离百分比

使用类别		1～3	4	5	6
层站数	2	100%			
	3	67%			
	>3	49%	44%	39%	32%

（3）每米平均运行能量消耗。

每米行程的平均运行能量消耗应该以额定速度运行的电梯来确定。

每米行程的平均运行能量消耗由式（5-1）得出：

$$E_{rm}=\frac{1}{2}\left(\frac{E_{rc}-E_{sc}}{S_{rc}-S_{sc}}\right) \tag{5-1}$$

式中：

E_{rc}——参考循环的运行能量消耗，单位为瓦时（W·h）；

E_{sc}——短循环的运行能量消耗，单位为瓦时（W・h）；

S_{rc}——参考循环的单程运行距离，单位为米（m）；

S_{sc}——短循环的单程运行距离，单位为米（m）。

这里设计巧妙之处在于，因为电梯启动和停止，都有能量攀升和下降的阶段，通过参考循环与短循环相减进行抵消，从而能得到高可信度的匀速阶段的行程能量消耗值。值得注意的是，S_{rc}和S_{sc}分别是每个方向上的单程运行距离，又因为一个完整的参考循环和短循环都包含了上行和下行的往返操作，因此需要乘以 1/2。

（4）启动/停止能量消耗。

启动/停止能量消耗包括使电梯加速到额定速度的能量消耗、在目的层站从额定速度减速到停止的能量消耗、开/关门的能量消耗以及在该循环内保持电梯在目的层站停留的空闲能量消耗，减去电梯在加速运行区间和减速运行区间假定以额定速度运行所消耗的能量。

$$E_{ssc}=\frac{1}{2}\left(E_{rc}-2\times E_{rm}\times S_{rc}\right) \tag{5-2}$$

式中：

E_{ssc}——每次运行的启动/停止能量消耗，单位为瓦时（W・h）。

（5）空载轿厢平均循环的运行能量消耗。

由于已知每米平均运行能量消耗、平均运行距离和启动/停止能量消耗指标，即可得出目标电梯的平均循环运行能量消耗：

$$E_{rav}=2\times E_{rm}\times S_{av}+2\times E_{ssc} \tag{5-3}$$

（6）每天运行能量消耗。

每天的运行能量消耗由式（5-4）得出：

$$E_{rd}=\frac{k_L\times n_d\times E_{rav}}{2} \tag{5-4}$$

式中：

E_{rav}——平均循环的运行能量消耗，单位为瓦时（W・h）；

n_d——根据表 5-1 选择的使用类别得出的每天运行次数；

k_L——载荷系数；

E_{rd}——每天的运行能量消耗，单位为瓦时（W・h）。

平均运行距离是指目标电梯的期望运行距离。一个循环包含两段运行，所以计算时要除以 2。

载荷系数（k_L）值应使用下面的式子计算得出，其中平均轿厢载荷百分比（%Q）从表 5-3 中获得。

表 5-3　平均轿厢载荷百分比

使用类别		1～3	4	5	6
额定载荷/kg	≤800	7.5	9.0	13.0	19.0
	>800 且≤1 275	4.5	6.0	8.2	13.5
	>1 275 且≤2 000	3.0	3.5	5.0	9.0
	>2 000	2.0	2.2	3.0	6.0

平衡系数为50%的曳引式电梯

$$k_L = 1 - (\%Q \times 0.0164)$$

平衡系数为40%的曳引式电梯

$$k_L = 1 - (\%Q \times 0.0192)$$

平衡系数为30%的曳引式电梯

$$k_L = 1 - (\%Q \times 0.0197)$$

5.5 电梯能效测试方法

5.5.1 试验用仪器设备

试验所需的仪器设备有：

① 电能质量分析仪或功率分析仪。

② 电梯乘运质量分析仪。

③ 可测量距离的仪器或具有记录运行距离的转速表（可选项）。

④ 秒表。

且检验仪器设备需满足：

① 质量、力、距离（长度）、时间和速度的测量精度为±1%。

② 加速度、减速度的测量精度为±2%。

③ 电压、电流的测量精度为±5%。

④ 电能的测量精度为±10%，且能测量不平衡负载电能消耗，及能测量供电系统没有中性线的电能消耗情况。

⑤ 温度的测量精度为±5 ℃。

⑥ 流量的测量精度为±2.5%。

⑦ 压力的测量精度为：

a. 压力不大于200 kPa为±1%；

b. 压力大于200 kPa为±5%。

⑧ 记录设备应能实现检测不次于0.01 s变化的信号。

对于电梯能效测量，因为其电力电源为380 V工频电网，所以可以使用电能质量分析仪。市面上较为常见的电能质量分析仪有日置HIOKI电能质量分析仪PW3198（图5-2）、福禄克Fluke 435 Ⅱ系列电能质量和能量分析仪（图5-3）、横河YOKOGAWA CW500电能质量分析仪（图5-4）、横河YOKOGAWA高性能功率分析仪WT1800E系列（图5-5）德国Hermina电梯乘运质量分析仪等

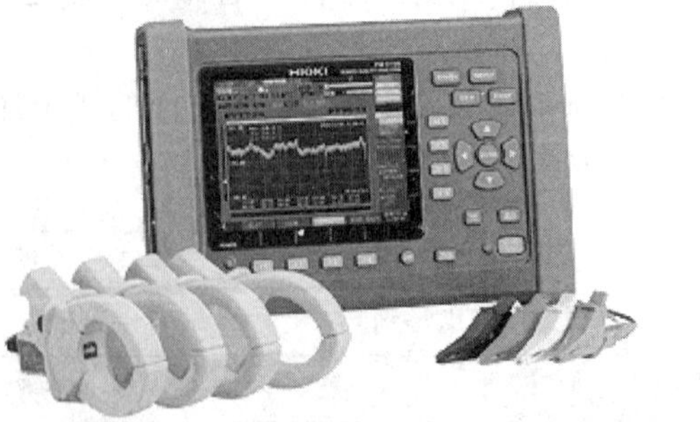

图5-2 日置HIOKI电能质量分析仪PW3198

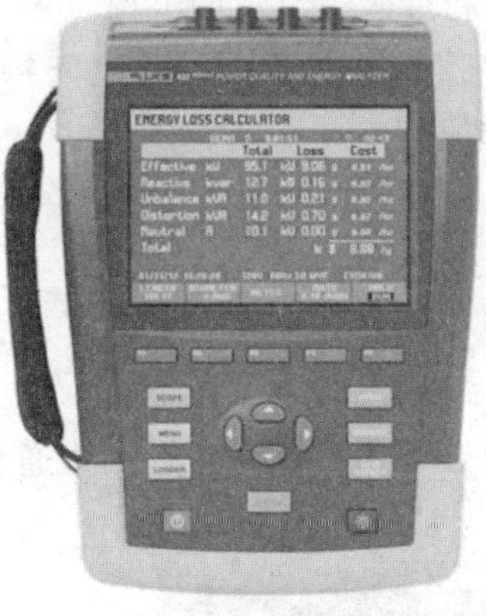

图 5-3　福禄克 Fluke 435 II 系列电能质量和能量分析仪

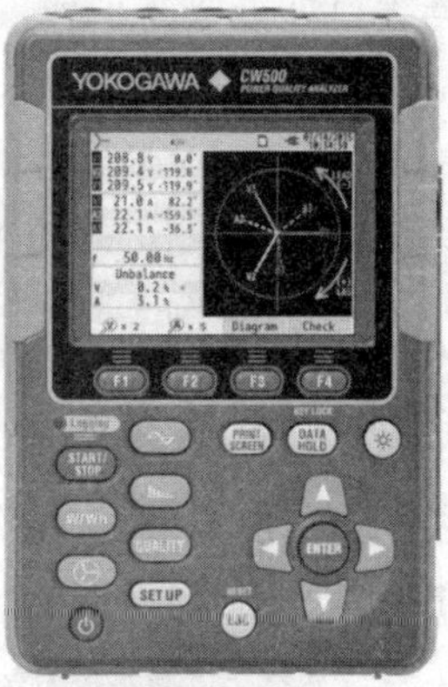

图 5-4　横河 YOKOGAWA CW500 电能质量分析仪

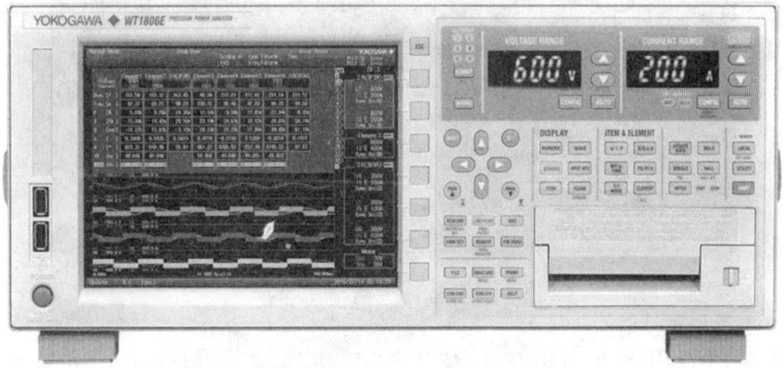

图 5-5　横河 YOKOGAWA 高性能功率分析仪 WT1800E 系列

图 5-6　德国 Henning 电梯乘运质量分析仪

5.5.2　试验前准备

开始测试前，应进行如下的测试准备：

① 记录本次测试过程中所使用的仪器的型号。

② 记录电梯设备参数以便于识别，在进行测试时不能改变电梯参数。

③ 在端站入口处设置防护栏，并应防止公众使用和进入被测试的电梯。

④ 电梯应在端站循环模式下，即让空载轿厢在底层端站和顶层端站之间持续循环运行（包括开关门的操作），直至驱动主机达到正常工作温度。

⑤ 开始测试前确认电梯轿厢内无载荷、无乘客。

⑥ 测试时，要求电梯正常工作时的所有相关功能应起作用。

5.5.3 运行时的主要能量测量

（1）在主电源连接点将电能分析仪连接到主电源线的每一相上，并通过矢量图（图 5-7）检查接线是否正确。

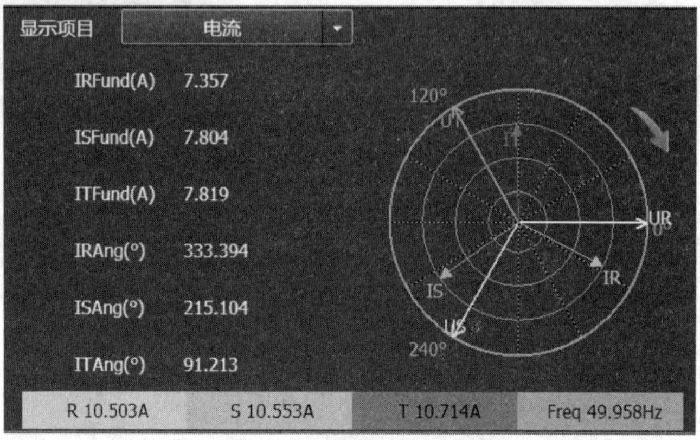

图 5-7 电压、电流矢量图

从图 5-7 中可以看出，对应电压 R 相、S 相、T 相依次相差 120°电角度，由此可以确定电压相序正确。同时，由于电梯整体对电网侧表征的是阻感性负载，因此电压超前电流相位若干电角度。当电梯控制运行时，其电流大小与额定电流值接近。

（2）设置电能分析仪的测量参数。

这里的参数主要是指测试中仪器的接线方式、采样设定和记录内容设定等。

（3）测量并记录电源电压值。

（4）如果允许，将电梯设置为自动端站循环模式，否则进行手动操作。

（5）将空载轿厢运行到底层端站。

（6）开始测量。

（7）开始进行端站循环测试。

（8）运行至少 10 个参考循环后停止。

（9）测量并记录能量值。

（10）记录参考循环次数。

（11）用总能量除以参考循环次数得到平均值并记录该值。

（12）清除数据。

（13）运行至少 10 个短循环后停止。

（14）测量并记录能量值。

（15）记录短循环次数。

（16）用总能量除以短循环次数得到平均值并记录该值。

图 5-8 和图 5-9 是某台电梯主能量能耗采集的波形图例子。对比图 5-8（a）和图 5-9（a）可以看出，当电梯达到额定速度时，其峰值功率是相当的，但是功率主峰值波形部分短循环比参考循环维持时间更短。这进一步印证了通过参考循环与短循环相减对电梯启动和停止阶段的能量消耗进行抵消从而达到求取电梯匀速状态下的运载能耗需求的目的。

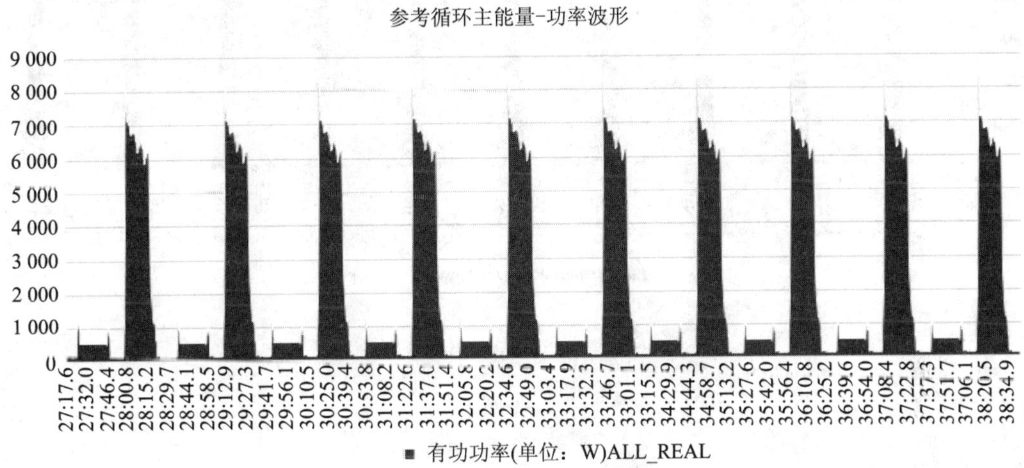

(a)

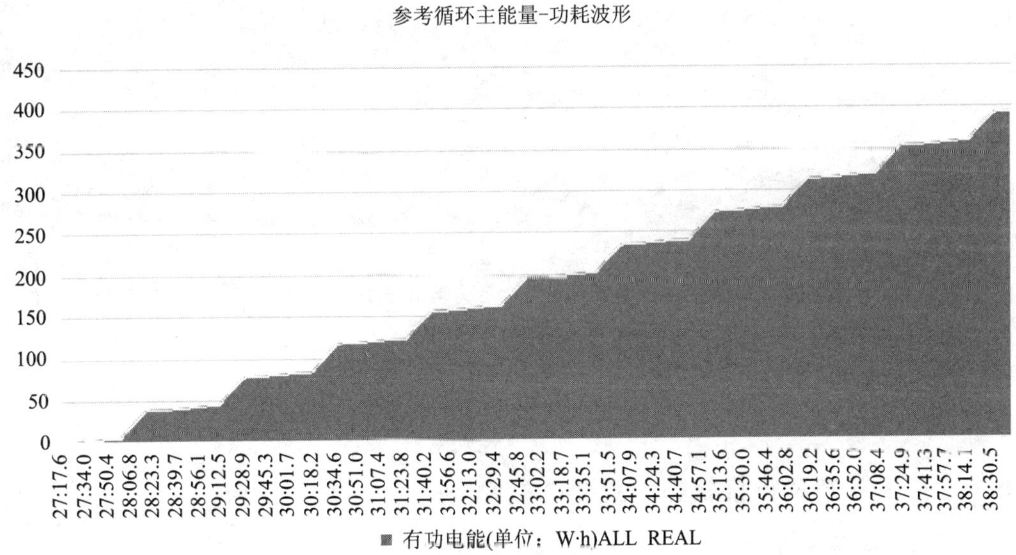

(b)

图 5-8　参考循环主能量波形

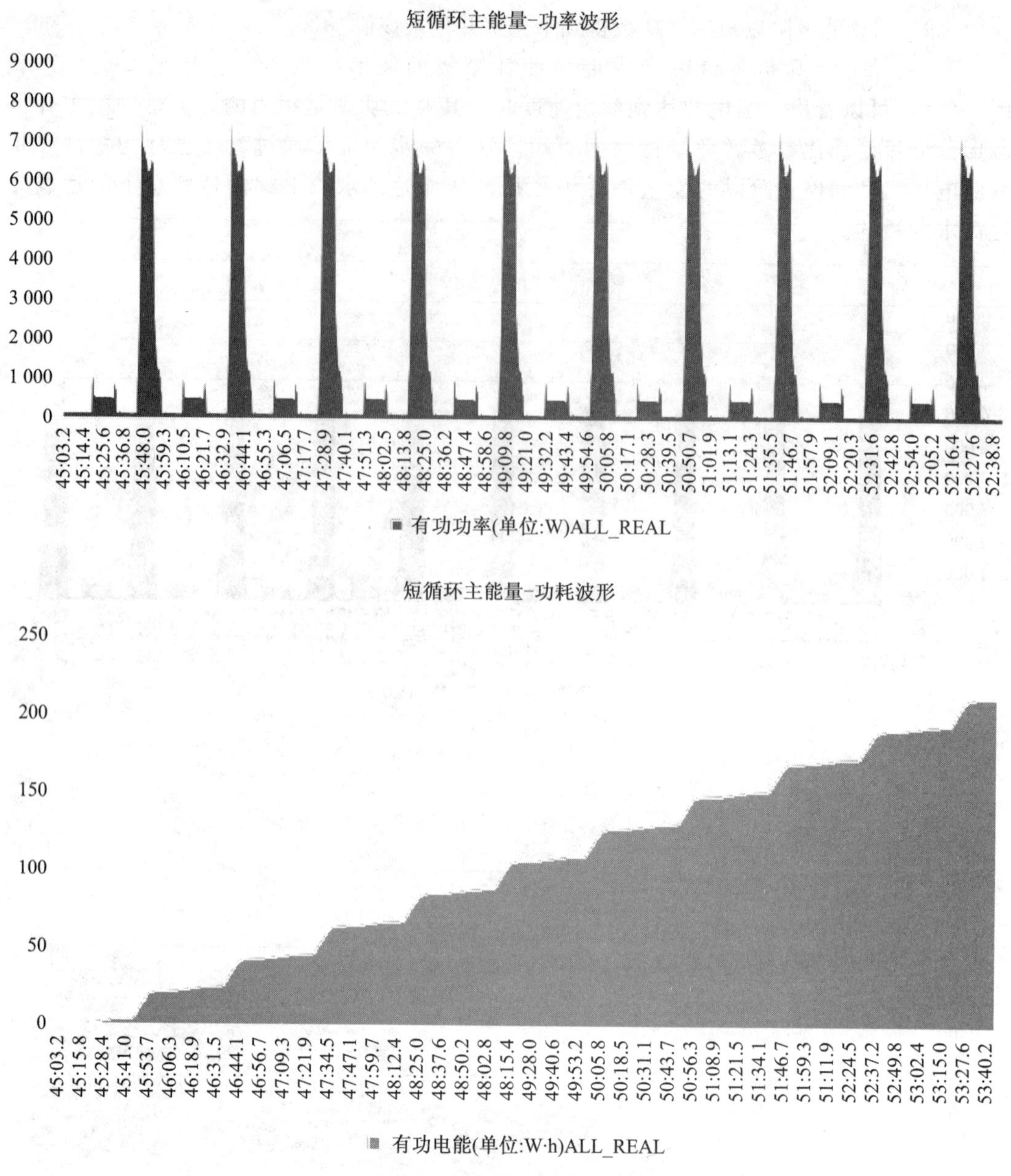

图 5-9　短循环主能量波形

5.5.4　空闲状态和待机状态的主要能量测量

（1）在主电源连接点，将电能质量分析仪连接到主电源线的每一相上。

（2）测量并记录电源电压值。

（3）将轿厢运行一个参考循环。

（4）1 个参考循环结束后，立即记录 1 min 内的空闲状态的能量值。

（5）电梯门关闭后，将空载轿厢停留在底层端站 5 min，然后记录 1 min 内的待机状态时的能量值。

(6) 用记录的能量值除以记录的时间，计算出以 W 为单位的空闲状态时的功率值，并记录该值。

(7) 用记录的能量值除以记录的时间，计算出以 W 为单位的待机状态时的功率值，并记录该值。

5.5.5　运行时的辅助能量测量

(1) 在辅助电源连接点，将电能分析仪连接到辅助电源线上。

(2) 设置电能分析仪的测量参数。

(3) 测量并记录电源电压值。

(4) 如果允许，将电梯设置为自动端站循环模式，否则进行手动操作。

(5) 将空载轿厢运行到底层端站。

(6) 开始测量。

(7) 开始进行端站循环测试。

(8) 运行至少 10 个参考循环后停止。

(9) 测量并记录能量值。

(10) 记录参考循环次数。

(11) 用总能量除以参考循环次数得到平均值并记录该值。

(12) 清除数据。

(13) 运行至少 10 个短循环后停止。

(14) 测量并记录能量值。

(15) 记录短循环次数。

(16) 用总能量除以短循环次数得到平均值并记录该值。

5.5.6　空闲状态和待机状态的辅助能量测量

(1) 在辅助电源连接点，将电能分析仪连接到辅助电源线上。

(2) 测量并记录电源电压值。

(3) 将轿厢运行一个参考循环。

(4) 1 个参考循环结束后，立即记录 1 min 内的空闲状态的能量值。

(5) 电梯门关闭后，将空载轿厢停留在底层端站 5 min，然后记录 1 min 内的待机状态时的能量值。

(6) 用记录的能量值除以记录的时间，计算出以 W 为单位的空闲状态时的功率值，并记录该值。

(7) 用记录的能量值除以记录的时间，计算出以 W 为单位的待机状态时的功率值，并记录该值。

空闲模式是指电梯刚运行结束后，在进入待机模式前，停在某一层站的状态；而待机模式是指电梯静止于某一层站，并且电梯的能量消耗进入预先设定的较低水平，是一个低能耗的状态。现在大多数新装电梯，都具有一级待机模式（图 5-10），部分更先进的设备会有二级待机模式（如休眠模式）。

当电梯在运行停止后，电梯门处于自动关闭状态，开始使用电能质量分析仪记录其待机过程，对于电梯节能情况不确定的，记录时长一般超过 30 min 以便通过完整观察电梯非运行状态下的能耗情况来获知电梯的待机模式。

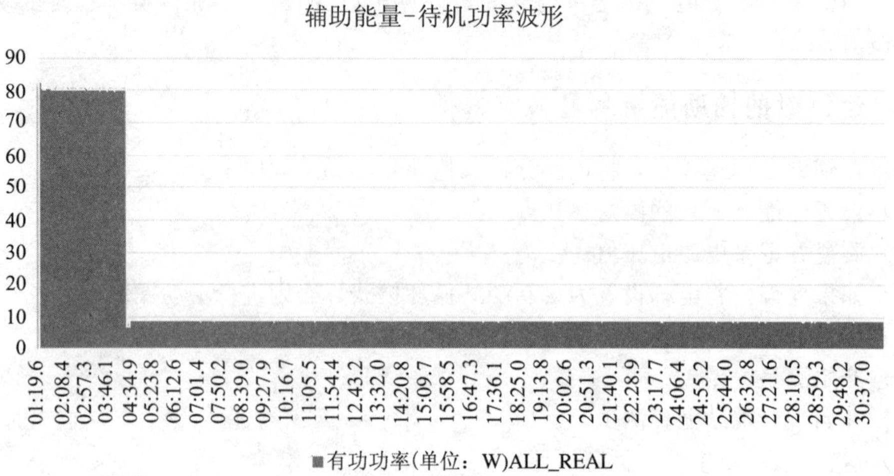

图 5-10 **辅助能量-待机功率波形**

每天的非运行（空闲/待机）能量消耗由三部分组成：

① 空闲的时间，即从停止到进入 5 min 待机模式之前的时间。

② 从 5 min 待机模式到 30 min 待机模式之前的时间（如果有）。

③ 30 min 待机模式之后的时间（如果有）。

当电梯有能耗部件超过 5 min 才进行切换到低能耗水平时，应进行 30 min 待机功率测定。如不存在待机模式（30 min）的情况，则该模式的能耗的用时分配按照依据进入待机模式（5 min）的数据处理中；如不存在待机模式（5 min）和待机模式（30 min）的情况，则该模式的能耗的用时分配按照依据进入空闲模式的数据处理中。

5.5.7 待机时间和待机恢复时间测试

记录电梯进入待机的时间和从待机模式恢复的时间。

5.5.8 提升高度测试

对电梯额定速度进行确认，如图 5-11 所示，需要有一段较为平稳的额定速度阶段。

采用激光测距仪直接测量单个参考循环的提升高度 S_{rc} 或短循环的提升高度 S_{sc}。

① 采用电梯乘运质量分析仪通过加速度/速度间接测量单个参考循环或短循环的提升高度。

② 采用具有记录运行距离的转速表通过速度间接测量单个参考循环或短循环的提升高度。

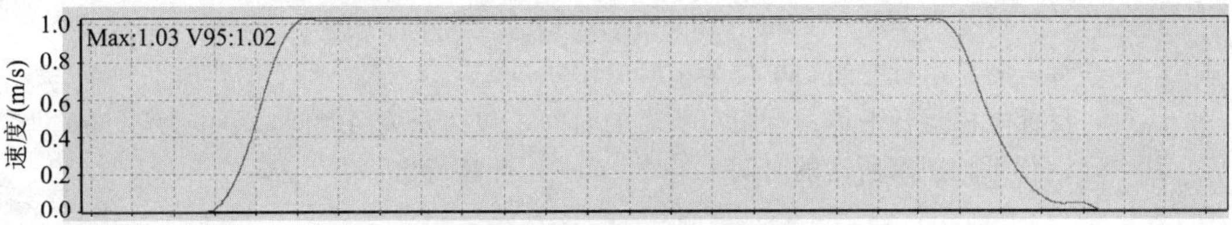

图 5-11　电梯额定速度确认

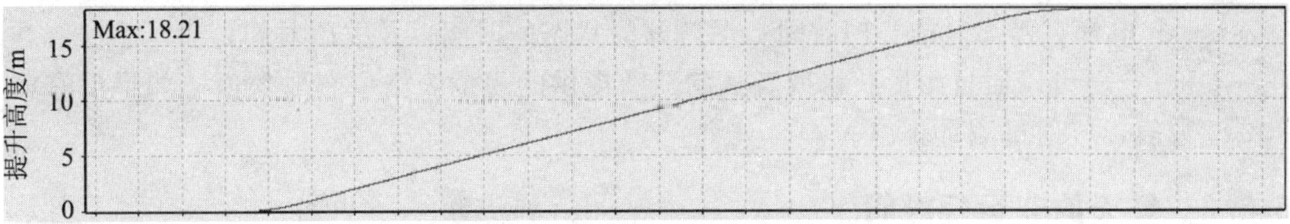

图 5-12　电梯参考循环距离测试

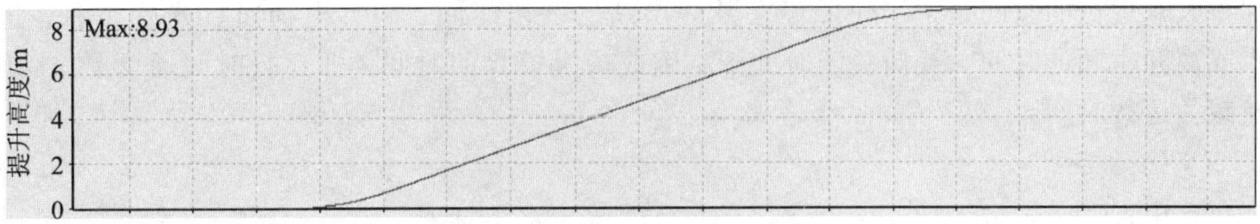

图 5-13　电梯短循环距离测试

5.5.9　加速度测试

采用电梯乘运质量分析仪记录电梯单程参考循环的运行加速度情况。

5.5.10　门操作时间

采用秒表记录电梯门操作时间 t_d。

门操作是指电梯在停靠时开门、保持开门状态以及关门的总时间。

5.6　电梯能效计算与能效等级

通过 5.5.3 可以得到主能量中参考循环和短循环的能耗值 W_1 和 W_2；通过 5.5.5 可以得到辅助能量中参考循环和短循环的能耗值 W_3 和 W_4。由前述可知，参考循环的运行能量消耗 $E_{rc}=W_1+W_3$，短循环的运行能量消耗 $E_{sc}=W_2+W_4$。

由此代入前述公式，可以得到每米平均运行能量消耗 E_{rm}、启动/停止能量消耗 E_{ssc}、空载轿厢时平均循环的运行能量消耗 E_{rav} 和每天运行能量消耗 E_{rd}。

5.6.1　每天的运行时间

每天的总运行时间由式（5-5）计算得出：

$$t_{rd}=n_d\times\frac{t_{av}}{3\ 600} \tag{5-5}$$

式中：

t_{rd}——每天的总运行时间，单位为小时（h）；

t_{av}——目标电梯运行平均运行距离所需的时间，包括开关门时间，单位为秒（s）。

其中，运行平均距离所需的时间 t_{av} 由式（5-6）计算得出：

$$t_{av}=\frac{S_{av}}{v}+\frac{v}{a}+\frac{a}{j}+t_d \tag{5-6}$$

式中：

t_d——电梯在停靠时的开门时间、保持开门状态的时间以及关门时间；

a 和 j——可以通过测量获得或者从制造商提供的规范表格中获取数值。如果没有 a、j 和 t_d 数值，应通过测量获得。

5.6.2 每天的非运行时间

要计算电梯在空闲/待机模式时每天使用的能量，就应确定出每天的非运行时间。电梯每天非运行的时间是指当轿厢停在某一层站的一段时间：包括电梯门打开后和乘客进入或离开轿厢的时间，或门关闭时处于空闲或待机模式的时间。非运行时间通常是 24 小时减去运行时间：

$$t_{nr}=24-t_{rd} \tag{5-7}$$

式中：

t_{nr}——每天的非运行（空闲和待机）时间，单位为小时（h）。

如果电梯在预定的时间内关闭，则应针对这种具体状况算出非运行时间。

5.6.3 空闲/待机模式下的时间比

每天的非运行（空闲/待机）能量消耗由三部分组成：

① 空闲的时间，即从停止到进入 5 min 待机模式的时间。

② 从 5 min 待机模式到 30 min 待机模式的时间（如果有）。

③ 30 min 待机模式之后的时间。

应从表 5-4 中获取电梯在每天的非运行（空闲/待机）模式下所花费的时间比。

表 5-4 空闲/待机模式下的时间比

使用类别		1	2	3	4	5～6
时间比/%	R_{id}	13	23	36	45	42
	R_{st5}	55	45	31	19	17
	R_{st30}	32	32	33	36	41

5.6.4 每天的非运行（空闲/待机）消耗

每天的非运行（空闲/待机）消耗由式（5-8）得出：

$$E_{nr}=\frac{t_{nr}}{100}\left(P_{id}R_{id}+P_{st5}R_{st5}+P_{st30}R_{st30}\right) \tag{5-8}$$

式中：

P_{id}——空闲模式下消耗的功率，单位为瓦（W）；
P_{st5}——在 5 min 后消耗的待机功率，单位为瓦（W）；
P_{st30}——在 30 min 后消耗的待机功率，单位为瓦（W）；
R_{id}——空闲时间消耗功率 P_{id} 的时间比（%）；
R_{st5}——5 min 时间消耗功率 P_{st5} 的时间比（%）；
R_{st30}——30 min 时间消耗功率 P_{st30} 的时间比（%）；
E_{nr}——每天非运行（空闲/待机）的能量消耗，单位为瓦时（W·h）。

如果在电梯的最后一次运行后，5 min 待机功率和 30 min 待机功率无变化，则 R_{st30} 时间比就可以直接加到先前的 R_{st5} 时间比中；或者，如果空闲功率和 5 min 待机功率无变化，则时间比 R_{st5} 就可以直接加到先前的时间比 R_{id} 中。

5.6.5　每天的总能量消耗

估算每天的能量消耗由式（5-9）得出：

$$E_d = E_{rd} + E_{nr} \tag{5-9}$$

式中：
E_d——每天的总能量消耗，单位为瓦时（W·h）。

5.6.6　每年的总能量消耗

估算每年的能量消耗由式（5-10）得出：

$$E_y = E_d \times d_{op} \tag{5-10}$$

式中：
E_y——每年的能量消耗，单位为瓦时（W·h）；
d_{op}——每年的使用天数。

如果在某些特定的日子（如周末或节假日）关停电梯，每年的使用天数可能要减去当年的停梯天数。

5.6.7　电梯能效等级的划分

在 GB/T 30559.2—2017《电梯、自动扶梯与自动人行道的能量性能　第 2 部分：电梯的能量计算与分级》中，将电梯的能效评价分为两个子等级和一个主等级，子等级为运行性能等级和待机性能等级，分别对应电梯运载状态下的能效情况和电梯非运载状态下的待机情况；主等级即电梯能效等级，是对该电梯在指定的使用类别下的两个子等级的能效综合，是一个反映当前电梯的整梯能效情况的重要指标。

（1）运行性能等级。

平均运行循环的具体运行能量消耗由式（5-11）得出：

$$E_{spc} = \frac{1\,000 \times k_L \times E_{rav}}{2 \times Q \times S_{av}} \tag{5-11}$$

式中：
E_{spc}——平均运行循环内的具体运行能量消耗，单位为毫瓦时/千克米（(mW·h)/(kg·m)）；
k_L——载荷系数；

Q——额定载重量，单位为千克（kg）。

表 5-5 确定了目标电梯在平均运行循环内的具体运行能量消耗的能量性能分级。

表 5-5　运行能量性能等级

平均运行循环内的具体运行能量消耗/((mW·h)/(kg·m))	≤0.72	≤1.08	≤1.62	≤2.43	≤3.65	≤5.47	>5.47
性能等级	1	2	3	4	5	6	7

（2）空闲/待机的性能等级。

表 5-6 确定了空闲 P_{id}、待机 P_{st5} 以及待机 P_{st30} 的能量性能分级。

表 5-6　非运行（空闲/待机）的性能等级

空闲和待机功率/W	≤50	≤100	≤200	≤400	≤800	≤1 600	>1 600
性能等级	1	2	3	4	5	6	7

（3）电梯的能效级。

根据 5.4 或 5.6 计算得到每天的能量消耗，并将其和依照表 5-5 的运行能量性能等级以及依照表 5-6 的非运行（空闲/待机）的性能等级计算出来的阈值进行比较，来对电梯的能量性能进行分类。

当通过测量或者说明书得到准确的运行次数（n_d）时，采用该 n_d 数值即可对表 5-7 中的阈值进行计算。

当不知道准确的运行次数（n_d），但是已经知道了估计或预计的使用类别时，那么应采用表 5-1 中 n_d 的中位数对表 5-7 中的阈值进行计算。

表 5-7　能效分级

能效等级	每天的能量消耗/（W·h）
A	$E_d \leqslant 0.72 \times Q \times n_d \times S_{av}/1\,000 + 50 \times t_{nr}$
B	$E_d \leqslant 1.08 \times Q \times n_d \times S_{av}/1\,000 + 100 \times t_{nr}$
C	$E_d \leqslant 1.62 \times Q \times n_d \times S_{av}/1\,000 + 200 \times t_{nr}$
D	$E_d \leqslant 2.43 \times Q \times n_d \times S_{av}/1\,000 + 400 \times t_{nr}$
E	$E_d \leqslant 3.65 \times Q \times n_d \times S_{av}/1\,000 + 800 \times t_{nr}$
F	$E_d \leqslant 5.47 \times Q \times n_d \times S_{av}/1\,000 + 1\,600 \times t_{nr}$
G	$E_d \leqslant 5.47 \times Q \times n_d \times S_{av}/1\,000 + 1\,600 \times t_{nr}$

5.7　电梯能效标志

图 5-14 是电梯能效证书样例，证书中应给出证书所列电梯的使用类别、综合能效等级、估算的每年能耗量消耗以及能效分级依据（即测试标准）。

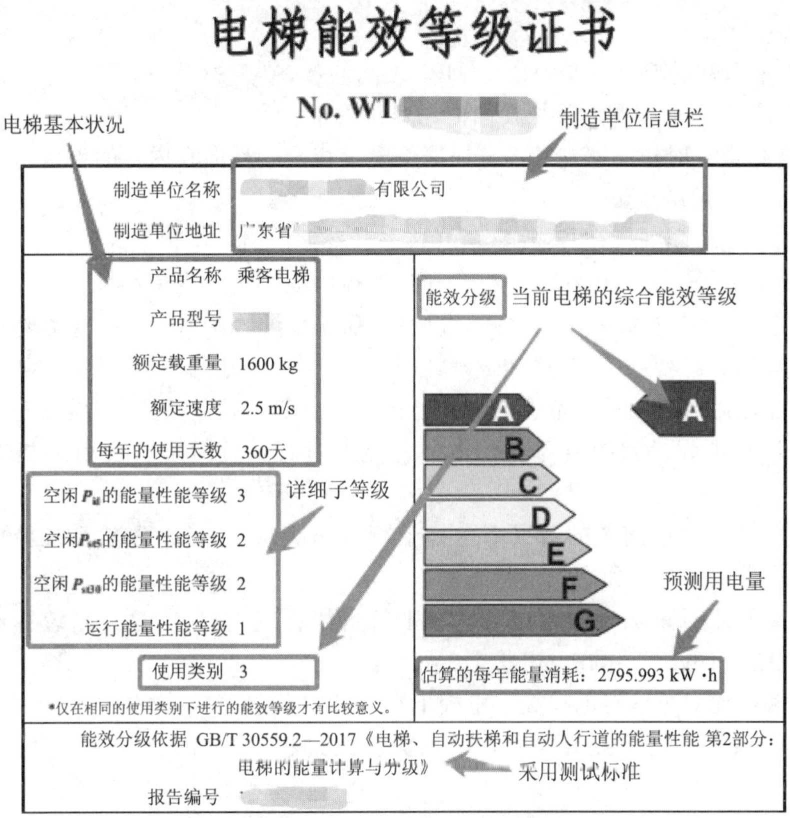

图 5-14　电梯能效证书

5.8　延伸知识

5.8.1　利用势能节能的基本思路

在结构上，曳引电梯的特点是：轿厢与对重装置运行方向相反，曳引系统的电机工作在四象限状态。当轿厢上行时，对重平衡装置反向下行；当轿厢下行时，对重装置反向上行。曳引电梯配置对重装置的主要作用是平衡轿厢侧负载，并为钢丝绳在曳引轮上产生摩擦曳引驱动力提供正压力。利用这个正压力，曳引电机实际上是对曳引轮的轿厢侧与对重侧的“重量差”做功。对于每一台电梯来讲，对重侧的重量是固定的，轿厢侧却会因为轿厢内的载荷不同而变化。因此，当轿厢空载下行或轿厢满载上行时，曳引电机的负荷最大；而当曳引轮两侧的重量相等时（接近于轿厢半载），电机负载最轻，即当电梯空载轿厢加上平衡系数乘以额定载重量的负载时，轿厢侧的重量与对重侧的重量相当，此时驱动电梯需要电能做的功最小。

在电梯检验检测中，人为设定了一个衡量这个重量差的参数——电梯平衡系数（可以理解成对重侧与轿厢侧的重量差与额定载重量的百分比比值），公式如下：

$$k=\frac{w-p}{Q} \tag{5-12}$$

式中：

k——平衡系数的取值，是一个 0～1.0 之间的数；

w——包括对重框架和对重块在内的总对重重量；

p——电梯空载时轿厢（包括部分轿厢侧电缆线及钢丝绳在内）的重量；

Q——电梯额定载重量。

所以一般来说，电梯平衡系数 k 在 40%～50%之间时，电梯最为节能。

在 TSG 7001—2009《电梯监督检验和定期检验规则——曳引与强制驱动电梯》中要求电梯平衡系数设定在 0.4～0.5 之间，以追求我国大量的在用电梯普遍实现节能。

因此，电梯的运行可以分为以下六种情况：

（1）轿厢侧比对重侧重的情况下电梯上行（如满载上行）。这是系统通过电能转换成电机轴上的机械能，进而提升重物，增加势能的过程，此时电梯曳引电机工作在电动状态。

（2）轿厢侧比对重侧重的情况下电梯下行（如满载下行）。这是系统释放势能的过程，此时电梯曳引电机工作在发电状态。

（3）轿厢侧比对重侧轻的情况下电梯上行（如空载上行）。这是系统释放势能的过程，此时电梯曳引电机工作在发电状态。

（4）轿厢侧比对重侧轻的情况下电梯下行（如空载下行）。这是系统通过电能转换成电机轴上的机械能，进而提升重物，增加势能的过程，此时电梯曳引电机工作在电动状态。

（5）当电梯即将到达目标楼层时，电梯开始减速制动，则系统释放动能，此时电梯也工作在发电状态。

（6）电梯在半载或接近半载状态下运行，此时电梯曳引电机曳引轮两侧最接近平衡状态，由于系统摩擦力的存在，曳引电机仍然需要消耗电能去克服摩擦力。

当电梯运行在（2）（3）（5）工况时，曳引机工作在发电状态，所产生的能量通过电梯变频器（调速装置）转换为变频器直流母线上的直流电能。这些能量会被临时存储在变频器直流母线上的大电容中，随着电梯运行的持续，电容中储存的能量逐渐升高，同时直流母线的电压也被抬高。为了避免过电压故障，通常在直流母线上设计有制动电阻，当电压触发设定的阈值时，变频器控制导通制动电阻，将这部分电能通过发热的形式消耗在制动电阻上。

这种制动电阻消耗多余电能的方式，不仅将电能白白浪费掉，而且还有可能对环境产生影响，比如要增加机房散热的空调或风机，以防止机房升温过快，从而又增加了用电量。

上述制动方法的缺点是，没有对在电机制动过程中产生的能量加以有效利用，反而要在电机制动过程中消耗能量。

表 5-8　电梯可利用的节能状态分析表

工况	重量差	运行方向	曳引电机状态	可利用节能
(1)	轿厢侧＞对重侧	上行	用电	—
(2)	轿厢侧＞对重侧	下行	发电	√
(3)	轿厢侧＜对重侧	上行	发电	√
(4)	轿厢侧＜对重侧	下行	用电	—
(5)	无关	减速制动	发电	√
(6)	相当	无关	用电	—

因此，从表 5-8 可以看出，如果能在工况（2）（3）（5）电机发电状态时，将其生成的电能回收起来，在电梯下一次耗电的工况时反哺电能给曳引电机作为用电的一部分，即可达到节能的目的。目前，电梯的主流节能技术也是基于此基本思想。

随着电梯节能技术的逐级提高，总体呈现分阶段逐步节能化的趋势，目前已完成从蜗轮蜗杆主机迈向永磁同步无齿轮曳引机节能、ACVV 向 VVVF 节能的阶段，正在向能量回收阶段发展。

5.8.2　电梯曳引机驱动技术的节能

电梯曳引机驱动技术从早期的交流异步电梯蜗轮蜗杆传动，发展到目前的永磁同步无齿轮减速箱传动（简称 PM 曳引机），传动效率逐步提高，电能损耗逐渐减少。永磁同步无齿轮减速箱传动的方式是目前电梯曳引机最理想、先进且节能环保的技术，既有永磁同步电机的优点：不需要励磁电流，功率因数接近于 1.00，运行效率高；又没有齿轮传动损耗，比有齿轮曳引机节能 30％左右，且不需要减速箱润滑油，避免了污染环境和反复加油的检查工作。而且永磁同步电梯还能够在电梯溜车失控运行的过程中，因电磁反向力而减少/减轻乘客伤亡事故的作用。

5.8.3　电梯驱动控制系统的节能

电梯驱动控制系统经历了从交流异步电机变极调速到交流调压调速 ACVV，再到目前的变压变频调速 VVVF。一般电梯中的最佳搭配是用变压变频调速控制永磁同步电机驱动。电梯的变压变频调速是通过改变电梯输入端的电压和频率来实现的，利用变频器控制输入电梯和频率的比值保持固定不变，来实现速度的平滑调节。VVVF 调速克服了前两种调速系统效率低、速度调节不平滑等缺点，且比 ACVV 调速节能达 30％。具有高效、节能、乘坐舒适等特点。

5.8.4　电梯超级电容储能式装置的节能

在诞生超级电容储能式技术之前，是采用蓄电池储能式技术的。

由于国内外对蓄电池的研究较为成熟，同时蓄电池单位电能存储的价格很低，这是蓄电池作为电能存储装置的最大优点。在电梯变频器直流母线端接上蓄电池，当曳引机工作在再生发电状态时，变频器直流母线电压变高，此时直流端向蓄电池充电。由于蓄电池不能快速充放电，蓄电池充电速度很慢，无法迅速把直流母线上瞬间增加的电能吸收进蓄电池。这项技术还有个重要的确定，因为电梯曳引机在运行过程中会反复处于电动状态和再生发电状态，无法对蓄电池进行连续充电，而断续充电会大大影响电池的使用寿命。因而蓄电池储能技术对电池性能的要求非常高，而且蓄电池的充放电循环次数与电梯频繁电动/再生发电运行次数在数量级上存在差别，通常蓄电池使用不到 1 年就会报废，会对环境产生污染。此外，蓄电池在充放电过程中不能承受较大的电流，不能对电梯的再生能量完全吸收。为了对蓄电池进行保护，需要控制蓄电池的充电电流在其所承受的最大充电电流之下，控制蓄电池吸收系统的再生功率。由于电梯曳引电机回馈的能量较大，变频器直流母线的电压仍会升高到较大值，所以剩余的大部分再生能量仍需要通过耗能电阻转化为大量热能释放到空气中，节能效果不明显。

为了改善基于蓄电池式储能技术的电梯再生能量回收在功率方面的不足，国内外的研究学者们提出了用超级电容来取代蓄电池成为系统储能装置的技术方案。这种方案的原理是，当电梯曳引电机工作在再生发电状态时，将电梯曳引机产生的再生能量储存到超级电容中；当电梯曳引机工作在电动状态时，超级电容将储存的能量重新供给电梯曳引机使用。虽然基于超级电容储能式的再生能量回收存储技术在电路拓扑上与采用蓄电池储能的结果大体相同，但是超级电容与蓄电池相比，却具有充放电速度快、功率密度大、循环寿命长、充放电效率高、温度适应性能好、状态监控方便和材质安全七大优点。同时，这项技术不会引起对电网谐波干扰，并且由于采用超级电容作为储能装置，还会为电梯曳引机提供电能，而且超级电容的最大充放电次数和电梯使用寿命周期中的启动次数相当，这大大提高了电梯曳引机的工作可靠性。

5.8.5 电梯能量回馈装置的节能

电梯能量回馈系统的作用是将原来消耗在制动电阻上的能量，通过逆变转化为交流电，并回馈到邻近的同一电梯或供其他电气用电设备使用。据统计，消耗在制动电阻上的能量占电梯总用电量的 25%～35%，一般能量逆变的效率为 85%。因此，电梯能量回馈系统的节能效果在 21%～30%之间，且楼层越高，电梯速度越快，节能效果越明显。

前述图 5-8 和图 5-9 中示例的电梯为无能量回馈功能的电梯，所以电梯能耗在空闲状态几乎是平直波形，在电梯运行时是上升沿，整体基本呈现阶梯状。当采用能量回馈装置或者四象限变频器时，其功率和功耗波形如图 5-15 所示。由于空载轿厢在往复运行过程中，曳引机存在发电状态，该电能被回收并反馈到电网去，因此检测得到的电能有部分阶段是负数。

由于该节能方式涉及回馈到电网的电能，因此有必要了解运行过程中回馈的电能质量情况。回馈电能质量主要是各次谐波的大小。在进行回馈电能质量数据处理前，先介绍一下谐波的概念。

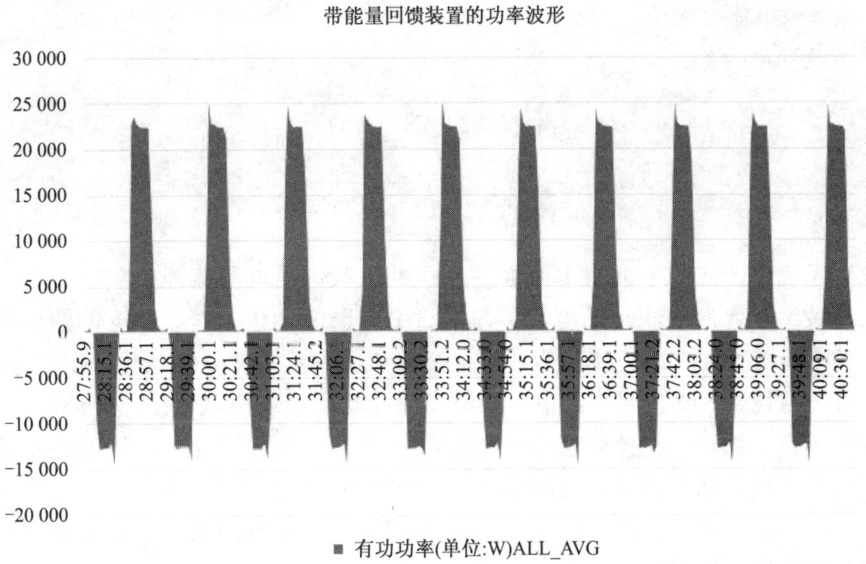

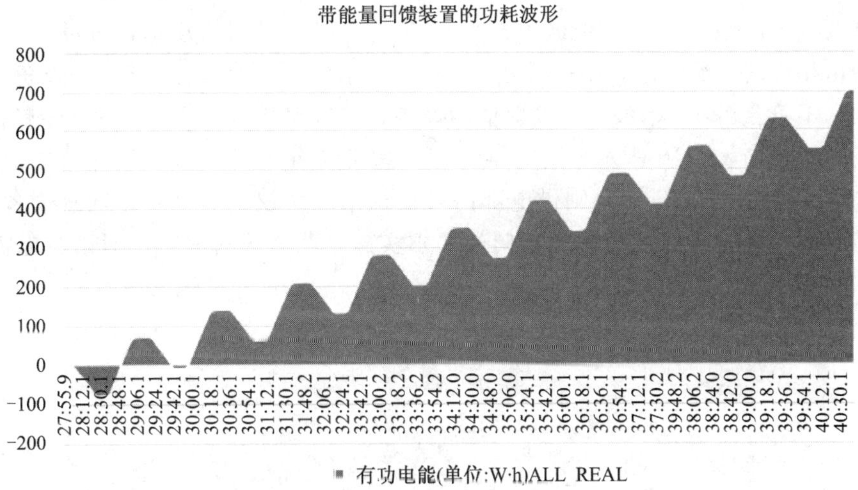

图 5-15 带能量回馈装置的功率和功耗波形

（1）谐波的概念。

周期性交流量经傅里叶级数分解，频率为工频的分量称为基波，频率大于工频且为工频整数倍的分量称为谐波分量。谐波频率与基波频率的整数比称为谐波次数。电压或电流的正弦波形受谐波影响而畸变的程度用谐波电压或电流含有率表示：

$$HRU_n = U_n / U_1 \times 100\%$$

$$HRI_n = I_n / I_1 \times 100\% \tag{5-13}$$

式中：

U_n——第 n 次谐波电压有效值；

I_n——第 n 次谐波电流有效值；

U_1——基波电压有效值；

I_1——基波电流有效值。

总谐波畸变率为

$$\mathrm{THD}_u = \sqrt{\sum_{n=2}^{40}\left(\frac{I_n}{I_1}\right)^2}$$

$$\mathrm{THD}_i = \sqrt{\sum_{n=2}^{40}\left(\frac{I_n}{I_1}\right)^2} \tag{5-14}$$

在电力系统中谐波产生的根本原因是非线性负载。当电流流经负载时，与所加的电压不呈线性关系，就形成非正弦电流，即电路中有谐波产生。谐波使电能的生产、传输和利用的效率降低，使电气设备过热，产生振动和噪声，并使绝缘老化，使用寿命缩短，甚至发生故障或烧毁。谐波可引起电力系统局部并联谐振或串联谐振，使谐波含量放大，造成电容器等设备烧毁。谐波还会引起继电保护和自动装置误动作，使电能计量出现混乱。对于电力系统外部，谐波对通信设备和电子设备会产生严重干扰。

谐波实际上是一种干扰量，使电网受到“污染”。为使电网谐波电压保持在允许值以下，必须限制谐波源注入电网的谐波电流量。

电磁兼容标准 GB/Z 17625.6—2003《对额定电流大于 16 A 的设备在低压供电系统中产生的谐波电流的限值》中对谐波电流发射值也进行了明确的规定，将设备分为三级，每一级给出相应的电流限值。第一级是简化连接，谐波电流值符合表 5-9 的设备可以直接接入电网；不符合表 5-9 谐波电流发射值的设备，若短路比 $R_{sce}>33$，则允许有较高的谐波电流发射值，如表 5-10 所示，此为第二级；如果设备不满足第一级和第二级的条件，或设备的输入电流大于 75 A，则供电部门可根据用户协议的有功功率同意设备的连接，在这种情况下，供电部门可根据本部门的要求实施，此为第三级，此时谐波电流发射限值如表 5-11 所示。

短路比 R_{sce} 是短路容量与设备视在功率的比值，三相设备的短路比为

$$R_{sce}=\frac{S_{sc}}{S_{equ}} \tag{5-15}$$

注：短路容量 S_{sc} 是系统的标称电压，视在功率 $S_{equ}=\sqrt{3}U_i I_{equ}$，其中，$I_{equ}$ 为设备额定线电流有效值，U_i 为线电压。

表 5-9 第一级：简化连接设备的谐波电流发射限值（$S_{equ}\leqslant S_{sc}/33$）

谐波次数 n	允许的谐波电流 I_n/I_1/%	谐波次数 n	允许的谐波电流 I_n/I_1/%
3	21.6	21	≤0.6
5	10.7	23	0.9
7	7.2	25	0.8
9	3.8	27	≤0.6
11	3.1	29	0.7
13	2	31	0.7
15	0.7	≥33	≤0.6
17	1.2		
19	1.1	偶次	≤8/n 或≤0.6

注：I_1 为基波电流额定值，I_n 为谐波电流分量。

表 5-10　第二级：单相、相间及不平衡三相设备的谐波电流发射限值

R_{sce}最小值	谐波电流畸变率/%		各次谐波电流值 I_n/I_1/%					
	THD	PWHD	I_3	I_5	I_7	I_9	I_{11}	I_{13}
66	25	25	23	11	8	6	5	4
120	29	29	25	12	10	7	6	5
175	33	33	29	14	11	8	7	6
250	39	39	34	18	12	10	8	7
350	46	46	40	24	15	12	9	8
450	51	51	40	30	20	14	12	10
600	57	57	40	30	20	14	12	10

注：① 相关的偶次谐波分量不能超过 16/n%。② 允许相邻的各值之间采用线性插值。③ 对于不平稳三相设备，这些值适合于每一相。I_1为基波电流额定值，I_n为谐波电流分量。

表 5-11　第三级：平衡的三相设备的谐波电流发射限值

R_{sce}最小值	谐波电流畸变率/%		各次谐波电流值 I_n/I_1/%			
	THD	PWHD	I_5	I_7	I_{11}	I_{13}
66	16	25	14	11	10	8
120	18	29	16	12	11	8
175	25	33	20	14	12	8
250	35	39	30	18	13	8
350	48	46	40	25	15	10
450	58	51	50	35	20	15
600	70	57	60	40	25	18

注：① 相关的偶次谐波分量不能超过 16/n%。② 允许相邻的各值之间采用线性插值。I_1为基波电流额定值，I_n为谐波电流分量。

电梯系统的谐波电压可遵循 GB/T 14549—1993《电能质量　公用电网谐波》，如表 5-12 所示的公用电网谐波电压（相电压）极限值。

表 5-12　公用电网谐波电压（相电压）极限值

电网标称电压/kV	电压总谐波畸变率/%	各次谐波电压含有率	
		奇次	偶次
0.38	5.0	4.0	2.0
6（10）	4.0	3.2	1.6
35（66）	3.0	2.4	1.2
110	2.0	1.6	0.8

电梯系统中的电动机、制动器线圈、交流接触器等都是电感性负载，工作时会产生谐波。现在大部分电梯都使用变频调速，在变频调速电梯系统中，变频器是主要的谐波

产生源。图 5-16 中是同一台电梯分别在变频调速拖动与交流双速拖动情况下，各全程下行运行一次测得的 20 次电流谐波值。从图中可以看出，交流双速拖动时的谐波含量明显比变频调速拖动时的谐波含量低。交流双速拖动时的最大谐波值出现在 3 次谐波，为基波的 2.529％；变频调速拖动时的最大谐波值出现在 5 次谐波，为基波的 47.567％。变频调速与交流双速系统相比，主要多出的部件是变频器，可见变频器是变频调速电梯的最大谐波源。

能量回馈装置同变频器一样，属于电子功率器件。如果电梯系统中加上能量回馈装置，其也会成为一个重要的谐波源。

（2）电流谐波的数据处理分析。

如图 5-17（a）所示是接通能量回馈装置时电梯空载运行全过程中测得的实时功率和电流值。其中，横轴为时间轴，全过程用时 225 s，仪器每秒钟采样一次数据；左边的主竖轴为电流 I，单位为 A，右边的次竖轴为功率 P，单位为 kW。运行过程为：1→2，2→8，8→16，16→8，8→2，2→1，1→16，16→1（此处数字对应的是楼层数），分别对应图 5-17 中 1～8 段功率和电流。图中 1，2，3，7 四段的功率与电流相位相反，这时电梯空载上行，处于发电状态，发电电流通过能量回馈装置输送到电网，所以功率为负值。4，5，6，8 段功率与电流相位相同，电梯空载下行，处于电动状态，电机从电网取电。第 7 段末尾功率和电流都有一个小尖峰，此时是电梯由快速上行转为制动减速。第 8 段的电流从零上升，有个小尖峰，这时是电梯从加速下行转到匀速下行时的电流冲击。

图 5-17（b）是运行全过程的电流谐波总畸变率，图 5-17（c）是运行全过程的电压谐波总畸变率。

图 5-18 是空载带回馈全程上行匀速阶段各次电流谐波率的最大值，浅色的是实测值，深色的是 GB/Z 17625.6—2003《电磁兼容　限值　对额定电流大于 16 A 的设备在低压供电系统中产生的谐波电流的限制》中第一级简化连接时的电流谐波限值（标准值）。

图 5-19 是空载带回馈全程上行匀速阶段各次电压谐波率的最大值，浅色的是实测值，深色的是 GB/T 14549—1993《电能质量公用电网谐波》中对电压谐波的限值。

其他负载情况下的谐波同样也按空载时的分析方法进行分析。

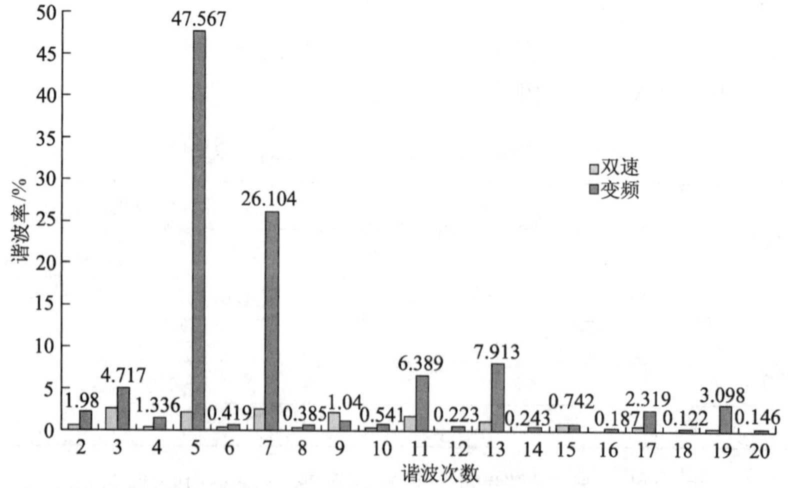

图 5-16　交流双速拖动与变频调速拖动全程下行过程谐波电流对比

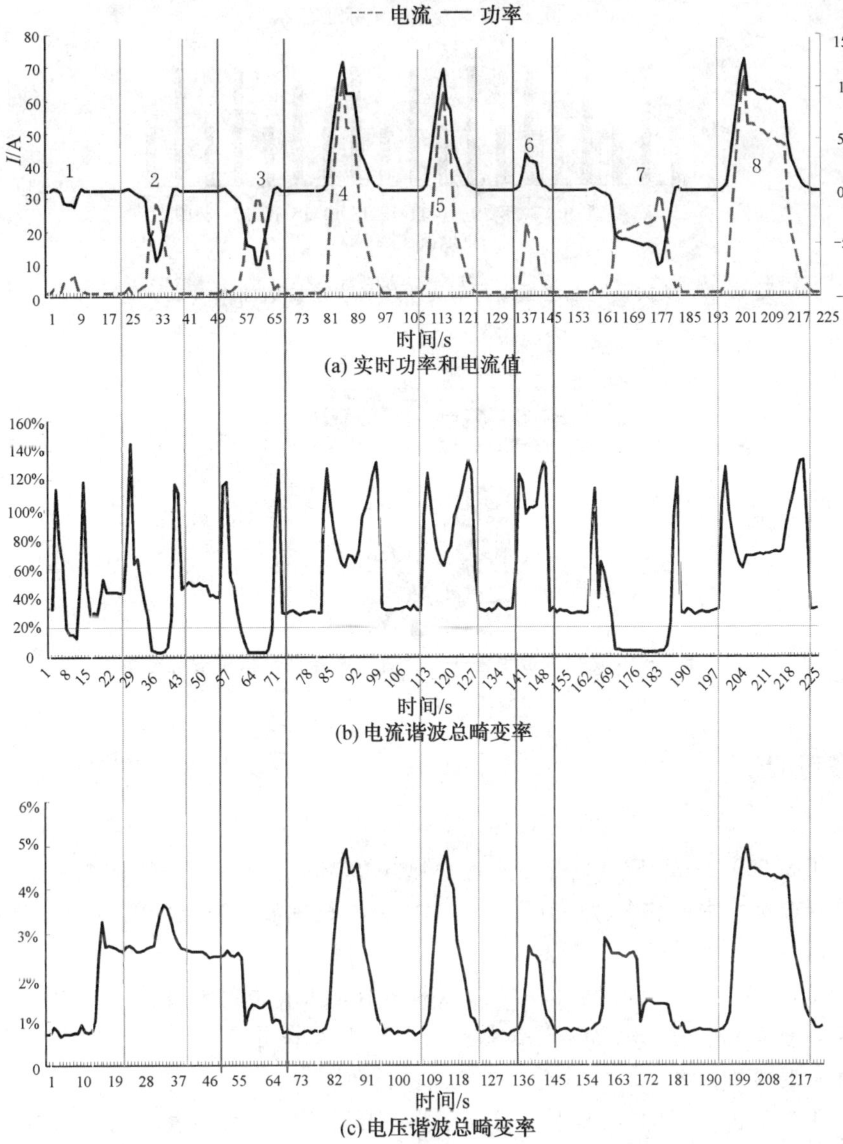

图 5-17　空载带回馈运行时的电流、功率及电压、电流谐波总畸变率

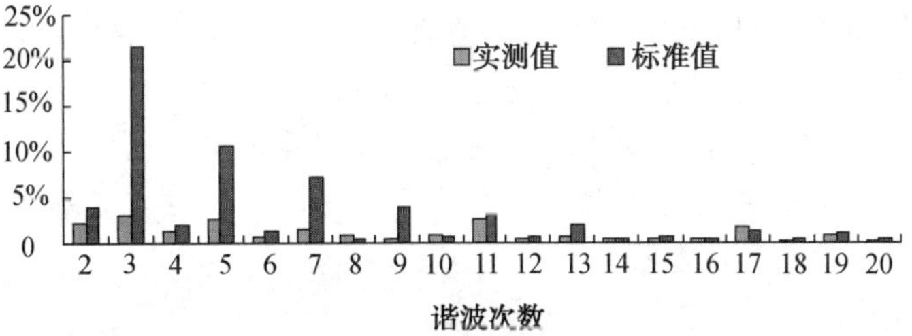

图 5-18　空载带回馈全程上行匀速阶段各次电流谐波率（最大值）

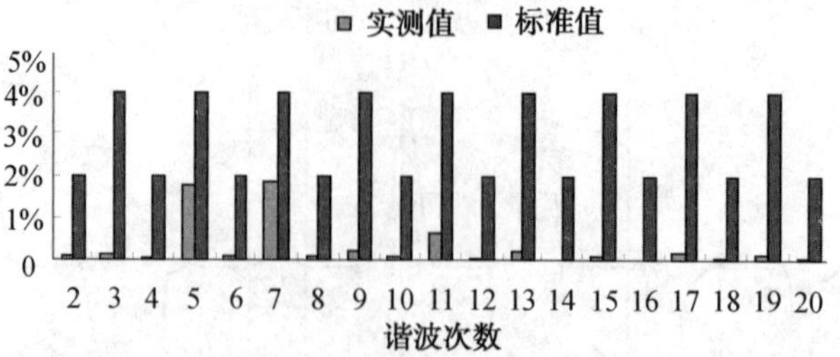

图 5-19　空载带回馈全程上行匀速阶段各次电压谐波率（最大值）

电梯安全小知识

2018 年 3·15 晚会消费预警——穿着洞洞鞋乘坐扶梯安全警示

本章练习

判断题

1. GB/T 30559.2—2017《电梯、自动扶梯与自动人行道的能量性能 第 2 部分：电梯的能量计算与分级》中的“参考循环”是指“电梯空载轿厢从底层端站运行到顶层端站，再回到底层端站的运行过程，包括两次完整的开关门操作”。（　　）

2. GB/T 30559.2—2017《电梯、自动扶梯与自动人行道的能量性能 第 2 部分：电梯的能量计算与分级》中的“短循环”是指“空载轿厢在提升高度的中点附近，运行距离不小于提升高度的四分之一，然后返回到起点的循环”。（　　）

3. GB/T 30559.2—2017《电梯、自动扶梯与自动人行道的能量性能 第 2 部分：电梯的能量计算与分级》中的使用类别 3 指：使用强度（使用频率）中等，每天大约运行 300 次。（　　）

4. 根据 GB/T 30559.2—2017《电梯、自动扶梯与自动人行道的能量性能 第 2 部分：电梯的能量计算与分级》，电梯性能等级分为 1～7 级。（　　）

5. 电梯可以利用储能装置或能量回馈装置实现节能的原理是：电梯在轻载上行和重载下行过程工况下，轿厢在曳引轮两侧存在明显重量，轿厢在重量差的作用下移动，势能转换为动能，电动机处于发电状态。（　　）

第 6 章 电梯检验检测新技术及展望

学习目标

了解电梯技术未来的发展趋势。

学习重点

掌握超高速电梯技术、电梯抗震技术、电梯远程监测技术。

电梯检验检测新技术是指能引领、促进电梯产品与电梯产业技术进步的新机理、新设备、新方案、新方法。

6.1 超高速电梯检验检测技术

随着世界城市化水平的提高，越来越多的超高速电梯进入高层建筑。国外一些知名品牌电梯企业研制的超高速电梯的速度越来越高，目前世界最快的电梯是安装于我国广东省广州市周大福中心的日立电梯，运行速度高达 1 260 m/min（约 21 m/s）。

我国高速、超高速电梯自有技术落后，市场被国外企业所独占。当前我国可实际应用的高速电梯产品中，只有速度为 4 m/s、7 m/s 的超高速电梯正在研制中，尚未应用于实际中。超高速电梯技术是我国电梯技术发展方向之一，也是衡量我国电梯技术水平高低的一个标志。超高速电梯技术需要解决安全性、运行的舒适性等技术难题，特别是要解决安全性能的检验测试。目前国内尚无电梯检测机构能对超高速电梯安全部件（如安全钳、缓冲器等）进行检验，从而制约了我国超高速电梯技术的发展。

6.2 电梯电磁兼容（EMC）测试技术

欧洲对电磁兼容性问题关注比较早，欧盟已于 2004 年颁布并强制实施了 EN 12015—2004 和 EN 12016—2004。我国于 2009 年发布了 GB/T 24807—2009《电磁兼容　电梯、自动扶梯和自动人行道的产品系列标准　发射》（等同于 EN 12015—2004）和 GB/T 24808—2009《电磁兼容　电梯、自动扶梯和自动人行道的产品系列标准　抗扰度》（等同于 EN 12016—2004）。

由于我国对电梯电磁兼容性技术的研究较晚，技术上还相对落后，目前国内大部分电梯尚不能满足以上标准的要求，因此，考虑到国内电梯技术的现状，目前的标准均作为推荐性标准，经过几年的过渡期后再强制实施，但是该过渡期不会太长。随着国家对电梯相关要求的提高及出口电梯数量的增长，电梯制造企业、使用单位逐渐认识到电磁兼容性的重要性，制造符合电磁兼容性要求的电梯产品，已是当下电梯企业急需解决的问题。所以目前国内企业都加大对电梯电磁兼容性研究的投入，提高技术能力，使产品能满足 EMC 的要求。但电磁兼容性检测设备投入大，检测技术难点多，成为制约企业开发相应产品的主要因素。

另外，我国虽然颁布了电梯电磁兼容性的标准，但还没有制定具体的测试方法，而电磁兼容测试数据因测试环境、工况、测试方法的不同会有很大的差异，没有统一的测试方法，就无法对测试数据进行判定。因此，我们需要对电梯的电磁兼容性的各项目的测量开展深入的研究，通过大量的试验和测试，制定科学的测量方法，从而获得详细的数据。

6.3　电梯现代控制测试技术

电梯控制中的通信发生过很大变化，由最初的点对点通信（并行通信）发展到如今广泛使用的一对多通信（串行通信）。由并行通信变为串行通信，需要的通信线缆数大为减少。例如，对 5 层 5 站的电梯，若采用并行通信，外呼信号所需线缆多达 24 条，而采用串行通信后，外呼信号只需要 3 条线即可满足，且不论层站数变为多少，串行通信所需线缆不变，而对并行通信，随着楼层的增高，线缆数将不断增大。所以通信方式由并行发展到串行，是电梯控制技术的一大变革。如今，无线通信技术得到广泛运用。电梯控制中能不能采用无线通信呢？我们给出的答案是肯定的，无线通信技术将是未来电梯控制技术发展的主要方向之一，它将使井道中的扁平随行电缆及其他信号线缆彻底消失，使电梯通信方式再来一次大的变革。

6.4　电梯节能测试技术

目前电梯节能测试技术已有一定的发展。高效率的永磁同步无齿轮驱动主机已在电梯上得到广泛的应用，可以说是电梯节能测试技术的一个重大成果；而电梯能量回馈技术也日趋成熟，已在推广应用中；其他的一些新技术，如超级电容蓄能技术等也开始进入加速研发阶段。

6.5　电梯抗震技术

中国是多地震国家，20 世纪以来共发生 6 级以上地震 800 余次。2008 年的四川汶川“5·12”地震，显露出电梯整体抗震能力远不如建筑物，存在较多的抗震设计缺陷，地震中电梯设备的损坏率较高。电梯的抗震技术开始引起我国业界的重视，电梯抗震法规/标准亟待出台。唐山大地震以来，建筑、交通、电力、燃气设施等均出台了相关的抗震法规/标准。由于我国的电梯标准基本是照搬欧洲电梯标准，而欧洲是少地震区域，未对电梯在抗震方面的性能做过多研究，其标准至今还没有抗地震方面的内容，致使我国电梯行业对其产品的抗震设计要求无据可循。

6.6　电梯在线检测技术

现在很多项目都依靠检验人员进入机房、井道、底坑等进行检验检测，对于在用电梯，还需要暂停使用电梯来进行检测，停用时间一般都至少在半个小时以上，在繁忙的办公楼、公众场所，对于电梯使用者会造成比较大的影响。开发在线检测系统，将该系统接入到电梯控制系统，利用无线技术，利用计算机代替人手检测相应项目，从而极大缩短检测时间，这或许是未来的发展方向。

6.7　电梯远程监测技术

互联网是国家鼓励发展的新兴产业，要利用国家鼓励政策，在电梯安全领域大力发展基于互联网技术的电梯故障监测系统的应用，使电梯使用和维保单位及时发现电梯故障和事故，提高电梯应急救援的及时性，同时也便于电梯故障和事故的统计分析，推动分类监管的实施。有条件的地区，要积极开展研发和应用试点，推进互联网技术的应用，提高电梯安全保障水平。

（1）统一要求和标准，鼓励研究开发电梯故障监测系统，鼓励支持有关机构加快制定电梯故障监测系统国家标准或规范，促进相关单位按照统一的标准和要求开展故障监测系统研究和开发，以实现更大范围内的互联互通。同时，要考虑部分重要数据上传质监部门的途径，避免不必要的重复投入。

（2）明确使用维保单位故障监测的主体地位，积极推进电梯故障监测系统的应用。各地应明确使用维保单位作为电梯故障监测的主体地位，鼓励和推进使用维保单位开展电梯故障监测系统的应用试点。要充分发挥维保单位提高维保质量、节约维保成本、提高困人应急救援速度、促进电梯故障率降低等的主观能动性，在不增加群众和相关企业负担的前提下，积极寻求推广电梯故障监测系统应用的合理途径。

（3）加强电梯事故和故障的统计分析，推进对使用维保单位的动态监管。积极研发电梯动态监管系统，与使用维保单位的监测系统进行数据交换，对各类电梯故障和事故进行统计分析，促进对使用维保单位的动态监管工作。

附录

电梯型式试验产品目录

类别	品种	设备基本代码
曳引与强制驱动电梯	曳引驱动乘客电梯	3110
	曳引驱动载货电梯	3120
	强制驱动载货电梯	3130
液压驱动电梯	液压乘客电梯	3210
	液压载货电梯	3220
自动扶梯与自动人行道	自动扶梯	3310
	自动人行道	3320
其他类型电梯	防爆电梯	3410
	消防员电梯	3420
	杂物电梯	3430
电梯安全保护装置	限速器	F310
	安全钳	F320
	缓冲器	F330
	门锁装置	F340

类别	品种	设备基本代码
电梯安全保护装置	轿厢上行超速保护装置（减速部件）	F350
	含有电子元件的安全电路和安全相关的可编程电子系统	F360
	限速切断阀	F370
	轿厢意外移动保护装置	F380
电梯主要部件	绳头组合	B310
	控制柜	B320
	层门	B330
	玻璃轿门和前置门	B340
	玻璃轿壁	B350
	驱动主机	B370
	梯级、踏板等承载面板	B380
	滚轮	B390
	梯级（踏板）链	B3A0